家庭花草彩图馆

中侨彩图馆
刘凤珍 主编

王丹波 编著

中国华侨出版社

图书在版编目（CIP）数据

家庭花草彩图馆 / 王丹波编著 . — 北京 ：中国华侨出版社，2015.12

（中侨彩图馆 / 刘凤珍主编）

ISBN 978-7-5113-5889-9

Ⅰ．①家… Ⅱ．①王… Ⅲ．①观赏园艺－普及读物 Ⅳ．① S68-49

中国版本图书馆 CIP 数据核字（2015）第 304092 号

家庭花草彩图馆

编　　著 / 王丹波

丛书主编 / 刘凤珍

总审定 / 江　冰

出 版 人 / 方　鸣

责任编辑 / 文　卿

装帧设计 / 贾惠茹 杨 琪

经　　销 / 新华书店

开　　本 /720mm×1020mm　1/16　印张：28　字数：630 千字

印　　刷 / 北京鑫国彩印刷制版有限公司

版　　次 /2016 年 5 月第 1 版　　2016 年 5 月第 1 次印刷

书　　号 /ISBN 978-7-5113-5889-9

定　　价 /39.80 元

中国华侨出版社　北京市朝阳区静安里 26 号通成达大厦 3 层　邮编：100028

法律顾问：陈鹰律师事务所

发行部：（010）64443051　　　传真：（010）64439708

网　址：www.oveaschin.com　　E-mail: oveaschin@sina.com

前言

现代生活紧张而又忙碌，工作之余人们需要一个释放压力、平静心灵的空间，对自然的向往便成了现代人一个共同的追求。其实想亲近自然在家里也能做到——居室和阳台经过我们的精心打理，就可以变成一个充满欢乐与健康的花园甚至菜园！

花草或艳丽妩媚，或娇小清丽，或素雅高洁，都能带给人美的享受。浪漫的玫瑰、缤纷的月季、清雅的兰花、高贵的牡丹、宁静的百合，用它们装点我们的居室或阳台，可以为生活注入生机与活力，使人心情愉悦、轻松舒适。

而花草的魅力不仅在于美化我们的生活环境，还有各种各样的健康功效。有些花草能吸收空气中的杂质，如垂叶榕、网纹草；有的能吸收空气中的甲醛、苯、氨气等有害气体，减轻空气污染，如金琥、吊兰等；有些能散发出具有杀菌作用的挥发油，如大丽花、石竹等；有些自身能散发出独特的香味，或芬芳袭人，或清幽淡雅，能安神怡情，如栀子花、水仙、薰衣草等；有些具一定的药用价值，如百日草、金银花；有些是可食用的，如黄花菜、菊花、桂花；有些花草则是天然的美容养颜佳品……

在了解了花草植物的生活习性和诸多好处后，对大多数忙碌的现代人来说，更希望能有一个简单直观的栽培教程，以便在业余时间实际操作一把，体验一下在自己的精心培育下，花草果蔬从种子到幼苗，再由幼苗变成一棵苗壮的植株，最后开花、结果的一切过程，从而见证生命的奇妙。在这个过程中，可以尽情领略嫩芽冒出时的惊喜、抽枝展叶时的愉悦、采摘收获时的满足，让生活更加美好充实。

本书分"家庭养花"和"阳台种菜、种花、种香草"两部分。上篇先系统介绍养花种草的基础知识和美丽健康指南，然后针对不同侧重点，详细介绍100多种四季代表性花草、居家健康类花草、旺家类花草的生活习性、养植要点、功能效用及花卉的内涵、花语等，并配以300余幅精美彩图，让你在增长知识的同时获得美的享受，全方位了解养花之道。下篇教你如何打造私人农场，从选种、选土、选工具到施肥、除虫、浇水，从播种、间苗、培土到搭架、摘心、收获，手把手地教你在阳台栽培植物的基本要点。具体到每种植物的分步操作，从适合种植的季节、光照条件、浇水量，到种苗选育、种植、培育、收获四个阶段的详细过程，都会事无巨细地予以全程指导。全书采用手绘插图和实物照片结合的方式详细讲解，直观明了、简单易学，既能作为普通园艺爱好者的入门指南，又是资深园艺达人的必备工具书。

当进入家门，姹紫嫣红的色彩映入眼帘，醉人的花香扑面而来，你心中的烦恼与压力定会随之一扫而空吧？当每天看着阳台上自己种的菜不断地长高、变大，定会有一种妙不可言的喜悦与激动吧？家庭养花种菜，收获更多的是一种恬淡的心境，一种乐观积极的生活态度，一种生活品质的提升。感受拥抱大自然的快乐，在快节奏的生活中呼吸独有的清新，这样的生活就在眼前，你还在等什么！

目录

|第三章|四季代表性花草及养护

下篇

阳台种菜、种花、种香草

|第一章|

阳台种菜——打造小小家庭菜园

⊙果实类蔬菜

⊙叶类蔬菜

上篇
家庭养花

第一章
从零开始学养花

花草的日常养护

➔ 为花草创造合适的生长环境

　　家里不可能创造出南美洲热带雨林或半沙漠不毛之地这样的环境，但是你又希望既能种植兰科和凤梨科植物，又能种植来自热带的仙人掌等多浆植物，同时还能种植常春藤、桃叶珊瑚属的植物。该怎么办呢？其实只要你心灵手巧，再加上一些折中的处理办法，就能为各种不同的植物创造适宜的生长环境，而且不会破坏家里原有的舒适。

　　栽种植物时，你可以采纳标签上的种植说明或本书中的一些建议。实际操作时，往往很难满足植物所需的所有条件，不过依照我们的建议行事，即使不能让所有植物都茂盛生长，存活肯定没有问题。最重要的是植物对湿度的要求：若植物需要较高的湿度，空气干燥很可能导致植物死亡。植物对光照和温度的要求也较为重要，若处理不当，即使不会引起植物死亡，也可能导致植物茎干细长或者叶子出现类似灼伤的斑点。这些情况是摆放不当造成的，适当移位可能会解决这些问题。

　　温度是最为灵活的条件，偏高或偏低对大部分植物的长势并不会有太大的影响。

温度

　　应特别注意标签或园艺书中标明的植物生长所需的最适宜温度。多数植物在低于最佳温度时仍能存活。冬季光照不足的情况下，可以适当提高温度促进植物生长，但除非使用空调，提高温度不太可能实现。夏季不使用空调的话，环境温度一般都会超过

光照充足的潮湿环境，能令蛾蝶花、瓜叶菊等植物熠熠生辉。

大多数植物所需的适宜温度，此时只要将植物置于阴凉处，并保证较高的湿度，植物生长也不会受到太大影响。

0℃以下的低温会严重影响植物生长，即使家里有供暖设施，晚上关掉暖气后温度仍然会降得比较低，这必须引起我们注意。

光照

最好将植物置于光照充足但无阳光直射的地方。即使是室外阳光下能茂盛生长的植物，也不喜欢透过玻璃直射的阳光，这样通常会灼伤叶子。阳光较强时，需特别注意勿将植物放在雕花玻璃后面，雕花玻璃会增强光照强度，对植物造成更大的伤害。

生长在沙漠、草原、高山或沼泽等环境中的植物才能种植在有阳光直射的地方。但是，即使是这些植物，也不喜欢被窗玻璃增强了杀伤力的阳光。一天中阳光最强的时候最好给植物遮阴，网状的窗帘也能阻挡部分强烈的阳光。

所谓的喜阴植物忌直射光，但并不意味着这些植物不需要光照。肉眼很难正确判断光照强度，但可以使用能显示曝光度的相机，测量房间不同位置的光照强度。你可能会发现窗户附近的光照强度其实和房间中央的相差无几。如果要将植物摆在较高窗户旁的低矮座墩或桌子上，必须解决植物如何更好地采光的问题。

高温对植物的影响

植物摆在阳光直射的窗台上，叶子很容易灼伤（灼伤的叶子表面会出现棕色斑点，叶片会变薄），除非植物已经适应这样的环境，否则叶片组织很容易受损。如果阳光直射时叶子上有水，灼伤现象会更严重（叶片上的水和放大镜一样会聚光）。将植物放在雕花玻璃后面，也会出现同样的情况（雕花玻璃像凸透镜一样具有聚光作用）。

湿度

湿度，即某一温度下空气中的含水量，对植物生长至关重要。叶片纤薄娇嫩的植物，如蕨类植物、卷柏、花叶芋等，需要潮湿的生长环境，可以种在花箱或暖箱中，或常喷水雾（至少每天一次）。

需要较高湿度但要求没那么苛刻的植物，可以种在一起创造局部小气候，也可以将种有这些植物的花盆放在盛有水和砂砾、鹅卵石或大理石的托盘上。盆栽土不和盘内的水直接接触，既能保证空气湿度，又能防止盆栽土存水。做到这一点还不够，仍需要定期喷水雾。若植物处于花期，喷水雾时注意避开花朵，花瓣一旦碰到水，很可能会出现斑点甚至腐烂。

还可以在散热器上放一个盛水的托盘，增加湿度，经济实用，为盆栽植物创造较好的生存环境。

浇水

植物生长离不开水，但有些植物浇水过多比缺水更危险。要做好植物的养护工作，你必须先了解一些浇水的相关知识。

将测量仪插入盆栽土中，可以检测盆栽土的湿度。但是盆栽植物较多的话，这种方法就不太适用了。因为要将测量仪插到每个盆栽中，然后一一读取数据，太麻烦了。不过对于刚开始种植室内盆栽的人来说却非常实用。

应该给植物浇多少水

其实没有既定的标准规定该给植物浇多少水。植物的需水量以及浇水频率不仅取决于植物的特性，还取决于花盆的种类（种在陶制花盆中的植物需水量比种在塑料花盆中的多）、盆栽土的种类（泥炭打底的基质比肥土打底的基质蓄水能力更好）、周边环境的温度以及湿度。

只有亲身实践才能获得浇水的经验，懒得自己摸索的话，最好选择能自动浇水的花盆或用培养液栽培的植物。

检测盆栽土湿度的实用技巧

你可以从以下方法中选择最合适的方法检测盆栽土湿度，条件允许的话最好每天检测一次。

* 肉眼观察。干燥的盆栽土往往比湿润的盆栽土颜色浅，但是表面干燥并不意味着底层同样干燥。如果表层土壤湿润，则无需浇水。对于花盆下还有盛水托盘的植物，只需确保托盘内有水即可，盘内无水时再浇水。

盆栽土检测
在园艺杖或铅笔上插上棉线团，敲打陶制花盆：声音清脆说明土壤干燥；声音沉闷说明土壤湿润。有一定经验后能明显觉觉到声音的差异。

* 触摸法。手指轻轻按压土壤表层，就可以感知土壤到底是湿润的还是干燥的。

* 声音测试适用于陶制花盆，尤其是那些种有大型植株、盆栽土较多的花盆。在园艺杖上插上棉线团，敲打花盆：声音沉闷说明土壤湿润（也可能是花盆有裂纹）；声音清脆说明土壤干燥。用这种方法检测泥炭土湿度不太准确，也不适用于塑料花盆。

* 经过不断地实践和摸索，经验丰富的人只要提一提花盆就能知道土壤干燥与否：土壤干燥的花盆往往比土壤湿润的花盆轻很多。

如何正确浇水

浇水时要浇透——仅仅湿润表层土是不够的。若盆栽土已经干硬板结，浇入的水很可能直接渗到花盆里，此时可以将花盆浸在水桶中，直到水中不再冒气泡为止。

　　浇水后一般应检查盆底托盘上是否有残留的水，若有，则需要将残留的水倒掉。若盘内有鹅卵石或大理石避免水与盆栽土直接接触，则不检查问题也不大。托盘内残留的水是导致植物死亡最常见的原因。除了一些特殊植物，其他植物长期置于水中都会死亡。

　　多数植物用长颈洒水壶浇水最为方便，长颈可以伸入叶丛，细长的喷嘴容易控制水流，避免水流太大冲走盆栽土。

　　非洲紫罗兰等叶片向地生长的植物，用洒水壶浇水可能会淋湿叶子和花冠，造成叶子腐烂。因此最好将这种植物的花盆墩在水盘中，一旦盆栽土表面变湿，就立即将花盆移出，这种方法比较稳妥。不过，如果能将喷嘴伸到叶子下面浇水，使用长颈洒水壶也可以。

部分植物对水的特殊需求

　　自来水并不是浇灌植物最理想的水，但多数植物都可以接受。有些植物不适合生长在碱性土壤中，若自来水硬度较高（钙或镁含量较高），需要进行特殊处理。这类植物包括单药花属植物、杜鹃花、绣球属植物、兰花以及非洲紫罗兰。最好能用雨水灌溉植物，不过很难随时随地得到水质好的雨水，而且有些地区的雨水也存在污染问题。

植物缺水的情况

植物缺水萎蔫（如顶图所示），可以将花盆浸在装有水的容器中几个小时，然后移至阴凉处，植物就能恢复生机了（如上图所示）。注意：浇水过多也会导致植物萎蔫，所以事先需确定造成萎蔫的原因，不能不加判断就使用这种方法。

　　硬度不高的自来水也不要随接随用，最好能搁置一夜再用。硬度较高的自来水，可以煮沸冷却后使用，因为沸腾过程能降低水的硬度。

🔘 施肥

　　不施肥，植物就会显得死气沉沉的，只要正确施肥，植物就能茂盛生长，生机盎然。现代肥料让施肥变得很简单且肥效更长，因而不需要经常添加。

　　花盆并不是植物生长的有利环境，因为盆栽土远远不能满足植物根部对营养的需求，小型盆栽尚且如此，大型植物能从盆栽土中获得的养分更是少得可怜。

　　施肥有利于植物生长。不同的植物可以使用不同的肥料，不想这么复杂的话，可以使用同一种肥料，毕竟施肥总比不施好。

植物为什么需要施肥

图中的两株植物购买时植株大小相同，种植时间也相同。左边那盆植物经常施肥，并移植过一次；右边那盆植物买回后从未施过肥，呈现典型的缺肥症状。

施肥时间

无法确定施肥时间的话，可以查看购买植物时附带的标签或相关的书籍。通常情况下，植物处于生长旺盛期或光照及温度条件能促进植物吸收肥料时，才需要施肥。一般是春季中期到夏季中期这段时间，当然也有例外——尤其是冬季开花的植物。

仙客来常冬季施肥，冬春两季开花的林中仙人掌冬季施肥，夏季不施。其实关键并不是何时施肥，而是何时植物生长最为旺盛。

缓释肥料适用于室内盆栽，不过这些肥料的肥效受温度影响。冬季室外的肥料肥效很差，室内相对而言就好一些。

施肥频率

只有通过反复尝试摸索，才能掌握合理的施肥频率。相关书籍或植物标签上可能会说明"每两周施肥一次"或"每周施肥一次"，但这并不适用于所有植物，因为此类说明主要针对液体施肥法。用其他方式施肥的话，要具体问题具体分析。

缓释肥料

这种肥料现在已经推广开来了，主要用于室外盆栽植物的种植，或用于长期供应盆栽植物所需养分。与普通肥料不同，这种肥料能在几个月时间内缓慢而持续地发挥效力，多数植物一年只需施一两次肥即可。

这种肥料适用于室外盆栽植物，但只有在土壤温度能促进植物吸收养料的情况下，肥料才会发挥效力。

移植盆栽植物时，可以将这种肥料添加到盆栽土中。

液体肥料

液体肥料见效快，植物急需肥料时非常适用。不同肥料的浓度和需要稀释的程度有所不同，通常情况下应该采用厂家的建议，使用浓度恰当的肥料并保证合理的施肥频率。有些肥料浓度较低，可在浇水时同时使用，有些肥料浓度很高，不能经常使用。

固体肥料

目前，各式各样的固体肥料大大减轻了施肥的负担。从长远来看，使用这些肥料成本相对较高，但过程不像使用液体肥料那么麻烦，而且可以节省时间。这些肥料形状各异，主要有片状和条状两种，但使用方法大致相同：在盆栽土上挖一个小孔，埋入肥料条或肥料片，肥效大约能持续一个月（持续时间应参考使用说明）。

小包装缓释肥料

目前市面上还有小包装的缓释肥料，可以整包直接放在盆栽土底部供养。移植植物时很适用。

可溶性肥料粉

可溶性肥料粉和液体肥料作用原理相同，只需用水将粉末溶解即可，操作简单，而且价格也比液体肥料便宜。

颗粒状肥料
颗粒状或粉末状肥料可以用叉子拌入盆栽土，栽种植物后充分浇水，以便肥料发挥效力。

选择合适的盆栽土

有了质量较好的盆栽土，植物才能长势良好。施肥能解决植物营养缺失的问题，盆栽土土壤结构能平衡植物根部对水分和空气的需求，它们对植物的健康生长同样重要。商家采用的盆栽土通常质量较轻，便于搬动，有利于毛细浇水法的实施，但并不利于室内盆栽苗壮成长。

盆栽土应既能起到固定植物的作用，又能积蓄营养。结构合理的盆栽土能满足植物根部对水分和空气的需求。另外，盆栽土中还含有大量微生物，有利于植物生长。

早期的花农会给不同盆栽植物使用不同的盆栽土，如今为了省事多数植物都用同样的盆栽土，只有少数植物对盆栽土有特殊要求。

最常见的盆栽土有堆肥土和泥炭土，除了少许特殊植物，这两种盆栽土适合多数植物生长。

以堆肥为基质的堆肥土：主要成分为各种植物的残枝落叶和易腐烂的垃圾废物等，加入砂和泥炭藓改善土壤的营养结构。

堆肥土较重，能增加花盆的稳定性，适合大型植株，尤其是茎叶较多的植物，如大型棕榈。

以泥炭藓为基质的泥炭土：质量轻，便于搬动，适合多数植物。有时会添加砂或磷钾等营养元素，这主要取决于植物的需求。若盆栽土中养分流失很快，不及时施肥的话会影响植物生长。

商家使用自动浇水系统养护植物，泥炭土比较能适应这种养护方式。而自己种植，最好选择堆肥土，因为泥炭土很容易干硬板结，之后就很难再浇透水，而且还很容易出现浇水过多的现象。

砂砾

珍珠岩

随着生长泥炭藓的湿地面积大大减少，有些花农不再使用泥炭土。目前有很多代替泥炭土的盆栽土，比如用椰糠（椰子果实加工后的废料）和树皮碎末做栽培基质的盆栽土，有时也用这些物质的混合土。根据制作方式和组成成分的不同，盆栽土的效果参差不齐。你可以尝试使用不同基质的盆栽土分别种植几株同样的植物，然后哪种基质的盆栽土最好就一目了然了。

选择合适的花盆

选择花盆时，实用只是其中一个要求，漂亮有趣也可以成为选择花盆的标准。不管如何选择，花盆的大小必须和所种植物协调一致，因为植物和花盆的比例会影响盆栽的整体形象。大小合适的花盆会令盆栽熠熠生辉，反之则可能破坏盆栽的整体美感。

普通的瓦盆（又称陶盆）或塑料花盆外观不怎么漂亮，因此很多人喜欢在这些花盆外面套一个稍大的装饰性托盆。使用装饰性托盆时，最好能在托盆里放些砂砾、粘土粒或鹅卵石，防止花盆底部和托盆中积留的水直接接触。也可以在花盆和托盆之间填入泥炭藓块吸收多余的水分，这样还有助于在植物周围形成湿润的局部环境。采用第二种方法时一定要先浇水，因为一旦填入泥炭藓块，就很难看出花盆和托盆之间是否有积水了，也很难将多余的水倒出。

瓦盆用来种植仙人掌和部分多浆植物比较合适，但有一种较浅的花盆更适合种植仙人掌，因为仙人掌根系不发达，较浅的花盆就足够了。浅盆直径和普通花盆相同，但高度只有普通花盆的一半左右。育种盆和浅盆相似，但更浅一些，如今已不常见到了，育种盆原本用于育苗，也可以用来种植植株矮小或匍匐生长的植物。

还有很多植物适合种在浅盆中，如杜鹃花、多数秋海棠属植物、非洲紫罗兰以及多数凤梨科植物。你可以根据植物买回时所用的容器来选择合适的花盆，原来的容器较浅的话，移植时就可以使用浅盆。

图中的镀锌容器有一种老式厨房的情调。较大的容器可容纳两三种可共生的植物，如图中的铁线蕨和钮扣蕨。

有些比较高档的塑料花盆经过上色，还带有垫盘，外观和工艺花盆一样漂亮，特别是那些颜色和房间色调协调的塑料花盆，装饰性就更强了。

普通的瓦盆或塑料花盆可以自己动手画上一些图案，增加花盆的美观性。瓦盆可以选用涂料（涂料颜色有限，因而可以设计比较抢眼的图案来弥补不足），塑料花盆可以选用油画颜料。

相对于室内盆栽而言，方形花盆更适合摆在温室。大量种植像仙人掌这样的小型植物，方形花盆比较节省空间。

→ 移植花草

　　植物一般都需要移植，移植能让生长状况不良的植物重新变得生机勃勃。但并非所有植物都需要经常移植，而且有的植物移植后适合种在较小的花盆中。通过不断地实践和摸索，就能掌握移植的正确时机以及移植时该使用多大的花盆。

　　不必过早将植物移植到较大的花盆中，因为频繁移动可能导致根部损伤，影响植物生长。

　　每年都要考虑植物是否需要移植，但这并不是说每年都要进行移植，移植与否应视植物的需要而定。

　　植物幼株比成熟植株移植频率

大量根须伸出花盆底部（如左图）说明必须将植物移植到更大的花盆中。同样，大量根须沿着花盆内壁生长（如右图）也必须将植物移植到更大的花盆中。

要高。移植时最好选用大小合适的花盆，移植后要进行追肥或简单施肥。

什么时候进行移植

　　植物根须伸出花盆底部并不意味着必须进行移植，因为通过毛细衬垫浇水或使用托盘的花盆都会有少数根伸出花盆底部吸收水分。

　　不确定是否需要移植的话，可以取出植株查看植物根部。将花盆倒置并轻轻敲打花盆壁，可轻易将植物连同盆栽土取出。植物有少量根沿花盆内壁生长属于正常现象，如果有较多根都是这样的话必须进行移植。

　　移植植物方法很多，这里介绍两种最常用的方法。

→ 修枝剪叶和清洁植物

　　时常清洁和打理植物，既能保证植物外观漂亮，又能提前发现植物病虫害的迹象。

　　修枝剪叶和清洁既能保持植物漂亮有型，又能促进植物繁茂生长，甚至还能延长花期。

　　如果发现枯黄的叶子，你最好立即摘除。清洁工作需每周进行一次；其他打理工作可以间隔较长时间进行一次。有规律地打理植物，既能尽早发现植物是否发生病虫害、是否缺乏营养，又能学习如何更好地观赏植物，可谓一举两得。

摘除植物枯花

　　摘除枯花能保证植物生机盎然，多数情况下还能促进开花，同时还能预防病虫害，植物真菌感染一般是从枯花开始，然后逐渐蔓延至叶子的。

摘除枯花

凋落的枯花会弄脏桌子或窗台。及时摘除枯花，既能保证植物外观漂亮，又能防止枯花滋生霉菌或其他病菌。

生有须根的秋海棠属植物（如四季秋海棠）花型小、开花多，摘除枯花的工作比较艰巨，但不摘除的话，枯花可能落在家具或植物枝叶上，既影响环境，又破坏植物外观。

除了有穗状花序的植物，其他植物可以连同花柄一起摘除枯花。

绣球属等有穗状花序或较大头状花序的植物，可以在花全部盛开之后剪除整个枯萎的花序。

叶面清洁

植物的叶子和家具一样也会落上灰尘，但只有叶面光滑的叶子才能明显看出有灰尘。叶子积有灰尘说明植物缺乏打理，灰尘会影响叶子接收阳光，不利于植物进行光合作用，提供生长所需营养。

光滑的叶子积有灰尘的话可以用柔软的湿布擦拭。有些人喜欢在水中加牛奶，令叶子更富光泽。除了牛奶，也可以使用专业叶面光亮剂令叶子恢复光泽。还可以使用喷雾型叶子清洁器，但应严格按照产品说明使用，尤其要注意喷雾距离。

以上两种清洁叶子的方法都不适用于叶面长有绒毛的植物，这样的叶子可以用柔软的毛刷清洁。仙人掌属植物也可以采用这种方法清洁。

植株矮小、不开花、叶子无绒毛的植物——如亮丝草属植物，可以将叶子浸入温水中，轻轻晃动，以达到清洁的目的。清洁后应自然风干残余的水珠，避免阳光直射灼伤叶子。

修剪和整形

摘心能防止多数盆栽植物新枝生长过快，促进植物分权，有助于植物造形，植物的冠也能生长得更为茂密。凤仙花属、枪刀药属、冷水花属、紫露草属都属于这类植物。植株较小时就要开始摘心，枝条疯长时更要如此。摘心尤其有利于蔓生植物的生长，如紫露草。紫露草枝叶茂密，叶子下垂生长，通过摘心，使枝条保持在30厘米左右最为漂亮，枝干细长的植株看起来很像野草，毫无美感。

斑叶植物长出全绿叶子的话，需要立即摘除，否则很快整株斑叶植物就会变成一株名副其实的绿叶植物。

攀缘植物和蔓生植物需要花更多时间打理，应该及时将新抽枝系到附着物上，并及时剪除影响植物外观的细长枝条。

➡ 外出时花草的养护

节假日人们可以尽情享受生活，而无人照料的植物却可能遭殃。若无邻居帮忙照料植物，你必须采取措施，保证外出时植物仍然有水源供应。

冬季应事先给植物充分浇水，并保证家里供暖系统的温度较低，那么即使不继续浇水，植物也能存活几天甚至一周。但夏季即使外出两三天，也必须采用特殊方法保证植物供水。

外出时，若无法保证邻居能每隔两天给植物浇一次水，就应该提前做好预防措施：

＊夏季尽可能将植物搬至室外阴凉处，将花盆齐沿儿埋入土中。在盆栽土上盖上一层厚厚的树皮碎片或泥炭藓块，这样既能提供温度较低的环境，又能维持土壤湿度。外出前充分浇水，即使不下雨，多数植物也能存活一周左右。

＊娇嫩的植物不能搬到室外，但可以放在室内阴凉、无阳光直射的地方。

＊最好将室内的植物放在盛有砂砾和水的托盘上，但要保证盘中的水不直接接触花盆底部。这样虽然不能增加盆栽土的湿度，但能增加空气温度，有利于植物生长。

＊生长受水分影响较大的植物，一定要有相应的自动供水系统。

专业供水设备

大部分供水设备在各大商店都有销售，而且几乎每年都会出新产品——多数是由传统供水设备改良而成的。

渗漏器：将渗漏器注满水埋入盆栽土中。水会慢慢从器壁渗出，持续供水时间从几天到一周不等。只有一两盆植物的话，短期内可以采用该装置供水。但该装置容量较小，作用有限。

陶瓷蘑菇：作用原理和渗漏器相似。但陶瓷蘑菇顶部密封，通过管子和大容量注水器（如水桶）相连。水从蘑菇柄渗出后，密封蘑菇内气压下降，外连注水器中气压增大，将水压入蘑菇。这个简单有效的装置可持续供水数周，但每个花盆都需要配备一个。

吸水条：花盆底部若有托盘，可以在盆栽土中埋入吸水条，从托盘内吸水供给植物。盆栽数量较少的话，这种方法不失为好的选择，要是盆栽较多，单是安放吸水条就让人烦不胜烦了。

滴灌装置：常用于温室和苗圃，能很好地解决供水问题，但成本较高，而且便携式袋状注水器放在家中影响美观——不过外出时不妨用用。

吸水条

将毛细衬垫剪成条状可以做成吸水条。外出前确保吸水条和盆栽土湿润，并检查花盆中吸水条是否放好了。

临时供水设备

较正规的花卉商店和装修店都能买到毛细衬垫，配合浴缸或厨房的水槽使用，就成了一套实用的供水装置。

若使用水槽，你需要剪一块大小合适的衬垫垫在花盆底部，这样既能挡住花盆的排水孔，又能从水槽中吸水。

可以事先在水槽里面注好水；也可以拔掉水槽塞，打开自来水龙头，往露出盆底的毛细衬垫上滴水，维持一定的湿度。采用第二种方法前要先进行试验，保证衬垫湿润的同时避免浪费自来水。

浴缸中也可以使用类似装置。浴缸注水后，在水中放几块砖，砖上放木块，再摆上衬垫和花盆，确保花盆底不会浸在水中。

瓦制花盆排水孔上盖着瓦片的话，使用毛细供水装置的效果不很好（即使配合使用衬垫做成的吸水条，效果也不理想）。塑料花盆使用临时供水装置，不盖住排水孔的效果比较理想。

无土栽培

无土栽培（也称溶液栽培）即不用土壤或盆栽土栽种植物。无土栽培的植物只需每隔几周浇一次水，每年施两次肥即可，无需花太多心思。

实验室溶液栽培利用成本较高的精密仪器解决植物供养问题，是科技含量较高的栽培方法。普通人出于个人爱好尝试无土栽培的装置设计通常较为简单，初学者也能使用。

刚开始尝试溶液栽培法栽培植物时，你最好购买目前适用于溶液栽培的植物，并购买配套的花盆、砂砾和特殊的肥料。适应需要一段时间，不过一旦尝到无土栽培的甜头，很多人都乐意尝试用溶液栽培法栽培更多的植物。

将该容器放入更大且不透水的容器中，事先在外容器的底部铺上一层砂砾，保证内外容器间有1厘米左右的空隙。

日常养护

水位器显示最小数据前不能注水，就算显示最小数据也不要急着注水，一般要再等上一两天。注水时液面不能太高，不能超过最大数值——这样能保证有足够空气供植物呼吸，这对植物生长至关重要。

最好注入自来水，因为自来水中有各种矿物质，与肥料相互作用，可以使肥效更显著。

确保水温接近室温。因为无土栽培不使用盆栽土，温度较低的水会导致植物受冻，这是导致无土栽培失败最常见的原因。

施肥的时间最好作记录，每6个月施肥一次。可以将条状肥料嵌入花盆内，也可以用少量水溶解肥料粉注入盆中。

和传统方法栽培的植物一样，无土栽培的植物也会逐渐长大。无土栽培的植物不需要通过伸长根部来吸收更多的水分和养料，因此根系不像传统方法栽培的植物那样发达。即便如此也需要及时移植，特别是植株过大，已与花盆不协调的情况下更需要移植。

移植时通常需拿掉原来的花盆，这时要轻拿轻放，减少对植物根部的伤害，也可以直接在原来的花盆外面套上较大的花盆。如果移植时发现植物根系发达且凌乱无序，应该适当进行修剪。

适合溶液栽培的植物

并非所有植物都适合用溶液栽培法栽培，你必须亲自尝试。不过还是有相当多的植物适合溶液栽培的，比如仙人掌和多浆植物（这两类植物无土栽培前要经历一段"干燥期"，容器中水位不宜过高）以及兰科植物也是。

如果你刚开始尝试无土栽培，最好选择下面这些植物种植。有一定经验后，再尝试新品种。这类植物包括：蜻蜓凤梨、亮丝草属、花烛属、天门冬属、蜘蛛抱蛋属、铁十字秋海棠、蟆叶秋海棠、仙人掌属、白粉藤属、君子兰属、变叶木属、花叶万年青属、孔雀木属、龙血树属、一品红、榕属、三七草属、常春藤属、木槿属、球兰属、竹芋属、龟背竹属、肾蕨属、喜林芋属、非洲紫罗兰、虎尾兰属、鹅掌柴属、矮小苞叶芋、黑鳗藤属、扭果苣苔属、紫露草属、丽穗凤梨、丝兰属。

花草的简单繁育法

➡ 播种繁殖

家中有自己播种繁殖的盆栽，着实可以为你迎来朋友们艳羡的目光。多年生植物很难通过播种繁殖，而且实验证明并非所有多年生植物都适合播种繁殖，而一年生植物播种繁殖基本都很容易。

如果你从未试过自己播种繁殖，最好先选择易成活的一年生植物，这样比较容易成功。但很多人都想尝试那些不易成活但充满趣味性的植物，如仙人掌、苏铁、蕨类植物（蕨类植物其实通过孢子繁殖的，并非真正的种子）以及特别受人喜爱的非洲紫罗兰。这些种子较难

波斯紫罗兰是最易播种繁殖的室内盆栽植物之一。春季播种，夏秋季开花，或秋季播种，来年春季开花。

发芽，但或许正是由于具有挑战性，许多盆栽爱好者才会乐此不疲。

有些多年生植物生长缓慢，通过播种繁殖可能要等数年才能长成一定大小的植株。有温室或暖房的话，可以将多年生植物放在里面，等到长成大小合适的植株，再搬进室内做装饰。

种植大量植物可以使用育种盘播种，否则只需用花盆播种即可，因为花盆所占的空间较小。

移栽植物

幼苗长到一定大小，就可以移栽到其他的花盆或育种盘中，待大小合适时再单独种到花盆中。

移栽幼苗时用手提住叶子，不要提脆弱的茎干。移栽后可使用一般的盆栽土。

扦插枝条

大部分室内盆栽可以通过扦插枝条进行繁殖，有些植物放在水中就能生根，有些植物较难生根，需要使用生长素和栽培箱。

多数室内盆栽可以在春季通过扦插幼枝进行繁殖，而多数木本花卉可以迟些时候通过扦插已长成的枝条进行繁殖。

适合扦插的天竺葵属植物
天竺葵属植物的插条很容易生根。马蹄纹天竺葵、菊叶天竺葵以及香叶天竺葵均可以通过扦插幼枝进行繁殖。

幼枝扦插

选择春季新抽芽的枝条，在变硬之前，将梢部剪下扦插。成熟枝条扦插步骤大致相同。

水中生根的枝条

幼枝通常都能在水中生根，尤其是较易扦插的植物，如鞘蕊花属和凤仙花属植物。

在果酱罐等容器中装满水，瓶口蒙上铁丝网或钻有洞的铝箔。将剪下的幼枝直接通过铁丝网或铝箔上的洞插入水中。

要保证容器中有足够多的水，待插条生根后，就可移入花盆，使用普通盆栽土种植了。但应至少一周内避免阳光直射，保证插条在盆中稳定生长。

扦插叶子

扦插叶子通常比扦插枝条更有趣，多数植物都可以通过这种方法繁殖，操作简单方便，下面将介绍几种常见的扦插方法。最为常见的通过扦插叶子繁殖的植物有非洲紫罗兰、观叶秋海棠属、扭果苣苔属以及虎尾兰属植物。

扦插叶子时要注意以下几点：有些叶子需要保留合适长度的叶柄便于扦插；有些

叶子的叶片特别是叶脉受损处会长出新植株；有些叶片不必整张扦插到盆栽土（含防腐剂）上，将叶片切成方形的小块，单独扦插就可以成活。扭果苣苔属等植物的叶子又细又长，可以将叶片切成几段进行扦插。

分株繁殖

分株繁殖是培育新植株最为迅速、简单的方法。该方法成活率高，适用范围广，枝叶茂密或成簇生长的植物都可以进行分株繁殖。

很多蕨类植物都能进行分株繁殖，如铁线蕨属、对开蕨属植物以及大叶凤尾蕨。竹芋属植物以及同类的肖竹芋属植物如枝叶茂密，也可以进行分株繁殖。其他能进行分株繁殖的还有花烛属和蜘蛛抱蛋属植物。

分离植物一小时前先给植物浇水。根系发达的植物，可以用锋利的小刀分离根团。

除去底部及侧面的多余盆栽土，露出一些根。

压条繁殖

压条适用于培育少量植物。普通压条法只适用于部分植物，要繁育主干底部枝叶所剩无几的菩提树的话，最好使用空中压条法。

普通压条法适用于枝条细长柔韧的攀缘植物或蔓生植物。可以在母株附近放上花盆，直接将枝条压到新盆盆栽土中。这种方法常用于培育常春藤和喜林芋属的新植株。

空中压条法常用于大型桑科植物，如橡皮树，当然也可以用于其他植物，如龙血树属植物。通常在枝条下方不长叶的部位进行压条，若枝条有部分老叶，可将老叶剪去。

用普通压条法就能成功培育攀援喜林芋的新植株。

利用侧枝和幼株繁殖

这种方法最为简单方便，而且不会损伤原来的植株。

少数植物可用叶子繁殖——叶子上萌生的幼株遇土就会生根。另一些植物的走茎上会长出幼株，摘下这些幼株就能培育新植株。很多植物——如凤梨科植物——母株旁边会长出莲座状的短枝，分离这些短枝就可以培育新植株。

成簇生长的植株较大后可单独移栽。

幼株

　　叶子上会长出幼株的多浆植物最常见的有两种：大叶落地生根和棒叶落地生根。这些幼株长到一定程度通常会脱落，在母株旁的盆栽土中扎根生长。松土后可以小心地将幼株单独移栽到其他花盆中，也可以在幼株脱落前直接取下，轻轻插到盆栽土（含防腐剂）中。其他能在母株上萌芽的植物，如芽子孢铁角蕨，也能用同样的方法培育新植株。

　　千母草叶子基部会长出幼株。从母株上剪下一片这样的叶子，剪去幼株周围多余的叶片，埋入盆栽土中，但不能将整个植株埋入，否则可能造成植株死亡。

走茎

　　有些室内盆栽，如虎耳草，走茎上会长出发育不完全的幼株。还有一些植物，如吊兰，弯曲的枝条末端会长出幼株。这些幼株都可以用来培育新植株，方法如下：在母株周围放上装有插条栽培土（含防腐剂）的小型花盆，用金属丝或发卡将生有幼株的走茎固定在花盆中，确保幼株和栽培土接触良好。适当浇水，待植株长出足够根须并开始生长后，分离幼株和母株。

侧枝

　　有些植物会长出侧枝，可分离新生侧枝单独种植——凤梨科植物通常通过这种方法进行繁殖。

　　多数附生的凤梨科植物（自然界中附生于树木或岩石上）开花后莲座状叶丛会枯死，枯死前叶子周围会长出大量侧枝。侧枝长到大小约为母株 1/3 时，就可以分离出来单独种植。分离时，有些侧枝可以直接用手掰开，较硬的可以用锋利的小刀分离。

　　菠萝等部分地面凤梨科植物，匍匐茎（短而与地面平行生长的茎）上会长出大量侧枝。可以从花盆中取出母株，在尽量不损伤母株的前提下剪下侧枝种植。

　　剪下的侧枝应立即移栽到花盆中，保证盆栽土湿润。将花盆放到光照充足但无阳光直射的地方，侧枝很快就会生根，之后只需像普通植株一样养护即可。

⊙ 特殊的繁育技巧

　　特殊的繁育技巧包括茎扦插、叶芽扦插、仙人掌扦插和仙人掌嫁接。这几种繁育新植株的方法不常用，但对特定的植物却非常实用。

　　有些室内盆栽植物的茎又粗又直，如朱蕉属植物，龙血树属植物，以及花叶万年青属植物，可以通过茎扦插法繁殖。如果植物叶子大量脱落，枝条变得光秃秃的，就可以尝试这种繁殖方法。和压条法一样，此时最好是选用细长的茎梢。

　　空中压条不能繁育大量新植株，因此需要大面积繁殖时往往使用叶芽扦插。叶芽扦插还可用于单药花、龙血树属植物、麒麟叶属植物、龟背竹以及喜林芋属植物。

多数仙人掌科植物插条容易生根，扦插繁殖成功率很高。处理形状特殊的仙人掌以及这些仙人掌的针刺需要一些特殊技巧。

有的仙人掌科植物（如仙人掌）长有圆形扁平的茎，可以从分杈处将茎割下作为插条。将插条放置约48小时直至切口处干燥。将粗沙和泥炭土混合制成盆栽土，插入插条。待插条生根并开始生长后移入普通的盆栽土（含防腐剂）中。

叶芽扦插
春季或夏季时选择新长的茎，将茎切成长为1～2.5厘米的几段，每段留一张叶一个叶芽。

柱状仙人掌，可以将顶部5～10厘米切下作为插条。和处理圆形扁平插条一样，扦插前需放置至切口处干燥。

昙花等茎扁平的仙人掌科植物，可以切下大约5厘米的茎作为插条，扦插前处理方法和其他仙人掌科植物相同。

嫁接仙人掌有时只是出于兴趣，有时却是为了促进仙人掌开花，因为有的仙人掌嫁接在其他品种的仙人掌上能提前开花。而部分彩色仙人掌，如橙红色裸萼球属仙人掌，由于缺乏进行光合作用的叶绿素，只有嫁接到绿色仙人掌上才能存活。所有嫁接方法中，平接最为简单。

兰科植物长有假鳞茎（生长在盆栽土表面的鳞茎）可以单独分离出来培育成新植株。兰科植物也可以用分株法繁育新植株。

蕨类植物可以通过孢子繁殖：孢子形似极为细小的种子，但并非真正的种子。蕨类植物的植株和孢子是无性繁殖过程中的两个不同阶段。孢子萌发后，有性生殖过程开始，形成原叶体。原叶体为绿色，匍匐生长，形似叶片，雌雄同体。原叶体受粉后植株才开始生长。

养花常见问题及解决方法

➡ 植物虫害

无论是刚开始种植室内盆栽的新手，还是经验丰富的人，甚至是专业人员，都不能保证所种的植物永远不发生虫害。蚜虫等害虫会对各种植物带来危害，有些害虫则更具针对性，是某些植物的大敌，或者在特定环境下才会侵害植物。一旦虫害发生，应该迅速采取有效措施消除虫害。

花园和室内的植物都可能长毛毛虫，图中的木麒麟属植物正受毛毛虫侵袭。

智利小植绥螨可用来控制红蜘蛛。如图所示，将寄生有智利小植绥螨的叶片放到室内盆栽上。

目前针对象鼻虫幼虫可以用微型寄生性线虫进行生物防治，将其与水混合后浇到盆栽土中。图中的仙客来正在用该法处理。

害虫大致可以分为三类。发现虫害时如果你不能马上识别是什么害虫，可以先根据以下内容判断害虫属于哪一类，再采取相应的措施除虫。

吸汁害虫

蚜虫是最常见也最令人头痛的害虫。它们通常多批轮番上阵侵害植物，因此成功消灭一批蚜虫后仍然不能放松警惕。

蚜虫等吸汁害虫，不仅对植物造成直接损害，还会影响植物将来的生长。植物花苞或芽苞受蚜虫之害，长出的花或叶会变形。蚜虫吸食叶脉中相当于植物"血液"的汁液时，可能会将病毒传染给其他植物。因此需要认真对付，最好在蚜虫大量繁殖前采取措施。

粉虱看上去像小飞蛾，一碰到就会扬起一阵粉尘。粉虱的蛹（幼虫）绿色偏白，形似鳞片，在孵化前转为黄色。

红蜘蛛不容易察觉，通常只能看到它们所结的精细的网，或者只能发现受害的植物叶子变黄、出现斑点。

防治方法：几乎所有用于室内盆栽的杀虫剂都能控制蚜虫，可以选择操作方便、药效时间合适的杀虫剂。也可以购买专杀蚜虫的杀虫剂，这种杀虫剂对益虫无害，因此你不必担心会影响授粉昆虫或一些害虫天敌的生长。多数药性强的杀虫剂不适合在室内使用，可以将植物搬到室外喷洒。也可以经常使用药性较弱、药效较短的杀虫剂——这些杀虫剂常以除虫菊酯等天然杀虫物质为主要成分。

内吸式杀虫剂药效长达数周，在室内使用很方便，可以用水稀释后浇到盆栽土中，也可以装在渗漏器中插入盆栽土使用。

粉虱等害虫需要重复使用普通的触杀式杀虫剂，千万不能使用一两次就觉得万事大吉了。

红蜘蛛不喜欢潮湿的环境，杀虫后可以经常给植物喷雾，这样既有助于植物生长，又能防止红蜘蛛再生。

粉蚧和其他较难杀灭的吸汁害虫，可以用棉签蘸取酒精，擦拭害虫感染的叶片表面。因为这类害虫具有能抵挡多数触杀式杀虫剂的蜡制外壳，而酒精能破坏这层外壳。除此以外，也可以使用能进入植物汁液的内吸式杀虫剂。

食叶害虫

一旦叶子出现虫洞，食叶害虫就暴露无遗了。食叶害虫体型普遍较大，容易看到，要控制也相对容易一些。

防治方法：毛毛虫、蛞蝓和蜗牛等较大的害虫，可以直接下手捉（若叶片受害严重则需剪掉整张叶片），因此室内种植时无需使用杀虫剂，温室里可以使用毒饵（家中有宠物的话用花盆碎片盖住毒饵，防止宠物误食）诱杀这些害虫。

蠼螋等晚上才出来觅食的害虫较难处理，可以使用专门的家用杀虫粉末或喷雾，在植物周围喷撒。

根部害虫

啃食根部的害虫很可能要到植物枯死时才会被察觉，但那时为时已晚，这就是此类害虫最令人头痛的地方。某些蚜虫及象鼻虫等害虫的幼虫，都属于这一类。植物出现病态，如果能排除浇水不当的原因，而且植物地上部分也没有发现害虫，就基本可以确定是根部害虫在作祟。这时，可以将植物取出花盆，抖落盆栽土，查看植物根部。若有虫卵或害虫，这可能就是引起上述情况的原因；若无害虫但根稀少或出现腐烂现象，则植物很可能感染了真菌。

防治方法：取出植物抖动根部进行检查，若有害虫，重新移植前先将根部浸到溶有杀虫剂的溶液中，杀灭害虫，然后用溶有杀虫剂的溶液将盆栽土浇透，预防害虫卷土重来。

⊙ 植物病害

病害会影响植物外观，甚至可能导致植物死亡，因此必须认真对待。植物感染真菌，只摘除受感染叶片不能有效控制病情，最好尽快施用杀菌剂。植物感染病毒，最好将植株扔掉，以免病毒扩散，感染其他植物。

有时，不同真菌感染表现出的症状非常相似，很难准确判断，但这并不妨碍控制真菌感染，因为用于控制常见病症的杀菌剂几乎对所有真菌感染都能起作用——当然，不同的杀菌剂对不同病症的效果也有差异。使用前需仔细阅读标签上的使用说明，确定这种杀菌剂对哪一种病害最有效。

由真菌引起的病害
葡萄孢菌通常长在已死亡或受损的植物上，也可能是由通风不畅引起的。

叶面斑点

各种不同的真菌和细菌都能导致植物叶

面出现斑点。如果受感染的叶片表面出现黑色小斑点，可能是感染了结有孢子的真菌，此时可以使用杀菌剂。如果叶面未出现黑色小斑点，可能是细菌感染，使用杀菌剂也会有些效果。

防治方法：剪除受感染的叶片，用溶有内吸式杀菌剂的水喷洒植物，天气好的话可增强通风。

腐根

健康的植物突然枯萎很可能是由根部腐烂引起的，主要表现为：叶片卷曲、变黄变黑，然后整株植物枯萎。腐根一般是浇水过多导致的。

防治方法：根部腐烂通常没有挽救措施。不过情况不太严重的话，尽量降低盆栽土湿度或许可以控制病情。

烟霉病

烟霉病通常发生在叶片背面，有时也会长在叶片正面，看上去像成片的炭灰，对植物健康不会有直接危害，但会影响植物外观。

防治方法：烟霉以蚜虫和粉虱分泌的"蜜露"（排泄物）为食，只要消除这些害虫断绝烟霉的食物来源，烟霉自然就会消失。

霉病

植物霉病分为很多种，最常见的是粉状霉病。病症为叶片上出现白色粉状积垢，好像撒了一层面粉。开始时霉菌只感染一两块区域，但会逐渐蔓延开来，很快就能感染整株植物。秋海棠属植物最易感染霉病。

防治方法：尽早摘除受感染的叶片，使用真菌抑制剂防止病情扩散。增强通风，降低植物周围的空气湿度——直到病情得到基本控制为止。

病毒感染

植物感染病毒的主要症状有：生长停滞或变形，观叶植物的叶片或观花植物的花瓣上会出现异常的污斑。病毒可以通过蚜虫等吸汁害虫传播，也可以经未消毒的剪切插条的小刀携带传播。

目前并无有效措施控制植物病毒感染，除了需要病毒形成斑叶的部分斑叶植物，其他植物一旦感染，最好将植株扔掉，以免感染其他植物。

➲ 长势不良

在植物的生长过程中，并非所有问题都是由病虫害引起的，有时低温、冷风或营养不良等原因也会导致植物出现问题。

只有仔细检测才能发现导致植物长势不良的真正原因。以下所列举的一些常见问题有助于你在某种程度上确定主要原因，不过需要特别留心其他可能的原因，如是否移动过植物，浇水是否适量，温度是否适宜，利用供暖设备调高温度的同时是否注意增加湿度并增强通风。集中各种可能因素，锁定直接原因，并采取相应措施避免以后出现同样的问题。

温度

多数室内盆栽能抵抗霜冻温度以上的低温，但却不能适应温度骤变或冷风。

低温可能引起植物落叶。冷天没有及时移回室内，或在搬运途中受冻的植物，通常都会出现这种现象。叶片皱缩或变得透明，植物可能冻伤很严重。

冬季温度过高也不好，可能会导致大叶黄杨等耐寒植物落叶或引起未成熟的浆果脱落。

光照

有些植物需要强度较高的光照，光照不足，叶子和花柄就会因向光生长而偏向一边，而且植物茎干会变得细长。这种情况发生时，如果无法提供充足的光照，可以每天将花盆旋转45度（可在花盆上标记接受光照的部位），以便植物各个部位都可以接受充足的光照。

充足的光照有利于植物生长，但阳光直接和透过玻璃照射植物却会灼伤叶子——灼伤部位会变黄变薄。雕花玻璃像凸透镜一样具有聚光作用，灼伤更为严重。

湿度

干燥的空气可能导致娇嫩的植物叶尖泛黄，叶片变薄。

浇水

浇水不当会导致植物枯萎，这包括两种情况：若盆栽土摸起来很干，可能是缺水引起的；若盆栽土潮湿，花盆托盘中仍有水，则可能是浇水过多引起的。

施肥

植物缺肥可能导致叶片短小皱缩、缺乏生机，液体肥料可迅速解决这一问题。柑橘属和杜鹃属等植物种在碱性盆栽土中，会出现缺铁现象（叶子泛黄），用含有铁离子

空气干燥的影响
干燥的空气会影响多数蕨类植物的生长。图中的铁线蕨表现出环境干燥的症状。

的螯合剂（多价螯合）施肥，移植时使用欧石南属植物专用盆栽土（尤其是专为不喜欢石灰的植物设计的盆栽土），可以大大缓解这一症状。

花蕾脱落

花蕾脱落通常是由盆栽土或空气干燥引起的，花蕾刚形成时，挪动或晃动植物也会出现这一现象。如蟹爪兰，花蕾形成后挪动植株，由于不适应，很容易导致花蕾大量脱落。

枯萎现象

一旦植物出现枯萎或倒伏的情况，首先应找出原因，然后尽快急救让植物恢复正常。

植物出现枯萎或倒伏现象属于比较严重的问题，不注意的话，植物很可能会死亡。植物枯萎的原因通常有三个：

* 浇水过多

* 缺水

* 根部病虫害

前两种原因导致的枯萎通常很容易判断：若盆栽土又硬又干，可能是缺水；若托盆中还有水，或盆栽土中有水渗出，很可能是浇水过多。

若不是这两种原因，可以检查植物基部。若茎呈黑色且已腐烂，很可能是感染了真菌，这种情况下，最好将植物扔掉。

若上述原因都不是，可以将植物取出花盆，抖落根部盆栽土，若根部松软呈黑色，且已腐烂的话，可能是根部发生了病害。另外查看根部是否有虫卵或害虫，某些甲虫如象鼻虫的幼虫也可能引起植物枯萎。

浇水过多植物的急救

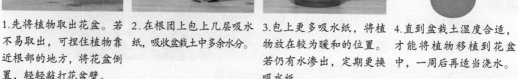

1.先将植物取出花盆。若不易取出，可捏住植物靠近根部的地方，将花盆倒置，轻轻敲打花盆壁。

2.在根团上包上几层吸水纸，吸收盆栽土中多余水分。

3.包上更多吸水纸，将植物放在较为暖和的位置。若仍有水渗出，定期更换吸水纸。

4.直到盆栽土湿度合适，才能将植物移植到花盆中，一周后再适当浇水。

根部病虫害的急救

根部腐烂严重的话很难恢复原状，不过可以用稀释后的杀菌剂浇透盆栽土，数小时后用吸水纸吸去多余水分。若根系受损严重，尽量去除原来的盆栽土，使用经消毒的新盆栽土，移植植物。

某些根部害虫，用杀虫剂浸泡盆栽土就可以消灭，但深红色的象鼻虫幼虫和其他一些难缠的根部害虫很难控制。这种情况下，可以抖动植物根部，撒上粉末杀虫剂，然后将植物移植到经消毒的新盆栽土中。病害不严重的话，移植后只要植物重新生长，就能存活。

第二章
家庭养花的美丽健康指南

家庭养花的常见种类

容易栽种的常绿植物

常绿植物容易成活，省心省力，因此是室内盆栽的主角。大多数常绿植物都有很强的生命力，将其安置在室内任何位置都能茁壮成长。下面就推荐几种生命力强，又能让人眼前一亮的常绿植物。

叶面有蜡质的常绿植物，如龙血树属植物、八角金盘属植物、榕属植物、鹅掌柴属植物、喜林芋属植物等，既可以单独作装饰，也可以搭配其他植物使用。搭配种植其他叶子质感不同的观叶植物或观花植物，可以使室内盆栽形式多样，色彩斑斓。但不论是生有纸质叶还是羽状复叶的植物，都不如常绿植物长势喜人。这就是选择生命力较强的常绿植物作为室内盆栽基础的原因。

室内"树木"

即便非常普通的房间，只要摆放一棵袖珍版的大型常绿植物，也会显出别样的特色和风格。自然界中大多数常绿植物植株高大，受空间局限，它们并不适合用作室内盆栽。选择室内盆栽时必须考虑房间大小，并保证所选植物不会长得太快，否则原来的空间就无法容纳它了。

龟背竹外形引人注目，叶片宽大，形状独特，能长成大型植株。

考虑到这一点，大型棕榈是理想之选，当然多数榕属植物也很合适，如风靡一时的橡皮树。有些人觉得橡皮树平凡无奇，不招人喜欢，其实它有不少斑叶品种，观赏性是非常强的。如果你不喜欢斑叶植物，通体翠绿的大叶橡胶榕是个不错的选择，不过，你需要注意的是绿叶品种比斑叶品种长势迅猛。大叶橡胶榕枝干细长，如果不想让它长太高，可在株高约1.5～1.8米时，对较长的枝条做打顶处理，促进植株分杈。

其他可用作室内盆栽的榕属植物还有琴叶榕（叶片宽大，形状奇特）、孟加拉榕（叶片上的绒毛让它看起来不像其他植物那样充满生机），以及目前颇受青睐的垂叶榕。垂叶榕树干挺拔，树冠宽大，枝条下垂，特别漂亮，还有不少漂亮的斑叶品种，如"星光"垂叶榕。

枝叶繁茂的盆栽植物包括鹅掌藤、辐叶鹅掌藤，均生有掌状复叶。

合理安置生命力顽强的植物

走廊或后门附近温度较低或风较大的地方，可以选择叶面有蜡质的常绿观叶植物，只有这些植物才能抵御霜冻和冷风。

八角金盘是一种蜡质叶的常绿植物，其叶片形同手掌（如果不喜欢普通的绿叶品种，还可以选择斑叶品种）。说到八角金盘，不得不提五角金盘。五角金盘由八角金盘和常春藤杂交而成，既可像灌木一样在春天插枝种植，也可任其攀援而上展现常春藤的特点。

其他可供选择的此类植物还有青木和黄杨的斑叶变种，其中黄杨的斑叶变种包括大叶黄杨、金心黄杨和狭叶黄杨。

如果你想种植生命力比较强的攀缘植物或蔓生植物，常春藤是理想之选。根据叶子的形状、大小、颜色，常春藤可以分成许多不同的品种。

高贵典雅的棕榈树

棕榈树是高贵典雅的象征，用作室内盆栽能让你的居室品位不俗。看到棕榈树，就会让人想起豪华大酒店摆着钢琴和棕榈盆景的大厅，甚至会让人想起后现代主义的室内装潢风格。

多数棕榈树生长缓慢，因而大型棕榈树通常价格不菲。不过千万别因此放弃种植棕榈树，只要条件适宜，幼小的棕榈植株也会慢慢长大。

并非所有棕榈树都会长成大型植株，很多小型棕榈树适合作桌面摆设或放在基架上装点重要场合，一些更小的棕榈植株甚至只需种在小花盆内。你可以根据不同的需要挑选大小合适的棕榈树。

华盛顿扇叶葵蒲扇似的叶子惹人喜爱。

棕榈树科学种植法

人们通常认为所有棕榈树都喜光喜旱，其实这是一个很大的认识误区。在自然界中，棕榈树能适应各种不同的气候条件。但是作为室内盆栽植物，当然不需要它与环境做斗争，而是会为它创造良好的生长环境，使其长势良好，枝繁叶茂，无病虫害。因而，需注意以下几点：

＊冬季置于阴凉处，但温度不得低于10℃。

＊避免阳光直射，植株日照不足的情况除外（很少有棕榈树需阳光直射）。

＊确保土壤渗水性良好（渗水性差会引发一系列问题）。

＊尽量避免移栽，除非原有花盆束缚了棕榈根须的伸展。若需移栽，须确保新盆中的盆栽土被压实了。

＊春夏季充分浇水，冬季尽量少浇水。

＊经常向植株喷雾，定期用海绵清洁叶面。

＊忌用气雾型叶面光亮剂擦拭叶面。

色彩斑斓的斑叶植物

各种各样的斑叶植物不论是置于昏暗角落还是明亮窗台，都能为你的居室带来一抹亮色或一种异国情调。与观花植物不同，斑叶植物一年四季都能保持色彩斑斓的状态。

斑叶植物进化形成的原因有很多，要想让斑叶植物长势良好、斑叶漂亮，就必须了解两个最主要的原因。

多数室内摆放的斑叶植物最初生长在林中空地或边缘地带等阳光直射的地方。在此生存，斑叶就显得尤为重要，因为它可以减少叶片的功能面积。这样的斑叶通常绿白相间，白色部分可以反射多余的阳光，避免叶片被灼伤，这是这类植物自我保护的最优进化结果。

一些喜光的斑叶植物叶片出现的色块和斑纹则另有原因。例如，红色、粉红色叶

片能分别吸收阳光中波长不同的光线，斑叶的不同颜色能提高叶片的阳光利用率。如果光照不足，这一类型的斑叶就能显示它充分利用阳光的优越性了。

少数斑叶植物的斑叶只是为了吸引昆虫传粉。常见的有一品红和彩叶凤梨属植物，它们开花时花朵附近的叶片就会由绿色变成鲜艳的颜色，如红色和粉红色。

除此之外，其他原因也

朱蕉又名红叶铁树，品种繁多，不同品种的斑叶颜色和花纹各不相同。

缘叶龙血树是很受欢迎的室内盆栽，有很多的斑叶变种。

会使植物产生斑叶，如驱赶害虫，因此对各种情况应该区别对待。鞘蕊花属、变叶木属等植物需要充足光照，而网纹草属这种白色或淡粉色斑叶植物，则需避免阳光直射。

潜在的问题

光照过强或不足，都可能导致斑叶植物出现问题，一旦出现异常，应视情况将植物移至光线相对较弱或充足的地方。

如果斑叶植物抽出了一根绿叶枝条，应将这根枝条齐根剪去，否则，整株斑叶植物很可能会变身为绿叶植物。

除花期外，其他时间植物的彩色苞叶（包裹花芽的变态叶）可能会失去颜色或是颜色变淡，目前没有任何措施可以改变这一情况。

优雅大方的蕨类植物

蕨类植物漂亮迷人，绿意葱茏，让人感觉宁静舒适，用作室内盆栽能使你的居室独具魅力。与色彩鲜亮的观叶植物以及绚丽多姿的观花植物相比，蕨类植物更能营造一种轻松悠闲的氛围。

蕨类植物优雅大方，叶子漂亮，虽不开花却不失玲珑雅致。多数蕨类植物喜阴不喜阳，这一条件任何住宅都能满足，但同时蕨类植物喜湿，普通居室很难满足。如果你希望所栽种的蕨类植物生长繁茂，可以选择一些易成活并对环境要求较低的品种，或者尽量满足它们对空气湿度的要求，这一点至关重要。必须采取一定措施增加空气湿度，至少要增加植物周边的空气湿度，否则室内供暖设施会导致大部分蕨类植物死亡。温室、走廊和花园阴凉潮湿，是种植蕨类植物的最佳场所。

然而并非所有蕨类植物都对生长环境有如此高的要求，有些品种完全能够适应干燥或低温，成活率较高。若想栽种较为娇贵、叶片较薄且长有孢子囊的蕨类植物，可以使用花盆或小型栽培箱，保证植株旺盛生长。

新手须知

如果你从未栽种过蕨类植物，可以先选择易成活的品种，有了一定经验再选择不易成活的名贵品种。

常见的蕨类植物通常价格不高，部分稀有品种的小型植株也很便宜。你可以从花店购买常见的蕨类植物，也可以从专门的苗圃购买稀有品种。

蕨类植物繁育法

繁育蕨类植物最简单的方法是分株繁殖，将一大簇原株分成几份，或者分离出小枝单独栽种。有些蕨类植物长有根状茎，可用根状茎进行繁殖。

还有些蕨类植物的叶子上长有鳞茎或幼芽（如铁角蕨），可将这些枝条压到湿润的盆栽土中，慢慢就会生根长成新植株。还可以通过孢子繁育蕨类植物，但过程通常比较漫长，而且发芽率高的新鲜孢子很难得到。

辨别蕨类植物

有些植物常被误认为蕨类植物，如卷柏、石刁柏蕨等。卷柏是原始的蕨类植物，而石刁柏蕨是由原始蕨类进化成的有花植物，有着蕨类植物共同的特点——羽状复叶，但它们其实属于百合科，虽然那不显眼的花朵很难让人将其与百合科植物联系起来。

卷柏外形美观，植株矮小，生长环境和适宜室内种植的蕨类植物非常相似：喜阴、喜湿、喜温。将卷柏和蕨类植物种在一起能起到互相促进生长的作用。

有些石刁柏蕨也可用作室内盆栽，而且和真正的蕨类植物相比，石刁柏蕨生命力更强，养护也更容易。

铁线蕨优雅端庄，但只有在潮湿环境中才能存活。

仙人掌和多浆植物

有些人很喜欢仙人掌，以栽种仙人掌为乐，也有些人认为仙人掌根本算不上真正的室内盆栽，从来不种仙人掌。无论人们的看法如何，仙人掌始终都是最容易打理的植物，如果你没有时间照料植物，仙人掌无疑是理想之选。

开花的仙人掌科植物非常漂亮，如昙花简直让人惊艳，但大多数人可能只是根据仙人掌的形状来决定是否种植。少数仙人掌科植物不开花时确实不怎么好看，如前面提到的昙花，但在有些人看来，许多仙人掌形状可人、造型独特，就算不开花也是一道亮丽的风景：有的植株匍匐或下垂生长，有的植株长有绒毛或长刺，有的植株长有

彩云阁易成活，有三棱或四棱形分枝。

扁平的分枝，还有的植株呈球形。

仙人掌科植物品种繁多，有的花朵奇丽，有的造型独特。普通品种就令你目不暇接，你还可以从专业苗圃中买到更多品种。

沙漠之花

这种仙人掌只有在晚秋到早春季节才需要少量的水，其他季节无需浇水，但必须保证有充足的光照。冬季要保证温度适宜，这能促进植株开花（10℃左右）。仙人掌幼株需要每年移栽一次，长大后如非必要则不需移栽，因为较小的花盆空间并不会抑制植株开花。

有些仙人掌科植物的幼株并不开花，如果你想尽早观花，可以选择仙人球属、丽花球属、乳突球属、南国玉属、锦翁玉属、子孙球属的植物。

林中仙人掌

林中仙人掌茎扁平，形似叶子，最为常见。要保证林中仙人掌每年都开花，养护方法很重要。

不同品种的仙人掌应使用不同的养护方式。秋季中旬至冬季中旬或者隆冬至早春期间，是林中仙人掌的休眠期，这段时间应少浇水，同时将其置于阴凉处。休眠期后可定期浇水，并将其置于温暖的地方。夏季最好将林中仙人掌置于室外阴凉处。

多浆植物

不同的多浆植物对生长环境的要求各不相同——长生草属植物生命力强，甚至能抵御霜冻，而另一些植物则较为挑剔，因此要有针对性地养护不同植物。不过多浆植物通常需要充足的光照，冬季基本不必浇水。

多浆植物的摆放和组合

大型昙花属植物单独放在走廊上非常漂亮，但是很多多浆植物单独种植时很难引人注目，因而通常将它们组合种植在盘状或槽状花盆中。下垂生长的仙人掌科植物，如林中仙人掌，开花时非常漂亮，可以单独放在座墩上作为装饰。有温室的话还可以将不同品种的多浆植物种在同一个吊篮中。

仙人掌科植物非常适合搭配种植，中等大小的居室内能摆放很多这种植物。有温室抵御霜冻的话，能选择的品种就更多了，而且可以把温室品种和室内品种穿插种植，让室内盆栽充满变化无穷的魅力。

➲ 凤梨科植物

凤梨科植物较为奇特，有的叶子紧密抱合呈花瓶状，有的叶子色彩斑斓，弥补了不开花的缺憾，还有少数为寄生植物，没有土壤也能生存。

部分凤梨科植物，如光萼荷属、丽穗凤梨属、果子蔓属植物，其头状花序和叶子都有很高的观赏价值。少数凤梨科植物，如水塔花属植物，花型奇特漂亮，是典型的观花植物，而多数凤梨科植物都是作为观叶植物种植的。其中有的植物在花期时中心叶片会呈现色彩鲜艳的斑点，如彩叶凤梨属植物；有的植物长有漂亮的斑叶，如姬凤梨属植物。凤梨是最为常见的凤梨科植物，但只有一些斑叶品种广泛用于室内盆栽，如艳凤梨。

蜻蜓凤梨花朵奇特美丽，叶面有灰色粉状物，引人注目。

附生凤梨属植物

多数铁兰属植物是寄生的，不需要土壤。自然界中的铁兰属植物一般寄生在树枝甚至绳子上，也有沿着岩石生长的。将铁兰属植物种在凤梨科植物上观赏效果最好，当然也可以购买一些可以附生于贝壳、吊篮甚至粘在镜子上就能存活的品种。另外还可以就地取材，用任何合适的容器栽种。

*浇水：经常给植株喷水雾，尤其是春季至冬季空气干燥时，喷水雾是提高空气湿度的唯一方法。

*施肥：在水中添加稀释过的液体肥料，通过喷雾给植物施肥。植物生长旺盛时大约每两周施肥一次。

➡ 观花植物

观花植物在室内摆放的时间通常较短，但其色彩和活力就连色彩斑斓的观叶植物也无法媲美，而且观花植物还能让人感受到季节的变化。

多年生开花植物是室内盆栽的明智选择，当年开花后经过打理和养护来年仍能开花。例如虾衣花属植物、叶子花属植物、意大利风铃草、君子兰属植物、栀子属植物、球兰属植物、多花素馨、天竺葵属植物、非洲紫罗兰属植物、白鹤芋属植物以及扭果苣苔属植物。

一年生观花植物

非洲紫罗兰属植物是最受欢迎的观花植物，花的颜色、形状和大小因品种而异。

大部分一年生观花植物花期过后就没有观赏价值了，人们通常会扔掉植株（有时也会将其置于温室中）。这些植物的寿命其实和保存时间较长的鲜花差不多。观花植物多为一年生，当年开花当年结籽，靠种子繁育费用并不高，如白露华丽属、荷包花属、瓜叶菊属以及藻百年属植物，这些植物花色鲜亮，价格便宜，自己播种繁育成活率也较高。

一年生植物花期过后一般都会枯死，植株只能扔掉了。有些植物花期过后虽然不会枯死，但也不值得放在家里细心养护了，例如，凤仙花属植物来年仍会发芽，但再生的枝条细弱，毫无美感，况且再次播种获得的植株健壮漂亮，也不费多大工夫。杂交秋海棠花期过后，来年很难再抽新芽，而且重新购买非常便宜，花期结束后可以直接扔掉残株。风信子等鳞茎植物，可以采用人工手段促使其提前开花，但第二年开的花就大不如前了。这种情况下最好将其移植到苗圃中，精心养护，以待来年。

耐寒的绿化植物有时也可用作室内盆栽，如落叶植物。这些植物开花时非常漂亮，花期结束后只剩下宽大的叶子就不怎么好看了，而且很难在室内存活。因而，这些植物开花时可以放在室内观赏几周，一旦花期结束最好种在室外苗圃中。

控制植物花期的小诀窍

在某种特定条件下，我们可以控制植物的花期，但家中很难创造这种适宜的条件。温室中生长的菊花，可以利用特殊的光源和遮蔽手段来调节光照时间，达到控制花期的目的。

植株矮小的菊花品种是经矮化药剂处理过的，但化学药剂的作用会逐渐消退，如果不及时补充，植株就会恢复原来的高度，这种菊花的花期也是可以控制的。我们可以将菊花种在花园中，只要冬季温度不是太低，很多菊花都能存活。

一品红也可以通过调整光照时间来控制花期，还可以用化学药剂控制植株高度。有人成功连续种植一品红长达数年，但如果不调节光照时间，矮化的植株会慢慢变高，花期也会变动。可以通过以下方法调整光照时间：用黑色不透明的聚乙烯塑料袋罩住植株8周，每天14小时。

调整光照时间同样可以控制伽蓝菜属植物的花期。

菊花是上佳的短期观花植物，购买时最好选择含苞待放或刚开花的植株，这样花期结束前可以在家中摆放好几周。

➔ 芳香植物

　　并非只有花才有香味，有些并不开花的植物也有着馥郁的独特香味。用心发掘芳香怡人的植物，你肯定会觉得使用空气清新剂的行为有点可笑。

　　不同的人对香味的感知能力有所不同，这主要是由嗅觉器官的敏感度决定的。有些人和色盲者一样可以被称为"味盲"，这些人能闻到大部分气味，但对某些特定的香味缺乏敏感性。例如，有些人能闻到玫瑰淡雅的香气，却闻不到香雪兰浓烈的花香，向"味盲"推荐某些芳香植物比较困难。本书所推荐的芳香植物的香味大部分人都能闻到，不过可能仍会有人觉得这些香味较淡，甚至闻不到香味。

大花蔓陀罗植株高大，开铃形大花，香味馥郁，图中的品种为"甘蔓怡"曼陀罗。

　　另外，即使对同一种香味，不同的人也会有不同的反应。这可能是由生理因素引起的，也可能是因为某些香味会让人想起一些愉快或不愉快的经历。例如，有人觉得香叶天竺葵散发出浓烈的柠檬香味，而有人却觉得那香味像牙科诊所消毒水的气味。

　　因此只有亲身种植，切身体会，才会清楚自己是否喜欢某种香味。大部分人都会喜欢我们推荐的芳香植物，当然，如果不喜欢，大可以将这些植物排除在外。

芳香植物摆放法

　　有的植物香味较淡，需要近距离才能闻到，如波斯紫罗兰。这样的植物可以摆在一些较易闻到香味的地方——如客厅经常经过的桌子或架子上，也可以摆在餐桌上。

　　有的植物香味较浓，一棵就足以使满室芳香，如栀子花、风信子等。这样的植物可以摆在室内任何位置。不过要注意，不同植物的香味可能会产生冲突，因此香味有冲突的植物应该分开摆放，以便享受植物不同的香味。

　　有的植物需轻轻触碰才会散发香味，如叶子能散发香味的天竺葵。这样的植物必须摆放在有意无意就能碰到的地方，如楼梯旁的壁龛或窗台上，厨房餐桌或操作台上。

➔ 奇妙有趣的植物

　　有的植物不但漂亮，而且还具有娱乐或教育功能。这样的植物非常有趣，能培养小孩子对植物的浓厚兴趣。

　　小孩儿通常对食虫植物比较感兴趣。多数食虫植物没有漂亮的外表，不过也有少

捕蝇草的捕虫器像个小笼子，昆虫一碰，捕虫器会立即闭合。

数开美丽的花。比如长花马先蒿花粉色，和紫罗兰很像，花茎修长，花期可达数周。虽然多数食虫植物的花不怎么漂亮，但它们各式各样的捕虫器却十分有趣。

有些食虫植物不宜在室内种植，但以下这些值得一试：捕蝇草（具有笼子样的捕虫器），好望角茅膏菜（具有黏性捕虫器），长花马先蒿（具有"飞纸"捕虫器），"黄喇叭"（具有陷阱捕虫器）。上述四种植物代表了食虫植物的四个种类，都可以作为室内盆栽。不过要想这几种植物存活时间较长，必须用心打理才行。

敏感的植物

有些植物非常敏感，一碰触就会发生变化。最典型的是含羞草：外观可爱，花朵像粉色小球，叶子很敏感。如果花圃或花店买不到现成含羞草植株的话，可以自己播种培植。

用叶繁殖的植物

有些植物的叶子能繁育出新生的植物幼苗，这些幼苗长到一定时候会脱落，遇土生根，发育成新植株（也可以直接从叶子上取下幼苗进行种植，加快植物繁殖）。

这样的植物最常见的是大叶落地生根和棒叶落地生根，大叶落地生根叶子边缘长有很多小幼苗，棒叶落地生根叶子末梢长有成簇的小幼苗。

其他此类植物常见的还有芽孢铁线蕨和千母草，这两种植物成熟叶子基部形成幼苗。

无土栽培的开花鳞茎植物

秋水仙新颖独特，在干燥无土的环境中也会开花。可以将秋水仙鳞茎直接放在窗台上，但最好将其固定在盛有沙子的盆里。几周后，干燥的鳞茎上就会开出酷似番红花的大型花朵。

另一种不太常见的此类植物是斑龙芋，也能在干燥无土的环境中开花（处理方法和秋水仙相似）。花管状，紫绿色，看上去有点诡异。这些奇特的花朵会因捕食的虫子腐烂而散发出一股臭味——小孩子很喜欢这种植物，但在居室摆放的时间不宜过长。

家养花草摆设创意

➡ 室内摆设

家具摆设和装修风格会反映出你的性格。或许你无力改变外面的世界，甚至连工作环境也无法改变，但在家里你可以尽情彰显个性。室内盆栽能帮助你营造理想的氛围，如温馨田园、简约有型、时尚典雅等，各种风格室内盆栽都能帮你办到。无论是乡间小屋、都市公寓，还是城市住房，只要选择合适的盆栽植物就能彰显不一样的家居风格。

没有植物的住宅如同不加调料的饭菜一般沉闷无味。我们固然更注意住宅的外观和实用性，但如果室内也充满情趣就更好了，室内盆栽恰好能做到这一点。有些人不喜欢沿着楼梯生长、过于茂盛的常春藤，因为上下楼梯时可能被绊住；有些人不喜欢摆在餐具柜上的蓬莱蕉，因为放餐具时可能被刺到。但只要你精心选择，室内盆栽不仅不会给你惹麻烦，还能让原本呆板阴暗的房间熠熠生辉。

有些植物还能起到屏风的作用。植物屏风往往比普通屏风更为自然，丝毫不会显得突兀。

确定风格

你必须先确定你所要营造的整体风格，然后再购买合适的植物，这有助于你实现预期。条件允许最好购买几株名贵植物，虽然价钱比普通植物贵一些，但前者产生的视觉效果却是后者无法匹敌的。若要营造复古的村舍格调，只需在窗台上摆放一些传统植物，或用漂亮的装饰性花盆种一株大型蜘蛛抱蛋或虎尾兰。那些线条粗糙，中规中矩的大型植物适合摆放在宽敞的居室、办公室或门厅中，不适合营造村舍格调。

组合种植还是单独种植

几株植物组合种植能够形成局部小气候，有利于植物生长。和分散种在室内不同角落相比，三五棵植物种在一起能产生更为强烈的视觉效果。组合种植需要更大的容器，所选容器也要有助

植物摆放过密往往显得呆板，但能形成有助于植物生长的小气候。图中将植物按高矮摆放，在餐厅和厨房间形成了一个引人注目的绿色屏风。

于塑造特定的风格。

大型植株一般都单独种植，如丝兰属植物、喜林芋属植物以及垂叶榕和琴叶榕等桑科植物，单独种植就足以吸引眼球了。植物一旦长高，就会露出底部光秃秃的主干，此时可以在盆中种入小型观花植物或攀援常春藤，遮住光秃秃的主干。

选择合适的背景

大部分植物在朴素背景的映衬下最为漂亮。如果墙纸有花纹，特别是带有叶或花图案的花纹，最好选择叶子宽大且醒目的观叶植物。此时和斑叶植物相比，普通的绿叶植物显得更有优势，因为斑叶植物与色彩斑斓的墙纸放在一起，让人觉得眼花缭乱。

充分利用高度

把植物都摆在桌子或窗台上固然很漂亮，却难免显得有点呆板。因此可以将某些大型植物直接摆在地上。居室的上层空间缺乏装饰，但光照较好，可以悬挂吊篮植物。壁炉不用时，可以在壁炉架上摆放攀缘植物，壁炉垫座也能作为漂亮的容器种植绿萝等攀缘植物，龙血树等长刺的植物以及肾蕨等枝叶下垂的植物。

选择合适的容器

容器不能喧宾夺主，但巧妙运用容器可以让原本普通的植物变得特别，而且很多容器本身就可以作为装饰。尽量为植物选择漂亮的容器，旧水桶或藤编筐等也可以种植植物，但要注意使植物和容器浑然一体，相得益彰。

植物和房间大小的比例

要想实现预期风格，就不能忽视植物和房间比例的问题。单独种植的非洲紫罗兰，即使摆在引人注目的桌子上，也不会对整体布局产生多大影响；同样，村舍的小房间中摆放一株大型垂叶榕虽然引人注目，却显得和整体风格格格不入。

➔ 案头摆设

漂亮的观花植物或观叶植物无论是作为普通的案头装饰，还是作为重要场合的餐桌摆设，都能成为引人注目的焦点。可惜的是，适合案头摆设的植物并不多，而且大部分植物都喜欢窗边光照充足的生长环境，因此你需要仔细选择合适的植物作为案头摆设，并经常更换。

观花植物

选择颜色和桌布搭调的观花植物，能让整张桌子更具格调。特别是作为餐桌摆设的植物，即使植株较小，精心选择和搭配也能让整张餐桌更加赏心悦目。

桌布对毫不起眼的桌子具有装饰作用。有图案或颜色淡雅的桌布能自成风格，也能和所摆的植物一起构成一道更为亮丽的风景。仙客来植株漂亮，单独摆在光秃秃的桌子上略显单调，如果铺上粉红色的桌布，效果就完全不同了。

非洲菊等花色鲜亮的观花植物花梗较长，可以放在装有镜子的桌上。镜里镜外花朵交相辉映，看上去像花朵的数量增加了。

非洲菊是典型的适合案头摆设的植物。植株买回时一般都已开花，而且很难养护到来年，和保存时间较长的鲜花差不多。非洲菊花期可达数周，打算开花后扔掉植株的，就不必在乎案头光照是否充足了。

其他能给昏暗角落带来亮色和情趣，但花期过后通常需要扔掉植株的植物包括全年生长的菊花、瓜叶菊属植物、冬石南、巴西鸢尾以及紫芳草等小型一年生植物。春季和冬季，风信子等鳞茎植物可以作为案头摆设，可以先将这些植物放到光照充足的地方，待植株开花后，再将它们移到案头，第二年种植时不能对这些植物进行催花处理。

植物和背景颜色协调能创造出雅致的效果。图中仙客来粉红色的花和桌布以及墙纸的镶边相得益彰。

观叶植物

虽然大部分观叶植物的耐阴性极强，但其中很多并不适合作案头摆设。例如多数榕科植物植株偏大，而常春藤等为蔓生植物，都不适合摆在案头。形状匀整的耐寒斑叶植物，如"劳伦蒂"虎尾兰，或广东万年青属植物的斑叶变种适合作为案头摆设。

桃叶珊瑚的变种适合种在较为阴凉的位置，如无供暖系统的卧室、通风不好的门厅等处。

座墩摆设以及悬挂式花盆和花篮

如果能够充分利用上层空间，悬挂或下垂生长的植物可以将你的居室装点得绿意葱茏又层次分明。如果家中空间有限，地板上能摆植物的地方都摆满了，就可以使用悬挂式花盆种植植物，充分利用上层空间。悬挂式花盆可以营造出绿色瀑布之感。

座墩摆设

有些座墩本身就非常美观，足以吸引眼球。这样的座墩不适合摆放枝条太长的蔓生植物，因为过长的枝条会遮住富有特色的座墩。但可以摆放枝条较短的蔓生植物，这些蔓生植物包括具刺非洲天门冬、意大利风铃草以及蟹爪兰属和假昙花属的开花杂交品种。

想同时展示漂亮的花盆和座墩的话，就应该使用枝条弯曲但不下垂的植物：吊兰和细叶肾蕨非常合适。有些座墩实用但缺乏装饰性，就可以用来摆放瀑布式下垂生长的植物，如常春藤、垂枝香茶菜、斑叶香妃草，或金色的绿萝（又名黄金葛）。

悬挂式花盆和花篮

普通的悬挂式花盆多用于温室，并不适合室内使用。浇水量不容易控制，室内使

细叶肾蕨是最常见的座墩盆栽，顺着它下垂生长的枝条自然而然会注意到漂亮的座墩。图中外形美观的座墩上以及下方的座墩架上各摆了一盆细叶肾蕨。

用悬挂式花盆，一旦浇水过多，水就会顺着盆底排水孔滴到地毯或家具上，因而最好使用有托盘的悬挂式花盆，或者选择专为室内设计的"吊篮"（形似花篮，有时带有渗漏器）。

悬挂式容器较难安置：多数适合种在悬挂式花篮中的植物需要充足光照，挂得高了，光照满足不了；挂得低了，又会碰到人。较小的房间可以选择较浅的吊篮或壁式花盆。在素净或灰白墙壁的映衬下，许多悬挂式容器中的蔓生植物或枝条弯曲的植物都会显得格外动人。

➡ 组合搭配大型植物

有时大型植物适合单独摆设，高大醒目的植株给人造成很强的视觉冲击。有时大型植物组合搭配，特别是摆在小型植物后面时效果更好。

植株特别高大的植物，如高达 1.8 米甚至更高的丝兰，或高度接近天花板的垂叶榕，大可以单独摆放，这样就足以吸引眼球了。较小的植物通常更适合组合搭配，因为这样比单独摆放更具视觉冲击力，让人有置身花园的感觉。

要组合搭配小型植物，只需将几种植物种在一个较大的花盆中即可，但大型植物就行不通了，因为办公室和酒店大厅使用的大花盆不适合家庭使用，不过可以把单独种在花盆中的大型植物排在一起，并在前面摆些较小的植物。

大型室内盆栽植物多为斑叶或彩叶的观叶植物。组合摆放绿叶植物可以制造凉爽、静谧的氛围，搭配使用斑叶或彩叶植物也不失为一种好的选择。斑叶植物的叶子只有绿色部分可以利用阳光进行光合作用，对光照的要求通常比绿叶植物高，不适合摆在阴暗的位置。

家中缺少装饰的地方最好组合摆放一些植物。废弃的壁炉可以用一棵较大的蕨类植物进行装点。壁炉及其周围很适合组合摆放植物——壁炉架的后部可以摆放较高的植物，前部可以摆放小型植物，而壁炉台上可以摆放枝条弯曲的植物或蔓生植物。

组合摆放的原则

基本原则是高大的植物摆在后面，矮小茂盛的植物摆在前面，这样看上去最为自然。同时要考虑植物摆放的位置。两端有窗的狭长房间，摆在中间的植物能起到屏风的作用，可以将高大的放中间，矮小的放两边。房间的角落摆上一株大型植物，前面随意放些小型植物，就会非常漂亮。

植物高度相差无几的话，可以摆在高低不等的桌子上，或通过其他方法制造层次感。

为防止地板受损，可以在花盆底部放上托盘——最好使用和花盆风格一致的托盘。成组摆设时，放在后面的植物浇水会更麻烦，容易有水洒出，这时托盘的作用就显现出来了。

⊙ 组合搭配小型植物

小型植物组合摆放往往比单独摆放更具创意，可以将几株小型植物种在同一个花盆中，也可以将几盆单独种植的小型植物摆放在一起。

植物组合摆放不但便于养护，而且比单独摆放时更漂亮，更引人注目。按植物的高矮从内往外摆放能让整体布局更具层次感。薜荔和玲珑冷水花等匍伏生长的小型植物搭配其他植物摆放会有令人耳目一新的感觉。由于自身的生长特点，这些植物一般都会作为一组植物中的底层植物。组合摆放还可以掩盖植物的一些不足，如放在底层的小型植物能遮住另一些植物生长不匀称或底部光秃秃的缺点。几种植物放在一起还能形成局部气候，有利于植物生长。植物多了，植物周围空气的湿度会相对高一些，能更为有效地防止干燥的空气和冷风对植物生长造成的不利影响，可以容纳多种植物的大型花盆中盆栽土的湿度也更容易得到保持。带自动供水系统的花盆中种植的植物和无土栽培法栽培的植物更适合组合摆放，稳定均匀的水分供应更有利于这些植物生长。

成组摆设的造型

成组摆设的造型并无硬性规定——只要有利于植物生长，可以随喜好搭配（当然对生长环境要求截然不同的植物不能放在一起）。以下所列的几种造型既漂亮又适用于多数植物，不过尝试一下其他形式也蛮有意趣的。例如，环境合适的话，可以在壁炉上摆放旧煤桶种植的植物，这会令你的壁炉变得与众不同。

收纳盆灵活性强，可以随意移植自己喜欢的植物进去，还可以按照自己的喜好做造型。像菊花、一品红等花期较短的植物比多年生

和大型植物一样，成组种植同样有助于小型植物生长。你可将几种植物种在一个较大的花盆里，也可以将单独种植的植物组合摆放。后者灵活性较强，可以随心所欲地移动和重摆，若是短期观花植物，这一点显得尤为重要。

植物更适合组合种植。在各种观叶植物（茎干挺拔的植物、枝条弯曲的植物、毛茸茸的植物或蔓生植物）间点缀少量观花植物，能创造出良好的视觉效果。摆放时收纳盆中各个花盆之间应该留有空隙，但空隙不能太大，否则看起来就像毫不相关一样。

盛有鹅卵石的托盘适用于喜阴植物。选择适合案头或窗台摆设的托盘，装入鹅卵石。将花盆安放在鹅卵石上。盆中不一定要装水，有水的话必须保证花盆底不与水接触。

自动供水花盆大小合适的话至少可种三种植物。这样的花盆外观雅致，又能减轻浇水负担。可以选择不需要经常移植或移动的植物，直接种到盆栽土中。

花房和暖房摆设

有花房或暖房的话，你几乎可以成功种植所有室内盆栽植物。但也存在问题，因为必须要处理好植物生长环境和人的居住环境之间的矛盾，人待在适合热带植物生长的环境中可能会有不适感。不过只要精心安排，花房可以成为居室的延展部分，不但不影响生活，还能让你更好地观赏植物。

通常可以在室外扩建花房或暖房，也可以将有光照的房间改建为花房或暖房，天气晴朗但气温不高时暖房内的植物仍能正常生长，而且还能成为室内装饰。如果能保证空气湿度和温度，从地板到天花板可以分层种植各式各样的植物，创造一种热带风情。

人性化设计的暖房

如果暖房光照适宜、环境舒适，适合久坐，你可以摆上一张咖啡桌，几张漂亮的椅子，周围放一些雅致的盆栽植物，这样的设计别有一番风味。

将暖房的墙刷成白色或米色，靠墙种上一株九重葛，摆上几盆棕榈，再放上一两盆开花灌木，如夹竹桃、橘树或柠檬树，立即就会让人陶醉其中。

专为植物设计的暖房

如果购置暖房只是为了增加所种植物的种类和数量，可以将暖房当作温室使用，其实现在简约而时尚的温室和暖房差别不大。

可以充分利用攀缘植物来装点你的暖房。每隔30～60厘米在墙壁上扯上一根镀锌金属丝，植物就会贴着墙壁攀援而上，直至覆盖整个墙壁和屋顶，夏季能为你带来一片清凉。如果种的是葡萄或西番莲属等落叶攀缘植物，你不必担心在它们绿荫下生长的植物会缺

橘树等柑橘属植物，可用于室内摆设，但更适合摆在暖房中。暖房的墙壁刷成白色可以反光，靠墙放上一盆橘树，观赏效果极佳。

乏充足的阳光进行光合作用。不过夏季还是要注意定期修剪，以免植株生长过于茂盛，遮挡阳光，不利于其他植物生长。

如果暖房是建在土地上的，可以直接在暖房靠墙的地面上种几株攀缘植物，再种上几株灌木。摆放植物的花架可以购买别人设计制作好的，也可以自己动手搭建，那将别有一番趣味。不要仅仅在暖房靠墙的四周摆放植物，只要位置合适都可以摆放植物，比如，可以在休息区摆上几盆植物，作为背景装饰。

暖房通常用来种植地面盆栽植物，但也不妨尝试一下适合种植在悬挂式花盆中的植物，比如下垂生长的倒挂金钟属植物和细叶金鱼花等。

暖房内最好铺设遇水不会受损的地板。高温天气使用加湿器增加空气湿度。冬季注意保暖，多数室内盆栽植物 7℃ 以下很难存活，而更娇嫩一些的植物则要求温度不能低于 13℃。

瓶状花箱

密闭的玻璃瓶也可以种植植物，瓶内水分蒸发后凝结于瓶壁，再沿瓶壁流下循环利用。一些在普通室内环境中很难成活的植物，可以用此法种植。这些植物植株较小，但对生长环境的要求很高，瓶装花箱恰恰能满足这一条件。瓶状花箱还能以特有的方式展示各式各样的植物，具有很好的装饰作用，肯定能让客人啧啧赞叹。

开放式瓶状花箱需要经常浇水，若瓶内种有生长较快的植物，还需要定期修剪。

密闭式瓶状花箱环境湿润、稳定，对植物具有保护作用，可以种植小型热带雨林植物。这些植物在干燥的环境中很容易死亡。开放式瓶状花箱可以种植对湿度要求不太高的植物，不过浇水要小心。如果能及时摘除枯花、预防病害，瓶状花箱还可以种植观花植物。

密闭式瓶状花箱中的植物，包括不易成活的卷柏笋蕨类植物，无人养护也能维持数月，因此你可以放心外出度假。开放式瓶状花箱浇水需小心，如果种的是观花植物或生长速度较快的植物，还需要定期摘除枯花、修枝剪叶。

瓶状花箱也有不足之处。植物需要充足光照，但瓶状花箱的有色玻璃（能买到的多数呈绿色）很可能过滤掉大部分可用阳光，就算放在有阳光直射的窗台上，也并不比放在阴暗角落多得多少光照。而且，阳光透过两层玻璃，温度会增加，瓶内的植物会感觉不适。最好将瓶状花箱放在有光照但无阳光直射的窗台或靠窗的桌子上。

瓶状花箱放在金属架上别具特色，可以选择高度合适的金属架，以便植物接收阳光。

密闭式和开放式比较

瓶状花箱一般都配有塞子，根据不同需要，可盖可不盖。瓶内环境达到平衡后，塞上塞子，即使不浇水，瓶内的植物也能存活数月。但这不适合观花植物或生长迅速的观叶植物，只有长期处于潮湿、阴暗的环境中也能正常生长的植物才适合种在密闭式瓶状花箱中。

➲ 各式各样的栽培箱

形式各异的栽培箱通常摆在靠墙或窗边的桌子上，配上人工灯光，就成了一件极好的装饰品。这样既能展现容器的魅力，又能促进植物生长。如果你想突显容器的装饰作用，种植的植物越简单越好；如果你更想突显容器的实用性，可以在容器中种植生长较为茂盛的植物。

栽培箱与瓶状花箱的功能和工作原理相似，因而有着和瓶状花箱类似的优点和不足。你可以充分发挥想象，使用各式各样的栽培箱。其中老式沃德箱（目前很少见，比较昂贵，不过可以买到仿制品）特别有格调。旧水族箱也很合适，而且因为不防水，价格往往非常便宜。

多数玻璃栽培箱是开放式的，少数可以和瓶状花箱一样密闭。玻璃栽培箱可以保持植物周围空气温暖湿润，免受干燥影响。

多数栽培箱的容积比较大，即使种植较大型的植株，你也不必担心容纳不下。水族箱等较长或较深的容器，可以在里面放上小假山，甚至还可以造个微型池塘，可发挥的空间非常大。

栽培箱浇水的方式和瓶状花箱相同，种植前的准备工作和种植过程都需小心进行：

* 底部铺上至少1厘米厚的木屑和砂砾。

* 使用消过毒的盆栽土（含防腐剂），勿使用养分含量高的堆肥土。栽培箱中的植物不能施肥过多，否则会导致植物长势过快。

* 可放入小石块或鹅卵石美化栽培箱，勿放入木制品，因为木头易腐烂，会导致植物感染病害。

小型高凉菜属植物和非洲紫罗兰种在任何栽培箱中，都能给周围的环境带来一抹亮色，如图所示，再种上对比鲜明的观叶植物，整体效果更佳。

*若想创造密闭环境，可在箱顶盖上大小合适的玻璃板。

样品植物

每个住宅至少要有一两株样品植物吸人眼球。样品植物不一定非得植株高大，只要植物本身漂亮有特色即可。例如，能充当屏风的攀缘植物、摆在座墩上的大型蜘蛛抱蛋或细叶肾蕨，都可以成为样品植物，效果并不比个头儿高大的垂叶榕差。

种植样品植物是为了引人注目。利用悬挂式花盆种植长势良好的吊兰，垂下柔顺修长的枝条，或摆上一盆昂贵的大型棕榈，都能起到这样的效果。样品植物只需选择同类植物中较为突出的即可，摆放时要选择合适的背景，以便突显植物的特点。

大型落地窗或小天井处，摆上一两盆大型植物十分引人注目。丝兰或图中这样的棕榈树是理想之选。

叶片有型或造型优美的大型植物，摆在大房间里，会令光秃秃的墙壁增色不少，使原本单调的门厅更具特色，狭长的走廊也会平添些许格调。必要时可以用聚光灯突显样品植物，而且合适的灯光还有利于植物生长。大型植物从幼苗长成样品植株通常需要几年时间，期间，室内光照不足、空气干燥等都很容易导致植物生长出现问题，因此亲自培育大型植株幼苗成活率很低。大型样品植物一般价格较高，在购买前要做周密考虑，比如摆放位置、生长环境等，否则投入的成本会付诸东流。

背景和灯光

合适的背景才能将植物的大小、造型凸显到极致。朴素的墙壁最适合作为背景，浅色的墙壁也能很好地展示植物的特点。色彩缤纷、略显杂乱的背景，可以选择琴叶榕等朴素大气的绿叶植物。自然光线不足时可以使用聚光灯突显家中主要的盆栽植物，但应注意光源不能距离植物太近，否则产生的热量会影响植物生长。

容器

选择能够充分显示植物特点的容器。高贵典雅的棕榈树或枝条下垂生长的无花果树，种在普通的大型塑料盆或瓷盆中，整体效果会大打折扣，可以选择较大的、精美的陶瓷花盆（用于室内种植，不必苛求花盆一定要具有防霜冻的功能）。室内装潢比较时尚的话，可以选用外观漂亮、颜色大胆的花盆。

确保所选花盆的颜色与室内装潢的颜色协调一致，大小与植物相称，太大或太小的花盆都会影响盆栽的整体效果。

➲ 选择合适的容器

　　除了实用性，栽种植物的容器还具有观赏性，像花瓶和其他装饰品一样，能成为室内装潢的一部分。合适的容器既能突显漂亮植物的特点，又能弥补普通植物的不足。对容器的选择能体现你的艺术品味。

厨房摆设可充分发挥想象力，比如可以共同展示水果和植物，如图中木制容器中摆有橘子、苹果和海豚花。

　　普通花盆适用于温室，不适合室内盆栽。有些室内盆栽植物，比如大型棕榈树，需要用较大的瓷盆和肥沃的盆栽土才能保持植株稳定生长，当然了，如果能使用图案精美、装饰华丽的花盆种植这些植物效果会更好。而其他室内盆栽植物，使用专门设计的花盆也会产生不一样的视觉效果。

装饰性套盆

　　并非所有植物移植时都需要换新盆，放在装饰性套盆(套在花盆外用作装饰的容器)里，看起来就像植物移植到新花盆中了一样，但又省去了移植过程。室内摆放时间较短的观花植物、生长迅速需要经常移植的植物，特别适合使用装饰性套盆。

　　任何能起点缀作用的容器都能用作装饰性套盆。你可以从商店或花店购买漂亮的容器，也可以在家中就地取材，选择合适的容器。茶壶、深平底锅等厨具也能制成容器，用来种植厨房摆设的植物。

　　感兴趣的话，你还可以尽情展示自己的艺术才华，亲手制作装饰性套盆。

塑料和陶瓷容器

　　较好的花店出售大量精美实用的容器，在购买时，要选择底部有排水孔的容器，否则只能作为装饰性托盘使用。不过如果能控制浇水量，无排水孔的容器也可以种植植物。但是，最好还是不要冒险尝试，因为再有经验的人也无法确保每次浇水都恰到好处，一旦浇水过多，植物根部就会浸在滞留的水中，引起根部缺氧，导致植物死亡。

　　时尚的塑料容器也不失为好的选择。一些塑料花盆色彩鲜亮、干净清爽，适合摆在现代风格的住宅或办公室中。

　　不论选择什么容器，颜色和设计都要符合你的品位和室内装潢的风格。

托盘和自动供水花盆

　　托盘一般指较大、能种好几种植物的容器，适合组合搭配种植植物。

　　一些托盘底部有蓄水槽，具有自动供水功能。植物种在这种托盘中一般都能生长旺盛，几天不浇水也没有问题，但是托盘比普通容器成本高。如果塑料花盆与室内装潢不协调，则最好使用托盘。

形状新奇的花盆

小型植物很难搭配合适的容器，比如红果薄柱草等匍伏生长的植物种在常用花盆中看上去会很奇怪——因为植株实在太小了，种在常规型号的花盆中完全不显眼。这样的植物可以种在小型、美观或有趣的容器中，例如形似鸡鸭的容器。两三个这样的容器，种上几种不同的匍伏植物，能给住宅增添几分活泼气息，同时也不失品位。

花篮

多数观叶植物和观花植物种在柳条篮或贴有苔藓的花篮中都非常漂亮。普通的篮子，如果直接放入花盆或盆栽土，会有水渗出，弄脏篮子下方的家具，长此以往，还会导致篮子腐烂，因此使用时最好在里面衬上防水层。

防水层可以选用柔韧的塑料布或防水羊皮纸（若手头上没有这些材料，可以使用厨房用的锡箔纸）。防水层铺平整后放入栽培土，要保证种上植物后从外面看不到篮内的防水层。

小型植物种在提篮中别有一番风味，而枝叶茂盛或植株高度和篮柄接近的植物，种在提篮中就会显得别扭。

用心发现不同寻常的容器

有些容器只适合某些特定的植物或家中某个特定的位置，只有尝试过才能知道是否合适。充分发挥想象力和创造力展示各种植物，是种植室内盆栽的乐趣之一。

你可以从花店买到不少实用的容器，但风格都很普通。如果想购买更别致的容器，可以到产品设计独特的家具店、现代室内饰品店甚至古玩店选购。只要用心，你甚至可以从二手市场淘到合适的容器，而且花钱不多，因为其他人丢弃的旧东西很可能引发你的灵感，变废为宝，成为你的一件新作品。

➡ 走廊摆设

耐寒、喜光、需要较大空间的植物，可以摆在走廊上。只要你用合适的植物精心装点，走廊看上去也能像小暖房一样生机勃勃。

走廊常常能影响客人对住宅的第一印象。和空荡荡的走廊相比，用植物精心装点的走廊更能给人温馨的感觉。封闭式走廊全年都能摆放色彩斑斓的植物，背阴的开放式走廊温度较低时可以摆放耐寒的观叶植物。

走廊上既能摆放耐寒植物，又能摆放喜温植物。图中娇嫩的秋海棠、耐寒的小型水仙和盆栽迷迭香摆在一起。小型迷迭香幼株可作为室内盆栽，一段时间后最好移植到室外。

封闭式走廊

封闭式走廊就像小型温室，全年都

能摆放葱翠茂盛的观叶植物和色彩斑斓的观花植物。但要注意的是，天气较冷开门时，冷风吹进走廊，会影响一些植物生长，导致植物落叶，甚至死亡，因而不能在走廊上摆放太过娇嫩的植物。

冬季走廊温度较低，可以选择耐寒的植物，如报春花、风信子和郁金香等鳞茎植物、仙客来和杜鹃花。夏季走廊中温度较高，可以选择丽格天竺葵、红色天竺葵、仙人掌科植物和多浆植物。即便在冬季，走廊中的温度也不会降至0℃以下，可以选择仙人掌科植物和多浆植物，而且经历低温后，大多数仙人掌科植物会开出更艳丽的花。

走廊的墙边最好种上攀缘植物，西番莲就很合适，不过它生长过于繁茂，可能会成为你的困扰。你可以选择长势更易控制的植物，如球兰或素馨（生长稳定后修剪一次），甚至还可以选择九重葛属植物。摆放斑叶植物也不错，如南极白粉藤或菱叶白粉藤。

较宽的走廊，可以直接摆放大型植物，如八角金盘（斑叶变种放在走廊上更漂亮），或欧洲夹竹桃。小型植物需要放在花架上，否则太不起眼，起不到装饰作用。

开放式走廊

开放式走廊也能装点得十分漂亮，可以组合摆放耐寒的常绿植物，如桃叶珊瑚的变种、八角金盘以及茵芋属植物（多数茵芋属植物冬季结漂亮的小浆果）。如果想种攀缘植物或蔓生植物，可以选择常春藤。山茶花或杜鹃花盆栽，开花时也可以摆在其中，给走廊增添一抹亮色。

冬石南、细叶石南、玛瑙珠及其杂交品种，还有全年生长的菊花，都能在走廊上摆上数周甚至数月，到花期结束后扔掉植株。

夏季多数耐阴的室内盆栽植物都能放到走廊上。其中丝兰和吊兰是上佳之选，色彩鲜亮的锦紫苏和开花的九重葛属植物也很不错。还可以在走廊上摆放几盆不同寻常的植物，如大黄，这样的话，来访的客人肯定会对你别具一格的走廊交口称赞。

起居室摆设

起居室通常较为温暖、光照充足，有足够的空间发挥想象力展示各种植物，因此很多人都喜欢在这里摆放植物。

起居室一般有采光好的大窗户，窗台、桌子、壁架或壁龛都可以摆放植物，因而可能是家中最适合室内盆栽生长的房间。同时起居室也是人们最喜欢精心装饰的房间，因为人们大

人们通常喜欢在起居室摆上杜鹃花等让人眼前一亮的植物，装饰性花盆也很有观赏价值。但这些植物花期一过，最好立即换上新植物，保证盆栽时刻亮丽夺目。

部分时间都在这里度过。

　　家具的摆设会影响房间的整体美感，植物的摆设也是如此，尤其是作为焦点的大型样品植物和组合种植充当屏风的大型植物。

　　不同的植物有特定的色彩，不论是植物与背景融合还是形成反差，对起居室的整体效果都会产生影响。巧妙运用植物的形状和色彩可以突显这种影响。

　　摆放植物之前，应充分考虑色彩搭配。叶片或花的颜色与花盆或室内其他装饰品的颜色相协调，整体效果会更有品位。墙面最好是单色或与植物反差大的颜色，最好不要把墙面装饰的花里胡哨的。当然，如果墙面是彩色的，也不是就无可救药了，可以选择合适的植物进行搭配，说不定会形成特别的视觉效果。例如，利用白色的网眼帘掩饰彩色的墙壁，旁边的白色桌子上摆放白色的类似雏菊的观花植物、绿色蕨类植物，以及白绿相间的花色万年青，就能营造一种和谐的氛围。

　　不同质感的搭配能让整体效果更加丰富多彩。光滑的浅色墙面能衬托紫背天竺葵细长的紫色叶片，粗糙的砖墙能令带有针刺的仙人掌科植物更加具有特色。而有色背景则能凸显彩叶芋叶子轻薄、形似翅膀的异国情调（不同彩叶芋从白绿相间到明亮的红色，颜色各不相同，需根据不同背景选择合适的品种），无论从哪个角度观察，最重要的是要突显彩叶芋精致的叶片。铁十字秋海棠叶面有褶皱，给人视觉享受的同时仿佛多了一份触觉的感受。

　　形状能弥补颜色的不足。多数喜林芋属植物叶片较大，形状有趣，如叶片呈掌状和穗状的羽叶喜林芋以及叶片深裂的裂叶喜林芋。大叶榕属植物中，琴叶榕宽大的蜡质叶片酷似倒置的小提琴。这些植物产生的视觉效果足以和鲜艳的观花植物以及斑叶植物相媲美，而且这些植物含蓄内敛，能为起居室创设高雅的格调。

➲ 厨房摆设

　　以前，很多厨房昏暗无光，人们使用煤气或烧柴的炉灶，烟熏火燎的让厨房更加暗无天日，因而厨房里只能种植耐阴性极强的植物。现在的厨房一般都宽敞明亮，多数植物都能繁茂生长。

　　厨房的窗台最适合植物生长，尤其是喜光植物。一天中温度最高的时段，如果厨房的窗台有阳光直射，透过玻璃光照强度会增加，因而只能选择摆放特定的植物，如仙人掌和多浆植物、天竺葵属植物、紫露草属植物。

　　要充分利用橱柜顶部的空间种植蔓生植物，这里浇水不太方便，光照条件也不是很好，不过蔓生植物下垂的枝条通常能帮助接受足够的阳光，只要精心照料，及时修剪过于细长的枝条，就能保证植物长势良好。

　　厨房操作台或餐桌附近最好不要摆放蔓生植物，但可以选择直立生长的植物，如金边虎尾兰、龙血树属植物（特别是树干较细的品种）、君子兰属植物以及广东万年青属植物，这些植物放在厨房中既漂亮又不影响人的活动。

厨房的窗台空间有限，可充分利用置物架，白色墙壁能反射阳光，促进植物生长。

实用的盆栽植物

很多人喜欢在厨房中种植可以当作调料的植物，烧菜时顺手摘些叶片调味，但频繁采摘可能会影响植物美观。这类植物能散发独特的香味，应急时偶尔使用一两次无妨，但经常用作调料未免有点可惜。几乎所有植物都需要充足光照，这种植物也不例外，最好放在明亮的窗边。

窗台上可以单独摆放几盆植物。如果放上与窗台等宽的装有砂砾的托盘，再摆上植物，会显得更加漂亮，也有利于植物生长。罗勒和马郁兰等植物需要经常转动花盆保证均匀受光，才能正常生长。多数植物还需经常摘心。罗勒不及时摘心或修剪主枝的话，会长得过高，开花后迅速枯萎。马郁兰也需要经常摘心保持枝叶紧凑。马郁兰花朵漂亮，但不勤加修剪，植株会过于高大和茂盛，不适合摆在窗台上。鼠尾草和迷迭香等小型木本植株价格便宜，可以用作厨房摆设，这些植物在花园中会长成大型植株，室内摆放寿命就没有那么长了，很快就会枯萎，摆上两三个月就需更换新植物。如果精心养护，第二年春季植株仍鲜活亮丽，可以移植到花园中继续种植，不过不能再搬回厨房了。

卧室摆设

如果客厅和厨房都摆放了盆栽，你仍不觉得过瘾，你还可以用植物装点卧室。

很多人觉得卧室里摆放植物对人体健康不利，其实这是对植物的误会。植物放在卧室中并不会抢走人呼吸所需的氧气，非但如此，植物还能起到净化空气的作用。摆上几盆绿意葱茏的植物，卧室会变得更加宁静素雅，一觉醒来或许还能闻到千金子藤或风信子扑鼻的芳香。

卧室温度通常比客厅低，有利于多数植物生长，尤其是冬季开花的植物，温度较低会延长植物的花期。

适合卧室摆放的植物

卧室中摆放的植物不像摆在其他地方的那样引人注目，人们虽然大多数时间都待在卧室中，但很多人都只把卧室看作睡觉休息的场所，并不过多关注摆放的植物。

卧室适合种植仙人掌和多浆植物，或对环境要求相对较低的大型样品植物，如叶兰、藤芋属植物。

和客厅相比，卧室的湿度更高。如果能经常给植物浇水、喷雾，卧室甚至还能摆放娇嫩的蕨类植物。

芳香植物最适合做卧室摆设，一打开卧室门，就能享受植物扑鼻的香味。

墙边桌和梳妆台摆设

植物能成为墙边桌或梳妆台的点睛之笔，不过这些地方通常自然光线较差，夜晚台灯虽然能照亮桌上的植物，但对植物生长并无多大作用（距离太近还会灼伤植物）。因此植物在墙边桌或梳妆台上最多只能摆放一两周，然后就要移到光照充足的地方使各项功能恢复正常。

植物修养所

你肯定希望卧室中摆放的植物美观大方、具有格调，但有些植物只能在短期之内维持光艳动人的状态。因此你可以单独布置一个房间，当作状态不佳植物的休养所。例如，兰花、孔雀仙人掌以及娇嫩的樱草属植物，花期结束后

多花黑鳗藤等植物能散发怡人的香味，你一早醒来就能闻到花朵散发的自然清香，根本不需要空气清新剂。

就可以移到这里，摆在光照条件较好的位置，待重新开花再放到家中较为显眼的位置。

门厅和楼梯平台摆设

门厅和楼梯平台通常光照不足，空间较窄，冬季前门吹入的冷风还会影响植物生长。不过在这种环境下有些植物仍能茂盛生长，有些还能尽显风姿，引人驻足观望。盆栽爱好者应充分利用各个地方摆放植物，门厅和楼梯平台当然也在选择之列。

有中央供暖系统的住宅，门厅和楼梯也很暖和；如果没有，门厅和楼梯通常温度较低，还缺少自然光照。尽管存在这些不足，调查显示仍有超过 1/3 的人会在门厅里摆放植物，若能推荐合适的植物，更多人表示愿意一试。以下推荐的植物耐阴性强，在上述不利的环境中也能生长。冬季温度适宜的情况下，可以通过人工光照满足植物的生长需求。

引种植物色彩亮丽，但摆在门厅或楼梯平台很容易枯萎，这两个位置更适合摆放枝繁叶茂、外形漂亮的常绿植物。

大型植物

门厅或楼梯平台摆上一两盆大型样品植物，定会让来访的客人眼前一亮。根据门厅构造，植物可以放在通往门口的过道尽头、前厅、楼梯的平台上。适合摆放在门厅的大型样品植物包括：垂叶榕（斑叶品种尤为漂亮）、龟背竹、白边铁树、大叶伞、象脚丝兰、金帝葵等耐寒棕榈。如果白天光照不足，可以使用荧光灯提供光照，平衡植物生长，也可以使用专为植物设计的聚光灯。

楼梯上摆设植物需小心谨慎。较为宽敞但缺乏装饰的位置，如图中楼梯的转角处，摆上植物会让人眼前一亮。

尽量让样品植物与室内装潢相得益彰，朴素的淡色墙体作为背景效果最佳。在靠近植物的墙面上安装一面镜子，既能让门厅看起来更为宽敞，又能映出植物，营造特殊的视觉效果。白色或米色的天花板可以反光，从而增加环境的光照强度。

攀缘植物和蔓生植物

楼梯天井很适合摆放繁茂的攀缘植物和蔓生植物，不过需注意所摆植物不要给人的行动带来不便。

在大小合适的槽内种上蔓生植物，摆在楼梯天井的平台上，植物下垂的枝条会形成天然的帘子。门厅和楼梯底层的植物还能沿着扶手向上生长。

在门厅这种环境中能繁茂生长的植物包括菱叶白粉藤以及普通常春藤的小叶变种。

常春藤可以随意攀爬，小叶攀援喜林芋和绿萝更为有趣，都有修长下垂的枝条。线纹香茶菜和香妃草生长速度快得惊人，很快就能形成天然的帘子。

案头摆设植物

前门旁的桌子是门厅中最适合摆放植物的位置。若门和周围环境比较呆板，最好用剪下的鲜花做摆设，增添环境活力。若门厅装修用了大量的玻璃材料，可以选生长不受冷风影响的植物。还要注意：雕花玻璃像放大镜一样具有聚光作用，阳光直射时容易灼伤叶子。

光照条件较好的门厅，桌上可以摆放吊兰属植物以及耐寒蕨类植物，如全缘贯众和鸟巢蕨。

⊙ 浴室摆设

有人认为浴室不适合种植植物，因为浴室通常湿度很高，还有其他局限性。其实不然，浴室是可以种植植物的，只是挑选植物时需要更加谨慎。

浴室环境条件较为独特：只有短时间（使用时）会有很高的温度和湿度，其他时间一般温度较低（特别是在没有一直开着中央供暖系统的情况下），窗户普遍较小，自然光照不足。人们洗浴使用的香波或爽身粉等用品，也不利于植物繁茂生长。

选择合适的位置

浴缸或洗脸盆旁边不太适合摆放植物，因为水很容易溅到植物的叶子上，导致叶片腐烂。而且花盆放在这些地方不够稳当，光照条件也不够好。

浴室自然光照不足，因而最好将植物放在窗边。利用任何可利用的位置，创造漂亮宜人的浴室环境并不困难。

你可以充分利用浴室的窗台，摆放观花植物尤其漂亮。耐寒的观叶植物，如蜘蛛抱蛋、文竹等，可以放在镜子前面，镜子既能通过反光增加光照强度，又能让植物看起来更富有层次感。

蔓绿绒等蔓生植物对环境适应性较强，可以摆在较高的架子上，也可以摆在镜子前面。

梳妆台或组合式盥洗盆上可以摆放非洲紫罗兰或长寿花，可以配合环境使用漂亮的装饰性托盆。但这些植物不能长时间摆在浴室里，摆放几周后就要移到其他地方修养一段时间。

根据季节来养花

◯ 春季花卉的养护要点

春季换盆注意事项

盆栽花卉如果栽后长期不换土、不换盆，就会导致根系拥塞盘结在一起，使土中营养缺乏，土壤性质变坏，造成植株生长衰弱，叶色泛黄，不开花或很少开花，不结果或少结果。

如何做好春节盆花的换盆工作呢？首先要掌握好换盆的时间。怎样判断盆花是否需要换盆呢？

一般地说，盆底排水孔有许多幼根伸出，说明盆内根系已很拥挤，到了该换盆的时间了。

为了准确起见，可将花株从盆内磕出，如果土坨表面缠满了细根，盘根错节地相互交织成毛毡状，则表示需要换盆；若为幼株，根系逐渐布满盆内，需换入较原盆大一号的盆，以便增加新的培养土，扩大营养面积；如果花卉植株已成形，只是因栽培时间过久，养分缺乏，土质变劣，需要更新土壤的，添加新的培养土后，一般仍可栽在原盆中，也可视情况栽入较大的盆内。

多数花卉宜在休眠期和新芽萌动之前的 3～4 月间换盆为好，早春开花者，以在花后换盆为宜，至于换盆次数则依花卉生长习性而定。

许多一年、二年生花卉，由于生长迅速，一般在其生长过程中需要换 2～3 次盆，最后一次换盆称为定植。

多数宿根花卉宜每年换盆、换土一次；生长较快的木本花卉也宜每年换盆 1 次，如扶桑、月季、一品红等；而生长较慢的木本花卉和多年生草花，可 2～3 年换 1 次盆，如山茶、杜鹃、梅花、桂花、兰花等。换盆前 1～2 天不要浇水，以便使盆土与盆壁脱离。

换盆时将植株从盆内磕出（注意尽量不使土坨散开），用花铲去掉花苗周围约 50% 的旧土，剪除枯根、腐烂根、病虫根和少量卷曲根。

栽植前先将盆底排水孔盖上双层塑料窗纱或两块碎瓦片，既利于排水透气，又可防止害虫钻入。上面再放一层 3～5 厘米厚的破碎成颗粒状的炉灰渣或粗沙，以利排水。然后施入基肥，其上再放一层新的培养土，随即将带土坨的花株置于盆的中央，慢慢填入新的培养土，边填土边用细竹签将盆土反复插实（注意不能伤根），栽植深浅以维持在原来埋土的根茎处为宜。土面到盆沿最好留有 2～3 厘米距离，以利日后浇水、施肥和松土。

春初乍暖，晚几天再搬花

初春季节，天气乍暖还寒，气候多变，此时如将刚刚苏醒而萌芽展叶的花卉，或是正处于孕蕾期，或正在挂果的原产热带或亚热带的花卉搬入室外养护，遇到晚霜或寒流侵袭极易受冻害，轻者嫩芽、嫩叶、嫩梢被寒风吹焦或受冻伤；重者突然大量落叶，整株死亡。

所以，盆花春季出室宜稍迟些，宜缓不宜急。正常年份，黄河以南和长江中、下游地区，盆花出室时间一般以清明至谷雨间为宜；黄河以北地区，盆花出室时间一般以谷雨到立夏之间为宜。

对于原产北方的花卉可于谷雨前后陆续出室。对于原产南方的花卉以立夏前后出室较为安全。根据花卉的抗寒能力大小选择出室时间，如抗寒能力强的迎春、梅花、蜡梅、月季、木瓜等，可于昼夜平均气温达 15℃时出室；抗寒力较弱的米兰、茉莉、桂花、白兰、含笑、扶桑、叶子花、金橘、代代、仙人球、蟹爪兰、令箭荷花等，应在室外气温达到 18℃以上时再出室比较好。

扶桑的抗寒力较弱，不宜过早移到室外。

盆花出室需要一个适应外界环境的

过程。在室内越冬的盆花已习惯了室温较为稳定的环境，不能春天一到，就骤然出室，更不能一出室就全天放在室外，否则容易受到低温或干旱风等的危害。

一般应在出室前 10 天左右采取开窗通风的方法，使之逐渐适应外界气温；也可以上午出室，下午进室；阴天出室，风天不出室。出室后放在避风向阳的地方，每天中午前后用清水喷洗一次枝叶，并保持盆土湿润，切忌浇水过多。遇到恶劣天气应及时进行室内养护。

浇花：不干不要浇，浇则浇透

早春浇水也要注意适量，不可一下子浇得过多。这是因为早春许多花卉刚刚复苏，开始萌芽展叶，需水量不多，再加上此时气温不高，蒸发量少，因此宜少浇水。

如果早春浇水过多，盆土长期潮湿，就会导致土中缺氧，易引起烂根、落叶、落花、落果，严重的也会造成整株死亡。

晚春气温较高，阳光较强，蒸发量较大，浇水宜勤，水量也要增多。

总之，春季给盆花浇水次数和浇水量要掌握"不干不浇，浇则浇透"的原则，切忌盆内积水。

春季浇水时间宜在午前进行，每次浇水后都要及时松土，使盆土通气良好。

我国某些地区，春季气候干燥、常刮干旱风，所以要经常向叶上喷水，宜增加空气的湿度。

施肥：要"薄"和"淡"

花卉在室内经过漫长的越冬生活，生长势减弱，刚萌发的新芽、嫩叶、嫩枝或是幼苗，根系均较娇嫩，如果此时施浓肥或生肥，极易使花卉受到肥害，"烧死"嫩芽枝梢，因此早春给花卉施肥应掌握"薄""淡"的原则。

早春应施充分腐熟的稀薄饼肥水，因为这类肥料肥效较持久，且可改良土壤。

施肥次数要由少到多，一般以每隔 10 ~ 15 天施 1 次为宜，春季施肥时间宜在晴天傍晚进行。

施肥时要注意以下几点：

（1）施肥前 1 ~ 2 天不要浇水，使盆土略干燥，以利肥效吸收。

（2）施肥前要先松土，以利肥液下渗。

（3）肥液要顺盆沿施下，避免沾污枝叶以及根茎，否则易造成肥害。

（4）施肥后次日上午要及时浇水，并适时松土，使盆土通气良好，以利根系发育。

对刚出苗的幼小植株或新上盆、换盆、根系尚未恢复以及根系发育不好的病株，此时不应施肥。

春季修剪，七分靠管

"七分靠管、三分靠剪"，是老花匠的经验之谈，说明了修剪的重要性。修剪一年四季都要进行，但各季应有所侧重。

春季修剪的重点是根据不同种类花卉的生长特性进行剪枝、剪根、摘心及摘叶等工作。对一年生枝条上开花的月季、扶桑、一品红等可于早春进行重剪，剪去枯枝、病虫枝以及影响通风透光的过密枝条，对保留的枝条一般只保留枝条基部2～3个芽进行短截。

例如早春要对一品红老枝的枝干进行重剪，每个侧枝基部只留2～3个芽，将上部枝条全部剪去，以促其萌发新的枝条。

修剪时要注意将剪口芽留在外侧，这样萌发新枝后树冠丰满，开花繁茂。对二年生枝条上开花的杜鹃、山茶、栀子等，不能过分修剪，以轻度修剪为宜，通常只剪去病残枝、过密枝即可，以免影响日后开花。

在给花卉修剪时，如何把握花卉修剪的轻重呢？

一般地讲，凡生长迅速、枝条再生能力强的种类应重剪，生长缓慢、枝条再生能力弱的种类只能轻剪，或只疏剪过密枝和病弱残枝。

对观果类花木，如金橘、四季橘、代代等，修剪时要注意保留其结果枝，并使坐果位置分布均匀。

对于许多草本花卉，如秋海棠、彩叶草、矮牵牛等，长到一定高度，将其嫩梢顶部摘除，促使其萌发侧枝，以利株形矮壮，多开花。

茉莉在剪枝、换盆之前，常常摘除老叶，以利促发新枝、新叶，增加开花数目。另外，早春换盆时应将多余的和卷缩的根适当进行疏剪，以便须根生长发育。

凤尾棕等植物早春时节要继续防寒保暖。

立春后的花卉养护

每年立春过后，雨水将至，在这段时间里，许多花木经过严冬休眠，有的在萌动，有的在返青，有的将渐渐长出嫩芽。而到清明之前的这一时段里，又是冬春之交，气候冷暖多变，因此，这时养好各种盆花，对其今后生长开花关系很大。

对畏寒喜暖的花木，应做好防寒保暖工作，如米兰、九里香、茉莉、木本夜来香、含笑、铁树、棕竹、橡皮树、昙花、令箭荷花、仙人球及众多热带观叶植物，它们多数还处在休眠时期，要继续防寒保暖。翻盆可在清明以后进行，否则有被冻坏的危险。

对正在开花或尚处在半休眠状态的盆花，如茶花、梅花、春兰、君子兰、迎春、金橘、杜鹃、吊兰、文竹、四季海棠等，应区别对待。

正在开花或处于赏果时期的花木，可待花谢果落之后翻盆换土；其他处于半休眠状态的盆花可到 3 月底前再翻盆，此时只需一般的养护即可。

对御寒能力较强、已开始萌动的花木，如五针松、罗汉松、真柏等松柏类盆景和六月雪、石榴、月季等花木，如果已栽种二三年，盆已过小，此时可开始翻盆换土。

用土上除五针松、真柏等需要一定数量的山泥外，其他均可用疏松肥沃的腐殖土。结合翻盆还可修去一部分长枝、病枝和枯根等，以利于花卉保持较好的株形。

春季花卉常见病虫害

春季是花卉病虫害的高发期。这也是养花人最为焦虑的季节。在春天不少花卉都可能受到蚜虫危害，最常受此伤害的花卉有扶桑、月季、金银花等。而且，这种病虫害非常适应春季的气候，它会随着温度的逐渐回暖而日益增多。不少养花人都会发现自己的花卉受到损害，而且会持续相当长一段时间。这时，可以考虑喷洒 40% 的氧化乐果或 50% 的亚胺硫磷，兑水 1200 ～ 1500 倍杀虫，还可以使用中性洗衣粉加入 70 ～ 100 倍水喷洒到花卉上。

在仲春时节，茉莉、文竹、大丽花等这些花卉还可能会受到红蜘蛛的危害。尤其是从 4 月上旬开始红蜘蛛活动开始活跃，为了防治红蜘蛛，要多给花卉搞清洁卫生，多用清水冲洗叶子的正、背面或者喷一些面糊水，过 1 ～ 2 天再用清水冲洗掉。

白玉兰、月季、黄杨、海桐等花卉在春季很容易受到介壳虫危害。这就需要养花人仔细观察，看花卉是否有虫卵，可喷布 40% 的氧化乐果，兑水 1000 ～ 1500 倍进行防治。

春天气温逐步升高，如果气温已经达到 20℃以上，并且土壤湿度较大时，一些新播种的或去年秋季播种的花卉及一些容易烂根的花卉，极容易发生立枯病。这时可以在花卉播种前，在土壤中拌入 70% 的五氯硝基苯。另外，小苗幼嫩期要控制浇水，防止土壤过湿。对于初发病的花卉，可以浇灌 1% 的硫酸亚铁或 200 ～ 400 倍 50% 的代森铵液，按每平方米浇灌 2 ～ 4 千克药水的比例酌情浇灌盆花。

在春季，淅沥沥的小雨会给人滋润的感受，但也会引发养花人的担忧。因为春季雨后容易发生玫瑰锈病，为了防治这种病，养花人要注意观察及时将玫瑰花上的黄色病芽摘掉烧毁，消灭传染病源；如果发现花卉染病，可在发病初期用 15% 的粉锈宁 700 ～ 1000 倍液进行喷杀。

清明节时管理盆花的方法

每年清明时节，天气逐步变暖，许多花木进入正常生长期，家庭养护盆花又将进入一个花事繁忙的季节。

对一些原先放在室内过冬的喜暖畏寒盆花，随着天气转暖，可放到室外去养护，但在移出室外时，仍需注意"逐步"二字。如白天先打开窗户数天，或先放到室外 1 ～ 2 个小时，逐日延长放置室外的时间，使其逐步适应外界的自然环境，一星期后就可完

绿萝等观叶植物在春季移到室外须注意气温变化。

全放在室外了。

同时，需翻盆换土的花卉，此时可以进行；不翻盆换土的花卉，可进行整枝、修剪、松土，并追肥 1～2 次，以氮肥为主，可为枝叶提供生长所需的营养。

对耐寒盆花，有的已萌发新芽，有的已长出枝叶，有的将进入生长旺期。对上述不同生长阶段的盆花，有的可进行一次整枝修剪，去除枯枝残叶，使之美观；有的可通过松土，追施肥料 1～2 次（每 10 天左右施 1 次）；有的仍可继续翻盆换土，但要注意去除少量旧土与老根，不能损伤嫩根。

对茶花、杜鹃花、蜡梅、君子兰等名贵花木，花已谢的花卉，除君子兰外，都应放到室外去养护，并同时注意适当追施肥料。在施肥时，要宁淡勿浓，且应按盆花大小和生长状况而定，尤其在施入化肥时要注意浓度，以防肥害。对各类杜鹃花，均应待花谢后再施肥。

还有，对橡皮树、铁树、棕竹等畏寒观叶植物，也可逐步出室，管养方法与米兰等同。但是，对一些热带观叶植物，如散尾葵、发财树、巴西木、绿萝以及其他各种花叶万年青等，为了安全起见，宜在平均温度达 15℃以上时出室。

春季养花答疑

谚语"春分栽牡丹，到老不开花"有道理吗

牡丹是深受国人喜爱的观赏花卉。牡丹的繁殖方法主要有播种法、分株法、嫁接法和压条法。通常多用分株法繁殖，它的优点是第二年就能开花，新株的寿命也长。

牡丹分株后保证生长良好的关键是掌握好分株的时间。牡丹不能像大多数花卉那样在春季分株。因为春季气温逐渐上升，牡丹萌动、生长很快，在不到两个月的时间内，就要长成新梢并孕蕾、开花，在这一阶段需要消耗大量的水分和养分，而根系因分株受到的损伤还未恢复，不能充分供应茎叶生长所需的养分和水分，只能消耗根内原来储存的营养物质。这样一来，反而减缓了根部损伤的恢复。所以，根系和茎叶都会生长衰弱，不仅不能开花，甚至无法成活，所以"春分栽牡丹，到老不开花"这句话说得很有道理。

牡丹宜在秋季分株，因为牡丹的地上部分生长迟缓，消耗养分较少，有利于根部损伤的恢复，能在上冻前长出多数新根。到第二年春季，新株就能旺盛地生长。分株的最佳时间为 9 月上旬至 10 月上旬，准确地说，应该在秋季的秋分前后。

哪些花卉宜在春季繁殖

一般花卉均适宜在春季进行播种、分株、扦插、压条、嫁接等。

（1）草本盆花。如文竹、秋海棠、大岩桐、报春花等，多于早春在室内盆播育苗；一年生草花，如凤仙花、翠菊、一串红、五色椒、鸡冠花、紫茉莉、虞美人等，可于清明前后盆播，也可在庭院种植。

（2）球根花卉。如大丽花、唐菖蒲、晚香玉、美人蕉、百合、石蒜等一般均用分球法繁殖，在有霜的地区，宜在晚霜过后栽植。

龙舌兰等植物适合在早春进行分株繁殖。

（3）某些株丛很密而根际萌蘖又较多者，或具有匍匐枝、地下茎的种类。如玉簪、鸢尾、文殊兰、珠兰、丝兰、龙舌兰、君子兰、万年青、荷包牡丹、马蹄莲、天门冬、木兰、石榴、文竹、吊兰等均可在早春进行分株繁殖。

（4）大多数盆花，在早春可剪取健壮的枝或茎（如扶桑、月季、茉莉、梅花、石榴、洋绣球、菊花、倒挂金钟、金莲花、天竺葵、龟背竹、变叶木、龙吐珠、五色梅、樱花、迎春、仙人掌、贴梗海棠、丁香、凌霄等）、根（如宿根福禄考、秋牡丹、芍药、锦鸡儿、紫薇、紫藤、文冠果、海棠等）、叶（如蟆叶秋海棠、虎尾兰、大岩桐等）进行扦插繁殖。

（5）有些花卉如蜡梅、碧桃、西府海棠、桂花、蔷薇、玉兰等，可用枝接法进行繁殖。枝接一般宜在早春树液刚开始流动、发芽前进行。

（6）枝条较软的花木，如夹竹桃、桂花、八仙花、南天竹等，可采用曲枝压条法；枝条不易弯曲的花木，如白兰、含笑、茶花、杜鹃、广玉兰等则可用高枝压条法进行繁殖。

春节过后，如何管理盆栽金橘

春季期间，盆栽金橘成为走亲访友时常见的礼品。摆放几盆金橘在家里，喜庆祥和的气氛一下子就变浓了。那么，要想让金橘一直如此美丽喜人需要采取怎样的管理措施呢？下面，就一起来学习管理盆栽金橘的方法：

（1）疏果剪枝。为避免植株过多地消耗养分，节后应及时将果实摘去，并进行整枝修剪，剪去枯枝、病弱枝，短截徒长枝，以促发新枝。

（2）翻盆换土。清明以后，将盆橘移至室外，并重新翻盆换土，换盆时去掉部分宿土，剪去枯枝、过密根。盆土可用普通的培养土，下部加施骨粉、麻油渣等基肥。

（3）浇水施肥。春季出室后，视盆橘干湿情况可每天浇1次水，保持盆土湿润。在开花坐果的7、8月份，盆土稍干，忌湿，并忌雨后积水，以防落花落果。

换盆时除施足基肥外，每日还可追施1次液肥，孕蕾坐果期加施磷钾复合肥1~2

次，以便有充足的养分促进果实生长。

在春季，如何养护芦荟呢

春季是芦荟生长的最佳时间，这时的管理工作也非常繁忙，如芦荟的分株、扦插繁殖在春季进行是最佳时期；此时还是芦荟的换盆、翻种的最适宜时间。芦荟在此期间生长速度快，因此肥水也要紧紧跟上，松土、除草要及时进行。

由于春季温度不断升高，杂草开始发芽、生长，所以要注意及时除去杂草，否则会与芦荟争夺营养，而影响芦荟的生长。有的家庭愿意盆中长些小草美观，当然种芦荟为了观赏，可以保留。

（1）施肥。从3月份开始温度逐渐升高，这时，芦荟生长速度会加快，每15天施1次腐熟有机肥，而且各种有机肥应轮流施用。施肥方法可采用肥水混合浇施，这样有利于芦荟对营养吸收。对盆栽芦荟浇肥水时不要使其从盆底流出，特别是3月份，阳台无加温设备，更不应使水流出来。5月份可根据天气的情况适当增加浇肥水量。

（2）转移。盆栽芦荟放入卧室的，可在4月中旬或5月初移入阳台，使其充分接触阳光，增加光合作用的强度，促其生长发育。庭院盆栽的芦荟在4月中旬或5月初可从室内搬到院中，摆放在阳光下，使其接触阳光的照射，提高盆土温度，增加光合作用的强度。

（3）通风。根据阳台的温度及天气情况，应经常开窗通风。在5月份，除风雨天外，阳台窗户或温室的通风孔均应打开。

（4）浇水。根据天气，土盆干湿情况浇水，一般春季3～5天浇1次水，同样，不要使水从盆孔流出。

（5）换盆。一般肥水合适、养护精心，5～6个月就应给芦荟更换大号的花盆。此时原花盆的容积已不能容纳芦荟植株根系的生长，若不及时换盆会影响芦荟的生长及药性的提高，芦荟一年四季均可换盆，但家庭栽培的芦荟在春季的4～5月和秋季的9月换盆为好。

芦荟的换盆方法：在浇完肥水的第2～3天，用手掌或木棒轻轻拍打盆壁或盆沿，使盆土与盆壁产生离层，这时一手托住芦荟的基部，使植株朝下，另一手把花盆取下，如果取不下来，再用拳头打几下盆底，或用手指从盆孔向下指压，可使花盆与株土脱离，取下花盆。

如果是大花盆，需要2～3人合作，使株土与花盆脱离，特别是3～5年的美国芦荟，必须合作完成。换盆时，可根据芦荟的品种和植株的大小不同，选择不同大小的花盆。

花叶芦荟

给芦荟换盆时，不要动原栽种的芦荟土团，只把下部的根去掉一部分即可。换好的盆应放置在遮阴处 7 ~ 10 天，见心叶长出后，再放置在阳光下，进行正常的管理。

夏季花卉的养护要点

花儿爱美，炎炎夏日也要防晒

阳光是花卉生长发育的必要条件，但是娇嫩的鲜花也怕烈日暴晒。尤其是到了盛夏季节，也需移至略有遮阴处。

一般阴性或喜阴花卉，如兰花、龟背竹、吊兰、文竹、山茶、杜鹃、常春藤、栀子、万年青、秋海棠、棕竹、南天竹、一叶兰、蕨类以及君子兰等，夏季宜放在通风良好、荫蔽度为 50% ~ 80% 的环境条件下养护，若受到强光直射，就会造成枝叶枯黄，甚至死亡。

这类花卉夏季最好放在朝东、朝北的阳台或窗台上；或放置在室内通风良好的具有明亮散射光处培养；也可用芦苇或竹帘搭设遮阴的棚子，将花盆放在下面养护，这样可减弱光照强度，使花卉健康成长。

降温增湿，注意通风

花卉对温度都有一定的要求，比如不同花卉由于受原产地自然气候条件的长期影响，形成了特有的最适、最高和最低温度。对于多数花卉来说，其生育适温为 20℃ ~ 30℃。

中国多数地区夏季最高温度均可达到 30℃ 以上，当温度超过花卉生育的最高限度时，花卉的正常生命活动就会受阻，会造成花卉植株矮小、叶片局部灼伤、花量减少、花期缩短。许多种花卉夏季开花少或不开花，高温影响其正常生育是一个重要原因。

原产热带、亚热带的花卉，如含笑、山茶、杜鹃、兰花等，长期生长在温暖湿润的海洋性气候条件下，在其生育过程中形成了特殊的喜欢空气湿润的生态要求，一般要求空气湿度不能低于 80%。若能在养护中满足其对空气湿度的要求，则生育良好，否则就易出现生长不良、叶缘干枯、嫩叶焦枯等现象。

在一般家庭条件下，夏季降温增湿的方法，主要有以下 4 种：

喷水降温

夏季在正常浇水的同时，可根据不同花卉对空气湿度的不同要求，每天向枝叶上喷水 2 ~ 3 次，同时向花盆地面洒水 1 ~ 2 次。

铺沙降温

为了给花卉降温，可在北面或东面的阳台上铺一厚层粗沙，然后把花盆放在沙面上，夏季每天往沙面上洒 1 ~ 2 次清水，利用沙子中的水分吸收空气中的热量，即可达到降温增湿的目的。

水池降温

可用一块硬杂木或水泥预制板，放在盛有冷水的水槽上面，再把花盆置于木板或水泥板上，每天添1次水，水分受热后不断蒸发，既可增加空气湿度，又能降低气温。

通风降温

可将花盆放在室内通风良好且有散射光的地方，每天喷1～2次清水，还可以用电扇吹风来给花卉降温。

施肥：薄肥勤施

花卉夏季施肥应掌握"薄肥勤施"的原则，不要浓度过大。一般生长旺盛的花卉约每隔10～15天施1次稀薄液肥。施肥应在晴天盆土较干燥时进行，因为湿土施肥易烂根。

施肥时间宜在渐凉后的傍晚，在施肥的第二天要浇1次水，并及时进行松土，使土壤通气良好，以利根系发育。施肥种类因花卉种类而异。

盆花在养护过程中若发现植株矮小细弱，分枝小，叶色淡黄，这是缺氮肥的表现，应及时补给氮肥；如植株生长缓慢，叶片卷曲，植株矮小，根系不发达，多为缺磷所致，应补充以磷肥为主的肥料。

如果叶缘、叶尖发黄（先老叶后新叶）进而变褐脱落，茎秆柔软易弯曲，多为缺钾所致，应追施钾肥。

五彩椒

修剪：五步骤呈现优美花形

有些花卉进入夏季以后易出现徒长，影响花卉开花结果。为保持花卉株形优美花多果硕，应及时对花卉进行修剪。

花卉的夏季修剪包括摘心、抹芽、除叶、疏蕾、疏果等。

摘心

一些草花，如四季海棠、倒挂金钟、一串红、菊花、荷兰菊、早小菊等，长到一定高度时要将其顶端掐去，促其多发枝、多开花。一些木本花卉，如金橘等，当年生枝条长到约 15 ~ 20 厘米时也要摘心，以利其多结果。

抹芽

夏季许多花卉常从茎基部或分枝上萌生不定芽，应及时抹除，以免消耗养分，扰乱株形。

除叶

一些观叶花卉应在夏季适当剪掉老叶，促发新叶，还能使叶色更加鲜嫩秀美。

疏蕾、疏果

对以观花为主的花卉，如大丽花、菊花、月季等应在夏季疏除过多的花蕾；对观果类花卉，如金橘、石榴、佛手等，当幼果长到直径约 1 厘米时要摘掉多余幼果。此外，对于一些不能结籽或不准备收种子的花卉，花谢后应在夏季剪除残花，以减少养分消耗。

整形

对一品红、梅花、碧桃、虎刺梅等花卉，常在夏季把各个侧枝做弯整形，以增加花卉的观赏效果。

休眠花卉，安全度夏

在夏季养护管理中，必须掌握花卉的习性，精心管理，才能使这些花卉安全度夏。

夏季休眠的花卉主要是一些球根类花卉。球根花卉一般为多年生草本植物，即地上部分每年枯萎或半枯萎，而地下部球根能生活多年。

然而在炎热的夏季，有些球根花卉和一些其他的花卉，生长缓慢，新陈代谢减弱，以休眠的方式来适应夏季的高温炎热，如秋海棠、君子兰、天竺葵等。休眠以后，叶片仍保持绿色的称为常绿休眠；而水仙、风信子、仙客来、郁金香等花卉，休眠以后，叶片脱落，称为落叶休眠。

通风、喷水

入夏后，应将休眠花卉置于通风凉爽的场所，避免阳光直射，若气温高时，还要经常向盆株周围及地面喷水，以达到降低气温和增加湿度的目的。

浇水量应合适

夏眠花卉对水分的要求不高，要严格控制浇水量。若浇水过多，盆土过湿，花卉

风信子等花卉的球茎在夏天会休眠

又处于休眠或半休眠状态，根系活动弱，容易烂根；若浇水太少，又容易使植株的根部萎缩，因此以保持盆土稍微湿润为宜。

雨季进行避风挡雨

由于夏眠花卉的休眠期正值雨季，如果植株受到雨淋，或在雨后盆中积水，极易造成植株的根部或球根腐烂而引起落叶。因此，应将盆花放置在能够避风遮雨的场所，做到既能通风透光，又能避风挡雨。

夏眠花卉不要施肥

对某些夏眠的花卉，在夏季，它们的生理活动减弱，消耗养分也很少，不需要施肥，否则容易引起烂根或烂球，导致整个植株枯死。

此外，在仙客来、风信子、郁金香、小苍兰等球根花卉的块茎或鳞茎休眠后，可将它们的球茎挖出，除去枯叶和泥土，置于通风、凉爽、干燥处贮存（百合等可用河沙埋藏），等到天气转凉，气温渐低时，再行栽植。

花卉夏季常见病虫害

在夏天，气温高、湿度大的气候环境下，花卉易发生病虫害，此时应本着"预防为主，综合防治"和"治早、治小、治了"的原则，做好防治工作，确保花卉健壮生长。

花卉夏季常见的病害主要有白粉病、炭疽病、灰霉病、叶斑病、线虫病、细菌性软腐病等。夏季常见的害虫有刺吸式口器和咀嚼式口器两大类害虫。前者主要有蚜虫、红蜘蛛、粉虱、介壳虫等；后者主要有蛾、蝶类幼虫、各种甲虫以及地下害虫等。

夏季气温高，农药易挥发，加之高温时人体的散发机能增强，皮肤的吸收量增大，故毒物容易进入人体而使人中毒，因此夏季施药，宜将花盆搬至室外，喷施时间最好在早晨或晚上。

夏季养花答疑

夏季盆花浇水应该注意什么

夏季天气炎热，盆花水分散失快，浇水成为盆花管理的重要工作之一。为满足盆花的水分需要，又不能因浇水时间和方法不当而影响花卉的生长和欣赏，浇水时应注意以下 5 个问题：

1. 忌浇"晴午水"

夏日中午酷热，盆土和花株温度都很高，若在此时浇水，花盆内骤然降温，会破坏植株水分代谢的平衡，使根系受损，造成花株萎蔫，影响花卉的正常生长，使其观赏价值大大降低。因此，盆花夏季浇水应在清晨或傍晚进行。

2. 忌浇"半截水"

夏季给花浇水要浇透，若每次浇水都不浇透，浇水虽勤，同样会因根部吸收不到水分而影响正常生长。长期浇半截水，还会导致根系部分土壤板结，不透气而影响花卉生长，或因根系干枯而导致整株死亡。

3. 忌浇"漏盆水"

盆花浇水要恰到好处，浇到盆底根系能吸收到水分为佳。若每次都浇漏盆水，会使盆内养分顺水漏走，导致花株因缺养分而萎黄。为了恰到好处地浇水，可分次慢浇，不透再浇，浇透为止。

4. 忌浇"漫灌水"

若因走亲访友，或出差旅游，造成盆花过于失水而萎蔫，回来后，也不可立刻漫灌大水。因为这种做法会使植物细胞壁迅速膨胀，造成细胞破裂，严重影响盆花的正常生长。正确的做法是对过于干旱的盆花进行叶面喷水，待因干旱萎黄的盆花恢复正常状态后，再循序渐进地浇水。

5. 忌浇"连阴水"

如果遇到连续阴雨天气，则应该停止给盆花浇水。因为哪怕是绵绵细雨，也能满足盆花的生理需要。若认为雨量过小而仍按常规给盆花浇水，往往会因盆土过湿而导致烂根，使整株花卉受重创或死亡。

在雨季，花卉如何养护

我国属于季风性气候，夏季有一个比较长的雨季，在雨季期间的管理也是盆花管理中的一个重要环节。在这一时期的管理中应该注意以下问题：

1. 防积水

置于露天的盆花，雨后盆内极易积水，若不及时排除盆土水分易造成根部严重缺氧，对花卉根系生长极为不利，特别是一些比较怕涝的品种，如仙人掌类、大丽花、鹤望兰、君子兰、万年青、四季秋海棠以及文竹、山茶、桂花、菊花等，应在不妨碍其生长的情况下，可在雨前先将盆略微倾斜。一般不太怕涝的品种，可在阵雨后将盆内积水倒出。如遭到涝害时，应先将盆株置于阴凉处，避免阳光直晒。待其恢复后，再逐渐移到适宜的地点进行正常管理。

2. 防雨淋

秋海棠、倒挂金钟、仙客来、大岩桐、非洲菊等花卉会在夏季进入休眠或半休眠状态，盆土不能过湿；有的叶片或花芽对水湿非常敏感，叶面不能积水，若常受雨淋，容易出现烂根和脱叶，因此，下雨时要将其置于避雨处或进行适当遮挡。

3. 防倒伏

一些高株或茎空而脆的品种，如大丽花、菊花、唐菖蒲、晚香玉等遇暴风雨易倒伏折断，因此，在大雨来临前要将盆株移到避风雨处，并需提前设立支架，将花枝绑扎固定。

鹤望兰比较怕涝，在浇水时要注意。

4. 防窝风

雨季温度高空气湿度大，若通风不良，植株极易受病虫危害导致开花延迟，影响授粉结果。因此，要加强通风。若发现花卉遭受蚜虫、红蜘蛛或出现白粉病、黑斑病等病虫害，应及时采取通风措施，并用适当方法进行除治。

5. 防徒长

雨季空气湿度大，加之连续阴天光照差，往往造成盆花枝叶徒长。因此，对一些草本、木本花卉可控制浇水次数和浇水量（俗称扣水），以促使枝条壮实。

6. 防温热

盆栽花木在炎热天气下遇暴风雨，最好在天晴之后用清水浇 1 次，以调节表层土壤和空气的温度，减轻湿热对植物的不良影响。

如何做好君子兰的夏季养护

众所周知，君子兰喜凉爽、湿润、半阴环境，适宜生长的温度为 15℃ ~ 25℃，若温度高于 26℃ ~ 28℃，就会呈休眠或半休眠状态。若温度再高，就会发病甚至死亡。因此君子兰的夏季养护至关重要，如采取以下措施，就可以保证君子兰安全度夏：

1. 防阳光直射，勿暴晒

夏季的君子兰每天清晨利用太阳光照晒一会儿，足可满足植株对光合作用的需求。

2. 防高温、高湿，勿干燥

君子兰夏季的适宜温度是 18℃ ~ 25℃，夏季君子兰放在装有空调器的室内最好，阳台遮光通风处也较理想；浇水时必须用晒过 2 ~ 3 天的自来水，每天下午 6 点后浇 1 次，不要使盆土过干或过湿。

3. 防徒长，勿施肥

夏季是君子兰的休眠期。应停止施肥，适度浇水，控制温度。若盆土已施肥或肥效较大，应将花盆上半部分的土倒出，换上掺入 1/3 ~ 2/3 的沙子拌匀装回盆，不仅降低肥效，还能起到降温作用。

4. 防粉尘污染，勿浇脏水

君子兰叶面应保持清洁，每周用细纱布蘸清水拧干轻擦 1 次；脏水会造成根叶腐烂变黄。

5. 防盆土板结，勿用黄土上盆

君子兰适宜在疏花、透气、渗水、肥沃、pH 值在 7.0 左右的腐殖土中栽培。

6. 增加君子兰的抵抗力

在春季生长的后期，根据苗情适当减少氮肥的施用，而增加磷、钾肥的用量。从3月份开始，每10天根灌1次1%～3%的磷酸二氢钾或过磷酸钙。在进入"梅雨"季前1个月用1%磷酸二氢钾进行根外追肥3～4次，用以增加植株对不良环境的抵抗能力。

7. 修剪

君子兰在夏季如抽箭，不仅开不出好花，还会消耗养分，影响冬季的正常开花，所以要及时剪除花箭。

8. 防病害，勿感染

给君子兰换盆或擦叶片时，手要轻，防止根叶破伤流出汁液，引发感染造成溃烂。

夏季怎样养护仙客来

仙客来以其花型别致而深受人们喜爱，但也因其越夏困难而阻碍了仙客来的广泛种植。5月中下旬，仙客来花期结束后，应停止浇水，使盆土自然干燥。待叶片完全脱落后，将枯叶去掉，放在室内通风阴凉处，使其完全休眠。

整个夏季停止浇水，8月中下旬可逐渐给水并逐渐移至散射光下，2周后进行正常管理，给以适当的肥水，春节期间就可正常开花。若想使其"五一"开花，可延迟1个月左右再浇水，就可以让仙客来开得更好。

秋季花卉的养护要点

凉爽秋季，适时入花房

进入秋季之后，天气开始变凉，但是有时阳光依然强烈，所以有"秋老虎"的说法，这对花卉而言也是个威胁，所以在初秋时节，花卉的遮阴措施依然要进行，不能过早拆地除遮阴帘，只需在早晨和傍晚打开帘子，让花卉透光透气即可，到了9月底10月初再拆除遮阴物也不迟。

到了深秋时节，气温往往会出现大幅降温的情形，有些地区甚至出现霜冻，此时花卉的防寒成为重要工作，应随时注意天气预报，及时采取相应措施。北方地区寒露节气以后大部分盆花都要根据抗寒力大小陆续搬入室内越冬，以免受寒害。

秋季花卉入室时间要灵活掌握，不同花卉入室时间也有差异。米兰、富贵竹、巴西木、朱蕉、变叶木等热带花木，俗称高温型花木，抗寒能力最差，一般常温在10℃以下，即易受寒害，轻则落叶、落花、落果及枯梢，重则死亡。所以此类花木要在气温低于10℃之前就搬进房内，置于温暖向阳处。天气晴朗时，要在中午，开窗透气，当寒流来时，可以采用套盆、套袋等保暖措施。当温度过低时，要及时采取防冻措施。

对于一些中温型花卉，比如康乃馨、君子兰、文竹、茉莉及仙人掌、芦荟等，在5℃以下低温出现时，要及时搬入房内。天气骤冷时，可以给花卉戴上防护套。

山茶、杜鹃、兰花、苏铁、含笑等花卉耐寒性较好，如果无霜冻和雨雪，就不必急于进房。但如果气温在 0℃以下时，则要搬进室内，放在朝南房间内，也可完好无损地渡过秋冬季节。而对于耐寒性较强的花卉可以不必搬进室内，只要将其置于背风处即可。这些花卉一旦遇上严重霜冻天气，临时搭盖草帘保温即可。五针松、罗汉松、六月雪、海棠等花卉都属此类，它们是典型的耐寒花卉。

入室后，要控制花卉的施肥与浇水，除冬季开花的君子兰，仙客来、鹤望兰等在早春开花的花卉之外，一般 1～2 周浇 1 次水，1～2 月施 1 次肥或不施肥，以免肥水过足，造成花木徒长，进而削弱花卉的御寒防寒能力。

施肥：适量水肥，区别对待

秋天是大多数花卉一年中第二个生长旺盛期，因此水肥供给要充足，才能使其苗壮生长，并开花结果。到了深秋之后，天气变冷，水、肥供应要逐步减少，防止枝叶徒长，以利提高花卉的御寒能力。

对一些观叶类花卉，如文竹、吊兰、龟背竹、橡皮树、棕竹、苏铁等，一般可每隔半个月左右施 1 次稀薄腐熟饼肥水或以氮肥为主的化肥。

对 1 年开花 1 次的梅花、蜡梅、山茶、杜鹃、迎春等应及时追施以磷肥为主的液肥，以免养分不足，导致第二年春天花小而少甚至落蕾。盆菊从孕蕾开始至开花前，一般宜每周施 1 次稀薄饼肥水，含苞待放时加施 1～2 次 0.2% 磷酸二氢钾溶液。

盆栽桂花，入秋后施入以磷为主的腐熟稀薄饼肥水、鱼杂水或淘米水。对一年开花多次的月季、米兰、茉莉、石榴、四季海棠等，应继续加强肥水管理，使其花开不断。

对一些观果类花卉，如金橘、佛手、果石榴等，应继续施 2～3 次以磷、钾肥为主的稀薄液肥，以促使果实丰满，色泽艳丽。

橡皮树的三个品种：比利时橡皮树（左）、大叶橡皮树（中）、"黑太子"橡皮树（右）

对一些夏季休眠或半休眠的花卉，如仙客来、倒挂金钟、马蹄莲等，初秋便可换盆换土，盆中加入底肥，按照每种花卉生态习性，进行水肥管理。

北方地区 10 月份天气已逐渐变冷，大多数花卉就不要再施肥了。除对冬季或早春开花以及秋播草花等可根据实际需要继续进行正常浇水外，对于其他花卉应逐渐减少浇水量和浇水次数，盆土不干就不要浇水，以免水肥过多导致枝叶徒长，影响花芽分化和降低花卉抗寒能力。

修剪：保留养分是关键

从理论上讲，入秋之后，平均气温保持在20℃左右时，多数花卉常易萌发较多嫩枝，除根据需要保留部分枝条外，其余的均应及时剪除，以减少养分消耗，为花卉保留养分。对于保留的嫩枝也应及时摘心。例如菊花、大丽花、月季、茉莉等，秋季现蕾后待花蕾长到一定大小时，仅保留顶端一个长势良好的大蕾，其余侧蕾均应摘除。又如天竺葵经过一个夏天的不断开花之后，需要截枝与整形，将老枝剪去，只在根部留约10厘米高的桩子，促其萌发新枝，保持健壮优美的株形。

菊花进行最后一遍打头，同时多追肥，到花芽出现后随时注意将侧芽剥去，以保证顶芽有足够养分。而对榆、松、柏树桩盆景来说是造型、整形的重要时机，可摘叶攀扎、施薄肥、促新叶，叶齐后再进行修剪。

采收播种：适时采播

采种

入秋后，如半支莲、茑萝、桔梗、芍药、一串红等，以及部分木本花卉，如玉兰、紫荆、紫藤、蜡梅、金银花、凌霄等的种子都已成熟，要及时采收。

采收后及时晒干，脱粒，除去杂物后选出籽粒饱满、粒形整齐、无病虫害并有本品种特征的种子，放入室内通风、阴暗、干燥、低温（一般在1℃~3℃）的地方贮藏。

一般种子可装入用纱布缝制的布袋内，挂在室内通风低温处。但切忌将种子装入封严的塑料袋内贮藏，以免因缺氧而窒息，降低或丧失发芽能力。

对于一些种皮较厚的种子如牡丹、芍药、蜡梅、玉兰、广玉兰、含笑、五针松等，采收后宜将种子用湿沙土埋好，进行层积沙藏，即在贮藏室地面上先铺一层厚约10厘米的河沙，再铺一层种子，如此铺3~5层，种子和湿河沙的重量比约为1：3。沙土含水量约为15%，室温为0℃~5℃，以利来年发芽。

此外，睡莲、王莲的种子必须泡在水中贮存，水温保持在5℃左右为宜。

及时秋播

二年生或多年生作1~2年生栽培的草花，如金鱼草、石竹、雏菊、矢车菊、桂竹香、紫罗兰、羽衣甘蓝、美女樱、矮牵牛等和部分温室花卉及一些木本花卉，如瓜叶菊、仙客来、大岩桐、金莲花、荷包花、南天竹、紫薇、丁香等，以及采收后易丧失发芽力的非洲菊、飞燕草、樱草类、秋海棠类等花卉都宜进行秋播。牡丹、芍药以及郁金香、风信子等球茎花卉宜于仲秋季节栽种。盆栽后放在3℃~5℃的低

萨瑟兰秋海棠

温室内越冬，使其接受低温锻炼，以利来年开花。

秋季花卉病虫害的防治

秋季虽然不是病虫害的高发期，但也不能麻痹大意，比如菜青虫和蚜虫是花卉在秋季易发的虫害。

在秋季，香石竹、满天星、菊花等花卉要谨慎防治菜青虫的危害，菊花还要防止蚜虫侵入以及发生斑纹病。

非洲菊在秋天容易受到叶螨、斑点病等病虫害。月季要防止感染黑斑病、白粉病。香石竹要防止叶斑病的侵染。

桃红颈天牛是盆栽梅花、海棠、寿桃、碧桃等花卉在秋季容易受到侵害的虫害之一。如果发现花卉遭受桃红颈天牛的侵害，可以通过施呋喃丹颗粒进行防治。但要注意：呋喃丹之类药物只适用于花卉，对果蔬类植物并不适用。如果使用也需要按严格的剂量规定，不能随意喷洒，以免威胁人体健康。

总之，秋季花卉的病害应该以预防为主，注意通风，降低温室内空气湿度，增施磷钾肥，以提高植株抗病能力。

秋季养花答疑

为什么花卉要在秋天进行御寒锻炼

御寒锻炼就是在秋季气温下降时将花卉放置在室外，让其经历一个温度变化过程，在生理上形成对低温的适应性。

御寒锻炼主要是针对一些冬季不休眠或半休眠的花卉而言的，冬季休眠的花卉不需要进行御寒锻炼。

具体方法是在秋季未降温前将花卉放置在室外，让其适应室外的环境。在室外温度自然下降时，不要将其搬回室内，让其在气温的逐步下降中适应较低的温度。在进行御寒锻炼时应注意以下4点：

全年生盆栽菊花

（1）气温下降剧烈时，应将花卉搬回室内，防止气温突降对其造成伤害。

（2）下霜前应将花卉搬至室内，遭霜打后叶片易出现冻伤。

（3）抗寒锻炼是有限度的。植物不可能无限度地适应更低的温度，抗寒锻炼也不可能使花卉突破自身的防寒能力，经过抗寒锻炼的花卉只是比没经过抗寒锻炼的花卉稍耐冻一些。

（4）不是每种花卉都能进行抗寒锻

炼，如红掌、彩叶芋等喜高温的花卉在秋季气温未下降前就应移至室内培养。

秋季如何养护仙客来

入秋后，要对仙客来进行秋季养护。可采取如下养护措施：

仙客来大花杂交品种

（1）更换盆土。仙客来进入秋季的首要养护任务是换盆。对早春播种的幼苗与繁殖的新株，应带部分宿土，更换大一号盆。对开过花夏季休眠的老株，则将球茎从盆中磕出，用清水洗净泥土，剪去 2 ~ 3 厘米以下的老根，在百菌轻或多菌灵溶液中浸泡半小时晾干后，栽于大一号盆中。培养土一般用腐叶土、田园土各 4 份，河沙 2 份。上盆后浇透水，放于荫蔽处，无论老株或幼株，都不能深栽，以球茎露出 1/3 ~ 1/2 为宜，以防浇水过多致使球茎腐烂。

（2）浇水施肥。由于秋季气候多变，晴天与雨天蒸发量不同。为使盆土有良好的透气性，每次都要浇透水。浇水时间以上午为好，既可避免因午间高温导致植株萎谢，又可避免下午浇水温差太大造成新陈代谢失调。随着气温的不断下降，仙客来生长速度逐步加快，植株所需养分相应增多。因此，除换盆时在培养土里混入迟效复合肥或在盆底施农家肥外，在换盆缓苗之后，应每半月施 1 次稀薄液肥，且随着植株生长速度的加快，施肥的间隔时间要逐渐缩短，浓度逐渐加大。现蕾之后还需增施磷钾肥，以使花多色艳。

观叶花卉如何秋季养护

（1）增加光照。在室外遮阴棚下生长的观叶花卉，可以适当地除去部分遮阴物，放置在室内越夏的观叶花卉可以移至光照合适处。

（2）肥水要充足。秋季观叶花卉长势旺盛，应施以氮肥为主的肥料（如腐熟的饼肥液等），肥料充足，叶片才会繁茂有光泽。由于观叶花卉的叶片多，水分蒸发量极大，浇水也应及时，缺水易使花卉下部的老叶枯黄脱落，形成"脱脚"。因秋季空气干燥，浇水的同时还要向其四周洒水，洒水可提高空气湿度，保持叶片的光泽度，防止叶缘枯焦。

（3）秋末养护措施的变化。秋末室外气温逐步降低，要停止施氮肥，适当灌施 2 ~ 3 次磷、钾肥，以利于养分积累和提高抗寒性。

由于气温低时花卉耗水量不大，应减少浇水次数，使盆土偏干。少浇水不仅可以预防根部病害，还可以提高花卉的抗寒力。

株形较大的观叶花卉如铁树可在室外用防寒物包裹越冬，不能在室外越冬的观叶花卉如榕树可修剪后移入室内，以免挤占过多的空间。

观叶花卉还应定期喷药，防治病虫害的侵染。

冬季花卉的养护要点

寒冬腊月，防冻保温

各种花卉的越冬温度有所不同。花卉的生长都是有温度底线的，尤其是在寒冷的冬季，要采取合理的保暖措施。

有些花卉要在冬季进入休眠期，让这些花卉顺利越冬，就要控制室内温度在5℃左右。另外，如有需要，可以用塑料膜把花卉植株包裹起来放到阳台的背风处，也可以安全过冬。比较常见的此类花卉有石榴、金银花、月季、碧桃、迎春等。

对于那些在冬季处于半休眠状态的花卉，如夹竹桃、金橘、桂花等，越冬时要把室内温度控制在0℃以上，这样可以确保其安全过冬。

对于一些对寒冷抵抗能力较差的花卉，比如米兰、茉莉、扶桑、凤梨、栀子花等，则要求室内温度在15℃左右，如果温度过低，就会导致花卉被冻死。而像四季报春、彩叶草、蒲包花等草本花卉，室温要保持在5℃~15℃之间。

对于文竹、凤仙、天竺葵、四季海棠等多年生草本花卉，室内温度应该保持在10℃~20℃。榕树、棕竹、橡皮树、芦荟、鹅掌木、昙花、令箭等，最低室温宜在10℃~30℃。芦荟冬天最低温度不能低于2℃。君子兰在冬季生长的适宜温度是15℃~20℃。

水生花卉如何越冬呢？冬天零下的温度，水结冰是否会危害到水生花卉的安全呢？要让水生花卉安全过冬，应该在霜冻前及时把水放掉，将花盆移至地窖或楼道过厅，温度保持在5℃为宜，盆土干燥时要合理喷水，加以养护。如荷花、睡莲、凤眼莲、萍蓬莲等水生类花卉均需要采取以上保护措施，方可安全越冬。

栀子花等花卉耐寒力较差，冬天要注意保温。

适宜光照，通风换气

花卉到了初冬，要陆续搬进室内，在室内放置的位置要考虑到各种花卉的特性。通常冬、春季开花的花卉，如仙客来、蟹爪兰、水仙、山茶、一品红等和秋播的草本花卉，如香石竹、金鱼草等，以及喜强光高温的花卉，如米兰、茉莉、栀子、白兰花等南方花卉，均应放在窗台或靠近窗台的阳光充足处。

喜阳光但能耐低温或处于休眠状态的

花卉，如文竹、月季、石榴、桂花、金橘、夹竹桃、令箭荷花、仙人掌类等，可放在有散射光的地方；其他能耐低温且已落叶或对光线要求不严格的花卉，可放在没有阳光的较阴冷之处。

需要注意的是，不要将盆花放在窗口漏风处，以免冷风直接吹袭受冻，也不能直接放在暖气片上或煤火炉附近，以免温度过高灼伤叶片或烫伤根系。

另外，室内要保持空气流通，在气温较高或晴天的中午应打开窗户，通风换气，以减少病虫害的发生。

施肥、浇水都要节制

进入冬季之后，很多花卉进入休眠期，新陈代谢极为缓慢，相对应的，对肥水的需求也就大幅减少了。这是很正常的现象。花卉和人一样经过一年的努力同样需要休养生息。除了秋、冬或早春开花的花卉以及一些秋播的草本盆花，根据实际需要可继续浇水施肥外，其余盆花都应严格控制肥水。处于休眠或半休眠状态的花卉则应停止施肥。盆土如果不是太干，则不必浇水，尤其是耐阴或放在室内较阴冷处的盆花，更要避免因浇水过多而引起花卉烂根、落叶。

梅花、金橘、杜鹃等木本盆花也应控制肥水，以免造成幼枝徒长，而影响花芽分化和减弱抗寒力。多肉植物需停止施肥并少浇水，整个冬季基本上保持盆土干燥，或约每月浇 1 次水即可。没有加温设备的居室更应减少浇水量和浇水次数，使盆土保持适度干燥，以免烂根或受冻害。

冬季浇水宜在中午前后进行，不要在傍晚浇水，以免盆土过湿，夜晚寒冷而使根部受冻。浇花用的自来水一定要经过 1 ～ 2 天日晒才能使用。若水温与室温相差 10℃以上很容易伤根。

格外留心增湿、防尘

北方冬季室内空气干燥，极易引起喜空气湿润的花卉叶片干尖或落花落蕾，因此越冬期间应经常用接近室温的清水喷洗枝叶，以增加空气湿度。另外，盆花在室内摆放过久，叶面上常会覆盖一层灰尘，用煤炉取暖的房间尤为严重，既影响花卉的光合作用，又有碍观赏，因此要及时清洗叶片。

畏寒盆花在搬入室内时，最好清洗一下盆壁与盆底，防止将病虫带入室内。发现枯枝、病虫枝条应剪去，对米兰、茉莉、扶桑等可以剪短嫩枝。进室后，在第一个星期内，不能紧关窗门，应使盆花对由室外移至室内的环境变化进行适应，否则易使叶变黄脱落。

如室温超过 20℃时，应及时半开或全开门窗，以散热降温，防止闷坏盆花或引起徒长，削弱抗寒能力。

如遇室温降至最低过冬温度时，可用塑料袋连盆套上，在袋端剪几个小洞，以利透气调温，并在夜间搬离玻璃窗。

遇暖天，不能随意搬到室外晒太阳或淋雨，以防花卉受寒受冻。

冬季花卉常见病虫害

冬天气温急剧降低，花卉抗寒能力弱或者下降就会容易发生真菌病害，如灰霉病、根腐病、疫病等。

为了保证植株强健，提高其抗寒能力，就要降低盆土湿度，并辅之以药剂。冬季虫害主要是介壳虫和蚜虫。当然，冬季病虫害相对较少，这时候要做好防护工作。在冬季可以在一些花卉的枝干上，涂白不仅能有效地防止冬季花木的冻害、日灼，还会大大提高花木的抗病能力，而且还能破坏病虫的越冬场所，起到既防冻又杀虫的双重作用。

配制涂白剂方法是把生石灰和盐用水化开，然后加入猪油和石硫合剂原液充分搅拌均匀便可。

同时要注意，生石灰一定要充分溶解，否则涂在花卉枝干容易造成烧伤。

冬季养花答疑

冬季哪些花卉应该入室养护

冬季温度低于0℃的地区，室内又没有取暖设施的，室内温度一般只能维持在0℃～5℃左右。这类家庭可培养一些稍耐低温的花卉，如肾蕨、铁线蕨、绿巨人、朱蕉、南洋杉、棕竹、洒金、桃叶珊瑚、花叶鹅掌柴、袖珍椰子、天竺葵、洋常春藤、天门冬、白花马蹄莲、橡皮树等。

室内温度如维持在8℃左右，除可培养以上花卉外，还可以培养发财树、君子兰、巴西铁、鱼尾葵、凤梨、合果芋、绿萝等。

室内温度如维持在10℃以上还可培养红掌、一品红、仙客来、瓜叶菊、鸟巢蕨、花叶万年青、变叶木、散尾葵、网纹草、花叶垂椒草、爵床、紫罗兰、报春花、蒲包花、海棠等。这些花卉在10℃以上的环境中能正常生长，此时最好将花卉置于有光照的窗台、阳台上培养，以保证充足的光照，盆土见干后浇透，不能缺水。浇水的同时应注意洒水以补充室内的空气湿度。少量施肥，并应以液态复合肥为主。

斑叶红凤梨

冬季养护金盏菊要注意什么

金盏菊的花有单瓣和重瓣之分，色泽有淡黄、黄色、金黄色等。冬天温度低，光照时间短，强度弱，对花色的深浅影响很大，淡黄色或黄色受上述条件影响，花色相对较淡，甚至趋于白色，所以，金盏菊的冬季管理很重要。

金盏菊是喜光花卉，入室后，应放在阳光充足的地方，室内温度不能低于5℃，10℃~20℃为最适宜生长的温度。温度偏低，生长慢，开花少，所以，室内温度要尽量高一些好。金盏菊开花时间长，每次浇水要浇足；每10~15天追1次肥，以稀薄的饼液肥为主，适当施化学肥料。

金盏菊在冬季室内栽培，其环境条件较地栽差，为使其多开花，不能任其自由生长，要进行株形整理。对过密枝、交叉枝、弱枝要及时剪掉。在一般条件下，每株只能保留3~5个侧枝；若室内温度条件好，光照充足，水肥施用及时，每株可保留8~9个侧枝，甚至再多留几枝。管理得好每天可开20朵花。

冬栽金盏菊主要是赏花，不采种，对开过花的空枝，花落后即从基部剪掉，促使其他枝条生长良好，枝繁叶茂，鲜花盛开不断。如果想延长花期，可在植株基部保留1~2个部位萌芽，待其长出5~6片真叶时，将原植株从基部剪掉，同时给以充足的水肥条件，很快发育成新株，花期可延至夏天。

如何让瓜叶菊安全过冬

瓜叶菊的冬季管理是至关重要的，只要管理得当，就能在恰逢元旦春节期间繁花竞艳，可添浓浓的喜庆气氛。主要技术措施简介如下：

1. 光足丰花

瓜叶菊为短日照喜光花卉，故要置于阳光充足处，可使叶片厚实油绿，花色鲜艳，否则植株生长虚弱、花色暗淡。一般播种后130天左右正值花芽分化期，这时给以良好的短日照有利于花芽分化，而当花芽分化充分完成后，则应延长光照时数，以促进孕蕾，因而冬季应防光照不足。补光除时数外，还应注意光强、光质。另外，瓜叶菊应每周转动一次，即把背阳的一面转到向阳的一面，防止因光照不均造成株形偏斜，保证株姿匀称端正。随着株龄增大，花盆间距应定期增大，以求互不遮光、合理摆放、充分利用光能。

2. 冷冻孕花

瓜叶菊喜冷凉环境。据养花人多年栽培经验得出其生长适温为8℃~10℃。若播种晚可控温为10℃~13℃，不可超过15℃，高温会引起植株梗弱柄长。为矮化强壮植株，可浇施15%的可湿性多效唑粉剂2000倍液，按直径17厘米盆浇施500ppm的比久溶液进行叶面喷施，每周1次，同时利用晴天中午开窗换气。对于留种的瓜叶菊盆株最好控温在6℃~8℃，这样"蹲苗"，长势强壮，同化产物积累多，将来种子饱满。但温度不可低于0℃，否则易遭冻伤。在花蕾显色时，若使瓜叶菊花期提前，可提高温度至13℃；若想花期延缓，可控温在5℃~7℃。

3. 保证叶片鲜绿繁茂

在生长期间，应保持见干见湿、润而不渍，防止因水分多寡导致叶片徒长或萎蔫。一般在叶片稍有垂挂时即浇透水，每隔4天左右向盆株叶面喷洒0.2%的尿素1次，保证叶鲜绿润泽，这在花芽分化前尤为重要。

4. 用肥料促进花芽分化

栽培养护期间每 7 ~ 10 天浇 1 次充分腐熟的以有机肥为主的稀薄肥液。栽后 100 天，与浇施有机肥一样间隔追施 5% 的全元素复合肥，同时结合叶面喷水喷施 0.2% 的磷酸二氢钾或光合微肥液，可促进花芽良好分化，花期花色艳正。

5. 提高观赏性

定植后的瓜叶菊主茎下部 4 节以下的低节位腋芽（或倒芽），应随时除去，以使养分集中，生长旺盛。除此以外的腋芽保留其成蕾开花，将来含腋芽在内的主茎上可抽出 20 ~ 40 个花枝，而每花枝上各节位又抽生 3 ~ 4 个副花枝，这样多的花枝应有计划地疏除，保留 15 ~ 30 个生长分布均匀、势强的花枝。这样避免生殖器官的养分被无端消耗而降低，且克服了拥塞之弊，还可达到群体花期集中、花现于叶冠之上的最佳观赏效果。

冬季如何养护君子兰

15℃ ~ 25℃ 为君子兰的最佳生长温度。搬入室内过冬时，应按照住房的朝向和光照等不同进行养护。在我国南方地区，如果住房是朝南向阳的，可以放置在室内窗门边，保持室温在 0℃ 以上，就能安全过冬。

君子兰

通常情况下，入冬时，室温较高一些，多数君子兰在室内仍在生长，这时可以继续追施肥料，这对生长枝叶和今后孕蕾开花都有好处。如果室内装有加温设备，恒温在 10℃ 以上，整个冬季君子兰都能继续生长；垂笑君子兰通过 7 天追施 1 次肥料，还能提前开花。

如果室温降至 10℃ 以下，应暂停施肥，因为这时的君子兰已处在生长缓慢期或休眠期，多施肥不但根系难以吸收，反而有害。

如果住房是朝北的，虽整个冬天室内照不到阳光，但只要室内不出现 0℃ 以下温度，放置在房间里比较暖和的地方，吹不到冷风，盆土偏干不过湿，君子兰也能经历漫长的寒冷天气安全无恙，而且春后移出室外的大棵君子兰，还能开出美丽的花朵。

至于小棵的君子兰，在向阳的室内过冬时，用塑料薄膜袋连盆一起套上，仍能继续生长新叶，放置在朝北无阳光的室内，并套上塑料袋的话，同样能安全度过冬季。

冬季如何养护四季秋海棠

四季秋海棠喜温暖怕冻，20℃左右气温最适合它生长。入冬以后，气温逐渐降低，生长受到抑制，可于11月上、中旬入室，置窗前向阳处培育，室温在15℃以上时，仍继续生长，开花不绝。12月份入冬后，进入休眠状态，新枝绿叶不发，花朵也很稀少。

当室温低于5℃时，夜间应将盆移至离窗口较远处，防止玻璃上寒气和窗缝中冷风侵袭而受冻，第二天再移至窗口有阳光处。当窗温降低至0℃时，可用透明塑料袋连盆罩住，在盆口处扎好以保暖。当袋内有较多水珠时，可另换新袋，借此换气和防止叶片腐烂。不能将盆置于厨房或取暖炉边，否则温度过高，叶片会受熏烤灼伤，影响休眠。

花卉在室内越冬时，因气温低、蒸发量少，冬季浇水要慎重，盆土干了才能浇水，做到干透浇透，一般10天左右才浇水1次。休眠期中不能施肥，当植株叶面积尘多时，可在风和日丽的晴天，配合浇水冲洗叶面。3月份的晴天，气温升高，开窗通风，防止过堂风吹袭受冻。到4月初，夜间气温不低于10℃时，可移盆于阳台养。

冬季修剪月季应注意哪些问题

为了使月季生长茂盛，开花多，冬季重度修剪是重要一关。所谓重度修剪就是指把月季过多的、不必要的枝条，全部进行短截修剪，以便集中营养生长发育，并多孕蕾和开花。如果冬季不进行上述短截重度修剪，使枝条长得既高又多又乱，不仅负担过重，消耗和浪费营养过多，对次年的生长和开花也不利。如果用两棵月季作比较，一棵做冬季重度修剪，而另一棵不做此种修剪，就会得出两种截然不同的结果，修剪过的生长旺盛、孕蕾和开花多，未修剪过的，长得又高又瘦，而摇摇曳曳地少孕蕾和少开花。由此可见，修剪对月季花的重要性。

那么为什么要在冬季做上述的重度修剪呢？其原因是冬季月季已落叶休眠，剪去过多的枝条，不会造成剪口的伤流。也就是说，不会很多地损耗伤口处流出来的营养。反之，如果在生长期进行重度修剪，会过多地造成伤流，从而影响月季的生长和开花。同时，通过冬剪可防治病虫害。

冬季重度修剪的时间，宜在入冬后落叶时至第二年2月底前。修剪方法：将根基部起15厘米（左右）以上处的枝条全部剪去，只留芽眼、生长健壮、无病虫害的枝条3～5枝就可以。剪的切口应在枝条芽眼1厘米以上处，剪后所留枝条成为碗状形，并扒开土，施入一定数量的基肥。

针对污染特点选择花草

如果房间内的污染特点不一样，那么相应地所选用的花卉也会不一样。在新装潢完的房间内，甲醛、苯、氨及放射性物质等是主要的污染物；对于建在马路旁边的房子来说，其主要污染有汽车尾气污染、粉尘污染及噪音污染等；而在门窗长期紧闭的房间内，甲醛、苯及氨等有害气体则是重要的污染物。

知道了房间不一样的污染特点，人们便能针对房间各自的特点去选择那些可以减轻或消除相应污染物的花卉来栽植或摆放，以达到净化室内空气的目的。

→ 刚装修好的房子

只要对房子进行装修，那么就必定会有污染产生。我国有关监测数据显示，超过 90% 的装修过的房子的污染物超出标准，有关专家建议，在装修新房子时，第一要控制污染来源，使用与国家标准相符的、污染较少的装修材料；第二，房子在装修结束后应每日通风换气，最好在空置两个月后再进去居住；第三，尽量在进去居住之前便在房间内摆放一些能净化空气，或能对污染进行监测的绿色植物。

根据装修房子的不同污染状况，最适合摆放下面几类植物：

❶ 能强效吸收甲醛的植物：吊兰、仙人掌、龙舌兰、常春藤、非洲菊、菊花、绿萝、秋海棠、鸭跖草、一叶兰、绿巨人、绿帝王、散尾葵、吊竹梅、接骨树、印度橡皮树、紫露草、发财树等。

❷ 能强效吸收苯的植物：虎尾兰、常春藤、苏铁、菊花、米兰、吊兰、芦荟、龙舌兰、天南星、花叶万年青、冷水花、香龙血树等。

❸ 能强效吸收氨的植物：女贞、无花果、绿萝、紫薇、腊梅等。

❹ 能强效吸收氡的植物：冰岛罂粟等。

❺ 能对空气污染状况进行监测的植物：梅花能对甲醛及苯污染进行监测；矮牵牛、杜鹃、向日葵能对氨污染进行监测；虞美人则可对硫化氢污染进行监测。

街道两侧的住宅

建在街道两侧的房子，污染更为严重。很多城市的大街小巷到处都可以见到行人随手丢弃的垃圾，但事实上更为严重的污染源还不止这些。建在街道两侧的住宅，其房间内的污染物主要来源于汽车尾气（主要污染物为一氧化碳、碳氢化合物、氮氧化物、含铅化合物、醛、苯丙芘及固体颗粒物等），大气里的二氧化碳、二氧化硫，路旁的粉尘，另外还有噪音污染等。所以，应当栽植或摆放可以吸收汽车尾气、二氧化碳、二氧化硫，吸滞粉尘及降低噪音的植物。

噪音对人体的影响

噪音量（分贝）	对人体的影响	范例
0~50	感觉舒适	低声说话
50~90	造成失眠，令人烦躁焦虑	高声说话，大声喧哗
90~130	使耳朵发痒，感觉疼痛	摇滚乐
130以上	导致鼓膜破裂、失聪	枪声

❶ 能较强吸收汽车尾气（一氧化碳、碳氢化合物、氮氧化物、含铅化合物、醛、苯丙芘及固体颗粒物等）的植物：吊兰、万年青、常春藤、菊花、石榴、半支莲、月季花、山茶花、米兰、雏菊、腊梅、万寿菊、黄金葛等。

❷ 能较强吸收二氧化碳的植物：仙人掌、吊兰、虎尾兰、龟背竹、芦荟、景天、花叶万年青、观音莲、冷水花、大岩桐、山苏花、鹿角蕨等。另外，植物接受的光照越强烈，其光合作用所需要的二氧化碳也越多，房间内的空气质量就越高。所以，在植物能够承受的光线条件下，应当使房间里的光线越明亮越好。

❸ 能较强吸收二氧化硫的植物：常春藤、吊兰、苏铁、鸭跖草、金橘、菊花、石榴、半支莲、万寿菊、米兰、腊梅、雏菊、美人蕉等。

❹ 能强效吸滞粉尘的植物：大岩桐、单药花、盆菊、金叶女贞、波士顿蕨、冷水花、观音莲、桂花等。

❺ 能较好降低噪音的植物：龟背竹、绿萝、常春藤、雪松、龙柏、水杉、悬铃木、梧桐、垂柳、云杉、香樟、海桐、桂花、女贞、文竹、紫藤、吊兰、菊花、秋海棠等。

门窗密闭的居室

科技创造了空前繁荣的当今社会，使得日常生活得到了一步步的改善，人们得以使用各种各样的建筑和装饰材料美化居室，并配置各种现代化的家具、家电以及办公用品，然而它们在为居室带来舒适、美观与便捷的同时，也给家居环境带来了严重的污染。另外，人们在室内进行的一些活动，如呼吸、排泄、说话、吸烟、做饭、使用电脑等，也会给家居环境带来严重的污染。在门窗长期紧闭的房间里，积聚着大量甲醛、苯及氡等有害气体。很多经常使用的家居用品，尤其是装修未满三年的居室家具、地板及别的装修材料，会释放出甲醛、苯等有害气体，非常不利于人们的身体健康。所以，应当在房间内栽植或摆放一些可以有效吸收这些有害气体的植物。与此同时，要尽量选用耐阴的观叶植物，如龟背竹、一叶兰、绿萝、花叶万年青、虎尾兰；或者主要选用半阴生植物，如文竹、棕竹、橡皮树等。

❶ 能强效吸收甲醛的植物：吊兰、仙人掌、龙舌兰、常春藤、绿萝、非洲菊、菊花、秋海棠、鸭跖草、一叶兰、绿巨人、绿帝王、散尾葵、吊竹梅、紫露草、接骨树、橡皮树、发财树等。

❷ 能强效吸收苯的植物：虎尾兰、常春藤、苏铁、米兰、芦荟、吊兰、龙舌兰、菊花、天南星、冷水花、香龙血树、花叶万年青等。

❸ 能强效吸收氡的植物：能强效吸收氡的植物非常少，目前只发现冰岛罂粟在这方面有一定的作用。

❹ 若房间是东西向的，可以选用的植物有文竹、旱伞、万年青等。

❺ 位于北面的房间，可以选用的植物有龟背竹、虎尾兰、棕竹及橡皮树等。

❻ 需要注意的是，并不是所有的植物都对人体有益，有一些植物自身带毒素，或散发的气味含有毒素。这些植物是不宜放在房间里的，应当避免栽植或摆放。例如，人们闻玉丁香闻得时间长了就会造成憋闷、气喘，使记忆力受到影响；夜来香在晚上排放出的废气会令高血压、心脏病患者心情不快；郁金香含有毒碱，人们持续接触超过两个小时后就会导致头晕；含羞草的植株内有含羞草碱，若时常碰触会导致毛发脱落；松柏的芳香气味则会使人的食欲受到影响；马蹄莲的花有毒，含有大量的草酸钙结晶和生物碱等，一旦被人误食，则会引起昏迷等中毒症状；兰花所散发出来的香味如果闻得时间过长，会令人因过度兴奋而难以入眠。

针对不同房间选择花草

在选用花卉的时候，应当注意顾及到房间的功用。客厅、卧室、书房和厨房的功用各不相同，在花卉选用上也相应地需要有所侧重，而餐厅与卫生间所摆设的花卉更应该有所不同。

另外，居室面积的大小也决定着选择花卉的品种与数量。通常来说，植物体的大小与数量应当和房间内空间的大小相对应。在空间比较大的居室里，若摆设小型植物或者植物数量太少，就会令人觉得稀松、乏味、不大气；而在空间比较狭小的房间中，则不适宜摆设高大的或者数量过多的植物，否

推荐花草组合：

常春藤+吊兰

常春藤对烟草中的尼古丁及多种致癌物质有着很好的抵制作用，吊兰则被誉为"绿色净化器"，可以在新陈代谢过程中把甲醛转化成糖或氨基酸等物。二者搭配组合，可使室内环境变得更洁净。

则会令人感觉簇拥、憋闷、堆积。在植物摆设上，一般讲究重质不重量，摆设植物的数量最好不要超出房间面积的 1/10。

➡ 人来人往的客厅

客厅是一家人休息放松及招待客人的重要地方，也是最经常摆设植物的场所。如果要在客厅内摆设植物，不能只简单考虑其装点功能，还应更多地顾及家庭成员及客人的身体健康。通常来说，在为客厅摆设花卉的时候应依从下列几条原则：

❶ 通常客厅的面积比较大，选择植物时应当以大型盆栽花卉为主，然后再适当搭配中小型盆栽花卉，才可以起到装点房间、净化空气的双重效果。

❷ 客厅是家庭环境的重要场所，应当随着季节的变化相应地更换摆设的植物，为居室营造出一个清新、温馨、舒心的环境。

❸ 客厅是人们经常聚集的地方，会有很多的悬浮颗粒物及微生物，因此应当选择那些可以吸滞粉尘及分泌杀菌素的盆栽花草，比如兰花、铃兰、常春藤、紫罗兰及花叶芋等。

❹ 客厅是家电设备摆放最集中的场所，所以在电器旁边摆设一些有抗辐射功能的植物较为适宜，比如仙人掌、景天、宝石花等多肉植物。特别是金琥，在全部仙人掌科植物里，它具有最强的抗电磁辐射的能力。

❺ 如果客厅有阳台，可在阳台多放置一些喜阳的植物，通过植物的光合作用来减少二氧化碳、增加室内氧气的含量，从而使室内的空气更加新鲜。

➡ 养精蓄锐的卧室

人们每天处在卧室里的时间最久，它是家人夜间休息和放松的地方，是惬意的港湾，应当给人以恬淡、宁静、舒服的感觉。与此同时，卧室也应当是我们最注重空气质量的场所。所以在卧室里摆设的植物，不仅要考虑到植物的装点功能，还要兼顾到其对人体健康的影响。通常应依从下列几条原则：

推荐花草组合：

芦荟+虎尾兰

芦荟和虎尾兰与大多数植物不同，它们在夜间也能吸收二氧化碳，并释放出氧气，特别适宜摆设在卧室里。然而卧室里最好不要摆设太多植物，否则会占去室内较大面积的空间。因而可以在芦荟与虎尾兰中任意选用一个；如果两者皆要摆放，则无须再放置其他植物。当然，如果卧室非常宽敞，则可多放几盆植物。

虎尾兰

❶ 卧室的空间通常略小，摆设的植物不应太多。同时，绿色植物夜间会进行呼吸作用并释放二氧化碳，所以如果卧室里摆放绿色植物太多，而人们在夜间又关上门窗睡觉，则会导致卧室空气流通不够、二氧化碳浓度过高，从而影响人的睡眠。因此，在卧室中应当主要摆设中、小型盆栽植物。在茶几、案头可以摆设小型的盆栽植物，比如茉莉、含笑等色香都较淡的花卉；在光线较好的窗台可以摆设海棠、天竺葵等植物；在较低的橱柜上可以摆设蝴蝶花、鸭跖草等；在较高的橱柜上则可以摆设文竹等小型的观叶植物。

❷ 为了营造宁静、舒服、温馨的卧室环境，可以选用某些观叶植物，比如多肉多浆类植物、水苔类植物或色泽较淡的小型盆景。当然，这些植物的花盆最好也要具有一定的观赏性，一般以陶瓷盆为好。

❸ 依照卧室主人的年龄及爱好的不同来摆设适宜的花卉。卧室里如果住的是年轻人，可以摆设一些色彩对比较强的鲜切花或盆栽花；卧室里如果住的是老年人，那么就不应该在窗台上摆设大型盆花，否则会影响室内采光。而花色过艳、香气过浓的花卉易令人兴奋，难以入眠，也不适宜摆设在卧室里。

❹ 卧室里摆设的花型通常应比较小，植株的培养基最好以水苔来替代土壤，以使居室保持洁净；摆设植物的器皿造型不要过于怪异，以免破坏卧室内宁静、祥和的氛围。此外，也不适宜悬垂花篮或花盆，以免往下滴水。

➲ 安静幽雅的书房

书房是人们看书、习字、制图、绘画的场所，因此在绿化安排上应当努力追求"静"的效果，以益于学习、钻研、制作及创造。可以选择如梅、兰、竹、菊一类古人较为推崇的名花贵草，也可以栽植或摆放一些清新淡雅的植物，有益于调节神经系统，减轻工作和学习带来的压力。在书房养花草，通常应当依从下列几条原则：

推荐花草组合：

文竹+吊兰

这一组合会令书房显得清新、雅静，充满文化气息，不仅益于房间主人聚精会神、减轻疲乏，还能彰显出主人恬静、淡泊、雅致的气质；同时吊兰又是极好的空气净化剂，可以使书房里的空气清新怡然。

❶ 从整体来说，书房的绿化宗旨是宜少宜小，不宜过多过大。所以，书房中摆放的花草不宜超过三盆。

❷ 在面积较大的书房内可以安放博古架，书册、小摆件及盆栽君子兰、山水盆

景等摆放在其上，能使房间内充满温馨的读书氛围。在面积较小的书房内可以摆放大小适宜的盆栽花卉或小山石盆景，注意花的颜色、树的形状应该充满朝气，米兰、茉莉、水仙等雅致的花卉皆是较好的选择。

❸ 适宜摆设观叶植物或色淡的盆栽花卉。例如，在书桌上面可以摆一盆文竹或万年青，也可摆设五针松、凤尾竹等，在书架上方靠近墙的地方可摆设悬垂花卉，如吊兰等。

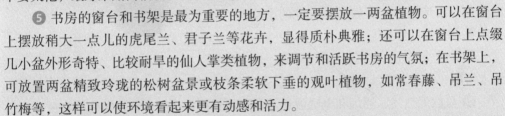

香龙血树

❹ 可以摆设一些插花，注意插花的颜色不要太艳，最好采用简洁明快的东方式插花，也可以摆设一两盆盆景。

❺ 书房的窗台和书架是最为重要的地方，一定要摆放一两盆植物。可以在窗台上摆放稍大一点儿的虎尾兰、君子兰等花卉，显得质朴典雅；还可以在窗台上点缀几小盆外形奇特、比较耐旱的仙人掌类植物，来调节和活跃书房的气氛；在书架上，可放置两盆精致玲珑的松树盆景或枝条柔软下垂的观叶植物，如常春藤、吊兰、吊竹梅等，这样可以使环境看起来更有动感和活力。

❻ 从植物的功用上看，书房里所栽种或摆放的花草应具有"旺气"、"吸纳"、"观赏"三大功效。"旺气"类的植物常年都是绿色的，叶茂茎粗，生命力强，看上去总能给人以生机勃勃的感觉，它们可以起到调节气氛、增强气场的作用，如大叶万年青、棕竹等；"吸纳"类的植物与"旺气"类的植物有相似之处，它们也是绿色的，但最大功用是可以吸收空气中对人体有害的物质，如山茶花、紫薇花、石榴、小叶黄杨等；"观赏"类的植物则不仅能使室内富有生机，还可起到令人赏心悦目的功用，如蝴蝶兰、姜茶花等。

➡ 烹制美味的厨房

植物出现在厨房的比率应仅次于客厅，这是因为人们每天都会做饭、吃饭，会有一大部分时间花在厨房里。同时，厨房里的环境湿度也非常适合大部分植物的生长。在厨房摆放花草时应当讲求功用，以便于进行炊事，比如可以在壁面上悬挂花盆等。厨房一般是在窗户比较少的北面房间，摆设几盆植物能除去寒冷感。通常来讲，在厨房摆放的植物应当依从下列几条原则：

❶ 厨房摆放花草的总体原则就是"无花不行，花太多也不行"。因为厨房一般面积较小，同时又设有炊具、橱柜、餐桌等，因此摆设布置宜简不宜繁，宜小不宜大。

❷ 主要摆设小型的盆栽植物，最简单的方法就是栽种一盆葱、蒜等食用植物作装点，也可以选择悬挂盆栽，比如吊兰。同时，吊兰还是很好的净化空气的植物，

它可以在 24 小时内将厨房里的一氧化碳、二氧化碳、二氧化硫、氮氧化物等有害气体吸收干净，此外它还具有养阴清热、消肿解毒的作用。

❸ 在窗台上可以摆设蝴蝶花、龙舌兰之类的小型花草，也能将短时间内不食用的菜蔬放进造型新颖独特的花篮里作悬垂装饰。另外，在临近窗台的台面上也可以摆放一瓶插花，以减少油烟味。如果厨房的窗户较大，还可以在窗前养植吊盆花卉。

❹ 厨房里面的温度、湿度会有比较大的变化，宜选用一些有较强适应性的小型盆栽花卉，如三色堇等。

白鹤芋

❺ 花色以白色、冷色、淡色为宜，以给人清凉、洁净、宽敞之感。

❻ 虽然天然气、油烟和电磁波还不至于伤到植物，但生性娇弱的植物最好还是不要摆放在厨房里。

❼ 值得注意的是，为了保证厨房的清洁，在这里摆放的植物最好用无菌的培养土来种植，一些有毒的花草或能散发出有毒气体的花草则不要摆放，以免危害身体健康。

推荐花草组合：

绿萝+白鹤芋

在房间内朝阳的地方，绿萝一年四季都能摆设，而在光线比较昏暗的房间内，每半个月就应当将其搬到光线较强的地方恢复一段时日。家庭使用的清洁剂、洗涤剂及油烟的气味对人们的身体健康危害很大，绿萝能将其中70%的有害气体有效地消除，在厨房里摆设或吊挂一盆绿萝，就能很好地将空气里的有害化学物质吸收掉。白鹤芋能强效抑制人体排出的废气，比如氨气、丙酮，还能对空气里的苯、三氯乙烯及甲醛进行过滤，令厨房内的空气保持新鲜、洁净。

➲ 储蓄能量的餐厅

餐厅是一家人每日聚在一起吃饭的重要地方，所以应当选用一些能够令人心情愉悦、有利于增强食欲、不危害身体健康的绿化植物来装点。餐厅植物一般应当依从下列几条原则来选择和摆放：

❶ 对花卉的颜色变化和对比应适当给予关注，以增强食欲、增加欢乐的气氛，春兰、秋菊、秋海棠及一品红等都是比较适宜的花卉。

❷ 由于餐厅受面积、光照、通风条件等各方面条件的限制，因此摆放植物时首先要考虑哪些植物能够在餐厅环境里找到适合它的空间。其次，人们还要考虑自己能为植物付出的劳动强度有多大，如果家中其他地方已经放置了很多植物，那么餐厅摆放一盆植物即可。

❸ 现在，很多房间的布局是客厅和餐厅连在一起，因此可以摆放一些植物将其分隔开，比如悬挂绿萝、吊兰及常春藤等。

❹ 根据季节变化，餐厅的中央部分可以相应摆设春兰、夏洋（洋紫苏）、秋菊、冬红（一品红）等植物。

❺ 餐厅植物最好以耐阴植物为主。因为餐厅一般是封闭的，通风性也不好，适宜摆放文竹、万年青、虎尾兰等植物。

❻ 色泽比较明亮的绿色盆栽植物，以摆设在餐厅周围为宜。

❼ 餐桌是餐厅摆放植物的重点地方，餐桌上的花草固然应以视觉美感为考虑，但也注意尽量不摆放易落叶和花粉多的花草，如羊齿类、百合等。

❽ 餐厅跟厨房一样，需要保持清洁，因此在这里摆放的植物最好也用无菌的培养土来种植，有毒的花草或能散发出有毒气体的花草则不要摆放，如郁金香、含羞草等，以免伤害身体。

推荐花草组合：

春兰+一品红

《植物名实图考》里记载："春兰叶如瓯兰，直劲不欹，一枝数花，有淡红、淡绿者，皆有红缕，瓣薄而肥，异于他处，亦具香味。"春兰形姿优美、芳香淡雅，令人赏之闻之都神清气爽。而颜色鲜艳的一品红则会令人心情愉快，食欲增加。这两者是餐厅摆放花卉的首选，可共同摆放。

第三章
四季代表性花草及养护

春季花草

迎春花

【花草名片】

◎**学名:** *Jasminum nudiflorum*

◎**别名:** 金梅、金腰带、小黄花、金腰儿等。

◎**科属:** 木樨科茉莉属,为多年生常绿落叶灌木。

◎**原产地:** 中国。

◎**习性:** 喜阳光,喜湿润,稍耐阴,耐寒冷,耐旱,耐碱,怕涝。

◎**花期:** 3～5月。

◎**花色:** 金黄色。

择 土

迎春花对土壤没有严格的要求,在微酸、中性、微碱性土壤中都能生长,但最适宜在疏松肥沃、排水良好的沙质土壤中生长。

选 盆

因为迎春花的颜色是金黄色,所以适宜选用淡蓝、紫红、黑色的花盆,让花盆和花的颜色相互协调,使盆花更具观赏价值。

栽 培

❶春、夏、秋三季均可进行扦插。❷剪下长约20厘米的嫩茎作插穗,插入土1/3深。❸浇透水,放在阴处或遮阴10天左右,再放到半阴半阳处,15天左右即可生根。

修 剪

迎春花的花朵多集中开放于秋季生长的新枝上,即在头年枝条上形成花芽。夏季以前形成的枝条着花很少,老枝则基本上不能开花。因此,每年开花以后应对枝条进行修剪,把长枝条从基部剪去,促使另发新枝,则第二年开花茂盛。为避免新枝过长,一般每年5～7月,可摘心2～3次,每次摘心都在新枝的基部留2对芽而截去顶梢，促使其多发分枝。

新手提示： 对于生长强健而又分枝多的植株，7月以后，可不需再摘心。如果分枝过少，8月上旬以前还应再摘一次心。但对生长细弱、枝条并不太长的植株，摘不摘都可以。

光照

生长期间要保证每日接受足够的光照。

新手提示： 光照不足会导致植株窜高、黄化、不开花或开花少等。

浇水

❶ 迎春花喜欢湿润的环境，炎热的夏季每日上、下午各浇一次水，还应时常朝枝茎和植株四周地面喷洒清水，以增加空气湿度。❷ 迎春花怕盆内积水，在梅雨季节，连续降雨时，应把盆放倒或移至不受雨淋处。❸ 秋天注意经常浇水，以利于植株生长健壮。❹ 冬季气温低，水分蒸发少，应少浇水。

温度

在冬天，南方只要把迎春花连同花盆埋入背风向阳处的土中即可安全越冬，在北方应于初冬移入低温室内，如阴面阳台处越冬。欲令迎春花提前开花，可适时移入中温或高温向阳的房间内，如放置在13℃左右的室内向阳处，每日向枝叶喷清水1～2次，20天左右即可开花；如置于20℃左右的室内向阳处，10天左右就可开花。开花后，将其移至阴面阳台，并注意不要让风对其直吹，即可延长花期。花开后，室温越高，花凋谢越快。

病虫防治

❶ 迎春花若感染叶斑病和枯枝病，可用50%退菌特可湿性粉剂1500倍液喷洒进行处理。❷ 迎春花感染的虫害常为蚜虫和大蓑蛾，可用50%辛硫磷乳油1000倍液喷杀。

施肥

❶ 栽培迎春花，定植时要放基肥。❷ 生长期每月施1～2次腐熟稀薄的液肥。❸ 7～8月，迎春花芽分化期，应施含磷较多的液肥，以利花芽的形成。❹ 开花前期，施一次腐熟稀薄的有机液肥，可使花色艳丽并延长花期。❺ 冬季施基肥一次，平时不必追肥。

繁殖

以扦插为主，也可用压条、分株的方法繁殖。

净化功能

迎春花花香馥郁，放在室内不仅可以起到香化居室的作用，同时还可以净化空气，给我们带来一个清新的环境。

摆放建议

迎春花适应性强，花色端庄秀丽，适宜做室内中小型盆栽，一般摆放在客厅、书房、卧室等处。

花言草语

迎春花是我国名贵花卉，与梅花、水仙和山茶花并称为花中的"雪中四友"。因不畏严寒、怒放花枝喜迎春天的特点而得名。迎春花适应能力强，不择风土，历来受到人们的喜爱，无论是春天娇嫩的黄花，夏天舒展的绿叶，还是冬日里婆娑的花枝，都有很高的观赏价值。

《全国中草药汇编》中记载，迎春花的叶和花可入药。其叶味苦，性平，具有解毒消肿的功效，可止血、止痛。其花味甘、涩，性平，具有清热利尿、解毒的功效。外用研粉，调麻油搭敷于患处即可。

芍药

【花草名片】

◎**学名**：*Paenoia lactiflora*

◎**别名**：余容、将离、殿春花、婪尾春。

◎**科属**：毛莨科芍药属，为多年生宿根草本植物。

◎**原产地**：最初产自我国北部地区以及朝鲜、日本、西伯利亚等地。

◎**习性**：芍药喜欢冷凉荫蔽的环境，耐旱、耐寒、耐阴。适宜在排水通畅的沙壤土中生长，特别喜欢肥沃的土壤。

◎**花期**：4～5月。

◎**花色**：白、红、粉、黄、紫、紫黑、浅绿色等。

选 盆

可选择排水、透气性良好的泥瓦盆或陶盆，栽种芍药的土壤层越深厚越好，所以最好选择高盆。

栽 培

❶ 挖出 3 年以上的芍药株丛，抖掉根上的泥土。❷ 将母株移至阴凉干燥处放置片刻。❸ 母株稍微蔫软后，用刀将根株剖成几丛，确保每丛根株上有 3～5 个芽。❹ 将小根株放置在阴凉干燥处阴干。❺ 在盆底铺一层花土，土层约为盆高的 2/5。❻ 将阴干略软的小根株栽入盆中扶正，向盆中填土、压实。

择 土

可以选择肥沃、排水通畅、透气性好的沙质土壤、中性土壤或微碱性土壤。

新手提示：芍药的分株栽培时间最好选在9月下旬到10月上旬，也就是白露到寒露期间，这一期间的气候温度适合芍药的生长，可使新株有充足的时间在冬天到来之前长出新根。

繁 殖

芍药可以采用播种法、扦插法及分株法进行繁殖，主要采用分株繁殖的方法。

浇 水

❶ 芍药比较耐干旱，怕水涝，浇水不可太多，不然容易导致肉质根烂掉。❷ 在芍药开花之前的一个月和开花之后的半个月应分别浇一次水。❸ 每次给芍药浇完水后，都要立即翻松土壤，以防止有水积存。

温 度

芍药喜欢温和凉爽的环境，比较耐寒，温度应该控制在 15℃～20℃间，冬季温度不宜低于 –20℃。冬季上冻之前可以为芍药根部垒土，以保护新芽。

病虫防治

芍药常见的病患为褐斑病，其病原为牡丹枝孢霉。此病主要伤害其叶片，发病初期新叶背面出现绿色的小点，之后扩大成紫褐色近圆形斑，最后整个叶片枯焦。此病以预防为主，要在春季喷施一次石硫合剂；展叶期每隔 10～15 天喷施一次 50% 多菌灵可湿性粉剂 800 倍液，共用药

3～4次。

光照

芍药对光照要求不严，但在阳光充足的地方生长得更加茂盛。春秋季节可多照阳光，夏天忌烈日暴晒，可放置于半阴处。

修 剪

花朵凋谢后应马上把花梗剪掉，勿让其产生种子，以避免耗费太多营养成分，使花卉的生长发育及开花受到影响。

施 肥

在花蕾形成后应施一次速效性磷肥，可以令芍药花硕大色艳。秋冬季可以施一次追肥，能够促使其翌年开花。

新手提示： 在每一次施肥之后都要立即疏松土壤，使芍药生长得更顺利。

监测功能

芍药能够对二氧化硫与烟雾进行监测。当芍药遭受到二氧化硫与烟雾的侵害时，其叶片尖端或叶片边缘就会呈现出深浅不一的斑点。

摆放建议

芍药在阳光充足的地方生长茂盛，因此最好摆放在阳台、窗台、庭院等向阳处。

花言草语

芍药为我国著名传统花卉，有着三千多年的栽植历史。《本草纲目》载道："芍药……处处有之，扬州为上。"宋代以后，栽植芍药的盛况已不局限在扬州。《析津日记》载："芍药之盛，旧数扬州……今扬州遗种绝少，而京师丰台，连畦接畛……"可以看出那时栽植的盛况。古代人在评花时把牡丹列为第一，芍药列为第二，将牡丹称作花王，芍药称作花相。由于花开得较晚，因此芍药也叫"殿春"。古时候男女往来，为表结情之意或不舍离别之情，经常互赠芍药，所以它也叫"将离草"。

碧桃

【花草名片】

◎**学名：** *Prunus persica*

◎**别名：** 粉红碧桃、花桃、千叶桃花、观赏桃花。

◎**科属：** 蔷薇科李亚科桃属，为落叶小乔木。

◎**原产地：** 最初产自中国，生长在西北、华北、华东及西南等地。如今世界各个国家都已经引种栽植。

◎**习性：** 喜欢光照充足、通风性好的环境，可以忍受干旱和较高的温度，忌水涝，畏碱。

◎**花期：** 3～5月。

◎**花色：** 粉红、白、深红、洒金（杂色）等。

选 盆

碧桃对花盆的要求较高，在植株生长期间多用泥瓦盆，长成后则最好选用釉陶盆。

择 土

碧桃喜欢排水通畅、腐殖质丰富的沙质壤土，不能在碱土中生长，也不喜欢太黏重的土壤。

栽 培

❶ 在盆中栽种碧桃通常采用嫁接法。先用桃、李、杏的实生苗做砧木，于8月进行芽接。❷ 将嫁接成活的碧桃苗，于第二年3月前后，从接芽以上1.5厘米至2厘米处剪去，促使接芽生长。❸ 接着便可将芽植入盆中，置入土壤，并将土壤轻轻压实。❹ 入盆后浇足水分，此后精心照料即可。

新手提示： 上盆时可先在盆底放置腐熟的豆饼屑等作为基肥。

浇 水

❶ 碧桃忌积水，如果遭受水涝3～5天就会使叶片凋落，甚至导致植株死亡。❷ 浇水量要适中，应掌握"不干不浇"的浇水原则。❸ 碧桃的开花坐果期要适当多浇些水，7～8月份花芽分化期要适当扣水，以促进花芽分化。❹ 冬季休眠期要减少浇水的次数。

温 度

碧桃可忍受较高的温度，较能忍受寒冷，但室内温度需保持在5℃以上。

繁 殖

碧桃可以采用播种法、嫁接法和压条法进行繁殖。

病虫防治

碧桃比较易生蚜虫，病害主要有白锈病和褐腐病。❶ 白锈病用50%萎锈灵可湿性粉剂2000倍液喷洒。❷ 褐腐病用50%甲基托布津可湿性粉剂500倍液喷洒。❸ 碧桃生蚜虫时，可以用40%氧化乐果乳油1000～1500倍液或80%敌敌畏乳油1500倍液喷杀。

光 照

碧桃喜欢光照充足的环境，因此要

多见阳光，但切忌摆放在风口处。

施 肥

碧桃对肥料无严格要求，不需要太多肥料。种植时在穴里要施入少量底肥，在生长季节可以视植株的生长状况来决定是不是需施用肥料，通常在每年开花前后分别施用 1 ~ 2 次肥料就可以。

修 剪

❶ 碧桃生长势强，修剪主要是进行疏枝，一般修剪为自然开心形。❷ 在花朵凋谢后要马上修剪，开过花的枝条仅留下基部 2 ~ 3 个芽就可以，并把其他的芽都摘掉。❸ 对长势太强的枝条，在夏天要对其进行摘心，以促进花芽的形成；对长势较弱的植株，需防止修剪太重，要压制强枝、扶助弱枝，令枝条生长匀称，保持通风流畅。❹ 在冬天应适度剪短较长的枝条，以促进植株萌生更多的花枝。

监测功能

碧桃能够对硫化物和氯气进行监测。当碧桃遭受到硫化物或氯气侵袭的时候，其叶片便会呈现出大片的斑点，并渐渐干枯死亡。

摆放建议

碧桃喜光，宜盆栽摆放在阳台、露台、天台等光照充足的地方，也可制成切花和盆景装点书房和客厅。

花 言 草 语

在我国，碧桃是传统的园林观赏树木。早春时，它的花朵先于叶绽放，灿烂娇媚，甚是可人。在园林中一般成片种植碧桃，以形成"桃花园"、"桃花林"、"桃花山"及"桃花坞"等景致。花朵盛开的时候，犹如漫天色彩绚丽的云霞，使人流连忘返。

古代人经常用桃、李来喻学生弟子，叫作"桃李满天下"，所以校园里常种植桃李。在庭院的一处，分散栽植几棵碧桃，也比较合适。碧桃与翠竹混在一起栽种，构成"竹外桃花三两枝，春江水暖鸭先知"的风景，更是使人如入诗画中描摹的美好境界。

矢车菊

【花草名片】

◎**学名**：*Centaurea cyanus*

◎**别名**：荔枝菊、翠兰、蓝芙蓉。

◎**科属**：菊科矢车菊属，为一二年生草本植物。

◎**原产地**：最初产自欧洲东南部地区。德国把它定为国花。

◎**习性**：喜欢阳光，不能忍受阴暗和潮湿。喜欢凉爽气候，比较能忍受寒冷，怕酷热。

◎**花期**：4～5月。

◎**花色**：蓝、紫、红、白等色。

选盆

栽种矢车菊时最好选用泥盆，避免使用瓷盆或塑料盆，因为这两种盆的透气性较差，易导致植株烂根。

繁殖

矢车菊采用播种法进行繁殖，春、秋两季都能进行，以秋季播种为宜。

择土

矢车菊适宜在土质松散、有肥力且排水通畅的沙质土壤中生长。盆土应尽量保证其良好的排水及通气性，土壤若黏性较重时，可混合3～4成的蛇木屑或珍珠石。

栽培

❶ 选好矢车菊的幼株，以生长出6～7枚叶片的为最佳，移入花盆中。❷ 在花盆中置入土壤，土壤最好松散且有肥力。❸ 轻轻压实幼株根基部的土壤，浇足水分。❹ 将花盆放置在通风性良好且温暖的地方，细心照料。❺ 入盆后需浇透水一次，以后的生长期需经常保持土壤微潮偏干的状态。如果土壤存水过多，矢车菊容易徒长，其根系也容易腐烂。

新手提示：矢车菊因不耐移植性，因此在移栽时一定要带土团，否则不易缓苗。

温度

矢车菊喜欢凉爽的生长环境，比较能忍受寒冷，怕炎热。

光照

矢车菊一定要栽植于光照充足且排水通畅处，否则会由于阴暗、潮湿而死亡。

浇水

❶ 每日浇水一次即可，但夏日较干旱时，可早晚各浇一次，以保持盆土湿润并降低盆栽的温度，但水量要小，忌积水。❷ 矢车菊无法忍受阴暗和潮湿，因此在生长季节每次浇水量要适量，避免因过于潮湿导致植株根系腐烂。

施肥

在种植前应在土壤中施入一次底肥，然后每月施用一次液肥，以促使植株生长，到现蕾时则不再施肥。

新手提示：矢车菊喜肥，但如果叶片长得过于繁茂，则要减少氮肥的比例。

病虫防治

矢车菊的主要病害为菌核病，病害一般会先从基部发生，患病时，可喷洒25%粉锈宁可湿性粉剂2500倍液，也可喷洒70%甲基托布津可湿性粉剂800倍液。染病严重的植株要及时剪除，以防继续感染。

修 剪

矢车菊的茎干较细弱，在苗期要留心进行摘心处理，以让植株长得低矮，促其萌生较多的侧枝。

监测功能

矢车菊能够对二氧化硫进行监测。如果空气中的二氧化硫太浓，矢车菊便会由于失去水分而变枯或倒下，无法正常开花或无法开花。

摆放建议

矢车菊喜光，可直接地栽成片，也可以盆栽摆放在阳台、窗台等向阳的地方，还可以作为切花装点客厅、餐厅和书房。

花言草语

德国的国花矢车菊是幸福的象征。关于它，还有一个优美的小故事。

在一次德国的内部战争中，王后路易斯受局势所迫携着两名王子逃出柏林。半路上车子坏了，他们只得走下车。在路旁他们看到了一片片蓝色的矢车菊，两名王子开心地在花丛里嬉戏，王后还用矢车菊花编成了一个漂亮的花环，给9岁的威廉王子戴到了头上。之后，威廉王子成了统一德国的首位皇帝，然而他一直不能忘记童年逃难时看到盛开的矢车菊时激动的心情，还有母亲用矢车菊为他编的花环。所以他非常喜爱矢车菊，之后便将它定为德国的国花。

金鱼草

【花草名片】

◎**学名**：*Antirrhinum majus*

◎**别名**：龙头花、龙口花、狮子花、洋彩雀。

◎**科属**：玄参科金鱼草属，为多年生草本植物，经常被作为一二年生草本植物栽植。

◎**原产地**：最初产自南欧地中海沿岸和非洲北部。

◎**习性**：喜欢光照充足，也能忍受半荫蔽环境。比较能忍受寒冷，怕炎热。

◎**花期**：4～10月。

◎**花色**：深红、浅红、深黄、淡黄、黄橙、肉色及白色等色。

监测功能

金鱼草能够对氯气进行监测。若金鱼草受到氯气的侵害，其叶脉间被损伤的组织便会使叶面出现不定型的斑点或斑块，但是同正常叶组织的绿色叶面并没有清晰的分界线。

浇 水

❶ 金鱼草对水分的反应比较灵敏，一定要让土壤处于潮湿状态，幼苗移入盆中后一定要浇足水。❷ 除了每天适量浇水之外，还应隔2天左右喷一次水。

光 照

金鱼草喜欢阳光，在光照充足的环境中，花朵颜色鲜艳；在半荫蔽的环境中，植株长得较高，花序变长，花朵颜色较浅。

选 盆

金鱼草对花盆的要求较高，在植株生长期间应多用体型较大的泥瓦盆。

择 土

栽种金鱼草最好选用土质松散、有肥力、排水通畅的微酸性沙质土壤。

栽 培

❶ 选取优质的金鱼草种子，播入盛有少许土壤的培植器皿中，不要覆盖土壤，将种子轻压一下即可。❷ 播种后浇透水，然后盖上塑料薄膜，放置半阴处。❸ 7天后，金鱼草种子即可发芽，这时切忌阳光暴晒。❹ 再过一个半月左右，即可将幼苗移栽至盆中。

新手提示：将金鱼草幼苗移栽至盆中时一定要带上土坨，以保证它的存活。

施 肥

在生长季节要供给植株足够的养分，需每隔15天施肥一次，最好是施用氮肥。

繁 殖

采用播种法或扦插法进行繁殖，一般选用播种法繁殖，因为它在秋天或春天都可以进行。

温 度

金鱼草比较能忍受寒冷，怕炎热，温度较高不利于其生长。它的生长适宜温度从9月到次年3月是7℃～10℃，

3 ~ 9月是13℃ ~ 16℃，开花的适宜温度是15℃ ~ 16℃。一些品种在高于15℃的环境中就不能萌生出新枝，影响株形美观。

病虫防治

金鱼草易患茎腐病、草锈病及各种虫害。❶ 患上茎腐病后，发病初期应喷施40%乙磷铝可湿性粉剂200 ~ 400倍液。❷ 患上草锈病后，可喷洒15%粉锈宁可湿性粉剂2000倍液。❸ 如果生了蚜虫，可喷洒3%天然除虫菊酯或25%鱼藤精稀释800 ~ 1000倍液。

修 剪

❶ 当金鱼草植株生长到25厘米高的时候，应尽快把由基部萌生出来的侧枝去掉。❷ 为了使开花时间延长，在花朵凋谢后应尽快把未落尽的花剪掉，以促使新花接着绽放。

> **新手提示：**金鱼草第一次开花后，最好齐土剪去地上的部分，以便使它今后生长得更好。

摆放建议

金鱼草喜光，可以露地栽培，也可以盆栽。盆栽金鱼草最好放置在阳台、露台、天台、窗台等光线较充足的地方。另外，金鱼草也是一种比较优良的切花品种，可作为瓶插装点客厅、书房、卧室、餐厅。

花言草语

金鱼草是一种十分有意思的植物，其花语为"多嘴、好管闲事"。在欧洲，此花的外形很像狮子或拳狮狗；在日本，因它的花形特点看上去犹如在水里扭来扭去畅游着的金鱼，所以，它具有多个不一样的名字。不过，金鱼草除了可以供人们观赏之外，其种子被压榨后还能产生出像橄榄油那样好用的油来。

紫罗兰

【花草名片】

◎**学名：** *Matthiola incana*

◎**别名：** 草桂花、草紫罗兰、四桃克。

◎**科属：** 十字花科紫罗兰属，为一二年生或多年生草本植物。

◎**原产地：** 最初产自欧洲地中海沿岸，如今世界各个地区都广泛栽植。

◎**习性：** 喜欢冬天温暖、夏天凉爽的气候，喜欢光照充足、通风流畅的环境，也略能忍受半荫蔽，夏天怕炎热。具一定程度的抵抗干旱与寒冷的能力。

◎**花期：** 4～5月。

◎**花色：** 蓝紫、深紫、浅紫、紫红、粉红、浅红、浅黄、鲜黄及白等色。

选盆
栽种紫罗兰通常选用透气性良好的泥盆，尽量不用瓷盆和塑料盆。

择土
紫罗兰对土壤没有严格的要求，然而比较适宜在土层较厚、土质松散、有肥力、潮湿且排水通畅的中性或微酸性土壤中生长，不能在强酸性土壤中生长。

> **新手提示：** 盆栽时的培养土可以用2份腐殖土、2份园土及1份河沙来混合调配。

栽培
❶ 在花盆中置入土壤，轻轻摇晃，使土壤分布均匀。❷ 将紫罗兰的种子置入盆土之上，不用覆土，因为紫罗兰的种子喜光，但也不可暴晒。❸ 浇透水分，将花盆移置于阳光充足、通风性良好的地方养护。

修剪
在花朵凋谢后应尽早将未落尽的花剪掉，以避免损耗养分，对植株的再次抽生新枝、开花及正常生长发育造成不良影响。

施肥
对紫罗兰不适宜施用太多肥料，否则会造成植株徒长，影响开花。另外，也不适宜对它施用过多氮肥，要多施用磷肥和钾肥。在生长季节可以每隔10天对植株施肥一次，在开花期间及冬天则不要施用肥料。

温度
紫罗兰喜欢冬天温暖、夏天凉爽的气候，夏天怕炎热，冬天具一定程度的抵御寒冷的能力，但如果气温在－5℃以下，则适宜将其搬进房间里过冬。

光照
紫罗兰喜欢光照充足，也略能忍受半荫蔽的环境，在生长季节需要充足的阳光照射与顺畅的通风条件，不然容易引起生理性病害，令植株生长不好。

浇水
❶ 紫罗兰的叶片质厚，气孔的数目比较少，而且整株都披生茸毛，有一定程

度的抵抗干旱的能力，所以浇水不适宜太多，令土壤维持潮湿状态就可以，若水分太多易导致植株的根系腐烂。❷ 通常应把握"见湿见干"的浇水原则，当土壤表层干燥变白时则需马上对植株浇水。

> **新手提示：** 紫罗兰幼苗长出6~8枚真叶时，控制浇水，会出现两种不同颜色的叶片。

病虫防治

紫罗兰的病害主要是花叶病、白锈病和菜蛾虫害。❶ 花叶病主要是经由以桃蚜与菜蚜为主的40 ~ 50种蚜虫来传播毒素，也能经由汁液来传播。一旦紫罗兰出现病情，要马上灭除蚜虫，可以喷施植物性杀虫剂1.2%烟参碱乳油2000 ~ 4000倍液或内吸药剂10%吡虫啉可湿性粉剂2000倍液来处理。❷ 紫罗兰患了白锈病后，在生长季节可以喷施敌锈钠250 ~ 300倍液或65%代森锌可湿性粉剂500 ~ 600倍液来处理。❸ 紫罗兰受到菜蛾危害后，可利用菜蛾成虫具有趋光性这一特点，使用黑光灯来进行诱杀。在虫害发生之初，可以用20%灭多威乳油1000倍液，或75%硫双威可湿性粉剂1000倍液进行喷施来处理。

繁 殖

紫罗兰采用播种法进行繁殖，通常于8月中下旬到10月上旬进行。

净化功能

紫罗兰吸收二氧化碳的能力比较强，对氯气的反应也十分灵敏，能用来作监测植物。此外，它还能把二氧化硫、硫化氢等有害气体经过化学作用转化成没有毒或低毒的盐类。

紫罗兰花朵所释放出来的挥发性油类有明显的杀灭细菌的功用，对葡萄球菌、肺炎球菌、结核杆菌的生长繁殖也有明显的遏制功能，可以有效保护人体的呼吸系统。紫罗兰淡雅的花香可以令人身心轻松、爽朗愉快，非常有助于人们的睡眠，同时对人们工作效率的提升也很有帮助。

摆放建议

紫罗兰可盆栽摆放在客厅、阳台、天台等光线好的地方。

花言草语

在欧美各个国家，紫罗兰非常流行且很受人们的喜欢。它的花香柔和、清淡，欧洲人用其制成的香水，非常受女士们的喜爱。此外，在中世纪的德国南部地区，还存在着一种把每年第一束新采摘下来的紫罗兰高高悬挂在船桅上，以庆贺春天返回人间的风俗习惯。

兰花

【花草名片】

◎**学名：** *Cymbidium* sp.

◎**别名：** 兰草、幽兰、山兰。

◎**科属：** 兰科兰属，为多年生草本植物。

◎**原产地：** 原产于我国，常常野生于岩石旁的溪沟边和林下半阴处。

◎**习性：** 喜欢荫蔽、湿润的环境，忌干燥和阳光直射，宜有良好的通风条件。

◎**花期：** 依花的品种而定。

◎**花色：** 白色、绿色、淡红色、黄色、紫红色或杂色。

择 土

兰花喜欢在肥沃、富含大量腐殖质、排水良好、微酸性的沙质壤土中生长。

选盆

栽种兰花适宜选用透气性能比较好的泥瓦盆，不宜选用瓷盆或上釉的盆。

栽培

❶ 在盆底放几块碎瓦片，盖住排水孔。❷ 往盆中继续填充碎砖块或碎瓦片，

有较大的缝隙时可以填充泥粒或豆石，直到达到盆高的 1/3 ~ 1/2。❸ 往盆中填充培养土，深约 3 厘米，然后用手轻轻压实。❹ 慢慢地将兰花放入盆中，扶正，让根系自然舒展，尽量不要碰到盆的内壁。❺ 一只手扶住叶片，另一只手往盆中添加培养土。❻ 握着植株的底部稍往上提，以舒展根系。偶尔将花盆摇动几下，这样可以让培养土深入到植株的根部。❼ 一边填土一边压紧，直到土壤高出盆口 2 ~ 3 厘米。❽ 在盆土表面铺一层小石粒或青苔，这样不仅美观，更具观赏价值，而且可保护叶面不被泥水和肥水污染，同时还能够形成缓冲作用，减缓雨水对盆土的冲刷。❾ 浇透水，水滴宜小，冲力忌大，然后放在荫蔽处养护。

光 照

兰花虽然喜欢荫蔽的环境，但若长期处在阴凉的环境中，没有充足的光照，就会导致叶片徒长，花朵稀疏，还容易发生病虫害。但若光照过强，会破坏叶片中的叶绿素，导致叶片发黄，更甚者还会灼伤叶片，导致叶片枯萎、死亡。4 月可多接受日光的照射，促其生长。5 月每天接受 6 个小时的日照，不过要避开正午时分。到 6 月，可把植株整天放在阴凉环境中，或用遮光网遮掉全部的光照。

温 度

兰花白天的最佳生长温度是 18℃ ~ 30℃，晚上为 16℃ ~ 22℃。若气温低于 5℃或者高于 35℃，植株就不能正常生长。

病虫防治

❶ 白绢病发病后可倒掉带菌盆土，撒上五氯硝基苯粉剂或石灰；炭疽病发病时可先用 50% 甲基托布津可湿性粉剂

800 ~ 1500 倍液喷治，7 ~ 10 天一次，然后再辅以 1%等量式波尔多液，每半月一次。❷ 介壳虫危害可在孵化期间用 1%氧化乐果乳油和 25% 亚胺硫磷乳油 1000 倍液喷洒，每周一次；防治红蜘蛛可用敌百虫 800 倍液喷杀。

修 剪

要经常剪掉枯黄断叶和病叶，以利于通风。

> **新手提示：** 在喷洒杀虫药物2小时后，最好用少量清水喷洒兰花的叶面，以免产生药害。

浇 水

兰花"喜雨而畏涝，喜润而畏湿"，因为兰花的叶片质地较厚，表层还有一层角质层，能使叶片蒸腾时不至于消耗掉大量的水分，所以比较耐旱。如果浇水过多，不仅会造成叶片生长不良，还会阻塞根部的呼吸，导致烂根。

> **新手提示：** 浇水最好用雨水和泉水，自来水和淘米水也可以，但必须先存放一夜。浇水时不要浇到花苞中，宜从盆边浇。

施 肥

给兰花施肥要掌握"宁缺毋滥、宁稀勿浓"的原则。❶ 刚刚栽种的兰花，根系还没有发全，要等 1 ~ 2 年后才能施肥。❷ 6 ~ 7 月是兰花叶芽的生长期，每 20 天左右施一次腐熟的液肥。❸ 8 ~ 9 月每 15 ~ 20 天施一次液肥。❹ 冬季停止施肥。

> **新手提示：** 施肥最好选择傍晚时分，然后在第二天早上浇一次清水，利于肥料分解和防止烧根。

繁 殖

兰花常用分株、播种及组织培养法进行繁殖。

监测功能

兰花可以吸收空气中的一氧化碳、甲醛等有害物质，大大增加空气中的负离子含量。同时，兰花还可以吸附漂浮在空气中的微尘和杂质，帮助洁净室内空气。

摆放建议

兰花香气幽雅，可用来点缀书房、卧室或者客厅。

榆叶梅

【花草名片】

◎**学名**: *Prunus triloba*

◎**别名**: 榆梅、小桃红、榆叶鸾枝。

◎**科属**: 蔷薇科桃属，为落叶灌木。

◎**原产地**: 中国。

◎**习性**: 喜光、耐寒、耐旱，对轻度碱土也能适应，不耐水涝，有较强的抗病力。

◎**花期**: 3～4月。

◎**花色**: 粉色、浅紫红色。

浇 水

❶ 每年春季干燥时要浇2～3次水，其他季节可不浇水。❷ 刚刚栽种后，需浇透一次水分，此后便无需再浇水。

新手提示: 雨季时，如果盆栽放在室外，应注意及时排涝或将其移至室内。

栽 培

❶ 选取质地较好的榆叶梅幼枝，剪为长约20厘米的小段。❷ 先在盆底放入

2～3厘米厚的粗粒土作为滤水层，然后在盆中放置2/3的土壤，松软度要适中。❸ 把榆叶梅幼枝斜向插进土里，深度为10～15厘米即可，并让上面露出土壤表面一点。❹ 最后再埋土并镇压结实，然后浇足水分。

择 土

榆叶梅对土壤的要求不高，以中性至微碱性、肥沃的土壤为宜。

新手提示: 盆栽时宜用3份菜园土和1份炉渣调配，或用4份园土、1份中粗河沙和2份锯末调配，也可用水稻土、塘泥、腐叶土中的一种作培养土。

选 盆

盆栽榆叶梅时宜选用体型偏大的泥盆或紫砂陶盆，避免使用瓷盆或塑料盆，因为这两种盆的透气性较差。

光 照

榆叶梅喜光，因此适宜放于阳光充足的地方。但光照越强，榆叶梅体内的温度就会越高，植株的蒸腾作用越旺盛，消耗的水分越多，这样不利于它的成活和生长，因此在阳光强烈时要适当为其遮光。

温 度

适宜榆叶梅生长和存活的温度为20℃～25℃。低于20℃时，榆叶梅生根会很困难、缓慢；高于30℃时，榆叶梅易受到病菌侵染而腐烂，而且温度越高，腐烂的比例越大。尤其是刚刚栽种时，温度一定要控制好。

病虫防治

榆叶梅易患黑斑病，这种病主要危害榆叶梅的叶片，一般病斑呈圆形，上面着生黑褐色霉状物。治疗时可喷洒50%多菌灵可湿性粉剂600倍液，或80%代森锰锌可湿性粉剂500～700倍液。

繁 殖

榆叶梅可采用分株、嫁接、压条、扦插、播种等方法进行繁殖。其中采用分株及嫁接方法繁殖居多。

> **新手提示：** 需要注意的是，施肥时应宜浅不宜深，施肥后需及时浇水。

修 剪

❶ 由于榆叶梅生长很快，生命力较强，因此生长过程中，一定要注意修剪过密的枝条，以利于它的生长。❷ 在花谢后可以对枝条进行适度短剪，每根健壮的枝条上留 3 ~ 4 个芽即可。❸ 夏天应再进行一次修剪，并进行摘心，使养分集中，促使花芽萌发。

施 肥

每年的 5 月份或 6 月份可施追肥 1 ~ 2 次，以促使植株分化花芽。肥料可以用氮、磷、钾复合肥，如果同时施用一些腐熟发酵的厩肥则效果更好。

监测功能

榆叶梅对氟化氢具有很高的敏感度，当植株吸进氟化氢后，会在叶片尖端和边缘积累，积累到一定浓度时，叶肉细胞便会产生质壁分离而死亡，因此会在叶尖和叶缘产生伤斑。其伤斑呈环带分布，逐渐向内扩展，一般为暗红色，严重时叶片枯萎脱落。

> **新手提示：** 修剪后可施一次液肥。

摆放建议

榆叶梅喜光，因此适宜放在阳台、庭院和室内靠窗户的地方。

花 言 草 语

榆叶梅是我国北方春季园林中观花灌木的主角之一，具有很强的抗盐碱能力。在北京园林中，榆叶梅被大量种植，用来体现春光明媚、花团锦簇、欣欣向荣的美好景象。园艺工作者经常将榆叶梅同柳树间植或配植山石间，或同苍松翠柏丛植，或同连翘配植，景观非常美丽，现在已被人们广泛用于盆栽或做切花。

丁香

【花草名片】

◎ **学名：** *Syringa oblata*

◎ **别名：** 紫丁香、情客、鸡舌香、百结。

◎ **科属：** 木樨科丁香属，为落叶小乔木或灌木。

◎ **原产地：** 主要生长于亚洲温带和欧洲东南部区域，中国原产有 23 种。

◎ **习性：** 为弱阳性植物，喜欢温暖、光照充足的环境，略能忍受荫蔽。比较能忍受干旱，许多品种也有一定的抵御寒冷的能力。喜欢潮湿，怕水涝，若积聚太多的水会引发病害或导致整株死亡。

◎ **花期：** 4 ~ 5 月。

◎ **花色：** 紫红、紫、浅紫、蓝紫、蓝、白色等。

 选盆

栽种丁香宜选用透气性能好的瓦盆，也可用大型花盆或木桶栽种。

 择土

丁香对土壤没有严格的要求，有很强的适应能力，最适宜在土质松散、有肥力且排水通畅的中性土壤中生长，不可栽植在强酸性土壤中。

> **新手提示：** 盆栽丁香一般用黑山土，俗称兰花泥。

 繁殖

丁香可采用播种法、扦插法、分株法、压条法及嫁接法进行繁殖。

修剪

❶ 春天通常于芽萌动之前对丁香花修剪整形，包括剪掉稠密枝、干枯枝、纤弱枝和病虫枝等，同时适当留存更新枝。❷ 如果不用留种子，在花朵凋谢后应尽早把未落尽的花及花穗剪掉，这样能降低营养成分的损耗量，以促使植株萌生新枝及形成花蕾。❸ 夏天修剪枝条应采取短截措施，以促使植株加快生长。

 浇水

❶ 丁香喜欢潮湿，怕水涝，通常不用浇太多水。❷ 4 ~ 6 月气温较高、气候较干，也是丁香花生长势强及开花繁密茂盛的一个时间段，需每月浇透水 2 ~ 3 次，以供给植株对水分的需求。❸ 11 月中旬到进入冬天之前应再浇 3 次水，以保证植株安全过冬。

 施肥

丁香需肥量不大，不需对其施用太多肥料，不然会令枝条徒长，不利于开花。通常每年或隔年开花后施用一次磷钾肥和氮肥就可以了。

> **新手提示：** 冬天根据需要可以再加施磷钾肥一次。

 病虫防治

丁香的病虫害非常少，常见的是蚜虫、刺蛾和袋蛾危害，发病时皆可喷施 25% 亚胺硫磷乳油 1000 倍液或 40% 氧化乐果乳油 800 ~ 1000 倍液。

光照

丁香喜欢光照充足的环境，但不宜长期暴晒。

温度

丁香虽喜欢温暖的环境，但许多品种具有一定的抵御寒冷的能力。

栽培

❶ 在花盆底部铺一层粗粒土，作为排水层，然后置入部分土壤。❷ 将丁香的幼苗置入花盆中，继续填土，轻轻压实，浇透水分。❸ 上盆后放置于阴凉处数日，然后再搬到适当位置正常养护。

> **新手提示：** 种植好后需马上浇透水一次，此后每隔10天浇透水一次，连续浇3~5次植株才能存活。需留意的是，每次浇完水后皆应及时翻松土壤，以促使植株尽快长出新根。

净化功能

丁香具有比较强的抵抗二氧化硫、氯气、氨气、氯化氢及氟化氢等诸多有毒气体的能力，并能够很好地吸纳、滞留粉尘，为工矿区绿化、美化的极佳植物。另外，丁香花所释放出来的香气里包含丁香酚等化学物质，对杀死白喉杆菌、肺结核杆菌、伤寒沙门氏菌及副伤寒沙门氏菌等病菌很有成效，可以净化空气、防止传染病的发生，治疗牙痛效果也很明显。

应留意的是，丁香花晚上会散布很多对嗅觉具有强烈刺激作用的极细小的颗粒，对高血压及心脏病的病人造成比较大的影响，因此不适宜将其置于卧室里。

摆放建议

丁香可直接栽种在庭院里观赏，也可以用大型花盆或木桶栽种，用来装饰客厅、阳台。

花言草语

在我国，丁香已经具有一千余年的栽植历史，是我国最常见的欣赏花木之一。它在百花争艳的农历二月开放，花朵繁多、花色娇艳、花香浓郁，很受人们的喜爱。

在文学界，丁香是忧伤郁结的代称。晚唐诗人李商隐在《代赠》中以"芭蕉不展丁香结，同向春风各自愁"的诗句，抒发了青年女子想念恋人的真实感情。现代诗人戴望舒所写的《雨巷》一诗，里面的"我希望逢着一个丁香一样的结着愁怨的姑娘"一句，早就成了备受人们称赞和传颂的美妙诗句，戴望舒也因此诗得到了"雨巷诗人"这个高雅的名号。

含笑

【花草名片】

◎**学名**: *Michelia figo*

◎**别名**: 香蕉花、酥瓜花、笑梅、烧酒花。

◎**科属**: 木兰科含笑属，为常绿灌木或小乔木。

◎**原产地**: 最初产自中国广东及福建一带，如今由华南到长江流域各个省都广泛栽植。

◎**习性**: 喜欢温暖、潮湿的气候及通风顺畅的环境。喜欢半荫蔽，畏强烈的阳光久晒。忌水涝，不能忍受干旱，不耐寒。

◎**花期**: 3~6月。

◎**花色**: 花朵呈淡黄色，花瓣边缘具紫纹，花瓣基部内侧有紫色晕。

选盆

栽种含笑花宜用中深的紫砂陶盆或釉陶盆。

择土

含笑不能在贫瘠的土壤中生长，喜欢有肥力、土层较厚、透气性好且排水通畅的微酸性土壤，在中性土壤里也可以正常生长，然而在碱性土壤中会生长不好，容易患黄化病。

> **新手提示**: 盆栽的时候，培养土可以用腐叶土4份、厩肥3份和河沙3份来混合配制。

栽培

❶ 在花盆底部铺上一层薄瓦片，扣住排气孔，再放入一层约1厘米厚的粗沙或碎石子。❷ 将含笑的幼苗放在盆中央，把土壤逐次放入盆中，并加以摇动，使根系与土壤密切接合，轻轻压实，注意盆土距盆沿应留有约2厘米的距离。❸ 入盆后需浇透水分，置于阴处3~5天后，才能让其逐渐见弱光。

浇水

❶ 含笑不能忍受干旱，喜欢潮湿，然而也畏水涝，如果浇水太多或下雨后遭受涝害，易使其根系腐烂或发生病虫害，故浇水要把握"见干见湿"的原则。❷ 在上盆后应浇透水一次，日后伴随着气温增高及生长变快，浇水的量与次数也要渐渐增多。❸ 春天每隔1~2天浇水一次即可。❹ 夏天气温较高、天气酷热时，需每日清晨和傍晚分别浇水一次，并朝植株叶片表面和花盆周围喷水，以提高空气相对湿度，维持潮湿环境。❺ 秋天和冬天不用浇太多水，令盆土维持稍潮湿状态就可以。

光照

含笑喜欢半荫蔽的环境，不能忍受强烈的阳光久晒，在夏天阳光强烈时应适度进行遮蔽，秋天气候凉爽后可多接受一些光照，在冬天则要摆放在房间内朝阳且通风良好的地方。

温度

含笑喜欢温暖的环境，不能抵御寒冷，其生长适宜温度白天是18℃~22℃，晚上是10℃～13℃，成龄苗可忍受-2℃的低温，如果温度在-2℃以下则容易遭受冻害。

新手提示： 冬天要将含笑移入温室内过冬，当室内温度高于10℃的时候，冬天植株也可开花，然而香气不浓。

施肥

含笑嗜肥，除了在上盆的时候需施入充足的底肥外，平日需以"薄肥勤施"为施肥原则，可以每隔7～10天施用浓度较低的饼肥水一次，肥料要完全腐熟。施用肥料的总原则为：春天和夏天植株生长势强，可以多施用肥料；秋天植株长得很慢，宜少施用肥料；冬天植株步入休眠或半休眠状态，则不要再施用肥料。

修剪

❶ 为了令含笑多开花，令树冠内部通风流畅、透气性好，使植株长得健康壮实，可以于每年更换花盆及盆土时，及开花期结束后适度进行修剪，主要是将稠密枝、细弱枝、干枯枝和徒长枝剪掉。❷ 在花朵凋谢后若不保留种子，应尽早把幼果枝剪除，以降低营养成分的损耗量。

繁殖

含笑可采用播种法、扦插法、分株法、压条法及嫁接法进行繁殖，其中以扦插法与压条法最为常用。

病虫防治

含笑的病害主要是叶枯病、立枯病和介壳虫害。❶ 患上叶枯病时，应尽早把病叶剪除并放在一起焚毁，彻底断绝侵染源，并喷洒50%托布津可湿性粉剂800～1000倍液进行处理。❷ 患上立枯病后，需使用0.5%波尔多液喷施植株的茎叶，喷完后用清澈的水冲洗植株即可有效处理。❸ 当介壳虫害不严重时，可以人力用刷子刷掉；当处于幼虫孵化期时，喷施40%氧化乐果乳油2000倍液即可灭除。

净化功能

含笑能够强力抵抗氯气的污染，为净化、绿化、美化工矿区的优良植物。此外，它所释放出来的挥发性芳香油，对杀灭肺炎球菌及肺结核杆菌都很有成效。

摆放建议

含笑所散发出来的香味具有杀灭空气中多种病菌的作用，特别适合摆放在卫生间。盆栽含笑也可以用来装饰书房、客厅、卧室和门厅。此外，还可以将含笑制作成插花装点居室。

金盏菊

【花草名片】

◎**学名**：*Calendula officinalis*

◎**别名**：金盏花、黄金盏、长生菊、醒酒花、常春花、金盏等。

◎**科属**：菊科金盏菊属，二年生草本植物。

◎**原产地**：原产欧洲南部及地中海沿岸，现世界各地都有栽培。

◎**习性**：喜阳，耐寒不耐热，能忍受 -9℃ 的低温，总体来说适应性较强但不耐潮湿。能自播、生长快。对土壤要求不高，能耐贫瘠干旱土壤，但在疏松、肥沃、微酸的土壤里生长较好。耐阴凉环境，但在阳光充足的地方生长较好。

◎**花期**：4 ~ 6 月。

◎**花色**：有黄、橙、橙红、白等色，且多为金黄色。

◎**入茶部位**：花（干制）。

【入药小偏方】

胃寒痛：金盏菊鲜根 50 ~ 100 克，水或酒煎服。

疝气：金盏菊鲜根 100 ~ 200 克，酒、水煎服。

肠风便血：金盏菊鲜花 10 朵，加冰糖，水煎服。

择 土

土壤以肥沃、疏松、透气性、排水性俱佳的沙质土壤为宜。土壤 pH 值在 6 ~ 7 间最好。这种土壤种出的植株分枝多、开花大。

选 盆

家庭栽种金盏菊可选用 10 ~ 12 厘米的小盆即可，以多孔盆为宜。

浇 水

❶ 金盏菊在生长期间不宜过多浇水，只要保持土壤的润湿即可。❷ 夏天雨季应将花盆放置在避雨处，以免盆内积水导致植株根部腐烂。

温 度

最适宜金盏菊生长的温度为 7℃ ~ 20℃。

病虫防治

金盏菊常生的病为枯萎病和霜霉病，这些都是由于室内通风差、湿度大、温度高引起的。一旦金盏菊出现这些病症时，可用 65% 代森锌可湿性粉剂 500 倍液进行处理，同时家中要经常开窗透气。此外，初夏气温升高时，金盏菊叶片常常会出现锈病，此病可用 50% 萎锈灵可湿性粉剂 2000 倍液喷洒处理。

修 剪

注意及时剪去干枯萎蔫的叶片。

栽 培

❶ 金盏菊多用播种法繁殖，早春或秋天均可播种。秋播一般在 9 月中旬进行，温度在 20℃ 左右为宜。春播一般在 2 ~ 3 月进行，需要在温暖的室内播种。春播金盏菊的生长发育不如秋播好。❷ 将种子放在 35℃ ~ 40℃ 的温水中浸泡 3 ~ 4 个小时，捞出后用清水冲洗一遍，控干后即可播种。

❸ 准备一些培植土放入任意盆中,浇透水,待水下渗后将种子埋入土中,一般来说在20℃~22℃的情况下,种子7~10天后即可发芽。待幼苗长出2~3片叶子时需移植一次。❹ 一般来说,秋播金盏菊在第二年的5月份开花,而春播的金盏菊通常在当年的6月份开花。

新手提示: 由于幼苗娇嫩,浇水时最好以手护住幼苗,以免幼苗被冲断、冲倒。

繁 殖
金盏菊一般使用播种法繁殖。

施 肥
金盏菊喜肥,因此在其生长期要保证充足的肥水供应,最好每半月施肥一次,磷肥、钾肥、氮肥可配合使用。

新手提示: 日常吃鸡蛋时,可将鸡蛋壳置于金盏菊的花盆中,这样能给花补充一些肥料。

净化功能
金盏菊具有较强的抗菌功效,可净化空气,对二氧化硫、氰化物、硫化氢等有害气体都具有一定的抗性。

光 照
金盏菊属于短日照植物,每天以接受4小时的日照为宜,日照过多或过少都会影响其开花。

美容功效
金盏花茶具有杀菌和收敛伤口的功效,能够有效改善皮肤毛孔粗大的问题,还能够调理敏感性肤质。对外伤患者而言,适量饮用一些金盏花茶能够防止疤痕的产生,并且能够修复已有疤痕。常年皮肤干燥的人,也可适量饮用金盏花茶,因为它能够促进皮肤的新陈代谢,对干燥肌肤具有滋润作用。

健康攻效
金盏菊性味平淡,富含维生素A、维生素C等多种维生素。它的花和叶能够消炎、抗菌,具有凉血、止血的功效。女性常喝金盏花茶,能够促进人体血液循环,同时还能平复女性生理期间的烦躁心情。金盏花茶因味苦所以能促进胆汁分泌,有补益肝脏的功效,对用眼过度的学生和上班族来说具有明目的功效,而对于喜爱喝酒的男士来说还具有缓和酒精中毒的功效。

摆放建议
金盏菊占地面积较小,花朵多为金黄色,可放置在客厅、居室的窗台上或阳台一角,这样不但能使居室感觉更加明亮、舒适,而且还利于金盏菊透气。

花言草语

金盏菊在欧美的寓意是"伤感"、"分离"、"悲哀"。希腊神话中,金盏菊又有"离别之痛"、"迷恋"等花语。在我国,由于金盏菊可醒酒,则有"提醒"的寓意。总之,在礼俗应用中要谨慎,以防出差错,引起不必要的误会。

金盏菊因花期长又被当作"忍耐"的象征,常用于婚礼的饰花,以祝福新人"永浴爱河"。当亲朋好友发生不幸的事情后,送上金盏菊、雏菊和松树枝组合的花束,表达的是"对你的悲痛我深表同情"。清明节,在墓前摆上一束金盏菊,表示"悲哀"之意。在参加追悼会时,奉上金盏菊、杜鹃、紫杉和黄杨等组成的花束,意为"人死不能复生,请节哀"。因此在情人节切忌赠送金盏菊,因为此时金盏菊表达的是"失恋和悲伤"。

紫藤

【花草名片】

◎**学名**：*Wisteria sinensis*

◎**别名**：招藤、朱藤、藤萝。

◎**科属**：豆科紫藤属，为多年生落叶木质藤本植物。

◎**原产地**：最初产自中国，如今世界各个地区都有栽植。

◎**习性**：喜欢阳光充足，稍能忍受荫蔽，能忍受寒冷和干旱，怕积水。为深根性植物，具有较强的适应性，萌生新芽的能力很强，生长得很快，寿命较长。

◎**花期**：4 ~ 5月。

◎**花色**：紫、淡紫、蓝紫色等。

选盆

栽种紫藤宜用大而深的瓦盆，深度以80厘米为宜，以利于根系较好地生长和吸收更多的营养成分。

栽培

❶ 将紫藤的种子用热水浸泡一下，待水温降至30℃左右时，捞出种子并在冷水中淘洗片刻，然后放置一昼夜。❷ 将种子埋入盆土中，浇透水分。❸ 当紫藤长到一定高度的时候，盆栽便不合适了，应种植在庭院里，为其搭设一个棚架或放置在围墙边，让其慢慢生长。

光照

紫藤喜欢阳光充足，也能忍受半荫蔽环境。在生长期内，它需接受充足的光照。

> **新手提示**：盆栽紫藤在开花期间可摆放在室内光照比较充足的地方。

温度

紫藤具有一定的抵御寒冷的能力，在室外温度约为0℃的环境下过冬通常不会遭受冻害。在我国南方区域栽植时，它能在室外避风朝阳的地方过冬；在北方极其寒冷的区域栽植时，则要将其移入房间内过冬，然而温度不可超过15℃，不然会导致其不能进入休眠状态，耗费过多营养成分，不利于下一年开花。

繁殖

紫藤可以采用播种法、扦插法、嫁接法和压条法进行繁殖。

择土

紫藤对土壤没有严格的要求，能忍受贫瘠，在普通土壤中也可生长，然而以排水通畅、土层较厚、有肥力且土质松散的土壤最为适宜。

病虫防治

紫藤易生蚜虫。发生初期，仅有少数嫩梢有蚜虫密集危害时，用手摘除即可；如果病患比较严重，则需喷施40%氧化乐果乳油1500倍液或20%灭扫利乳油3000倍液。

施肥

紫藤嗜肥，在生长季节需勤施肥料，通常每15 ~ 20天施用一次浓度较低的腐熟的饼肥水或有机肥液就可以。在植株开花前，宜在肥水里掺入合适的量的磷肥及钾肥后再施用，或在开花前喷洒 0.2% 磷酸二氢钾溶液 1 ~ 2 次，以使花多色艳。

> **新手提示：** 每年立秋以后到立春以前，还需再施用腐熟的有机肥一次，以利于植株下一年的生长发育。

浇 水

❶ 紫藤能忍受干旱，怕水涝，在生长期内应让盆土处于潮湿状态。❷ 在雨季要勤加察看，防止盆里积聚太多的水。❸ 秋天以让盆土"见干见湿"为宜，避免植株萌生秋梢，影响其安全过冬。❹ 在植株的休眠期内，则需让盆土处于潮湿或稍偏干的状态。

修 剪

盆栽紫藤在生长季节一定要经常除芽、摘心，以防止植株长得太大，每年新生枝条长至 14 ~ 17 厘米时应进行一次摘心，开花后还可以进行一次重剪，并尽早将未落尽的花剪掉，以免耗费养分。

净化功能

紫藤有比较强的抵抗二氧化硫、氯气和氟化氢的能力，对铬也具有一定程度的抵抗能力，是工厂、矿区、医疗区、城镇及庭院的良好的绿化植物。

摆放建议

紫藤可栽种在庭院里用于垂直绿化，也可以盆栽摆放在阳台、天台、客厅等光线充足的地方，还可以制作成盆景或插花装饰居室。

花言草语

紫藤为良好的观花藤本植物，适宜栽植在湖边、水池旁、假山周围、石坊下及庭院中等地方，花开之时绚烂多姿，具有一种别样的情调。

李白曾经在诗中写道："紫藤挂云木，花蔓宜阳春。密叶隐歌鸟，香风流美人。"可以说把紫藤美好的姿态与卓绝的风采形象地描摹了出来。晚春时候，紫藤纵情绽放，一串串花穗垂吊在枝头，紫中有蓝、蓝中有紫，像彩霞、锦缎般柔媚，盘曲扭绕的枝蔓又好似蛟龙，难怪从古到今的画家皆爱把它当作花鸟画的好题材呢！

杜鹃

【花草名片】

◎**学名：** *Rhododendron simsii*

◎**别名：** 映山红、满山红、红踯躅、山石榴。

◎**科属：** 杜鹃花科杜鹃花属，为常绿、半常绿或落叶灌木或小乔木。

◎**原产地：** 最初产自中国长江流域，广泛分布在长江流域和以南各个区域。尼泊尔把它定为国花。

◎**习性：** 属浅根性植物，喜欢温暖、潮湿、通风良好的半荫蔽环境，畏干燥，也畏积聚太多的水，具一定的忍受寒冷的能力。

◎**花期：** 4～5月。

◎**花色：** 深红、浅红、玫瑰紫、粉、黄、白等色或复色。

选盆

花盆以透气性良好的泥盆最佳，紫砂盆次之，釉盆及瓷盆最差。

栽培

❶ 在花盆底部铺上一些碎瓦片，再放入1/3的粗土粒，并少加一点细土。❷ 将杜鹃幼苗置入盆中，一手扶正幼苗，一手

向盆中填土。❸ 土壤填至盆口下2厘米处，然后将土壤轻轻压实，浇透水分。

新手提示： 种好后一定要浇透水分，否则会使盆花干死。

光照

杜鹃对光照无严格要求，喜欢半荫蔽环境，畏强烈的阳光久晒。夏天应注意遮蔽阳光，防止植株被灼伤，冬天移入室内后可将其摆放在室内朝阳的地方。

温度

北方盆栽杜鹃时，其生长适宜温度是15℃～25℃，当气温在30℃以上或5℃以下时则生长接近停滞状态。

新手提示： 在冬天杜鹃有短期的休眠，要留意保持温暖、防御寒冷，要将其搬到房间里料理，房间里的温度控制在10℃上下就能顺利过冬。

繁殖

杜鹃可以采用播种法、扦插法、分株法或压条法进行繁殖。

择土

杜鹃喜欢排水通畅、土质松散且有肥力的酸性土壤，在钙质土壤中生长不好或不能生长，也不能在地势比四周低且积聚太多水的黏重土壤中生长，是酸性土壤的指示植物。

施肥

植株开花之前需每10天施用磷肥一次，接连施用2～3次，可令花朵硕大、花色鲜艳、花期变长；在开花期内不可施用肥料；开花之后为了促进植株抽生新枝、萌生新叶，可以补施氮肥。夏天温度较高时，杜鹃的生长处于停滞阶段，不适宜施用肥料；秋天移入室内前为它的长蕾期，需每7～10天施用磷肥一次；冬天植株进入休眠状态后，则不要再施用肥料。

厨房里摆放黄杜鹃，以免引起误食中毒。

病虫防治

杜鹃易患黑斑病及红蜘蛛虫害。
❶ 杜鹃患上黑斑病后，叶片会形成黑斑，渐渐干枯脱落直至植株死亡。此时需喷洒70%托布津可湿性粉剂800倍液或50%多菌灵可湿性粉剂300倍液。❷ 杜鹃感染上红蜘蛛后，被害叶会焦枯脱落，此时可喷洒40%三氯杀螨醇800～1000倍液。

修 剪

❶ 在花朵凋谢后需尽早把未落尽的花剪掉，以降低营养的损耗量，促使植株生长和形成新的花芽。❷ 老龄植株要在早春新芽萌动前对其采取修剪复壮处理，把枝条保留约30厘米，将上部剪掉就可以。

新手提示： 修剪后需对植株增施肥料，并需精心料理。

浇 水

❶ 春天和秋天可以每2～3天浇水一次，且要浇够。❷ 夏天酷热时，为了提高空气相对湿度，除了每天早晨及黄昏要分别浇一次水之外，还需朝叶面和花盆四周地面喷水，可是盆内不可积聚太多的水。❸ 立秋之后应渐渐减少浇水量；冬天移入室内后更要控制浇水，令盆土保持稍潮湿状态就可以。

净化功能

杜鹃可以抵抗二氧化硫、一氧化氮、二氧化氮和臭氧的侵害，还可以将放射性物质吸收掉，尤其适合置于刚刚装修完毕的居室里。另外，杜鹃对氨气的反应非常灵敏，能作为监测氨气的指示植物。此外，杜鹃还能对环境中的氟化氢进行监测，若存在氟化氢，其花朵便会枯萎、皱缩，叶片会发黄。

摆放建议

杜鹃生命力旺盛，可地栽于庭院中观赏，也可盆栽摆放在阳台、窗台等处。但要注意黄杜鹃有剧毒，不要在卧室、饭厅、

夏季花草

虞美人

【花草名片】

◎**学名：** *Papaver rhoeas*

◎**别名：** 赛牡丹、丽春花、蝴蝶满园春、小种罂粟花。

◎**科属：** 罂粟科罂粟属，为一二年生草本植物。

◎**原产地：** 最初产自欧亚大陆温带地区，现美洲和大洋洲都有分布。比利时把它定为国花。

◎**习性：** 虞美人喜阳光充足、温暖、通风的环境，可耐寒冷，畏酷暑。对土壤适应性强，最适宜在有肥力、土质松散且排水通畅的沙壤土中生长。

◎**花期：** 5～6月。

◎**花色：** 红、粉、紫、白等色，有的一朵花兼具两种颜色。

选 盆

家庭种植虞美人需准备两个盆，一个普通盆或营养钵用于育苗，一个排水效果较好的深盆用于移栽。

新手提示： 由于虞美人的根系较长而柔软，所以移栽时要选用深一点的花盆。

择 土

最好选择有肥力、土质松散且排水通畅的沙壤土。

栽 培

❶将花土过细筛后放入普通盆或营养钵内。❷在花土表层均匀撒播虞美人的种子，然后将花盆或营养钵置于20℃的环境里。❸7～10天长出幼苗后，挑选1～2株较茁壮的苗留下，将其余弱小的花苗拔除。❹待幼苗长出3～4片真叶后，将幼苗连根带泥掘出。❺在深盆内铺一层花土，将根系带泥土的幼苗摆入深盆中扶正。❻向花盆内填土、压紧，期间轻提幼苗一次，以便其根系伸展开来。❼将移栽好的虞美人幼苗放在荫蔽处养护。

新手提示： 撒播种子无须覆土。移栽幼苗的时间最好选择在阴天，移栽前先浇透水，以便挖掘幼苗时避免伤到根系。移栽时应浅栽，以方便虞美人的长根向下生长。

浇 水

❶盆栽虞美人平时浇水不宜过多，通常每隔3～5天浇一次水。❷立春前后是虞美人的生长期，应适当增加浇水的次数，保持土壤湿润，但应避免水涝。❸冬天是虞美人的休眠期，浇水不宜过多过勤，以土壤不过分干燥为宜。

温 度

虞美人畏酷暑，可耐寒冷，喜欢温暖的环境，生长温度以15℃～28℃为宜。冬季是虞美人的休眠期，可稍耐低温。

繁 殖

一般来说，虞美人适合采用播种法繁殖，春秋两季都可播种。

病虫防治

在栽植过密、通风不良、土壤过湿、氮肥过多的情况下，虞美人容易受到霜霉病的侵害，这种病可导致幼苗枯死，成株则表现为叶片上产生色斑和霜霉层、花茎扭曲、不开花。发病初期应及时剪除病叶，并喷50%代森锰锌可湿性粉剂600倍液，或20%瑞毒素可湿性粉剂4000倍液，或50%代森铵可湿性粉剂1000倍液杀毒。

光照

虞美人喜欢充足的光照，一般将其摆放在光线良好的室内。但刚刚移栽的虞美人需遮阴，待其成活之后才可稍见阳光，以后再逐渐延长光照时间。

修剪

虞美人幼苗长出6~7片叶时，开始摘心，以促进幼苗分枝。对于不打算留种的虞美人，在其开花期间应及时剪掉未落尽的残花，以利于聚集营养，使之后开放的花朵更大、更鲜艳，进而延长花期。

施肥

虞美人喜欢肥沃的土壤，在生长期内每2～3周施用一次5倍水的腐熟尿液，在开花之前宜再追施一次肥料，以保证花朵硕大、鲜艳。

监测功能

虞美人对有毒气体硫化氢的反应异常敏感，能够对硫化氢进行监测。当虞美人遭受硫化氢的侵害后，叶片就会变焦或出现斑点。

摆放建议

虞美人姿态优美、花朵鲜艳，家庭种植的盆栽虞美人适合摆放在阳台、窗台、客厅等光线充足、通风的地方。也可以制成瓶插摆放在书房、客厅、餐厅。

花言草语

据说，虞美人这种美丽的花卉是项羽的爱姬虞姬死后变的。另据《广群芳谱》记载，当人们击掌唱《虞美人曲》时，虞美人的叶片就会跟随掌声微微摆动，就像在跳舞一样，因此虞美人也叫"舞草"。

虞美人的植株葱绿俊秀，婀娜多姿，随风而舞时犹如振翅欲飞的彩蝶，令人遐想万千。虞美人集淡雅和浓丽于一体，很有几分中国古典艺术作品里的佳人神韵。

蔷薇

【花草名片】

◎**学名：** *Rosa multiflora*

◎**别名：** 多花蔷薇、雨薇、刺红、刺蘼。

◎**科属：** 蔷薇科蔷薇属，为落叶灌木。

◎**原产地：** 最初产自中国华北、华中、华东、华南和西南区域，在朝鲜半岛和日本亦有分布。

◎**习性：** 喜欢光照充足的环境，也能忍受半荫蔽的环境。能忍受干旱，怕水涝，比较能忍受寒冷，具有很强的萌发新芽的能力，经得住修剪。

◎**花期：** 5～6月。

◎**花色：** 红、粉、黄、紫、黑、白等色。

选 盆

需要两个盆。最好选用透水、透气性良好的泥瓦盆或紫砂盆。花盆尽量选择尺寸大一些的，便于根系伸展。

栽 培

❶ 在一个花盆里铺8～10厘米厚的砻糠灰土泥，浇水拍实。❷ 在蔷薇母株上剪一条20厘米长的嫩枝，去叶。❸ 将嫩枝插入砻糠灰土泥，扦插的深度为3厘米左右。❹ 立即浇透水。第一个星期应保持花盆内有充足的水分，以后可逐渐减少浇水的数量和次数。❺ 半个月后，将嫩枝连同新生的根系一并掘出，敲掉根部泥土，剪掉受伤和过长的根须。❻ 将嫩枝移入装有沙质土壤的花盆里定植，定植深度不宜太深，以花土刚盖住根茎部为宜。

> **新手提示：** 在春天、夏初及早秋时节进行的扦插繁殖比较容易成活。为提高扦插的成活率，可在扦插前先用小木棒插一下花盆里的砻糠灰土泥，以防止硬物损伤嫩枝基部组织。

浇 水

❶ 移栽的新株需一次性浇足水。❷ 蔷薇怕涝，耐干旱，养护期间浇水不宜过勤过量。❸ 蔷薇开花之后浇水不宜过量，使土壤"见干见湿"即可。❹ 炎夏干旱期间应浇2～3次水。❺ 立秋至霜降期间应浇1～2次水。

温 度

蔷薇喜欢温暖，也比较能忍受寒冷，在我国华北和华北以南区域，皆可在室外顺利过冬。

繁 殖

蔷薇可采用播种法、扦插法、分株法和压条法进行繁殖，其中播种法及扦插法比较常用。

病虫防治

在湿度大、通风不畅且光照条件差的情况下，蔷薇易得白粉病及黑斑病。一旦发现病情应马上剪除病枝，并喷施浓度较低的波尔多液或70%甲基托布津可湿性粉剂1000倍液，以避免病情进一步蔓延。

施 肥

❶ 蔷薇嗜肥，新植株定植时应施用

适量腐熟的有机肥。❷ 3月可以施用以氮肥为主的液肥 1 ~ 2 次，以促使枝叶生长。❸ 4 ~ 5月可以施用以磷肥和钾肥为主的肥料 2 ~ 3 次，以促使植株萌生出更多的花蕾。❹ 花朵凋谢后可再施一次肥，以后便停止施肥。

择 土

需要两种土。一种是砻糠灰，一种是含有丰富腐殖质的沙质土壤。

光 照

蔷薇喜欢光照充足的环境，每天最少要有 6 个小时的光照时间。

修 剪

❶ 蔷薇萌生新芽的能力很强，需及时修剪整形，以免植株遭受病虫害的侵袭。❷ 在开花后应及时把已开完花的枝条剪掉，以减少养分损耗。

> **新手提示：**要及时修剪掉纤弱枝、干枯枝和病虫枝，以促进植株萌生新的枝条。

净化功能

蔷薇不仅可以吸收空气中的二氧化硫、氯气、氟化氢、硫化氢、乙醚及苯酚等有害气体，还可以吸滞大气中的烟尘。另外，蔷薇所散发出来的香味和释放出来的挥发性油类，能显著遏制肺炎球菌、结核杆菌和葡萄球菌的生长与繁殖，还能令人放松神经、缓解精神紧张和消除身心的疲乏劳累感。

摆放建议

蔷薇可盆栽摆放在客厅、阳台、天台等向阳的地方。

花言草语

蔷薇的花语是完美的爱情与爱的想念，绽放的蔷薇会引发人们对爱情的向往。尽管蔷薇花会凋落，然而人们内心的爱却永远不会凋零。蔷薇象征着恋的开始、爱的信约。

不同品种的蔷薇具有不同的花语：火红色蔷薇的花语是热恋，深红色的是只想与你在一起，粉色的是爱的约誓，黄色的是永久的微笑，白色的是纯真的爱情，而野蔷薇的花语则是浪漫的爱情，等等。

合欢

【花草名片】

◎ **学名：** *Albizzia julibrissin*

◎ **别名：** 夜合花、绒花树、合昏、马缨花。

◎ **科属：** 豆科合欢属，为落叶乔木。

◎ **原产地：** 最初产自亚洲和非洲。

◎ **习性：** 喜欢阳光，能忍受干旱，不能忍受荫蔽和多湿，有一定的耐寒性。

◎ **花期：** 6 ~ 8 月。

◎ **花色：** 淡红色、金黄色。

选盆

栽种合欢时宜选用泥盆，也可用瓷盆，但最好不要使用塑料盆。

择土

合欢对土壤没有严格的要求，能在贫瘠的土壤中生长，但以在有肥力且排水通畅的土壤中生长为宜。

栽培

❶ 选好合欢的种子，最好在 9 ~ 10 月采种，采种时要挑选子粒饱满、无病虫害的荚果。❷ 选好种后需将其晾晒脱粒，干藏于干燥通风处，以防止种子发霉。❸ 播种前先用 60℃ 的水浸泡合欢的种子，第二天更换一次水，第三天从中取出种子。❹ 种子取出后要与跟水等量的湿沙混合，然后堆放在温暖避风处，再覆上稻草、报纸等以保持湿度，促使它长出幼苗。❺ 幼苗出土后需逐步揭除覆盖物，当第一片真叶抽出后，则将覆盖物全部揭去，以保证其正常生长。

浇水

❶ 合欢能忍受干旱，不能忍受潮湿，除了在栽种之后要增加浇水次数并浇透一次之外，以后皆可少浇水。❷ 给合欢浇水应以"不干不浇"为原则。

> **新手提示：** 夏季天热，水分蒸发量大时，可多给合欢浇水，每天上午浇一次，但水量不宜多。

繁殖

合欢采用播种法繁殖。通常于 10 月采收种子，把种子干藏到次年 3 ~ 4 月再播种。

病虫防治

合欢主要易患溃疡病和虫害。❶ 合欢患上溃疡病时，可用 50% 退菌特可湿性粉剂 800 倍液喷洒。❷ 如果合欢感染了天牛，则用煤油 1 千克加 80% 敌敌畏乳油 50 克灭杀。如果合欢感染了木虱，则可用 40% 氧化乐果乳油 1500 倍液喷杀。

温度

合欢刚刚栽种时适宜的温度为 20℃ ~ 30℃，生长期适温 13℃ ~ 18℃，冬季能耐 –10℃ 的低温，但不能长期低温养护。

> **新手提示：** 尽管合欢比较耐寒，但冬季室温不宜低于4℃，且适当减少浇水，否则会影响植株生长。

光 照

合欢喜欢光照，不能忍受荫蔽，因此应放置在阳光充足的地方。

修 剪

每年冬天末期要剪掉纤弱枝和病虫枝，并适当修剪侧枝，以使主干不歪斜、树形秀美。

施 肥

定植之后要定期施用肥料，以春天和秋天分别施用一次有机肥为宜，这样可以提高其抵抗病害的能力。

监测功能

合欢能够对二氧化硫、二氧化氮及氯化氢等进行监测。它对以上这些有害气体有着较强的抵抗能力，也有一定的净化作用，是兼具绿化与监测两种功效的树种。

摆放建议

合欢可以盆栽也可以作树桩盆景观赏，适合摆放在阳台、客厅等光线充足的地方，也可以制作成瓶插或盆景摆放在书房、卧室、门厅等处。

花言草语

合欢花具有宁神作用，同时具有养心、开胃、理气、解郁的功能，中医上主治神经衰弱、失眠健忘、胸闷不舒等症。对于合欢花的功效，后人有歌曰："欢花甘平心肺脾，强心解郁安神宜。虚烦失眠健忘肿，精神郁闷劳损极。"

在澳大利亚，居民的庭院不是用墙围起来的，而是用合欢做刺篱，种在房子的四周。每年的9月，在这个国家可随处看到盛开着的金黄色的合欢花。

紫花苜蓿

【花草名片】

◎**学名**：*Medicago sativa*

◎**别名**：紫苜蓿、苜蓿。

◎**科属**：豆科苜蓿属，为多年生草本植物。

◎**原产地**：最初产自小亚细亚、伊朗和外高加索地区。如今世界各个地区都广泛栽植。

◎**习性**：喜欢温暖、晴天多、雨水少的半干旱气候，具有较强耐寒能力。

◎**花期**：5～6月。

◎**花色**：紫色。

选 盆

栽种紫花苜蓿最好选用泥盆，不宜用瓷盆。

择 土

紫花苜蓿适宜生活在排水通畅、富含钙质的中性至微碱性土壤里，不适应强酸、强碱性土壤。

栽 培

❶ 紫花苜蓿的种子硬度较高，因此在播种前应将它用50℃～60℃的温水浸泡15分钟到一个小时。❷ 将种子植入装有土壤的花盆中，轻轻压实，浇足水分。❸ 紫花苜蓿苗期生长缓慢，要1～2个月，需耐心照料，勤浇水，等待幼苗长出。

> **新手提示**：紫花苜蓿的生命力非常强，是最适合新手养植的花卉之一，因此只要经心照料就能长期存活。

浇 水

❶ 紫花苜蓿的根系较为发达，会耗费大量水分，因此需勤浇水。❷ 夏季炎热，浇水应频繁，每天至少1～2次。❸ 冬季应减少浇水次数，每日一次或隔日浇一次水即可。❹ 紫花苜蓿非常怕水涝，在生长季节被水淹24～28小时就会死亡。因此，浇水量和浇水次数一定要合适，不能太多或太频繁。

> **新手提示**：给紫花苜蓿浇水时也要注意水量，以"见干见湿"为原则。

光 照

紫花苜蓿属于长日照植物，因此应放在阳光充足的地方。

温 度

紫花苜蓿喜欢温暖的环境，比较能忍受寒冷。它生长的最适宜温度是20℃～25℃，较高的温度会抑制其生长发育。

施 肥

紫花苜蓿具根瘤，可给根部供应氮素营养，所以普通地力条件下不主张施用氮肥。由于在生长期间其茎叶需要很多的钾，为了保证其正常生长，可以施用适量的钾肥和磷肥。

繁 殖

采用播种法进行繁殖，北方地区通

常于秋季播种。

病虫防治

紫花苜蓿的病害主要有苜蓿锈病、褐斑病、霜霉病、白粉病及苜蓿叶象虫害等。❶ 紫花苜蓿患锈病后，叶片就会失绿、萎缩且提早凋落，此时可以喷施 15% 粉锈宁可湿性粉剂 1000 倍液。❷ 在患褐斑病后，发病之初可喷施 75% 百菌清可湿性粉剂 600 倍液。❸ 在患霜霉病后，可喷施 58% 甲霜灵锰锌可湿性粉剂 500 倍液或 70% 乙磷铝锰锌可湿性粉剂 500 倍液。❹ 在患白粉病后，发病之初可每隔 7 ~ 10 天喷施一次 25% 阿米西达可湿性粉剂 2000 ~ 4000 倍液，连续喷施 2 ~ 3 次即可。❺ 紫花苜蓿生有苜蓿叶象虫时，可喷施 50% 二嗪和 80% 西维因可湿性粉剂。

监测功能

紫花苜蓿能够对二氧化硫进行监测。当紫花苜蓿遭受二氧化硫侵袭的时候，其叶脉间便会呈现出点状或块状的黄褐斑或黄白色斑，但叶脉依然是绿色的。

摆放建议

紫花苜蓿有"牧草之王"的美誉，是世界上分布最广的栽培牧草。一般家养观赏类紫花苜蓿可用阔口盆栽种，适合摆放在窗台、阳台等光照充足的地方。

花言草语

苜蓿，也称作幸运草，通常仅有三枚叶片，四枚叶片的十分少见。有人说，它是亚当和夏娃从伊甸园带至人间的礼物，然而也有人说它的名字源于拿破仑。一次，拿破仑率领军队经过一片草原，见到一棵四叶草，觉得非常特别，当他弯下身子采下时，正好避开朝他射来的子弹而躲过劫难，从那以后长有四枚叶片的三叶草就被视为幸运的象征。

四叶的三叶草上的每枚叶片，分别代表着名誉、财富、爱情及健康四种不一样的含义。有人说，能够寻找到有四枚叶片的苜蓿的人，便能够获得幸运和幸福。

美人蕉

【花草名片】

◎**学名**：*Canna indica*

◎**别名**：红艳蕉、小芭蕉、兰蕉、昙华。

◎**科属**：美人蕉科美人蕉属，为多年生宿根草本植物。

◎**原产地**：最初产自中国的南部、印度和南美等地区，如今各个国家的园林里都广泛栽植。

◎**习性**：喜欢温暖、光照充足的环境，畏风力较强的风的吹袭，不能忍受寒冷。

◎**花期**：6～10月。

◎**花色**：大红、紫红、鲜红、鲜红镶金边、粉红、橙黄及乳白等色，或具橘红色斑点等。

选盆
栽种美人蕉宜选用透气性良好的较大的泥盆或木桶。

栽培
❶ 截取一段美人蕉的根茎，根茎上必须保留2～3个芽。❷ 将土壤移入花盆中，再将美人蕉的根茎插入土壤，深度为8～10厘米，栽好后浇透水分。❸ 当美

人蕉的叶子伸展到30～40厘米后，需进行一次平茬（即将茎秆全部截剪，不留任何枝叶）。❹ 平茬后每周施2次稀薄的有机肥液肥，并保持土壤湿润，大约30天后就会开出花朵。

择土
美人蕉喜欢土层厚、有肥力的土壤，盆栽时需选用土质松散、排水通畅的沙质土。

光照
美人蕉喜欢光照充足的环境，并能长时间耐烈日暴晒，因此要多让其接受日光照射。

浇水
❶ 美人蕉可以忍受短时间的积水，然而怕水分太多，若水分太多易导致根茎腐坏。❷ 美人蕉刚刚栽种时要勤浇水，每天浇一次，但水量不宜过多。❸ 干旱时，应多向枝叶喷水，以增加湿度。

温度
美人蕉喜欢较高的温度，生长适温是15℃～28℃，如果温度在10℃以下则对其生长不利。

新手提示：北方栽植时应在秋天霜冻之前尽早把植株搬到房间内料理过冬。

施肥
栽植前应在土壤中施入充足的底肥，生长期内应经常对植株追施肥料。当植株长出3～4枚叶片后，应每隔10天追施液肥一次，直到开花。

新手提示：若是肥料不足或缺乏磷肥，则植株瘦弱，只长茎叶，开花少或不开花。

病虫防治
美人蕉的病虫害很少，但较易患卷

叶虫害和黑斑病。 每年的 5 ~ 8 月是美人蕉卷叶虫害的高发期，染上会伤其嫩叶和花序。防治时，可喷洒 50% 敌敌畏 800 倍液或 50% 杀螟松乳油 1000 倍液。❷ 当美人蕉患上黑斑病时，叶片会生有大枯斑。因此，在发病初期应剪除病叶并烧毁，同时喷洒 75% 百菌清可湿性粉剂，每周一次，连续喷洒 2 ~ 3 次即可。

繁 殖
美人蕉可采用播种法或分株法进行繁殖。

修 剪
❶ 开花之后要尽早把未落尽的花剪除，以降低营养的耗费，促进植株继续萌生新花枝。❷ 北方各地霜降后，美人蕉如果遭受霜冻，露出地上的部分会全部枯黄，此时应将地上枯黄的部分剪掉，挖出根茎，稍稍晾晒后放在屋内用沙土埋藏，第二年春天再重新栽植。

花言草语

根据佛教的说法，美人蕉是由佛祖脚趾上淌出的血变成的，"昙华"之名就是从这里得来的。在炎热的天气里，花大色艳的美人蕉依然在太阳的照射下尽情绽放，使人见之便可感受到其坚强的品质与蓬勃的生机。唐朝诗人徐凝的《红蕉》一诗把美人蕉描绘得十分生动："红蕉曾到岭南看，校小芭蕉几一般。差是斜刀剪红绢，卷来开去叶中安。"清朝诗人庄大中也称赞美人蕉："照眼花明小院幽，最宜红上美人头。无情有态缘何事，也倚新妆弄晚秋。"

净化功能
美人蕉能够对二氧化硫及氯气进行监测。当美人蕉受到二氧化硫及氯气侵害的时候，其叶片便会褪绿变为白色，并落花、落果。美人蕉不仅有监测作用，还对空气中的氟化物、氯气和二氧化硫等有毒气体有吸收功能，其中黄花美人蕉的净化空气能力最强。

摆放建议
美人蕉可以直接栽种在庭院里欣赏，也可以用木桶或大型花盆栽种，摆放在客厅、阳台、天台、走廊等处。

月季

【花草名片】

◎**学名**：*Rosa chinensis*

◎**别名**：月月红、月生花、四季花、斗雪红。

◎**科属**：蔷薇科蔷薇属，为蔓状与攀缘状常绿或半常绿有刺灌木。

◎**原产地**：最初产自北半球，近乎遍布亚、欧两个大洲，中国为月季的一个原产地。

◎**习性**：喜欢光照充足、空气循环流动且不受风吹的环境，然而光照太强对孕蕾不利，在炎夏需适度遮光，喜欢温暖，具一定的忍受寒冷的能力。可以不断开花。

◎**花期**：5～10月。

◎**花色**：红、粉、橙、黄、紫、白等单色或复色。

选 盆

种月季以土烧盆为好，且盆径的大小应与植株大小相称。如果是用旧盆，则要洗净；如果用新盆，则要先浸潮再使用。

择 土

月季对土壤没有严格的要求，但适宜生长在有机质丰富、土质松散、排水通畅的微酸性土壤中。排水不良和土壤板结会不利其生长，甚至会导致其死亡。含石灰质多的土壤会影响月季对一些微量元素的吸收利用，导致它患上缺绿病。

栽 培

❶ 选取一根优质的月季枝条（以花后枝条为好），剪去枝条的上部，将余下的枝条约每10厘米剪截一段，作为一根插穗，保留上面3～4个腋芽，不留叶片或仅保留顶部1～2片叶片。❷ 将插穗上端剪成平口，下端剪成斜口，剪口需平滑。❸ 将插穗下端浸入500毫克/升的吲哚丁酸溶液3～5秒，待药液稍干后，立即插入盆土中。❹ 入盆后要浇透水分，放置遮阴处照料，大约一个月后即可生根。

> **新手提示**：入盆后的前10天要勤喷水，保持较湿的环境；10天后见干再喷，保持稍干的湿润状态。

施 肥

月季不适宜太早施用肥料，否则会损伤新生根系，一般在栽种一个半月后开始施用肥料。早期应多施用氮肥，以促使植株加快生长；在生长季节内，月季会数次萌芽、开花，耗费比较多的养分，应施用2～3次肥料。

> **新手提示**：在气温较高的7～8月不能施用肥料；进入秋天后则应减少氮肥的施用量，增加磷肥和钾肥的施用量；进入冬天后应施用一次底肥，日常也可以结合浇水施用较少的液肥。

温 度

月季喜欢温暖，比较能忍受寒冷，大部分品种的生长适宜温度白天是15℃～26℃，晚上是10℃～15℃。若冬天温度在5℃以下时，月季便会步入休眠状态；若夏天温度连续在30℃以上时，大

部分品种的开花量会变少，花朵品质会下降，植株会进入半休眠状态。

繁 殖

月季可以采用播种法、扦插法、嫁接法、分株法和压条法进行繁殖，其中以扦插法及嫁接法最为常用。

病虫防治

月季的常见病为黑斑病，可每隔7 ~ 10天交叉喷洒50%多菌灵可湿性粉剂300倍液、70%托布津可湿性粉剂800倍液各一次。喷药时间一般为上午8 ~ 10点和下午4 ~ 7点。

光 照

月季喜欢阳光充足，每日要求接受超过6小时的光照方可正常生长开花。在炎夏若光照时间太长或阳光太强烈，则不利于月季的花蕾发育，花瓣也容易干燥枯萎，要为其适度遮光。

修 剪

❶ 刚种植好的裸根苗应进行修剪，不管是在立秋以后还是春天之初，这样可使枝条的蒸腾量减少，更利于成活。❷ 冬天修剪不适宜太早，不然则会引致萌发，

易使植株受到冻害。通常留存分布匀称的3 ~ 5个健康、壮实的主干，把剩下的都剪掉。

浇 水

新种植好的月季第一次应浇足水，次日浇一次水，七日后再浇一次水，之后可根据天气情况来确定浇水的量和次数。

净化功能

月季可以很好地将二氧化氮、二氧化硫、硫化氢、氟化氢、氯气、苯、苯酚和乙醚等有害气体吸收掉，能强效净化汽车排放出来的尾气。另外，月季可以散发出挥发性香精油，能够将细菌杀灭，令负离子浓度增加，让房间里的空气保持清爽新鲜。

摆放建议

月季花颜色艳丽、花期长，可盆栽或插瓶摆放在窗台、天台、阳台、餐厅、客厅、卧室、书房等处，也可以直接在庭院里栽培。

紫薇

【花草名片】

◎学名：*Lagerstroemia indica*

◎别名：红薇花、百日红、满堂红、五里香。

◎科属：千屈菜科紫薇属，为落叶灌木或小乔木。

◎原产地：最初产自中国华南、华中、华东及西南各个省。

◎习性：为阳性树种，喜欢阳光充足，能忍受强烈的阳光久晒，略能忍受荫蔽。能忍受干旱，畏水涝和根部积聚太多的水。喜欢温暖的气候，抵御寒冷的能力不太强。具有很强的萌生新芽的能力，长得比较缓慢，寿命较长。

◎花期：6～10月。

◎花色：鲜红、粉红、紫或白等色。

 选 盆

栽种紫薇宜选用体积偏大一些的紫砂陶盆或釉陶盆。

 择 土

紫薇适宜在含有石灰质的土壤及有肥力、潮湿、排水通畅的沙质土壤中生存。

 栽 培

❶ 将紫薇花种埋入盆土中，然后覆一层细泥土，覆土厚度以看不到种子为准。❷ 浇透水分，再盖上一层薄膜。❸ 大约经过10天，紫薇就能萌芽，这时要马上把薄膜揭开，让其正常生长。

温 度

紫薇喜欢温暖的环境，然而同时也具有一些抵御寒冷的能力。我国北方栽培时，仅需于过冬前对植株进行裹草保护便可在室外过冬。若要把盆栽紫薇移入室内料理，室内温度控制在5℃～10℃就可以。

新手提示：冬天室温也不可太高，不然植株会提早萌芽，不利于春天的生长。

施 肥

紫薇嗜肥，早春需结合浇水施用一次春肥，最好是施用腐熟的有机肥，并配施磷肥；3月上旬需施用抽梢肥，将氮、磷、钾肥结合起来施用；5月下旬到6月上旬需施用磷、钾肥一次，能令枝条粗壮、叶片嫩绿，促使植株开花；7月下旬及9月上旬分别施用花期肥一次，适宜施用饼肥水，能令花朵颜色娇艳；进入秋天后需减少施肥量和施肥次数；冬天植株步入休眠状态后，不要再对其施用肥料。

病虫防治

紫薇易患白粉病。此病发生在叶嫩梢和花蕾上，病后叶嫩梢和花蕾扭曲变形，且患病处覆一层白粉。可以喷洒80%代森锌可湿性粉剂500倍液，或70%甲基托布津可湿性粉剂1000倍液进行处理，每隔10天喷一次，共喷3～4次。

新手提示：家庭盆栽紫薇应及时摘除病叶，并将盆花放置在通风透光处。

繁 殖

紫薇可以采用播种法、扦插法和分株法进行繁殖。

光 照

紫薇喜欢阳光充足，不畏强烈的阳光久晒，阳光强烈会使其开花繁茂。所以，它在生长期内一定要接受充足的阳光照射，盆栽紫薇可以摆放在阳台或室外朝阳的地方。

修 剪

❶ 冬末修剪时要将全部萌蘖枝、稠密枝、病弱枝、干枯枝及交叉重叠枝剪掉，并把徒长枝削掉1/3，老枝只保留基部约10厘米。❷ 在生长季节修剪的时候，不可修剪或短截春天萌生的新枝，不然容易导致枝条只生长不开花。❸ 在开花前将纤弱枝、徒长枝剪掉，能促使植株孕蕾。❹ 在开花后则要尽早把未落尽的花剪掉，勿让其产生种子，以降低营养的消耗量，促使植株萌生新的枝条及开花。

> **新手提示：** 紫薇具有很强的萌生新芽的能力，且其花朵生长于当年萌生的春梢顶端，树冠常不齐整，故要时常对其修剪整形，主要于冬天之后进行。

浇 水

❶ 紫薇能忍受干旱，不能忍受水涝，畏根部积聚太多的水。❷ 在春天发芽前对植株浇1～2次充足的水，在生长季节令土壤处于潮湿状态，如此就能大体上保障紫薇对水分的需求。

净化功能

紫薇可以抵抗二氧化硫、氯气、氯化氢及氟化氢等有毒气体的侵袭，可以吸滞粉尘，还可以很好地遏制致病菌的繁殖。紫薇抵抗污染的能力比较强，可以净化上述各种有害气体。它还能吸滞粉尘，在水泥厂里距离污染源200～250米的地方，每平方米叶片就能吸滞4克左右粉尘。另外，紫薇所散发出来的挥发性油类还能明显遏制致病菌的繁殖，在5分钟内便能将致病菌杀死，比如白喉杆菌及痢疾杆菌等。

摆放建议

紫薇姿态优美，多用于庭院美化，也可盆栽放置阳台等朝阳处。

昙花

【花草名片】

◎学名：*Epiphyllum oxypetalum*

◎别名：琼花、韦陀花、月美人、夜会草。

◎科属：仙人掌科昙花属，为多年生肉质植物。

◎原产地：最初产自墨西哥和巴西的热带森林里，如今世界各个地区都广为栽植。

◎习性：喜欢温暖、阴暗、潮湿的环境，不能抵御寒冷，怕强烈的阳光久晒，比较能忍受干旱，畏水涝。

◎花期：6～10月。

◎花色：白色。

选 盆

栽种昙花时宜选用泥盆，避免使用瓷盆或塑料盆，因为这两种盆的透气性较差。

择 土

昙花喜欢有肥力、土质松散、腐殖质丰富且排水通畅的微酸性沙壤土。

新手提示：用花盆栽植时，通常用4份园土、4份腐叶土、2份沙土混合并搅拌均匀来调配成培养土。

浇 水

❶昙花喜欢潮湿的土壤及较大的空气相对湿度，然而也不能忍受积水，在暮秋、冬天和春天之初大气温度比较低的时候处在半休眠状态，需严格掌控浇水的量和频次，令盆土保持偏干燥，干透后稍浇一点水就可以。❷当春天大气温度升高后，昙花的生长开始逐步恢复，此时可以渐渐增加浇水量。❸夏天温度较高、天气炎热时，浇水需适度多一些，清晨和傍晚还要朝植株及四周地面喷水1～2次，以维持较大的空气相对湿度。

病虫防治

昙花经常发生的病害是炭疽病及介壳虫危害。❶当昙花患上炭疽病时，用10%抗菌剂401醋酸溶液1000倍液进行喷施即可。❷当昙花受到介壳虫危害时，喷施50%马拉磷1000倍液即可灭除。

光 照

昙花喜欢半荫蔽的环境，怕强烈的阳光久晒，在夏天阳光比较强烈时要进行适度遮蔽，可以将其置于房间里能接受光照的通风顺畅的地方或屋檐下面，也可以置于遮蔽度约为50%的树荫下面。

新手提示：需留意的是，放置盆花的地方不可过分荫蔽，否则会导致植株徒长，不利于开花。

繁 殖

昙花采用播种法及扦插法进行繁殖。

温 度

昙花喜欢温暖，不能抵御寒冷，13℃～20℃是其生长的最适宜温度，过冬温度不能在5℃以下。在我国除了华南、西南少数区域和台湾可以在露地上栽植昙花之外，通常皆用花盆栽植，10月上、中旬需搬进房间里过冬，并摆放在朝阳的地方，房间里的温度控制在10℃左右就可以。

施 肥

昙花较嗜肥，通常适宜施用腐熟的有机肥，再加入少量的骨粉或过磷酸钙即可。春天新茎萌生出来后，就需开始对植株追施肥料，在生长季节需每半个月施用浓度较低的饼肥水一次。夏天之初植株现蕾后应追施一次1000倍的磷酸二氢钾，能令花朵肥大。暮秋时则不要再对植株施用肥料。

净化功能

昙花抵抗二氧化硫、氯化氢污染的能力比较强，对一氧化碳、二氧化碳及过氮氧化物的吸收能力也比较强。昙花肉质茎上的气孔白天闭合，晚上打开，可以吸收很多二氧化碳，同时制造并释放大量氧气，能够提高空气里负离子的浓度，令房间里的空气始终新鲜洁净，非常有益于人们的身体健康。

摆放建议

昙花素雅幽香，可盆栽摆放在阳台、客厅、天台等光线良好的地方，但应注意避免强光长时间照射。

修 剪

❶ 在把昙花搬进房间里过冬之前，需对过分高大的茎枝与杂乱的株形采取整形修剪措施，以方便在房间里对其进行料理，修剪的时间以9月底到10月初为佳。

❷ 对于超过三年生的植株需绑缚稳固，不然易歪倒，对其生长发育及保持优美的株形都不利。

栽 培

❶ 在花盆底部垫一层碎小的砖片或瓦片，以增强透气性，改善排水效果。❷ 将昙花幼苗放入花盆中，一手扶苗，一手填土，然后浇透水。❸ 此后宜多浇水，一般1～2天浇1次水，早晚可向植株、地面喷水1～2次，以增加空气湿度。待昙花幼苗正常生长后即可正常料理。

花言草语

昙花不仅好看，而且非常珍贵、稀奇，花朵盛开的时候，芳香浓郁，鲜艳耀眼，令人赞叹不已。昙花一般在晚上绽放，因而被称作"月下美人"。由于它开花的时间比较短促，开放3～4个小时后就会凋落，故又有"昙花一现"的说法。人们也经常用"昙花一现"来形容那些出现时间不长、片刻就逝去的事物。

向日葵

【花草名片】

◎ **学名:** *Helianthus annuus*

◎ **别名:** 葵花、太阳花、日头花、朝阳花。

◎ **科属:** 菊科向日葵属,为一年生草本植物。

◎ **原产地:** 最初产自北美洲,如今世界各个地区都有栽植。俄罗斯把它定为国花。

◎ **习性:** 喜欢温暖、光照充足的生长环境,能忍受干旱和酷热,具有较强的适应性,有一些耐寒能力。

◎ **花期:** 7~9月。

◎ **花色:** 黄色。

 选盆
栽种向日葵宜选用体积大一些的泥盆。

 择土
向日葵喜欢土质松散、有肥力的土壤。

新手提示: 盆栽时的土壤最好选用由培养土、腐叶土及粗沙配制而成的混合土。

 栽培
❶ 向日葵体型较大,因此盆栽时以

选择矮性品种,也就是观赏类型的为宜。❷ 在花盆中置入细沙土,土底部放些有机肥料。❸ 在细沙土中间挖一个小坑,深3~4厘米。❹ 将向日葵的种子播入花盆内,覆土,轻轻用手压实,放置于光照充足处,浇透水分。❺ 此后每天都需浇水,直至长出幼苗后,即可正常护理。

 繁殖
向日葵采用播种法进行繁殖。播种时间通常在3月下旬到4月中旬,时间越早,植株的产量和品质就越高,直接播种或育苗移植都可以。

浇水
❶ 向日葵喜欢阳光,新陈代谢迅速,所以需水量较大。在幼苗阶段,应为其提供足够的水分。❷ 春天不用浇太多水,每3日浇一次即可。夏初温度较高、水分蒸发得较多时,则要对植株增加浇水量,但盆土也不宜太湿,不然基部叶片易变黄。

温度
向日葵对温度的要求不甚严格,生长适宜温度是15℃~30℃,然而在夏天长得比较快。

病虫防治
向日葵易患白粉病,会伤害叶片,可以喷洒波尔多液预防,在发病初期可用50%托布津可湿性粉剂500倍液进行喷洒。

光照
向日葵对光照的要求比较严格,在播种之初及生长期内皆要为其提供足够的光照。

修剪
从现蕾期至开花期,要接连进行2~3次打杈,直到把所有分枝及侧枝除干净。

施 肥

向日葵长得较快，需肥量较大，仅施用底肥及种肥不能满足花蕾萌生后植株对营养的需求，所以要在合适的时间对其追施肥料。

新手提示： 在播种之初可以少施用肥料，以防止花头太大、茎干太粗。

监测功能

向日葵能够对二氧化硫、氨气及氯气进行监测。当向日葵受到二氧化硫侵袭时，其花朵就会枯萎、皱缩；当它遭到氨气的侵害时，其叶组织会被完全破坏，叶脉间会出现褐黑色的斑点或斑块；当它遭到氯气的急性侵害时，其叶脉间被损伤的组织便会使叶面出现不定型的斑点或斑块。

摆放建议

向日葵一般地栽在庭院里，小型向日葵可盆栽摆放在阳台、客厅、天台等阳光充足的地方，也可以制作成瓶插摆放在餐桌、书架、案几、窗台上。

花言草语

关于向日葵，有一个哀伤而美丽的希腊神话故事。

克吕提厄是古希腊的海洋女神，曾经是太阳神赫利俄斯的恋人，但赫利俄斯之后又与波斯公主琉科托厄相爱了。克吕提厄非常忌妒，于是对波斯王俄耳卡摩斯揭发了琉科托厄和赫利俄斯的关系。俄耳卡摩斯便下达命令将琉科托厄活埋了。赫利俄斯得知后，从此便不再同克吕提厄交往。然而克吕提厄依然深深迷恋着他，连续好多天都不进食，每日注目远望着赫利俄斯驾着太阳车从东方升起又从西方落下，越来越黄瘦，却始终得不到他的爱。因此，诸神便把她变为一棵向日葵，以便使她能够一生跟随太阳神。

大丽花

【花草名片】

◎学名：*Dahlia pinnata*

◎别名：大丽菊、大理花、东洋菊、天竺牡丹。

◎科属：菊科大丽花属，为多年生草本球根植物。

◎原产地：最初产自墨西哥、哥伦比亚和危地马拉等地区，如今世界各个地区都广泛栽植。

◎习性：喜欢温暖、凉快、朝阳且通风顺畅的环境，然而若光照太强烈则不利于正常开花。不能抵御寒冷，也不能忍受较高的温度和炎热，不能忍受干旱，同时也不能忍受积水。

◎花期：6 ~ 10月。

◎花色：红、黄、橙、紫、粉、白等颜色，也有两种颜色相间的。

择 土

大丽花适宜生长在土质松散、有肥力、腐殖质丰富、排水通畅的沙质土壤中。

新手提示：盆栽时，培养土可以用5份菜园土、2份腐叶土、2份沙土及1份大粪干来调配。

选 盆

宜选用排水性能好的泥盆，且是口面大的浅泥盆，同时把盆底的排水孔尽量凿大，下面垫上一层碎瓦片作排水层。

栽 培

❶ 通常10月中旬上盆，每盆可以种植1 ~ 2棵植株。❷ 种植前应在盆土中施进合适量的底肥，以促使植株健壮生长。❸ 当苗长高到10 ~ 12厘米时，留2个节摘顶，培养每盆枝条达6 ~ 8枝，最后一次摘心在离春节前40 ~ 50天进行，以便控制春节期间开花。❹ 在最后一次摘心并定枝后，开始绑竹，每根枝条一支竹片，同时把过多的侧枝摘除，以便通风。❺ 当花蕾长到花生米大小时，每枝留2个花蕾，其他花蕾摘除。❻ 当花蕾露红时，再去一个，使每枝只留一个花蕾。

新手提示：在平日应留意及时翻松盆土，以免盆土表层变硬，影响植株生长，并应尽早清除盆里积聚的过多的水，否则植株的根系容易腐烂。

光 照

大丽花喜欢光照充足的环境，不能忍受荫蔽，需种植或放在光照充足的地方。然而大丽花也畏强烈的阳光直接照射，尤其是炎夏雨后放晴的久晒，在这种情况下需为其略加遮蔽阳光，以免影响植株的生长发育。

病虫防治

大丽花经常发生的病害主要是褐斑病、白粉病，可以喷施50%托布津可湿性粉剂1000倍液。

施 肥

施肥的前一阶段主要是施用氮肥，后一阶段则主要是施用磷肥和钾肥。在幼苗阶段，每隔10 ~ 15天施用浓度较低的液肥一次即可；从7月中下旬直到植株开花，需每7 ~ 10天施用浓度较低的液肥一次，且施用肥料的浓度应渐渐提高。

新手提示： 在气温比较高的时候不可对植株施用肥料。

温 度

它的生长适宜温度是10℃ ~ 25℃，然而在生长季节对温度的要求不太严格，温度在5℃ ~ 30℃都可正常生长。当冬天温度在0℃以下时，大丽花容易遭受冻害。

修 剪

大丽花开花的时候容易歪倒，因此需适度采取修剪、整枝及摘心措施，并及时搭设立柱或插竹竿进行支撑。

浇 水

❶ 应以"不干不浇，浇则浇透"为浇水原则。❷ 在幼苗阶段，由于需要的水分比较少，在晴朗的天气每天浇一次水，令土壤维持略潮湿的状态就可以。❸ 在生长季节，应严格控制浇水，避免茎和叶徒长，以促进茎干长得粗大壮实、花朵肥大。

❹ 夏天温度较高时，需常向叶片表面喷洒清水，以促使茎和叶健壮生长，然而盆土不能过度潮湿。❺ 在雨季，需控制浇水量并尽早排除积水，宜用砖把花盆垫高，以免花盆底部的排水孔被堵住和地面积聚的水渗进盆中。

新手提示： 在晴朗的天气或刮风的天气，正午时分或黄昏植株容易缺少水分，应留意适度增加浇水量。

繁 殖

大丽花采用播种法、扦插法及分株法进行繁殖。

净化功能

大丽花吸收空气里的二氧化碳、硫化氢等有毒气体的能力比较强，可以有效净化空气。此外，它还可以监测空气里氮氧化物的污染状况。

摆放建议

大丽花花色艳丽，极具观赏价值，可以盆栽摆放在阳台、窗台、书架和案几上，也可以制成插花装点居室。

鸡冠花

【花草名片】

◎**学名：** *Celosia plumose*

◎**别名：** 鸡髻花、老来红、芦花鸡冠、笔鸡冠、大头鸡冠、凤尾鸡冠、鸡公花、鸡角根。

◎**科属：** 苋科青葙属，为一年生草本花卉。

◎**原产地：** 非洲、美洲热带和印度，现世界各地广为栽培。

◎**习性：** 喜欢温暖、干燥、阳光充足的环境，不耐寒、较耐旱、不耐涝。

◎**花期：** 7 ~ 10月。

◎**花色：** 白、淡黄、金黄、淡红、火红、紫红、棕红、橙红等色。

择 土

对土壤要求不严，但以在疏松肥沃、排水良好的土壤上生长最为适宜。

新手提示： 可以用腐叶土、园土、沙土以1：4：2比例混合配制。

选 盆

❶ 可选择排水、透气性良好的泥瓦盆或陶盆。❷ 在花序产生后，可以换口径为16厘米的花盆，翻盆前应浇透水。❸ 如要得到特大花头，可再换口径为23厘米的花盆。

新手提示： 小盆适宜栽培矮生种的鸡冠花，大盆适宜栽培凤尾鸡冠等高生种。

病虫防治

❶ 幼苗期若发生根腐病，可撒播生石灰进行处理。❷ 植株如果感染轮纹病、疫病、斑点病、立枯病、茎腐病，发病初期应及时喷药进行处理，药剂可以用1：1：200的波尔多液、50%甲基托布津可湿性粉剂、50%多菌灵可湿性粉剂500倍液、40%菌毒清悬浮剂600 ~ 800倍液，或用代森锌可湿性粉剂300 ~ 500倍液。❸ 生长期易感染小造桥虫，可用稀释的洗涤剂、乐果或菊酯类农药对叶面进行喷洒防治。

光 照

鸡冠花喜温暖，忌寒冷。生长期要有充足的光照，每天至少保证有4小时的光照。

浇 水

❶ 生长期间适当浇水，浇水不能过多，浇水时尽量不要让下部的叶片沾上污泥。❷ 不宜让盆土过湿，以潮润偏干为宜，防止植株只长高不开花或开花时间延迟。❸ 种子成熟阶段应少浇水，利于种子成熟，并可使花朵较长时间保持颜色浓艳。❹ 天气干旱时适当浇水，阴雨天应及时排水。

温 度

鸡冠花生长期喜欢高温，最佳适宜生长温度为18 ℃ ~ 28℃。

新手提示： 温度低时鸡冠花生长缓慢，入冬后植株可能因温度过低而死亡。

修 剪

矮生、多分枝的品种，应在定植后进行摘心，以促进植株分枝；而直立、可分枝品种则不必摘心。

繁 殖

鸡冠花主要采用播种法进行繁殖。

施 肥

❶ 育苗期、生长期均需施用营养肥料，有机肥、复合肥等皆宜。❷ 生长后期加施磷肥，可促使植株生长健壮和花朵增大。❸ 鸡冠花的花朵形成后应每隔 10 天施一次稀薄的复合液肥。

栽 培

❶ 栽培适宜在 4 ~ 5 月进行，种子栽培最佳适宜温度为 20℃ ~ 25℃。❷ 将混有基肥的土壤放入花盆，并保持土壤湿润。❸ 把鸡冠花的种子均匀撒播在盆内，鸡冠花种子细小，覆土 2 ~ 3 毫米即可，不宜过厚。❹ 用细眼喷壶喷少许水，再给花盆遮上荫，两周内不要浇水。❺ 一般 7 ~ 10 天可以出苗，待苗长出 3 ~ 4 片真叶时可拔除一些弱苗，到苗高 5 ~ 6 厘米时可将幼株带根部土移栽定植到稍大一点的花盆中。

新手提示： 鸡冠花为异花授粉植物，品种间极易杂交，致使性状混杂，若要留种栽培必须注意与其他花卉隔离。

净化功能

鸡冠花能大量吸收放射性铀元素，同时还对氟化氢、二氧化硫、氯气等多种有害物质有一定的抗性，可起到绿化、美化和净化环境的多重作用，适宜作为工厂、矿区、医疗区、城镇及庭院的绿化植物，称得上是一种能抵抗环境污染的大众观赏花卉。

摆放建议

鸡冠花可直接栽种在庭院里，也可以盆栽摆放在客厅、书房、阳台等光线充足的地方。

花 言 草 语

鸡冠花不仅具有较高的观赏价值，还可制成美味佳肴。鸡冠花不仅富含蛋白质、脂肪、碳水化合物、膳食纤维，还含有钾、钠、钙、镁、铁、磷、锌等多种矿物质及 β 胡萝卜素、维生素B1、维生素B2、维生素C、维生素E等多种维生素，对人体具有良好的滋补强身作用。形形色色的鸡冠花可以制成各种美食。

鸡冠花具有一定的药用价值，其花具有凉血止血、止带、止痢的功效，是一味妇科良药。其种子具有消炎、收敛、明目、降压、强身等功效。可于秋季花朵盛开时采收、晒干。

晚香玉

【花草名片】

◎**学名**: *Polianthes tuberosa*

◎**别名**: 月下香、月情香、夜来香。

◎**科属**: 石蒜科晚香玉属，为多年生球根类草本植物。

◎**原产地**: 最初产自墨西哥和南美洲，在暖温带区域分布较广，中国南方区域大多有栽植。

◎**习性**: 喜欢温暖、光照充足的环境，略能抵御寒冷，不能忍受霜冻。喜欢潮湿，但也怕积水，在湿度较低且不积聚太多水的地方可以长得很好。

◎**花期**: 7～11月。

◎**花色**: 白色。

选 盆

栽种晚香玉时宜选用泥盆，避免使用瓷盆或塑料盆，因为这两种盆的透气性较差。

择 土

晚香玉对土壤没有严格的要求，有较强的适应能力，具一定的忍受盐碱的能力，然而以有肥力、土质松散、排水通畅的沙壤土为宜。

新手提示: 其盆土一般用泥炭土或腐叶土3份加粗河泥2份和少量的底肥配成。

栽 培

❶ 在花盆底部铺上约 1/5 深的细碎砖块，以利于排水，然后置入少量土壤。❷ 一手扶正晚香玉幼苗，置入盆中，然后继续填土，用手轻轻压实。❸ 向盆中浇透水分，放置于阴凉处，细心照料。

浇 水

❶ 晚香玉喜欢潮湿，畏积水，平日令土壤维持较低的湿度就可以，不可积聚太多水。❷ 刚刚栽种后也不用浇太多水，以免造成植株徒长，不利于开花。❸ 花朵开放前期，需浇灌充足的水并令土壤维持潮湿状态。

新手提示: 晚香玉一定要放置在通风良好的环境里，以免浇水后盆中积水过多。

温 度

晚香玉喜欢温暖的环境，略能抵御寒冷，不能忍受霜冻，生长适温白天是 25℃～30℃，晚上是 20℃～22℃。

繁 殖

晚香玉经常采用分球法进行繁殖，也可以采用播种法繁殖，然而播种繁殖大多用在新品种的培育上。

病虫防治

晚香玉经常会受到根腐病及蓟马的危害，此时需喷施 2.5% 溴氰菊酯乳油 4000 倍液进行灭杀。

修 剪

❶ 当晚香玉的花梗长至 40 厘米高时宜搭设架子，以稳固花枝。❷ 立秋以后它的地上部分会干枯萎缩，应尽早把干枯

发黄的茎叶剪掉，以避免耗费太多的养分。

施肥

一般在种植一个月后要施用稀薄的腐熟饼肥 1～2 次；在夏天温度较高时，应严格控制追肥的施用量及浓度，以避免造成茎叶徒长；花茎抽生出来时和现蕾期间应分别施用一次磷肥和钾肥，能令植株苗壮、花朵繁多娇艳。

新手提示： 晚香玉嗜肥，栽植时需施入充足的底肥，在生长季节需每月施用一次肥料。

光照

晚香玉喜欢光照充足的环境，因此应多放置于阳光充足处，但在夏季的中午应避免烈日暴晒。

净化功能

晚香玉有强力抵抗二氧化硫、氯气及氯化氢的能力，不管是白天还是晚上皆可以吸收很多二氧化碳，同时释放出大量清新的氧气，可以很好地提高房间里的负离子浓度，令空气保持清爽新鲜。

摆放建议

晚香玉可盆栽摆放在门厅、门廊，也可以制作成插花装点客厅。但因其具有比较浓郁的香气，不宜摆放在卧室。

花言草语

一般的植物都是白天开花，并且开花后就放出香气。晚香玉却不是这样，只有到了夜间才会散发出浓郁的香气来。这是因为晚香玉是靠夜间出现的飞蛾传粉的。晚香玉的花瓣跟一般花瓣构造不同，它花瓣上的气孔一旦空气湿度大，就张开得大，散发的香气就多。夜里虽没有太阳照晒，但空气比白天湿得多，所以气孔就会张大，放出的香气也就特别浓。在黑夜里，晚香玉就凭借着自身散发出来的强烈香气，引诱长翅膀的飞虫前来拜访，为它传粉。如果长期把晚香玉放在室内，其浓烈的香气会引起人们头昏、咳嗽，甚至气喘、失眠。所以，白天可以把晚香玉放在室内，傍晚时则应搬到室外。

秋季花草

菊花

【花草名片】

◎学名: *Dendranthema morifolium*

◎别名: 金蕊、帝女花、九华、黄华。

◎科属: 菊科菊属, 为多年生宿根草本植物。

◎原产地: 最初产自中国。

◎习性: 喜欢阳光充足、清凉、潮湿且通风顺畅的环境, 比较能忍受极度的寒冷和霜冻。

◎花期: 10 ~ 12 月, 也有夏天、冬天和全年开花等不一样的品种类型。

◎花色: 红、黄、紫、绿、白、粉红、复色及间色等。

选盆
栽种菊花多选用淡色的浅口石盆, 其石质为大理石、汉白玉等, 这样看起来较为美观。

择土
菊花喜欢土层较厚、腐殖质丰富、土质松散、有肥力且排水通畅的沙质土壤,

在微酸性至微碱性土壤上也可以生长。

栽培
❶ 在花盆底部铺上瓦片等物品, 做成一个排水层, 花盆底部应有比较大的排水孔, 并需施进适量的底肥, 然后置入土壤。❷ 将菊花幼苗植到盆中, 轻轻压实土壤, 并浇足水。❸ 把盆花摆放在背阴、凉爽的地方, 待幼苗稍长高一点儿后即可移至朝阳处。

温度
菊花喜欢清凉, 怕较高的温度和炎热, 比较能忍受寒冷, 生长适宜温度是18℃ ~ 25℃。

病虫防治
菊花的病害主要是叶斑病、锈病和虫害, 虫害主要为蚜虫与红蜘蛛危害。❶ 菊花患上叶斑病后, 一定要及时摘下并毁掉病叶, 同时喷施 65% 代森锌可湿性粉剂 500 倍液或 75% 百菌清可湿性粉剂 500 倍液来处理。❷ 植株发生锈病时, 喷施 65% 代森锌可湿性粉剂 500 倍液即可。❸ 发生蚜虫危害时, 可以喷施 25% 亚铵硫磷乳油 1000 倍液或 40% 氧化乐果乳油 1500 ~ 3000 倍液进行杀灭。❹ 发生红蜘蛛危害时, 可以喷施 40% 氧化乐果乳油 1000 倍液或 80% 敌敌畏 1000 倍液进行杀灭。

施肥
栽植菊花时不能施用太多底肥, 在其生长后期主要是施用豆饼的腐熟液和化学肥料等追肥。在形成花蕾期间, 要增加磷肥的施用量, 注意勿使肥液沾污叶面, 此后可以每周施肥一次, 并适量浇水, 能使花朵硕大、经常开放。

新手提示： 为了抵御寒冷，进入冬天之前需施用少量肥料，过冬期间还需施用1~2次肥料。

繁 殖

菊花可以采用播种法、扦插法、分株法、压条法及嫁接法进行繁殖，其中以扦插繁殖与分株繁殖最为常用。

光 照

菊花喜欢充足的光照，略能忍受荫蔽。它在每日接受 14.5 个小时的长日照情况下可进行营养生长，在每日接受不多于10 个小时的日照条件下才可以萌生花蕾并开花。

浇 水

❶ 菊花比较能忍受干旱，怕水涝，因此要以"见干则浇，不干不浇，浇则浇透"为浇水原则，浇水不宜太多。❷ 夏天每日要浇 2 次水，以在早晚进行为宜；冬天则需严格控制浇水。❸ 花朵将要开放时，需加大浇水量。❹ 花朵凋谢后，需适度减少浇水量。

新手提示： 当植株处于幼苗阶段时，皆需控制浇水量，然后随植株长大渐渐加大浇水量。

修 剪

栽植菊花需留意及时进行摘心、除芽和除蕾处理。❶ 摘心能够促使植株萌生侧枝，掌控植株的高度。通常于菊苗定植后保留 4 ~ 5 枚叶片进行摘心，待侧枝生出 4 ~ 5 枚叶片时，每个侧枝保留 2 ~ 3枚叶片再次进行摘心。❷ 除芽与除蕾能够掌控开花的多少，盆栽独本菊通常仅保留顶芽，叶腋生出的小芽需尽早抹去，以促进顶端形成粗大壮实的花蕾；顶端除了挑选并留存花蕾之外，剩下的都需去掉。

净化功能

菊花可以将地毯、绝缘材料、胶合板等释放出的甲醛、氟化氢分解掉，也可以将壁纸、印刷油墨溶剂里的二甲苯和染色剂、洗涤剂里的甲苯分解掉。菊花吸收氯气、氯化氢、一氧化碳、过氧化氮、乙醚、乙烯、汞蒸气及铅蒸气等有害气体的能力也比较强，可以把氮氧化物转化成植物细胞蛋白质。另外，菊花所含有的挥发性芬芳物质，有清除内热、疏散风邪、平肝明目的功用，经常闻菊花香可以治疗头晕、头痛、感冒及视物模糊等病症。

摆放建议

盆栽菊花一般摆放在阳台、客厅、书房的向阳处，也可摆放在案几、电脑台和窗台上供人欣赏。

桂花

【花草名片】

◎**学名：** *Osmanthus fragrans*

◎**别名：** 月桂、金桂、岩桂、木樨。

◎**科属：** 木樨科木樨属，为常绿阔叶灌木或小乔木。

◎**原产地：** 最初产自中国西南地区，广西、广东、云南、四川及湖北等省区都有野生，印度、尼泊尔、柬埔寨亦有分布。

◎**习性：** 为阳性树，喜欢阳光，在幼苗阶段具一定的忍受荫蔽的能力。喜欢温暖、通风流畅的环境，具一定的抵御寒冷的能力。

◎**花期：** 9～10月。

◎**花色：** 深黄、柠檬黄、浅黄、黄白、橙、橘红等色。

 选盆

栽种桂花宜选用较深的紫砂陶盆或釉陶盆，尽量不用塑料盆。

 择土

桂花对土壤没有严格的要求，但适宜生长在土层较厚、有肥力、排水通畅、腐殖质丰富的中性或微酸性沙质土壤中，在碱性土壤中会生长不良。

新手提示： 如果土壤的酸性太强，则植株会长得很慢，叶片会变得干枯、发黄；如果使用碱性土壤，2～3个月后便会造成叶片干枯、萎蔫或死亡。

 栽培

❶ 先在花盆底部铺上一层河沙或蛭石，以利通气排水，然后再铺上一层厚约2厘米的泥炭土或细泥，高达盆深的1/3。❷ 将桂花的幼苗放进盆中（根部要带土坨），填入土壤，轻轻压实。❸ 栽好后要浇透水分，然后放置荫蔽处约10天，即可逐渐恢复生长。

 修剪

❶ 在冬天应及时剪掉纤弱枝、重叠枝、徒长枝及病虫枝等，以改善通风透光效果。❷ 树冠太宽、生长势旺盛的植株，可以把上部的强枝剪掉，留下弱枝。❸ 枝条太稠密、生长势中等的植株，则需仔细疏剪、适当保留枝梢。

 施肥

桂花嗜肥，有发2次芽、开2次花的特性，需要大量肥料。定植后的幼苗阶段应以"薄肥勤施"为施肥原则，主要施用速效氮肥。

 繁殖

桂花可采用播种法、扦插法、压条法及嫁接法来繁殖。

 浇水

❶ 桂花不能忍受干旱，可是也怕积聚太多水，因此在栽植期间应格外留意浇水的量及次数，通常以"不干不浇"为浇水原则。❷ 在新枝梢萌生前浇水宜少，在雨季及冬天浇水也宜少。❸ 在夏天和秋天气候干燥时，则浇水宜多一些。❹ 刚种植的桂花应浇足水，并以常向植株的树

冠喷洒水为宜，以维持特定的空气相对湿度。❺ 在植株开花期间应适度控制浇水量，但是不宜让土壤过于干燥，不然易使花朵凋落。

> **新手提示：** 平日浇水时，令土壤的含水量约维持在50%就可以。

光照
桂花喜欢阳光，可是在幼苗阶段也具一定的忍受荫蔽的能力。盆栽植株在幼苗阶段时，可以把其置于室内有散射光且光线充足的地方；成龄植株则需置于光照充足的地方。

温度
桂花喜欢温暖，具一定的抵御寒冷的能力，然而不能忍受极度的寒冷。它的生长适宜温度是15℃～28℃，冬天要搬进房间里过冬，室内温度最好控制在0℃～5℃。

病虫防治
桂花的病害主要为炭疽病和红蜘蛛虫害。❶ 当桂花患上炭疽病时，叶片会渐渐干枯、发黄，然后变为褐色。此时应马上把病叶摘下并烧掉，同时加施钾肥和腐殖肥，以增强植株抵抗病害的能力。❷ 红蜘蛛虫害在温度较高、气候干燥的环境中经常发生，被害植株的叶片会卷皱，严重时则会干枯、凋落，每周喷施40%氧化乐果乳油2000～2500倍液一次，连续喷施3～4次即可灭除。

净化功能
桂花抵抗二氧化硫污染的能力非常强，对硫化氢、氯化氢、氟化氢及苯酚等污染物质也有很强的抵抗能力。

桂花所散发出来的挥发性油类有明显的杀灭细菌的功能，可以很好地遏制葡萄球菌、肺炎球菌及结核杆菌的生长与繁殖，可以减少房间内不正常的气味，净化空气，令人精神愉快。

桂花的叶片纤毛可以截下并吸滞空气里的悬浮微粒与烟雾灰尘，可谓"天然的除尘器"。

摆放建议
桂花可直接栽种在庭院里观赏，也可以盆栽摆放在阳台、客厅、天台等光线较好的地方，还可以制成盆景、瓶插装点居室。

秋海棠

内，无须盖土。❸用一块木板轻压盆土，使种子嵌入土壤。❹在盆口盖一块玻璃，以保持培养土的温度。❺把盆放在温度为18℃~22℃的半阴的地方，20天左右后便可萌芽。❻约2个月后，幼株可长出2~3片真叶，这时可将幼株移栽到稍大一点的花盆中。

> **新手提示：** 家庭采用播种法培育秋海棠一般选择在4~5月或8~9月进行，因为这两个时期是秋海棠的生长开花期，种子比较容易萌芽成活。

光照

秋海棠喜欢半荫蔽的环境，光照时间不足容易导致叶片纤小变薄，光照时间过长或光线过强容易导致植株长不高、叶片变紫偏厚、花苞不开放。因此，夏天应注意避免阳光直射秋海棠，冬天要保证给秋海棠提供足够的光照时间。此外，还要需经常变动花盆的摆放方向，使整个植株均匀接受光照。

施肥

在秋海棠生长季节应每半个月施用一次腐熟液肥，在开花之前需追施一次肥料，可以让花朵更加艳丽。

浇水

❶秋海棠喜欢潮湿润泽的环境，但忌积水。❷给秋海棠浇水应遵循"不干不浇，干则浇透"的原则。❸春秋两季是秋海棠生长开花期，需要的水分相对较多，这时的盆土应稍微湿润一些，可每天浇一次水。❹夏季是秋海棠的半休眠期，可适当减少浇水次数，浇水时间应选择在早晨或傍晚。❺冬季是秋海棠的休眠期，应保持盆土稍微干燥，可3~5天浇一次水，浇水时间最好选在中午前后阳光充足时。

【花草名片】

◎**学名：** *Begonia evansiana*

◎**别名：** 八月春、相思草、岩丸子。

◎**科属：** 秋海棠科秋海棠属，为多年生常绿草本花木。

◎**原产地：** 最初产自中国，在山东、河北、河南、江苏、四川、陕西秦岭及云南等地区皆有分布。

◎**习性：** 喜欢温暖、半荫蔽、潮湿润泽的环境，不能忍受寒冷，畏强光直射，怕酷热与水涝，在有肥力、土质松散、排水通畅的沙壤土中生长最好。

◎**花期：** 4~11月。

◎**花色：** 红、粉、白色等。

选盆

选择普通花盆即可。

择土

最好选用高温消毒的腐叶土、培养土及细沙混合成的土壤。

栽培

❶将混合好的培养土过细筛后放入盆内。❷把秋海棠的种子均匀撒播在盆

斑点，叶片的顶端先变焦，之后周围部位逐渐干枯，导致叶片枯萎脱落。

摆放建议

家庭种植秋海棠适合盆栽，小型盆栽可摆放在餐厅、客厅、书房的桌案、茶几、花架上欣赏，大型盆栽可用于装饰阳台、客厅。

温 度

秋海棠喜欢温暖的环境，15℃～25℃的环境最利于它生长。秋海棠怕酷暑，当环境温度超过32℃时，秋海棠的生长会受到严重影响，所以夏季应将秋海棠置于半荫蔽处养护。此外，秋海棠不耐寒冷，冬季环境温度不能低于10℃。

病虫防治

如栽培管理不当，秋海棠在高温、高湿的季节容易感染叶斑病。这种病害可导致植株萎蔫、叶片大量掉落。一旦发现叶片上有病斑，应立即剪掉病叶，并加强室内通风、降低环境湿度。

修 剪

为防止植株长得过高，在苗期需进行1～2次摘心，促使植株分枝。在生长期内应及时剪掉纤弱枝和杂乱枝。

繁 殖

秋海棠可以采用播种法或扦插法进行繁殖。

监测功能

秋海棠能够对二氧化硫、氟化氢和氮氧化合物进行监测。秋海棠对这些有毒气体反应较为灵敏，一旦遭受这些气体的侵袭，其叶脉间就会出现白色或黄褐色的

花言草语

根据《采兰杂志》上记载：古时候有一位妇女非常思念她的心上人，但始终无法与其相见。于是，这位妇人经常在一面墙下悲伤啼哭。她的眼泪落进土里，日久天长竟从土里长出一棵形姿柔媚的花来。这种花的颜色颇似妇人的面庞，叶片的正面为绿色、背面为红色，而且常在秋天盛开，被人们叫作"断肠草"。断肠草就是我们所说的秋海棠。

枇杷

【花草名片】

◎**学名：** *Eriobotrya japonica*

◎**别名：** 卢橘。

◎**科属：** 蔷薇科枇杷属，为常绿小乔木。

◎**原产地：** 原产我国四川、湖南、湖北、浙江等地，现全国各地均有栽培。

◎**习性：** 喜欢温暖、湿润的气候，喜欢阳光充足，稍耐阴，不耐寒，抗风能力弱。

◎**花期：** 11月~次年2月。

◎**花色：** 白色。

浇 水

❶ 枇杷的叶片较大，水分蒸腾量也很大，所以平时要多浇水，尤其是在生长期间，要特别注意水分管理。❷ 春秋季每天要浇一次水。❸ 夏季天气炎热干燥，每天早晚要各浇一次水。

择 土

枇杷的适应性较广，对土壤的选择性不高，在一般的土壤中都能正常生长，但以含沙或石砾较多的疏松土壤为佳。

选 盆

枇杷因为苗木粗壮，叶片较大，所以对盆钵的大小有着较高的要求。一般来说，早期要用口径稍小的紫砂盆，先控制枇杷的生长。在换盆2次后，可以换成口径为40厘米左右的小缸。

新手提示： 在盆中栽种枇杷，植株的根系会越来越多，越来越长，最后长满花盆，影响根系对肥水的吸收，所以每2~3年要换盆一次。换盆一般在1~2月进行。

栽 培

❶ 在盆底放上几块碎瓦片，铺上一层粗沙，然后填充一些营养土。❷ 将枇杷放在盆中，整理根系，使根系充分舒展。❸ 填充营养土，一边填充一边轻轻地拍打盆边，然后将营养土压实。❹ 浇透水，在阴凉的地方放几天。

新手提示： 上盆的时间一般选在3月上旬。上盆时间过早，天气太冷，栽种后不容易成活。上盆时间过迟，植株都已经开始发芽抽梢，栽种后会影响植株的正常生长。

温 度

枇杷原本生活在亚热带地区，所以比较耐高温，但若气温或地温高于30℃，则会减缓根和枝叶的生长速度，导致生长不良。枇杷不耐寒，气温低于-6℃，会产生冻害。

光 照

幼苗喜欢柔和的光线，最忌直射光，所以早期最好将枇杷放在光线充足且柔和的地方养护；成年后的枇杷可以接受较多的阳光。

病虫防治

❶ 盆栽枇杷主要的病害有灰斑病、

赤锈病、紫斑病、污叶病等，可在发病初期用 50% 多霉清 1200 ~ 1500 倍液喷洒。

❷ 主要虫害有丹蛾、桑天牛等。丹蛾专门啃食老熟叶片，将叶片啃得只剩下主脉，呈纱网状。可用 20% 杀灭菊酯 5000 倍液或 20% 灭扫利 3000 倍液喷杀。桑天牛的幼虫会沿着树皮啃食枇杷的树枝，然后深入到树木中，导致枝条枯死。可用棉花蘸上 40% 敌敌畏 50 倍液塞入蛀孔内，并用黄泥封堵洞口。

✂ 修剪

修剪枇杷时将主干留高 20 ~ 30 厘米，剪除枯枝、弱枝、密生枝条，改善整个植株的透光、通风条件。对于一些枝条少、光秃的部位，可以进行短截。

新手提示：枇杷的枝条长得特别齐整，即使不修剪，也可以形成一种美观的圆头型。所以除非是需要将枇杷修剪成特殊的造型，否则不必刻意为其修剪造型。

🥾 施 肥

枇杷的幼树每 60 天施肥一次，以有机肥为主，如腐熟的人粪尿，辅助使用复合肥。成年结果树每年施肥 4 次。

🌱 繁 殖

枇杷以播种繁殖为主，也可嫁接。

🔍 净化功能

枇杷对空气中的二氧化硫、氯气、酮类、醛类等有害物质有很强的吸收能力。同时，枇杷的枝叶茂密，表面粗糙多毛，有一定的吸烟滞尘的作用，能有效地净化空气。

🏠 摆放建议

因为株形较大，所以适合放在阳台、天台等宽敞且阳光充足的地方。同时也可以用于庭院栽培。

夹竹桃

【花草名片】

◎**学名**：*Nerium indicum*

◎**别名**：红花夹竹桃、柳叶桃、半年红、柳桃。

◎**科属**：夹竹桃科夹竹桃属，为常绿大灌木或小乔木。

◎**原产地**：最初产自印度、伊朗及阿富汗，分布在全世界热带和亚热带区域，在温带区域亦有少量分布。

◎**习性**：喜欢温暖、潮湿和阳光充足的环境，略能抵御寒冷，具一定程度的抵抗干旱的能力，不能忍受积水，能忍受半荫蔽。

◎**花期**：6 ~ 10月。

◎**花色**：桃红、粉红、白色。

择 土
夹竹桃生命力旺盛，对土壤没有严格的要求，然而在土质松散、有肥力且排水通畅的土壤中长得最好。

温 度
夹竹桃喜欢温暖，略能抵御寒冷，在我国北方家庭用花盆种植的时候，要于11月将其搬进房间里，温度控制在5℃以上就能顺利过冬，次年春天3月方可搬到室外。

新手提示：当气温高于15℃的时候，植株能接连开花。

栽 培
❶ 春天或夏天时，剪下长约15 ~ 20厘米的枝条作为插穗。❷ 把枝条的基部在清澈的水里浸泡10 ~ 20天，时常更换新水以维持水质洁净。❸ 等到切口发黏的时候再取出来插到培养土中，或等到长出新根后再取出来进行扦插，皆比较容易存活。❹ 在盆土里施入充足的底肥，以促使植株健壮生长。❺ 移植后要一次浇足定根水，忌水涝。

新手提示：移植最好在春天植株刚萌动时进行，如果在秋天或冬天移植则要带着土坨，并要修剪掉一些枝叶，以便于存活。

选 盆
选用透气性好、排水良好的泥盆，盆体稍深为好，花盆口径为25 ~ 34厘米。

病虫防治
夹竹桃的病虫害比较少，常见的为介壳虫及蚜虫危害，平日要留意保证通风顺畅，一旦发生虫害就要马上用刷子刷掉，并用40%氧化乐果乳油1000 ~ 1500倍液喷施来治理。

繁 殖
夹竹桃主要采用扦插法进行繁殖，

也可以采用播种法和压条法进行繁殖。

浇水

❶ 在植株的生长季节令土壤维持潮湿状态就可以,浇水太多或太少皆会令叶片发黄、凋落。❷ 在夏天气候干燥的时候,浇水可以适度勤一些,且每次可以多浇一些水,并要时常朝叶片表面喷洒清水,以降低温度和保持一定的湿度,促使植株健壮生长,也能令叶片保持洁净而有光泽。❸ 冬天少浇,只要保持土壤湿润偏干即可。

光照

夹竹桃喜欢光照充足的环境,也能忍受半荫蔽,可以种植在室外朝阳的地方,也可以置于房间里光照充足的地方。夏天阳光比较强烈的时候要为植株适度遮蔽阳光,防止久晒。

施肥

夹竹桃比较嗜肥,在开花之前要大约每隔 15 天进行一次追肥。冬天要对植株施用 1 ~ 2 次肥料。

修剪

平日要留意疏除枝蘖,尽早把干枯枝、朽烂枝、稠密枝、徒长枝、纤弱枝及病虫枝剪掉,以改善通风透光效果,降低营养的损耗量,维持优美的植株形态。

摆放建议

南方多露地栽种在庭院里,北方则多栽种在大型花盆里装饰客厅、阳台,也可以瓶插摆放在桌案、书架上。

毒性解码

夹竹桃的植株中含有很多种强心苷,整株皆有毒。它的毒性主要存在于其树皮、叶片、根、茎、花和伤口淌出的汁液里,其中新鲜的树皮所含有的毒性比叶片所含有的毒性强,干燥后其毒性就会变

弱,花朵的毒性则比较弱,如果人们不小心误食以上物质后就会造成中毒。人在中毒之后就会出现缺乏食欲、恶心、呕吐、腹泻、腹部疼痛、心悸、脉搏细弱且不齐、流涎不收、头晕目眩、嗜睡、四肢麻木等症状,严重的则会导致瞳孔散大、抽搐、休克,甚至死亡。

净化功能

夹竹桃抵抗二氧化碳、二氧化硫、氯气及氟化氢等有害气体的能力非常强,还可以吸纳、滞留烟雾和尘埃,被叫作"环保卫士",尤其适合作为抵抗污染的树种栽种在工矿区。尽量不要在房间里栽种夹竹桃,也不要在牧场边、鱼塘边、井边和饮水池周围栽种,而适合栽种在公园中、绿地上、道路旁和草坪边缘等地方。

五色梅

【花草名片】

◎**学名**：*Lantana camara*

◎**别名**：七变花、马缨丹、如意花、红彩花。

◎**科属**：马鞭草科马缨丹属，为常绿半藤本灌木。

◎**原产地**：最初产自美洲热带区域。

◎**习性**：喜欢温暖、潮湿和光照充足的环境，能忍受较高的温度及干燥炎热的气候，不能抵御寒冷，不能忍受冰雪，能忍受干旱。具有很强的萌生新芽的能力，长得很快。

◎**花期**：5～10月。

◎**花色**：最初开放的时候是黄色或粉红色的，然后变成橘黄色或橘红色的，最后则会变成红色或白色的，在同一个花序里经常会红黄相间。

择 土

五色梅对土壤没有严格的要求，具有很强的适应能力，能忍受贫瘠，然而在有肥力、土质松散且排水通畅的沙质土壤中长得最为良好。

新手提示：培养土通常用腐叶土来调配，并要施进合适量的有机肥作为底肥。

温 度

五色梅的生长适宜温度是20℃～25℃。

新手提示：在北方种植的时候要于10月末把盆花搬到房间里朝阳的地方料理。

栽 培

❶ 5月的时候，剪下一年生的健康壮实的枝条作为插穗，使每一段含有两节，留下上部一节的两片叶子，并把叶子剪掉一半。❷ 把下部一节插进素沙土里，插好后浇足水，并留意遮蔽阳光、保持温度和一定的湿度，插后大约经过30天便可长出新根及萌生新枝。❸ 种好后要留意及时浇水，以促使植株生长，等到存活且生长势头变强之后，则可以少浇一些水。❹ 每年4月中、下旬更换一次花盆和盆土。

选 盆

选用泥盆为佳，盆的大小根据植株大小来确定。

病虫防治

❶ 五色梅容易患灰霉病，在植株发病之初，可以每两周用50%速克灵可湿性粉剂2000倍液喷洒一次，接连喷洒2～3次就能有效治理，并留意增强通风效果，使空气湿度下降。❷ 五色梅经常发生的虫害为叶枯线虫危害，在危害期间用50%杀螟松乳油1000倍液朝植株的叶片表面

喷洒便可治理。

繁 殖

五色梅可采用播种法、扦插法及压条法进行繁殖，而主要是采用扦插法来繁殖。

浇 水

❶ 在植株的生长季节要令盆土维持潮湿状态，防止过度干燥，特别是在花期内，不然容易令茎叶出现萎缩现象，不利于开花。❷ 夏天除了要每日浇水之外，还要时常朝叶片表面喷洒清水，以增加空气湿度，促使植株健壮生长。❸ 冬天植株进入室内后要注意掌控浇水的量和次数，令盆土维持稍干燥状态就可以。

光 照

五色梅喜欢光照充足的环境，从春天至秋天皆可放在房间外面朝阳的地方料理，在炎夏也不用遮蔽阳光，但要保证通风顺畅。

新手提示： 如果阳光不充足则会造成植株徒长，令茎枝纤长柔弱、开花很少。

施 肥

在植株的生长季节要每隔 7 ~ 10 天施用饼肥水或人粪尿稀释液一次，以令枝叶茂盛、花朵繁多、花色艳丽。在开花之前大约每 15 天施用以磷肥和钾肥为主的稀释液肥一次，能令植株开花更加繁多。

花 言 草 语

五色梅为良好的赏花灌木，其开花时间比较长，花朵颜色丰富且鲜艳美丽。与此同时，它还有比较强的抵抗粉尘和污染的能力，在我国华南区域可以种植在公园里或庭院内做花篱、花丛，也可以作为绿化覆盖植被种植在道路两边或空旷的原野上，在北方区域则通常用花盆种植，也可以制成花坛供人们观赏。

新手提示： 如果阳光不充足则会造成植株徒长，令茎枝纤长柔弱、开花很少。

修 剪

当小苗生长至约 10 厘米时要进行摘心处理，仅留下 3 ~ 5 个枝条作为主枝，当主枝生长至一定长度的时候再进行摘心处理，以令主枝生长平衡。植株定型之后，要时常疏剪枝条及短截。

摆放建议

五色梅花姿柔美，可露地种植，矮性品种多作盆栽或盆景，可以摆放在书房、客厅、书房等处。但要注意避免儿童触碰误食。

毒性解码

五色梅的花朵及叶片皆含有较低的毒性，不小心误食后就会出现腹泻、发烧等中毒症状。另外，有一部分人还会对五色梅产生过敏反应。

化毒攻略

五色梅花色美丽，观花期长，嫩枝柔软，适合制作多种形式的盆景。在栽植期间要留意进行自我保护，并防止误食，尤其是有小孩的家庭更要格外防备。对五色梅会产生过敏反应的人，则不适宜在家里种植这种花。

石蒜

【花草名片】

◎**学名：** *Lycoris radiata*

◎**别名：** 蟑螂花、龙爪花、彼岸花、曼珠沙华。

◎**科属：** 石蒜科石蒜属，为多年生草本植物。

◎**原产地：** 最初产自中国，分布在长江流域和西南各个省。

◎**习性：** 喜欢光照充足的环境，能忍受半荫蔽，也能忍受强烈的阳光久晒。喜欢潮湿，也能忍受干旱，略能抵御寒冷。抗逆性比较强，长得健康壮实。

◎**花期：** 8～9月。

◎**花色：** 鲜红色或具白色的边缘、白、黄色等。

择 土

石蒜对土壤没有严格的要求，能忍受轻度碱性土壤，然而在有肥力、腐殖质丰富、土质松散、排水通畅的石灰质和沙质土壤中长得最为良好。

温 度

石蒜能够忍受的最高温度是日平均温度为24℃。它略能抵御寒冷，冬天要搬入房中过冬。

栽 培

❶ 在春天植株的叶片刚干枯萎缩后或秋天开花之后将鳞茎掘出来，把小鳞茎分离开另外栽种就可以。❷ 种植的时候种植深度以土壤把球顶部覆盖住为度。❸ 通常栽种后每隔3～4年便可再进行分球。

选 盆

可使用泥盆、塑料盆、瓷盆、陶土盆，花盆口径为16～24厘米。

病虫防治

❶ 石蒜常见病害有炭疽病和细菌性软腐病，鳞茎栽植前用0.3%硫酸铜液浸泡30分钟，用水洗净，晾干后种植。每隔半月喷50%多菌灵可湿性粉剂500倍液防治。发病初期用50%苯来特可湿性粉剂2500倍液喷洒。❷ 石蒜常见的害虫为斜纹夜盗蛾，主要以幼虫危害叶子、花蕾、果实，啃食叶肉，咬蛀花葶、种子，一般在从春末到11月份危害，可用5%锐劲特悬浮剂2500倍液，万灵1000倍液防治。

繁 殖

石蒜经常采用分球法进行繁殖，在春天和秋天皆可进行。

浇 水

❶ 平日要令土壤维持潮湿状态，要做到"见干见湿"。❷ 夏天植株开花前如果土壤过于干燥，则要浇入足够的水，以便于抽生出花茎。❸ 当植株临近休眠期的时候，则要渐渐减少浇水的量和次数。

光 照

石蒜喜欢光照充足的环境，也能忍受半荫蔽，不畏强烈的阳光久晒，可以长期放在光照充足的地方料理。

起误食中毒。

新手提示： 不能长时间放在过度荫蔽的地方，不然容易导致生长不好。

施 肥

在植株的生长季节要施用 2 ~ 3 次浓度较低的液肥。

新手提示： 在植株抽生花茎之前要施用一次追肥，在秋天嫩叶萌生出来后还要再施用一次肥料，这样能令叶丛更齐整碧绿。

修 剪

在栽植期间，要尽早把干枯焦黄的叶片剪掉，以防止影响植株的生长发育及优美的形态。

摆放建议

石蒜花型似龙爪，花色鲜艳，适合盆栽装饰客厅、阳台、天台、庭院，要注意石蒜结实后避免儿童接触鳞茎，避免引

毒性解码

石蒜的体内含石蒜生物碱，整株皆有毒，而以花朵的毒性比较大，鳞茎次之。如果不小心误食后，经常会出现恶心、呕吐、心情烦躁、眩晕、下泻、舌硬直、手脚发冷、心跳过缓、惊厥及血压降低等症状，严重的还会造成中枢神经系统麻痹，出现语言障碍、口鼻出血、四肢乏力、虚脱等中毒症状，甚至死亡。

化毒攻略

石蒜的鳞茎可以用做药物。如今，石蒜中毒大多是因误食或药用时服用的剂量太大而造成的。所以必须特别留意，家庭中有儿童的更要格外防备，要将石蒜的鳞茎及花朵收藏好，防止其误食。

曼陀罗

【花草名片】

◎**学名**：*Datura stramonium*

◎**别名**：醉心花、风茄儿、闹羊花。

◎**科属**：茄科曼陀罗属，为一年生草本植物，在低纬度区域可以生长为亚灌木。

◎**原产地**：最初产自印度。

◎**习性**：喜欢温暖、潮湿和光照充足的环境，不能抵御寒冷，不能忍受水涝。

◎**花期**：6～10月。

◎**花色**：最初为白色，之后渐渐变成黄色，偶尔为紫色或浅黄色。

择 土

曼陀罗具有比较强的适应能力，对土壤没有严格的要求，普通土壤皆可栽植，然而在有肥力、腐殖质丰富、土质松散、排水通畅的沙质土壤中长得最好。

温 度

曼陀罗喜欢温暖的环境，不能忍受极度的寒冷，萌芽的适宜温度在15℃左右，霜后其地上部会干枯萎缩。

新手提示：当温度低于2℃～3℃的时候，植株就会死掉。

栽 培

❶ 于春天3月下旬到4月中旬进行直接播种。❷ 播完后盖上厚约1厘米的土，略镇压紧实，并留意使土壤维持潮湿状态，比较容易萌芽。❸ 当小苗生长至8～10厘米高的时候采取间苗措施，把纤弱的小苗除去，令每盆仅留下2株。❹ 当植株约生长至15厘米高的时候进行分盆定苗。

选 盆

各种材质的花盆皆可，中型花盆为佳。

病虫防治

❶ 曼陀罗经常发生的病害是黑斑病。在发病之初可以喷洒50%退菌特可湿性粉剂1000倍液或65%代森锌可湿性粉剂500倍液，每周喷洒一次，接连喷洒3～4次就能有效治理。❷ 曼陀罗经常发生的虫害是蚜虫。发生蚜虫危害时，可以用40%氧化乐果乳油2000倍液喷洒来杀除。

繁 殖

曼陀罗采用播种法进行繁殖。

浇 水

❶ 曼陀罗喜欢潮湿而润泽的环境，不能忍受积水，平日令土壤维持潮湿状态就可以。❷ 夏天气候干旱的时候，可以适度加大对植株的浇水量。❸ 在雨季要留意尽早排除积水，防止植株遭受涝害。

光 照

在植株的生长季节，要使其接受足够的阳光照射，以令其生长得健康壮实，如果阳光不充足则会导致生长不好，不利于观赏。

施 肥

在植株生长的鼎盛期，要适度施用 2～3 次过磷酸钙或钾肥。

新手提示： 在植株开花之前追施一次肥料，能令花朵硕大、花色纯正。

 修 剪

在植株的生长季节，要尽早把干枯焦黄的枝条和叶片剪掉，以降低营养的损耗量，维持优美的植株形态。

 摆放建议

曼陀罗作为观花植物可盆栽摆放在窗台、阳台、案几、花架上，但应注意远离儿童，防止其误食中毒。

 毒性解码

曼陀罗的整株皆有毒，而以果实及种子的毒性最厉害，干叶片的毒性比新鲜叶片的毒性要轻一些。如果人们不小心误食，会出现口舌干燥、瞳孔放大、心跳加速、周身潮红燥热、视线模糊不清、嗜睡、头脑昏沉、产生幻觉及神志错乱等中毒症状，情况严重的则会令神经中枢过于兴奋而忽然逆转成抑制作用令机体机能突然降低，造成呼吸停止而死去。

另外，外敷曼陀罗也会出现周身性的中毒症状。

 化毒攻略

曼陀罗可供药用，但在家庭里最好不要种植这种花。如果不小心中毒，要马上把病人送到医院里接受治疗，在具有经验的急诊或毒物科医师的监测及控制下使用解毒剂解毒。

冬季花草 |||||||||||||||||||||||||||||||||||||||||||||||

梅花

【花草名片】

◎**学名**: *Prunus mume*

◎**别名**: 红梅、绿梅、春梅、干枝梅。

◎**科属**: 蔷薇科李属, 为落叶乔木。

◎**原产地**: 最初产自中国, 主要生长于长江流域和西南区域。

◎**习性**: 喜欢温暖、略潮湿, 以及光照充足、通风性好的环境。比较能忍受寒冷, 可以短时间忍受 –15℃低温, 当温度为5℃～10℃时便能开花。

◎**花期**: 12月~次年3月。

◎**花色**: 红、紫、浅黄及彩色斑纹等色。

选盆
种梅花最好选用透水透气性好的泥瓦盆, 也可用紫砂盆, 一定不要用瓷盆和塑料盆。

择土
栽植梅花时以排水通畅、有机质丰富的沙质土壤为宜。

栽培
❶ 在盆底平铺一层碎盆片, 以方便排水和避免养分流失。❷ 修剪掉过长的主根和少量的侧根, 多留一些须根。❸ 先在盆中倒入少量的土, 然后将母株放入盆内, 添土。❹ 添土后轻轻摇动花盆, 使疏松的土壤下沉, 与根部结紧。❺ 最后浇足水, 放置在阳光充足的地方。

> **新手提示**: 每年11月到次年3月是最适宜梅花栽培的时期。

浇水
❶ 梅花不耐水湿, 浇水要根据盆土的干湿情况来确定, 应以"不干不浇, 浇就浇透"为浇水原则, 防止盆中积聚过多水分。❷ 大约在6月, 花芽分化期内, 要减少浇水量, 同时使花卉接受充足的光照, 使植株开花繁茂。❸ 夏天应浇足水, 不然会导致梅花叶片凋落, 影响花芽形成。❹ 在梅花生长鼎盛期内要每日浇一次水, 秋季天凉后要渐渐减少浇水, 以促使枝条生长健壮。

> **新手提示**: 如果发现梅花叶片严重枯萎, 可将整株梅花放入水中, 浸40分钟后取出, 即可恢复正常。在梅雨季节, 梅花一般不用浇水, 如遇阴雨连天, 需要将花盆倾斜放置, 避免盆中积水。

光照
梅花喜欢有充足光照、通风性好的生长环境, 不适宜长时间遮阴。

温度
梅花在环境温度为5℃～10℃时就可开花, 虽然耐寒, 在–15℃的条件下也可短暂生长, 但不宜长时间放置阴冷处。

施 肥

梅花要在冬天施用一次磷、钾肥，在春天开花之后和初秋分别追施一次稀薄的液肥即可。每一次施完肥后都要立即浇水和翻松盆土，以使盆内的土壤保持松散。

病虫防治

梅花易受蚜虫、红蜘蛛、卷叶蛾等害虫的侵扰，在防治时应喷洒 50% 辛硫磷乳油或 50% 杀螟松乳油，不能使用乐果、敌敌畏等农药，以免发生药害。

繁 殖

梅花经常采用嫁接法进行繁殖，也可采用扦插法，通常于早春或深秋进行。另外，还能用压条法进行繁殖，这样比较容易成活。

修 剪

❶ 在栽植的第一年，当幼株有 25 ~ 30 厘米高的时候要将顶端截掉。❷ 花芽萌发后，只保留顶端的 3 ~ 5 个枝条作主枝。❸ 次年花朵凋谢后要尽快把稠密枝、重叠枝剪去，等到保留下来的枝条有 25 厘米长的时候再进行摘心。❹ 第三年之后，

为使梅花株形美观，每年花朵凋谢后或叶片凋落后，皆要进行一次整枝修剪。

监测功能

梅花能够对甲醛、苯、二氧化硫、硫化氢、氟化氢及乙烯进行监测。梅花对这些有毒气体皆有监测能力，尤其对硫化物、氟化物的污染的反应更为灵敏，受到硫化物侵害的时候其叶片上面就会呈现斑纹，严重时还会变枯、发黄、凋落。

摆放建议

梅花适合摆放在宽敞的客厅、门厅、书房，也可以单枝插瓶摆放在案几、书架、窗台上，但不宜摆放在卧室内。

花言草语

传说隋朝赵师雄游览罗浮山的时候，曾在晚上梦到和一名衣装淡雅的女子把酒同饮，那名女子香气撩人，身边还有一个绿装童子在欢快地歌舞。天将亮的时候，赵师雄由梦里醒过来，见自己睡在一棵梅树之下，树上有只翠鸟在欢快地鸣唱，并无那素装女子与绿装童子。其实，梦里的那名女子便是梅花树，绿装童子便是那只翠鸟。当时，赵师雄看到月亮已悄悄落下，星斗已经横斜，更感到孤独寂寞、惆怅迷惘。此后，这个传说便被用作梅花的典故。

蟹爪兰

【花草名片】

- ◎学名：*Zygocactus truncatus*
- ◎别名：蟹爪莲、接骨兰、蟹叶仙人掌、仙指花。
- ◎科属：仙人掌科蟹爪兰属，为多年生常绿植物。
- ◎原产地：最初产自巴西东部热带雨林地区。
- ◎习性：为短日照植物，喜欢温暖、潮湿的环境，喜欢柔和光照，忌强光直射久晒。比较能忍受干旱，不能忍受积水和寒冷。
- ◎花期：12月~次年1月。
- ◎花色：桃红、大红、紫红、杏黄及纯白等色。

栽 培

❶ 在花盆底部铺放几块碎小的瓦片或体积为 1 ~ 2 立方厘米的硬塑料泡沫，然后填充培养土。❷ 将蟹爪兰幼苗植入盆土中，浇透水分。❸ 将花盆放置在荫蔽处一段时间，多浇水，等到其正常生长后再正常护理。

选 盆

栽种蟹爪兰适宜选用透气性良好的泥瓦盆。如果是新盆，应在水中泡两天去火；如果是旧盆，则要洗净晒干。

择 土

蟹爪兰喜欢土质松散、有肥力、腐殖质丰富且排水通畅的泥炭土及腐叶土。

新手提示： 培养土最宜用等量的菜园土、腐殖土和山泥来混合拌匀，并加入适量的经过发酵的骨粉、有机肥或过磷酸钙等作为底肥，还可以加入少量的草木灰，以令土壤的酸碱度为中性。

浇 水

❶ 春天和秋天可以每 2 ~ 3 天浇水一次。❷ 夏天应每 1 ~ 2 天浇水一次，且需时常朝枝茎喷洒水，以枝茎表面略湿润而不朝下流水为度，这样可以降低温度，防止植株受到暑热的侵害，促使其加快生长。❸ 冬天浇水不宜太多，可以每隔 4 ~ 5 天浇水一次，令土壤维持潮湿状态就可以。❹ 当刚形成花蕾时，也需视具体情况少浇一些水，浇水过多易导致花蕾凋落。在花朵凋谢后植株有一个多月的休眠期，这段时间内浇水要少一些，以土壤略干为宜。

新手提示： 在栽植蟹爪兰的过程中，应格外留意梅雨季节的料理。这一期间若在室外培养，一定要将盆花置于通风顺畅、遮蔽阳光且不受雨淋的凉快的地方，不然雨水多，盆土太湿易使植株的根系腐烂。

繁 殖

蟹爪兰可以采用扦插法及嫁接法进行繁殖，其中以嫁接繁殖的效果最好。

光 照

蟹爪兰属短日照植物，在每日 8 ~ 10 小时阳光照射的条件下，2 ~ 3 个月便能开花。它喜欢半荫蔽的环境，畏强烈的阳光久晒，在夏天阳光比较强烈时需留意适度遮蔽阳光。

病虫防治

蟹爪兰经常患的病害是叶枯病、腐烂病及各种虫害。❶ 当蟹爪兰患上叶枯病和腐烂病后，可喷施 50% 克菌丹可湿性粉剂 800 倍液进行处理。❷ 蟹爪兰发生介壳虫危害时，可以每周喷洒一次杀灭菊酯 4000 ～ 5000 倍液来处理。❸ 发生红蜘蛛危害时，可以喷洒 50% 杀螟松乳油 2000 倍液来灭杀。

温 度

蟹爪兰喜欢温暖，不能抵御寒冷，其生长的最合适温度是 15℃ ～ 25℃。夏天若温度高于 28℃，植株就会进入休眠或半休眠状态；当温度在 15℃ 以下时，便可能会使花蕾脱落；当温度在 5℃ 以下时，植株则会生长得不好；冬天应将植株移入室内过冬，室内温度控制在 15℃ ～ 18℃ 为宜。

施 肥

从春天到夏初，需大约每隔 15 天对植株施用一次浓度较低的肥料，主要是施用氮肥；进入夏天后可暂时停止施用肥料；在孕育花蕾到开花之前需加施 1 ～ 2 次以磷肥为主的肥料，以促进其分化花芽。

修 剪

❶ 对栽培多于 3 ～ 5 年的植株，冠幅经常可以超过 50 厘米，需于春天对茎节进行短截，并对一些长势差或过分稠密的茎节进行疏剪，这样能令萌生出来的新茎节翠绿健壮。❷ 栽植蟹爪兰时需依照植株的大小来适当搭设支撑架，尤其是超过 5 ～ 6 年的植株。❸ 为了防止由于枝冠太厚而导致通风不畅、透光性差，对孕育花蕾和开花造成不利影响，需随着植株枝冠的生长，把枝冠修整为两层，用两层支架进行支撑，以形成高低错落、花枝分布匀称的株形。

摆放建议

蟹爪兰可嫁接成各种造型的盆栽，适合摆放在阳台、窗台、案几上，也可制作成吊盆悬挂起来。

净化功能

蟹爪兰在晚上可以吸收掉很多二氧化碳，提高空气里的负离子浓度，非常利于人们的身体和精神健康。

仙客来

【花草名片】

◎**学名**：*Cyclamen persicum*

◎**别名**：萝卜海棠、兔耳花、兔子花、一品冠。

◎**科属**：报春花科仙客来属，为多年生球根植物。

◎**原产地**：原产于欧洲南部的地中海沿岸地区，现在世界各地均有栽培。

◎**习性**：适宜种植在阳光充足、温和湿润的环境中，不耐寒冷和酷暑，忌雨淋、水涝。夏季一般处于休眠状态，春、秋、冬三季为生长期。喜疏松肥沃、排水性能良好的酸性沙质土壤。在我国华东、华北、东北等冬季温度较低的地区，适宜在温暖的室内栽培。

◎**花期**：10月~次年5月。

◎**花色**：桃红、绯红、玫红、紫红、白色。

选盆

适宜种植在透气性较好的素烧泥盆中。新买的素烧泥盆最好用清水泡30分钟后再使用，否则其大而多的空隙容易吸收土壤中的水分，导致植株供水不足。旧泥盆也最好用1/5000的高锰酸钾溶液浸泡消毒30分钟，清除盆内外的泥垢、青苔等物后再使用。播种时，选择口径为8厘米左右的花盆即可；第一次换盆时使用口径为13~16厘米的花盆较好；第二次换盆时使用口径为18~22厘米的花盆为宜。

栽培

❶ 种子发芽适温为18℃~20℃。北方可在8月下旬至9月上旬播种，南方可在9月下旬至10月上旬播种。❷ 种子用冷水浸泡1~2天，或用30℃左右的温水浸泡3~4小时。❸ 在盆底铺上一些碎瓦片或者碎塑胶泡沫，覆土。将种子放进土壤中，种子上覆土2厘米左右。❹ 把花盆浸在水中，让土壤吸透水，取出用玻璃盖住花盆，将其置于温暖的室内。❺ 约35天后种子发芽。此时拿去玻璃，将花盆放在向阳通风处。❻ 当叶片长到10片以上时，将植株换入口径为13~16厘米的花盆中。换盆时根系要带土，以免损伤。栽种时，球茎的1/3应裸露在土壤外。

择土

盆栽时，培养土可选用泥炭、蛭石和珍珠岩按3：2：1比例混合后的土壤，也可用等份的腐叶土和黏质土混合而成的土壤。

病虫防治

❶ 仙客来常见的病害是灰霉病、炭疽病、软腐病、萎蔫病、叶腐病等。灰霉病能使植株叶片、叶柄枯死、球茎腐败，可通过喷施70%甲基托布津可湿性粉剂800~1000倍液防治；炭疽病能使植株叶片枯死，可喷施50%多菌灵可湿性粉剂500~800倍液防治；叶腐病能使叶片从叶脉向叶缘腐烂，可用土霉素2000倍液涂抹受伤叶片防治。❷ 仙客来常见的虫害是仙客来螨，多寄生在幼叶和花蕾内。它能使植株叶片黄化畸形、开花异常，可用

40% 三氯杀螨醇 1000 ～ 1500 倍液或特螨克威 2000 倍液喷杀。

光照

❶ 仙客来是喜光植物，冬春季节是花期，此时最好将它放于向阳处。❷ 炎热夏季需要为植株创造凉爽的环境，最好将其放置在朝北的阳台、窗台或者遮阴的屋檐下。

浇水

❶ 给仙客来浇水最好选择清晨或上午时分。❷ 第一次换盆前可用喷洒的方式浇水；待仙客来的叶片生长茂密时，最好选择盆浸的方式浇水。❸ 仙客来不耐旱，因此日常水分供应要充足，尤其是炎热的夏季，否则，叶片会出现枯黄、萎蔫的现象。另外，补浇水后要修剪掉影响植株生长的黄叶和枯枝。❹ 仙客来忌涝，因此盆土只需保持湿润即可，花盆内要严防积水。夏天多雨季节最好将植株放置于避雨处。

温度

仙客来不耐高温，温度过高会使其进入休眠状态。夏季应将其放置在阴凉通风的环境中，或者经常往它的叶片和周围土地上喷些水，以达到降温增湿的目的。

修剪

在为仙客来整形时，主要是将中心叶片向外拉，以突出花叶层次；修剪时主要是剪去枯黄叶片和徒长的细小叶片；开花后要及时剪除它的花梗和病残叶。

施肥

❶ 在仙客来的生长旺盛期，最好每旬为其施肥一次。❷ 在植株花朵含苞待放时，可为其施一次骨粉或过磷酸钙肥。

繁殖

仙客来多用播种法繁殖。

净化功能

仙客来对空气中的有毒气体二氧化硫有较强的抵抗能力。它的叶片能吸收二氧化硫，并经过氧化作用将其转化为无毒或低毒性的硫酸盐等物质。

摆放建议

适合放置在客厅、书房、居室等场所。

蜡梅

【花草名片】

◎**学名**: *Chimonanthus praecox*

◎**别名**: 蜡梅、黄梅花、雪里花、蜡木。

◎**科属**: 蜡梅科蜡梅属，为落叶小乔木或灌木。

◎**原产地**: 原产于我国中部地区，各地均有栽培，秦岭地区及湖北地区有野生腊梅。

◎**习性**: 喜欢在阳光充足的地方生长，能耐阴、耐寒、耐旱，忌水湿，怕风。

◎**花期**: 12月~次年1月。

◎**花色**: 纯黄色、金黄色、淡黄色、墨黄色、紫黄色，也有银白色、淡白色、雪白色、黄白色。

光照

❶ 蜡梅喜欢阳光，生长期要处在阳光充足的环境中，每天至少要让阳光直射4小时以上。❷ 花期忌阳光直射，可放在光照柔和处。

选盆

蜡梅对花盆的选择性不高，瓦盆、陶盆、紫砂盆等都可以用来栽种蜡梅。蜡梅为深根性树种，应用深盆、大盆栽植。

新手提示: 每2~3年换盆一次。

择土

蜡梅宜选择土层深厚、排水良好的轻壤土栽培，以近中性或微酸性土壤为佳。忌碱土和黏性土。

栽培

❶ 上盆前，在整株蜡梅中选择一根粗壮的主枝，将主枝上的枝条从基部剪掉，只向上留三根分布均匀的侧枝，对主枝进行截顶。❷ 在花盆底部铺一层基肥，在基肥上盖一层薄土。❸ 将蜡梅放在花盆中央，扶正，用培养土压紧。❹ 浇透水。❺ 上盆后放到阴凉处缓苗一个月左右，再放到阳光充足的地方进行养护。❻ 上盆以冬、春两季为宜。

新手提示: 由于蜡梅怕风，风大会使叶片相互摩擦从而产生锈斑。所以上盆后最好把花盆放在一个背风向阳的地方。另外，花期尤其要注意不能受风，否则会出现花瓣舒展不开的现象，最终导致花苞不开，影响观赏。

施肥

一般来说，每年5~6月间每隔7天施一次液肥。7~8月间施肥可每隔15~20天一次，肥水的浓度应稀一些。秋后再施一次肥，以供开花时对养分的需要。入冬后不用再施肥，否则会缩短花期。

繁殖

蜡梅常用嫁接、扦插、压条或分株法进行繁殖。

病虫防治

蜡梅的病害较少，虫害较多，常见虫害如蚜虫、介壳虫、刺蛾、卷叶蛾等。如发现这些害虫，可用50%杀螟松乳油1000倍液喷杀。

新手提示： 若将花盆放在采光通风好的环境中，可减少病虫害的发生。

修 剪

蜡梅开花后要及时修剪枝条，花枝长于20厘米的部分都要剪除，并且将前一年的长枝剪短，留1～2对芽即可。

浇 水

❶ 平时浇水以"不干不浇，浇则浇透"为原则。❷ 三伏天的气温偏高，此时要多浇水，保证花芽正常发育，植株正常生长。❸ 花期前或开花期要注意适量浇水，如果浇水过多容易积水，花、蕾容易掉落；浇水过少又会使叶片上留下苦干发白的斑块，影响花芽的形成，造成花朵小且稀疏

花言草语

蜡梅可谓全身都是宝。蜡梅花经过一定的加工，可以制成味道醇香的高级花茶。若将蜡梅花浸入生油中，可以制成蜡梅油。若将蜡梅花烘干，则成了一味解暑、生津、止咳、生肌的名贵药材。蜡梅的根、茎还是镇咳、止喘的良药。

不齐，影响观赏。

温 度

蜡梅生长的适宜温度在14℃～28℃，但只有在0℃～10℃的温度下才能正常开花。冬季最好将植株放在室内，保持室温5℃～10℃。

开花期的温度不可过高，若超过20℃，花朵就会很快凋谢。

净化功能

蜡梅具有一定的吸附功能，可以清除大气中的汞蒸气和铅蒸气，对二氧化硫、氟、氯、乙烯等有害物质有净化作用。同时，蜡梅的叶片上还有一种细小的纤毛，能够滞留空气中漂浮着的烟尘和一些微小的颗粒，是净化室内空气的好帮手。

摆放建议

蜡梅可以放在室内阳光比较充足的地方，比如朝南的阳台、窗台。也可以直接栽种在庭院里观赏，但注意不要栽种在树阴下，否则会导致花开稀疏甚至不开花，影响观赏。

虎刺梅

【花草名片】

◎**学名**：*Euphorbia milii*

◎**别名**：虎刺、麒麟刺、麒麟花、铁海棠。

◎**科属**：大戟科大戟属，为多年生常绿灌木状多浆植物。

◎**原产地**：最初产自非洲的马达加斯加岛，如今世界各个国家都有栽植。

◎**习性**：喜欢温暖、潮湿和光照充足的环境，能忍受较高的温度，不能抵御寒冷，能忍受干旱，畏积水。生长得较为缓慢，每年仅生长约10厘米，然而寿命很长，用花盆种植时可以超过30年。

◎**花期**：自然开花时间是冬天和春天，如果光照和温度都合适，能一年四季开花。

◎**花色**：红色、黄色。

择 土

虎刺梅对土壤没有严格的要求，能忍受贫瘠，然而在有肥力、土质松散、排水通畅的腐叶土或沙质土壤中长得最好。

新手提示：培养土可以用相同量的园土、腐叶土和河沙来混合调配，也可以用3份草炭土和2份细沙来混合调配。

温 度

虎刺梅喜欢温暖，不能抵御寒冷，生长适宜温度是18℃～25℃，当白天温度在22℃上下，晚上温度在15℃上下的时候长得最好。

新手提示：如果温度控制在15℃～20℃，则植株能全年连续开花。

栽 培

❶剪下长6～10厘米的上一年发育良好的顶部侧枝作为插穗，用温水冲洗剪口部位后晾干或涂抹上草木灰晾干。❷把插穗叶片及顶端的花朵摘掉，之后插到培养土中，插后浇足水并放在荫蔽的地方料理，经过30～60天左右便可长出根来。❸每年春天更换一次花盆和盆土。

新手提示：种植前要在培养土里加上合适量的蹄角片作为底肥，以促进植株生长。

选 盆

各种盆皆可，盆的口径以25～35厘米为宜。

病虫防治

❶虎刺梅经常发生的病害为腐烂病及茎枯病，每半月用50%克菌丹可湿性粉剂800倍液喷施一次就能有效预防和治理。❷虎刺梅经常发生的虫害为介壳虫及粉虱危害，可以用50%杀螟松乳油1500倍液喷施来杀除。

繁 殖

虎刺梅经常采用扦插法进行繁殖，在全部生长期内皆可进行，其中以5～6月扦插比较容易存活。

浇 水

❶虎刺梅比较能忍受干旱，在春天和秋天浇水要做到"见干见湿"。❷夏天可以每日浇一次水，令盆土维持潮湿状态，

然而不能积聚太多的水。❸ 在植株开花期间要注意控制浇水的量和次数。❹ 冬天植株会步入休眠状态，浇水宜"不干不浇"，令盆土维持略干燥状态就可以。

新手提示： 雨季要留意尽早排除积水，防止植株遭受涝害。

光照
虎刺梅喜欢阳光充足的环境，不畏炎热和强烈的阳光，一年四季皆要使其接受足够的阳光照射。

新手提示： 在开花之前如果让植株接受足够的阳光照射，能令花朵颜色更鲜艳美丽，开花时间更长。

施肥
在植株的生长季节要每隔半个月追肥一次，施用复合化肥或有机液肥皆可，

然而不可施用带有油脂的肥料，不然会令根系腐烂。在秋后则不要再对植株施用肥料。

修剪
在植株开花之后或春天萌生新的叶片之前要尽早把稠密枝、纤弱枝、枯老枝和病虫枝等剪掉，并对枝条顶端采取修剪整形措施。

摆放建议
虎刺梅花期长，花色艳丽，适合盆栽摆放在窗台、阳台、案几、书桌、花架上观赏，也可以栽植在庭院中观赏。但因其全身长有利刺，为防止孩童误伤，宜放置在儿童接触不到的地方。

毒性解码
虎刺梅整株都生有尖锐的刺，茎中所含的白色乳状汁液有毒，会对人的皮肤和黏膜产生刺激作用，皮肤接触后会造成发红肿胀、发痒难受，不小心误食后会出现恶心、呕吐、腹泻、眩晕等中毒症状，如果不小心进入眼睛，情况严重的则会造成失明。另外，有研究显示，虎刺梅的乳状汁液中含有促癌的物质，如果长时间触及其汁液，则有可能会导致细胞发生癌变。

化毒攻略
虎刺梅所含的有毒成分是苷类，主要散布于根、茎、叶片及汁液内，毒性比较小。由于它的整株都披生着浓密的利刺，被误食的概率非常小，如果偶尔不慎被其刺到，通常也不会导致中毒，大多是在操作过程中皮肤触及汁液而造成中毒。因此，若家庭中有儿童及癌症患者则不适宜种植这种花。如果在家里种植，也要置于孩童不容易碰到的地方，宜置于房间外面，以避免孩童被利刺扎到或中毒。

袖珍椰子

【花草名片】

◎学名: *Chamaedorea elegans*

◎别名: 矮生椰子、矮棕、袖珍椰子葵、袖珍棕。

◎科属: 棕榈科袖珍椰子属，为多年生常绿矮灌木或小乔木。

◎原产地: 最初产自墨西哥及委内瑞拉。

◎习性: 喜欢温暖、潮湿及半荫蔽的环境，不能抵御寒冷，然而可以忍受轻微的霜冻，不能忍受干旱，怕强烈的阳光直接照射久晒。

◎花期: 3 ~ 4 月。

◎花色: 黄色。

择 土

袖珍椰子喜欢在有肥力、土质松散且排水通畅的土壤中生长，不能在黏重土壤中生长，不然容易令根系腐烂。

新手提示: 培养土可以用泥炭土、腐叶土加上1/4河沙，再加上少许腐熟的有机肥与少许过磷酸钙来混合调配。

温 度

袖珍椰子喜欢温暖，不能抵御寒冷，生长适宜温度是 20℃ ~ 30℃，晚上温度需控制在 12℃ ~ 14℃。从 10 月到次年 2 月，植株具有一个相对休眠阶段，温度适宜控制在 12℃ ~ 14℃。它的过冬温度是 10℃，如果温度在 10℃ 以下则容易受到冻害，令叶片变黄。

栽 培

❶ 把种子直接播在培养土中，令土壤维持潮湿状态，温度控制在 24℃ ~ 26℃。❷ 通常经过 3 ~ 6 个月就可以萌芽长出幼苗，翌年春天即可分苗上盆栽种。❸ 上盆后要马上浇定根水，然后放在半荫蔽的地方料理，等到萌发出新的叶片后再进行正常料理。❹ 通常每隔 2 ~ 3 年要更换一次花盆，适合于春天 3 月中下旬进行。

新手提示: 如果用小号花盆，每盆可以种植3株幼苗; 如果用中号花盆，则每盆以种植5株为宜，以利于存活及观赏。

选 盆

一般选用口径为 14 ~ 20 厘米的泥盆、塑料盆、瓷盆陶土盆等。

病虫防治

❶ 袖珍椰子经常发生的病害是黑斑病。发病时要马上改善通风透气条件，适度加施磷肥和钾肥，并尽早用 50% 托布津可湿性粉剂或 50% 百菌清可湿性粉剂 800 ~ 1000 倍液喷洒来治理。❷ 袖珍椰子经常发生的虫害是介壳虫危害，可以人工刮掉或用 25% 扑虱灵可湿性粉剂 1500 ~ 2000 倍液或 40% 氧化乐果乳油 800 ~ 1000 倍液喷洒进行治理。

繁 殖

袖珍椰子一般用播种法进行繁殖。

浇 水

❶ 袖珍椰子喜欢潮湿，不能忍受干旱，在生长季节要多浇一些水，令盆土时常维持潮湿状态即可，忌水涝。❷ 在夏天和秋天空气干燥的时候，除了要每日浇水之外，还要时常朝植株的叶片表面喷洒清水，以增加空气湿度，促使植株健壮生长，同时可令叶片表面维持洁净、光鲜。❸ 冬天要适度减少浇水的量和次数，以便于植株顺利过冬。

光 照

在幼苗培养期或生长季节，尤其是在夏天和秋天，要为植株遮蔽60%的阳光，不然会令叶片干枯焦黄或被烧伤。在冬天和春天，则需让植株接受比较充足的散射光的照射。

施 肥

在植株的生长季节，可以每月施用浓度较低的液肥1~2次。暮秋要少施用或不施用肥料。从10月到次年2月，不要再对其施用肥料。

> **新手提示：** 如果每隔10~15天喷洒0.2%的磷酸二氢钾溶液一次，能令植株长得健康壮实，叶片颜色深绿。

花言草语

袖珍椰子的叶片颜色深绿且有光泽，形姿非常优美高雅，其英文种名就是"优美"的意思。因它的形态很像热带的椰子树，植株娇小可爱、新奇好看，所以叫作"袖珍椰子"。它具有很强的忍受荫蔽的能力，为良好的室内中小型盆栽赏叶植物，尤其适合装扮会议室、客厅、书房、卧室等地方，不仅精致小巧，而且还可以令房间里显现出几分使人陶醉的热带风景。

修 剪

平日要及时将干枯的枝条和残破的叶片剪去，以维持优美的植株形态。

摆放建议

袖珍椰子小巧玲珑，耐阴性强，适宜作室内中小型盆栽，一般摆放在客厅、书房、卧室等处。

毒性解码

袖珍椰子对房间内的多种有毒物质都有比较强的净化作用，可以清除空气里的甲醛、苯及三氯乙烯，被叫作生物界的"高效空气净化器"，尤其适宜置于刚装潢完的房间内。另外，袖珍椰子具有很高的蒸腾效率，可以提高房间里的负离子浓度，对人们的身体健康十分有利。

发财树

【花草名片】

◎学名：*Pachira macrocarpa*

◎别名：巴拉马栗、美国花生树、瓜栗。

◎科属：木棉科瓜栗属，为常绿乔木。

◎原产地：最初产自热带美洲。

◎习性：喜欢温暖、潮湿及光照充足的环境，不能抵御寒冷，略能忍受干旱，比较能忍受荫蔽。具有很强的适应能力，生命力旺盛。

◎花期：4～5月。

◎花色：红、白或浅黄色。

择土

发财树喜欢在有肥力、有机质丰富、土质松散、排水通畅的中性至微酸性土壤中生长，不能在黏重土壤或碱性土壤中生长。

新手提示：培养土经常用6份园土、2份粗沙和2份腐熟的有机肥，或8份腐叶土和2份煤渣来混合调配。

温度

发财树喜欢温暖，不能抵御寒冷，生长适宜温度是20℃～30℃。

新手提示：幼苗不能忍受霜冻，成年植株则能忍受轻霜和长时间的5℃～6℃的低温。

栽培

❶截下长15～30厘米的健康壮实的木质化枝条作为插穗。❷把它插进扦插介质中或直接插到盆栽土上，插后浇足水并固定好插穗，之后放在背阴、凉爽且通风顺畅的地方料理，比较容易存活。❸上盆之前要在盆底铺放一层碎小的砖瓦片作为排水层，以便于排水通畅。❹一般每2年要更换一次花盆，以春天进行为好。

选盆

为了益于根系的生长和发育，花盆最少要有40厘米深，而且以选择使用透气性比较良好的泥瓦盆最为适宜。

新手提示：为了使外形好看，在房间里摆设时可以在泥瓦盆的外面套上一个大一个型号的瓷盆或塑料盆。

病虫防治

❶发财树经常发生的病害为黄化病及叶斑病。一旦发生黄化病，可以每隔10天用0.2%硫酸亚铁溶液朝叶片表面喷洒一次，连喷2～3次便可有效治理；一旦发生叶斑病，可以每隔15天用75%百菌清可湿性粉剂1000倍液喷洒一次，连喷2～3次便能治理。❷发财树经常发生的虫害为红蜘蛛及介壳虫危害。如果发生红蜘蛛危害，可以用三氯杀螨醇来治理；如果发生介壳虫危害，人工用刷子蘸上酒精刷掉即可。

繁殖

发财树可采用播种法及扦插法进行繁殖。

浇 水

❶ 平日不适宜浇太多的水，盆土不适宜过于潮湿，忌水涝。❷ 春天和秋天可以每 2 ～ 3 天对植株浇一次水。❸ 夏天可以每日浇一次水，并需时常朝叶片喷洒清水，以令叶片颜色碧绿、光鲜。❹ 冬天植株进入室内后要注意掌控浇水，令盆土维持略潮湿状态就可以。

光 照

发财树对阳光的要求不太严格。在房间里光线比较昏暗处能接连观赏 2 ～ 4 周，在全日照、半日照或荫蔽的环境中也可以生长。

施 肥

在植株的生长季节，要每月施用浓度较低的液肥一次，并适当加施 2 ～ 3 次磷肥和钾肥。在生长旺盛期内，要少施用氮肥，以免植株徒长。夏天温度较高时和植株开花时应少施用肥料。冬天则不要再对植株施用肥料。

修 剪

当植株生长至 80 ～ 100 厘米高的时候，经常把 3 ～ 6 株加工编辫后种植到一个花盆里，造型新奇独特，具有比较高的观赏价值。

摆放建议

发财树茎干编辫造型后显得落落大方、气派非凡，可用于装点客厅、阳台、书房、门厅。

毒性解码

发财树可以很好地将甲醛、氨气、氮氧化合物等有害气体吸收掉。根据有关测算，每平方米发财树的叶面积 24 小时便可消除掉 0.48 毫克的甲醛及 2.37 毫克的氨气，堪称净化房间内空气的高手。

花言草语

发财树由于其名字而备受人们的喜欢，尤其是在商贸行业更受青睐。每当节日来临，很多宾馆、饭店，商人和寻常市民就会竞相购买发财树，并经常用钱币、彩色丝带、中国结等对其进行装扮，象征着招财添喜，以求吉利幸运、遂心顺意，且其株形柔美、气势不凡，很惹人喜欢。另外，发财树也很有经济价值，其种子成熟之后可以吃，木材还可以用来做木浆，可谓是"一举多得"。

香龙血树

【花草名片】

◎**学名**：*Dracaena fragrans*

◎**别名**：巴西木、巴西铁树、巴西千年木、香千年木。

◎**科属**：百合科龙血树属，为多年生常绿灌木或小乔木。

◎**原产地**：最初产自亚洲热带区域及非洲，在中国云南、广西南部皆有分布。

◎**习性**：喜欢温暖、潮湿及光照充足的环境，不能抵御寒冷，能忍受干旱，不能忍受水涝，具有比较强的忍受荫蔽的能力，畏强烈的阳光直接照射。

◎**花期**：3月。

◎**花色**：乳黄、乳白色。

择 土

香龙血树生命力旺盛，喜欢在有肥力、腐殖质丰富、土质松散且排水通畅的沙质土壤或微酸性土壤中生长，不能忍受贫瘠。

新手提示：培养土可以用相同量的河沙、腐叶土及珍珠岩来混合调配，并加入少许有机肥作为底肥。

温 度

香龙血树喜欢温暖，不能抵御寒冷，生长适宜温度是20℃～30℃，其中在3～9月是24℃～30℃，9月到次年3月是13℃～20℃。

栽 培

❶5～6月时，剪下长5～10厘米的成熟且健康壮实的茎干作为插穗。❷把它插到培养土中，使空气湿度控制在约80%，室内温度控制在25℃～30℃，插后经过30～40天即可长出根来，约经过50天就能上盆种植。❸上盆的时候要在花盆底部铺放一些碎小的石块，以便于排水通畅及使重心下降，以免植株不稳固。❹新植株每年要更换一次花盆，老植株则可每两年更换一次花盆，适宜于春天进行。

新手提示：种植深度需根据茎干的高度来确定，通常埋进30厘米深，令茎干不容易歪斜就可以。

选 盆

可使用泥盆、塑料盆、瓷盆、陶盆栽培，幼株的花盆口径为12～20厘米，成株的花盆口径为24～34厘米，盆体尽可能深一些。

病虫防治

❶香龙血树经常发生的病害为炭疽病及叶斑病，用70%甲基托布津可湿性粉剂1000倍液喷施就能预防和治理。❷香龙血树经常发生的虫害为介壳虫、蚜虫危害。发生介壳虫及蚜虫危害时，可以用40%氧化乐果乳油1000倍液或40%三氯杀螨醇乳油1000～1500倍液喷洒来杀除。

繁 殖

香龙血树经常采用扦插法进行繁殖，用土插法或水插法均可。

浇水

❶ 香龙血树喜欢潮湿，比较能忍受干旱，也畏积水，在生长季节浇水要做到"见干见湿"。❷ 在叶片生长的鼎盛期，要令盆土维持潮湿状态，空气湿度要保持在70% ~ 80%。❸ 夏天可以每日浇一次水，并要时常朝叶片表面喷洒清水。❹ 秋末至冬初要少浇水，并朝叶片喷施0.2% ~ 0.5%磷酸二氢钾，以增强植株抵御寒冷的能力。❺ 冬天要注意掌控浇水，令盆土维持略干燥状态。

光照

香龙血树对光线具有比较强的适应能力，在光照充足或半荫蔽的情况下，茎叶皆可正常生长，然而要防止强烈的阳光直接照射，不然会烧伤叶片或使叶片表面的斑纹颜色变淡。

新手提示： 初春及立秋以后植株可以承受全日照，夏天要遮蔽约50%的阳光，冬天则可以置于房间里接近向南窗口的地方。

施肥

香龙血树比较嗜肥，以"薄肥勤施"为原则。在4 ~ 9月植株的生长季节，要每2 ~ 3周施用浓度较低的腐熟的液肥一次，主要施用磷肥和钾肥，不可施用太多氮肥。9月之后要少施用肥料。冬天则不要再对植株施用肥料。

修剪

平日要尽早把叶丛下部已经老化、干枯、萎缩的叶片剪掉。

新手提示： 为了掌控植株的高度及塑型，可以把顶部剪掉，以促使其下部萌生新枝。

摆放建议

香龙血树是一种观叶类植物，盆栽可用来装饰客厅、书房或摆放在卧室一角。

毒性解码

香龙血树的叶片及根部可以将甲醛、苯、甲苯、二甲苯，还有激光打印机、复印机及洗涤剂所释放出来的三氯乙烯吸收掉，并可以把上述有害气体转化分解成没有毒的物质，能很好地净化房间里的空气。

花言草语

香龙血树由于其伤口或切口可以分泌出暗红色的汁液，也就是所说的"龙血"而得此名称。它的树姿直立而高耸，十分美观，非常具有热带情趣，为室内极佳的赏叶植物。用大型花盆种植的时候，可以把它置于客厅及大堂中，显得既端正庄重，又朴素大方；用小型花盆种植的时候，则可以用它来装点居室中的窗台、书房及卧室，更增添了几分清新及美丽。尤其是高低有致栽种的香龙血树柱，其枝叶长得层次清晰，给人以不断上升的感觉。

第四章

能监测污染、净化空气的花草

八仙花

【花草名片】

◎**学名：**Hydrangea macrophylla

◎**别名：**斗球、绣球、紫阳花、粉团花。

◎**科属：**虎耳草科绣球属，为落叶灌木或小乔木。

◎**原产地：**最初产自中国华中及西南区域，现在全国各个区域都广为栽植。

◎**习性：**喜欢温暖、潮湿、润泽的半荫蔽环境，光照充足也可以，忌干旱和水涝，不能忍受寒冷。

◎**花期：**6~7月。

◎**花色：**粉红、蓝、白色。

监测功能

八仙花对二氧化硫的反应非常灵敏，空气里的二氧化硫浓度达到 0.05~0.5ppm（1ppm 是百万分之一）后 8 小时，八仙花便会受到侵害，受侵害部位的叶脉会失绿，叶脉之间的叶片表面会变为白色，被损伤的叶组织会使叶片表面出现褐色斑点或斑块，同正常叶组织的绿色叶面有清晰的分界线。另外，八仙花长时间置于二氧化硫浓度比较低的环境中，叶片表面会褪绿，叶组织甚至会渐渐坏死。

选盆

最好选用透气性良好的泥盆，也可使用瓷盆，最好不要用塑料盆栽种。

择土

宜选用排水通畅的酸性土壤。在酸碱度不一样的土壤中，八仙花的颜色也会有显著的不同，在酸性土壤中为蓝色，在碱性土壤中则主要是粉红色。

栽培

❶ 把植株移栽到新花盆中后，先将土压好。❷ 浇充足水分，再将盆放置在荫蔽的地方。❸ 大约 10 天后，可将盆移至室外正常料理。

浇水

❶ 八仙花喜欢潮湿，怕旱怕涝。在春、夏、秋三个生长期内，每日应浇一次

水，令盆土经常处于潮湿状态。❷ 在炎热的夏天，花盆中的水分蒸发量较大，更要为其提供足够的水分，从 5 月到 8 月末，除浇水外，还要每日或每隔一日朝叶片表面洒一次水。❸ 冬天则要以"不干不浇"为浇水原则。

光 照

八仙花喜欢温暖、潮湿的半荫蔽环境，耐阴，阳光直射会造成日灼，因此需遮阴。

温 度

冬季，要把盆花移入房间里，室内温度宜控制在 5℃ 上下，以促使其进入休眠状态。自 12 月中旬开始，应把盆花搬至朝阳的地方，室温需保持在 15℃ ~ 20℃ 左右，以促进枝叶的生长发育。

施 肥

八仙花嗜肥，在生长季节通常需每隔 15 天左右施用腐熟的稀薄饼肥水一次。如果将 1% ~ 3% 的硫酸亚铁加到肥液里施用，就能够很好地维持土壤的酸性；如果想让植株枝繁叶茂，那么就可以常浇施矾肥水；在孕蕾期内多施用 1 ~ 2 次磷酸二氢钾，则可以令植株花大色艳。

新手提示： 勿在炎热的伏天施饼肥，否则会导致发生病虫害及使花卉的根系受到损伤。

病虫防治

八仙花不易受虫害，常见病害多为叶部病害，如白腐病、灰霉病、叶斑病等。所以要定期喷施药剂预防，发现病情后需及时喷施 65% 代森锌可湿性粉剂 600 倍液，病重叶片可摘除烧毁。

修 剪

❶ 八仙花的生命力较强，经得住修剪。当幼株长到 10 ~ 15 厘米的时候便能

进行摘心，这样可以促其下部萌生腋芽。❷ 摘心后，可挑选 4 个萌生好的中上部的新枝条，把其下部的所有腋芽都摘掉。❸ 等到新枝条有 8 ~ 10 厘米长的时候，再施行第二次摘心，促进新枝条上的芽健壮成长，对翌年开花十分有益。❹ 花朵凋谢后应马上把老枝截短，仅留下 2 ~ 3 个芽，以促使其萌生新枝，防止植株长得太高。❺ 为了不让枝条再生长，也为了能安全过冬，在立秋以后应及时将植株的新枝顶部剪掉。在搬进室内料理之前，要把植株的叶片摘去，以防止叶片腐烂。

新手提示： 每年初春3月，都要从基部把瘦弱枝、病虫枝剪掉，留下健壮枝并对其短截，让每枝留下2~3个芽，以促使其萌生新的枝条，令其多结蕾、多开花。

繁 殖

八仙花可采用扦插法、分株法或压条法进行繁殖。

摆放建议

八仙花适宜摆放在客厅、书房的窗台、桌案上。

连翘

【花草名片】

◎学名：*Forsythia suspensa*

◎别名：黄金条、黄花杆、女儿茶、千层楼。

◎科属：木樨科连翘属，为落叶灌木。

◎原产地：最初产自中国、朝鲜等地。

◎习性：喜欢温暖、潮湿且润泽的环境，喜欢阳光，较耐寒冷和干旱，稍耐荫蔽，忌积水。

◎花期：3～5月。

花色：金黄色。

监测功能

连翘能够对二氧化氮、臭氧及氨气进行监测。连翘对上述气体的反应皆较为灵敏，当连翘遭受二氧化氮侵袭的时候，其叶脉之间或叶片边缘会呈现为条状或斑状，新生的嫩叶在变黄以前可能先掉落；当臭氧从植株的气孔进入连翘的叶片时，在同叶肉细胞接触后会先损坏其细胞膜，进而导致细胞死亡，伤斑多数在叶片表面上，叶脉之间较少，还有可能呈现出黄色斑点和白色斑纹，或叶片表面被全部漂白；当空气里存在氨气的时候，连翘的叶片便会很快发黄。

选盆

最好选用紫砂陶盆或釉陶盆，不宜用塑料盆，因为它的透气性很差。

择土

连翘适宜在有肥力且排水通畅的钙质土壤里生长，以较有肥力的园土为最佳。

栽培

❶ 连翘的栽植一般在春季进行。首先选取1～2年生的连翘幼枝，剪为长约30厘米的小段。❷ 在盆中放置2/3的土壤，松软度要适中。❸ 把幼枝斜向插进土里，深度为18～20厘米即可，并让上面露出土壤表面一点儿。❹ 最后再埋土并镇压结实，然后浇足水，要让土壤保持略潮湿状态，但勿积聚太多的水。

新手提示： 每1～2年要将连翘翻盆一次，盆土要求疏松肥沃，排水透气性良好，并结合换盆进行一次修剪。

浇水

❶ 连翘比较能忍受干旱，在潮湿且润泽的环境中也能生长得较好，因此浇水无需太过频繁，每周浇水一次即可保证其生长。❷ 春天应及时给连翘补充水分，特别是在开花之后，要让土壤保持略湿的状态，不可太干，否则不利于植株分化花芽。

新手提示： 连翘成活后浇水应掌握"不干不浇，浇则浇透"的原则，盆土积水和过于干旱都不利于植株生长。

温度

连翘对气候无严格要求，喜欢温暖的环境，同时也较耐寒冷，可忍受半荫蔽的环境。

繁 殖

连翘采用播种、扦插、分株或压条的方法进行繁殖都可以，其中扦插法经常被采用。

施 肥

在春季和秋季每 15 ~ 20 天要对连翘施一次腐熟的稀薄液肥或复合肥，夏季则停止施肥，秋季还可向叶面喷施磷酸二氢钾等含磷量较高的肥料，以促使花芽的形成。

修 剪

❶ 在每年花朵凋谢后应尽早把干枯枝、病弱枝剪掉，对稠密老枝要进行疏剪，对疯长枝要进行短剪，以促其萌发更多的新枝条。❷ 立秋以后应再进行一次修剪，可让植株次年枝繁叶茂、花多色艳。

光 照

连翘喜欢阳光充足的环境，平日要为其提供良好的光照，但也不要长期暴晒。

病虫防治

连翘几乎无病害发生。虫害主要有钻心虫及蜗牛，钻心虫为害茎秆，蜗牛为害花及幼果。❶ 发现蜗牛时，可人工捕杀，或用石灰粉触杀。❷ 发现钻心虫时可用紫光灯诱杀，并用棉球蘸 50% 辛硫磷乳油或 40% 乐果原液堵塞虫孔。

摆放建议

连翘的萌生能力强，同时喜欢阳光，可以摆放在客厅、阳台和书房等处。

花 言 草 语

连翘花与迎春花乍看起来非常相似，但连翘的植株比较高，叶片也比迎春花大，仔细观察下还可发现连翘的枝干是褐色的，而迎春的枝干为绿色。

连翘果实的药用价值很高，具有清热解毒、消肿散结的功效，是中国临床常用传统中药之一，常用来治疗急性风热感冒、痈肿疮毒、淋巴结结核、尿路感染等症；其种子油还可以制成化妆品。

万寿菊

【花草名片】

◎**学名**：*Tagetes erecta*

◎**别名**：万盏菊、臭菊花、臭芙蓉、蜂窝菊。

◎**科属**：菊科万寿菊属，为一年生草本植物。

◎**原产地**：最初产自墨西哥，如今世界各个地区都广为栽植。

◎**习性**：喜欢温暖、潮湿、光照充足的生长环境，能忍受寒冷和干旱。

◎**花期**：6 ~ 10月。

◎**花色**：橙红、橙黄、金黄、柠檬黄到浅黄等色。

监测功能

万寿菊能够对二氧化硫与臭氧进行监测。它对上述两种气体的反应皆十分灵敏，当受到二氧化硫侵袭时，它的叶片便会变为灰白色，叶脉间出现形状不固定的斑点，逐渐失绿、发黄；当受到臭氧侵袭时，它的叶片表面便会变为蜡状，出现坏死斑点，变干后成为白色或褐色，叶片变成红、紫、黑、褐等色，并提前凋落。

选盆

栽种万寿菊最好选用素烧陶盆，塑料盆也可，以多孔盆为宜。

择土

万寿菊对土壤没有严格的要求，然而在土质松散、有肥力、排水通畅的沙壤土中生长得最好，同时土壤最好细碎如粉。

栽培

❶将幼枝剪成10厘米的插条，顶端留2枚叶片，剪口要平滑。❷将生根粉5克，兑水1 ~ 2千克，加50%多菌灵可湿性粉剂800倍液混合成浸苗液，将插条的1/2侵入药液中5 ~ 10秒后取出。❸立即插入盆土中，深度约为1/2盆高。将盆土轻轻压实，然后浇透水分。

新手提示：万寿菊栽种后一般约15天就能长出新根，约30天便可以开花。

浇水

❶万寿菊的浇水时间和浇水量都要合适，勿积聚过多的水，令土壤处于略湿状态就可以。❷刚刚栽种的万寿菊幼株，在天气炎热时，要每天喷雾2 ~ 3次，使盆土保持湿润。❸给万寿菊浇水应以"见干见湿"为原则。

新手提示：万寿菊喜欢潮湿，也能忍受干旱，但在湿度较大的环境中生长不好。

温度

万寿菊的生长适宜温度为15℃ ~ 25℃，冬天温度不可低于5℃。夏天温度高于30℃时，植株会疯长，令茎叶不紧凑、开花变少；当温度低于10℃时，植株也能生长，不过生长速度会减缓。

繁殖

万寿菊可采用播种法或扦插法进行繁殖。采用播种繁殖时，一年中都可进行。

采用扦插繁殖时，以在 5～6 月进行为宜，此时植株易于存活。

病虫防治

万寿菊易患茎腐病和叶斑病。❶ 万寿菊患上茎腐病后，茎会变成褐色，甚至枯萎。这时，应立即拔除病茎并烧毁；发病初期可喷洒 50％ 多菌灵可湿性粉剂 1000 倍液。❷ 万寿菊患上叶斑病后，叶片会出现椭圆形或不规则形的灰黑色斑点。这时，可喷洒 50％ 苯来特可湿性粉剂 1000 倍液或 50％ 多菌灵可湿性粉剂 800 倍液。

光照

万寿菊性喜阳光，充足的阳光可以显著提升花朵的品质。

施肥

万寿菊的开花时间较长，所需要的营养成分也比较多。它喜欢钾肥，氮肥、磷肥与钾肥的施用比例应为 15：8：25，在生长期内需大约每隔 15 天施用一次追肥。在开花鼎盛期，可以用 0.5％ 的磷酸二氢钾对叶面进行追肥。

修剪

万寿菊的开花时间较长，后期植株的枝叶干枯衰老，容易歪倒，不利于欣赏。所以，要尽快摘掉植株上未落尽的花，并尽快追施肥料，以促进植株再开花。

摆放建议

万寿菊的花期比较长，可盆栽摆放在窗台、书桌、案几上，也可单枝制作成切花插瓶。

花言草语

万寿菊属于一年生草本植物，从它的花朵中能够提取纯天然黄色素，是一种性能良好的抗氧化剂，现在已广泛应用于食品、饲料、医药等许多领域，是工、农业生产中非常重要的添加剂。天然黄色素属于纯绿色产品，没有任何有害物质，将来一定会成为人工合成色素的替代品。万寿菊的鲜花进行过发酵、压榨、烘干等工序的处理后，还可制成万寿菊颗粒，再进行溶剂浸提法，即可制成色素精油。

香豌豆

【花草名片】

◎学名：*Lathyrus odoratus*

◎别名：小豌豆、花豌豆、豌豆花、香豆花。

◎科属：豆科香豌豆属，为一二年生攀缘性草本植物。

◎原产地：最初产自意大利。

◎习性：喜欢冬季温暖、夏季凉爽的气候，以及光照充足、空气潮湿的环境。喜欢干燥，不能忍受水湿，略耐荫蔽，然而太荫蔽或荫蔽时间过长容易令植株生长不好，最怕干热风及阴雨不断。

◎花期：依照开花时间的不同，通常可以分成三个类别，即夏花类、冬花类和春花类。

◎花色：红、粉、紫、黑紫、黄、褐、白等色，也有带斑点、斑纹或镶边等复色。

监测功能

香豌豆能够对氯气进行监测。当香豌豆受到氯气侵袭的时候，其叶脉间被损伤的组织便会使叶面出现形状不固定的斑点或斑块，但是同正常叶组织的绿色叶面并没有清晰的分界线。

选盆

香豌豆对盆的要求不高，即使是用塑料盆栽种也能存活。

择土

香豌豆喜欢土质松散、有肥力、土层厚、排水通畅的沙质土壤，土壤的酸碱度最好在 6.5 ~ 7.5。

新手提示：家庭栽种香豌豆可选用腐叶土、泥炭、河沙及一定量的有机肥配制而成的土壤。

栽培

❶ 香豌豆的种子有硬粒，因此要在播种前用温水浸润约 20 个小时。❷ 然后将种子播入盆中，每盆播入种子 2 ~ 3 粒，然后放在温度约为 20℃的房间内。

光照

香豌豆喜欢阳光照射，因此最好把盆花放在窗户前，并加强通风，以防植株疯长或花蕾凋落。

浇水

香豌豆喜欢干燥，不能忍受水湿，怕水涝，通常每 2 ~ 3 天浇一次水就可以。

新手提示：要保持香豌豆的通风性良好，防止盆土耳其过于潮湿，植株疯长。

温度

香豌豆喜欢冬季温暖、夏季凉爽的环境，能忍受— 5℃的低温；北方栽植时要移入室内过冬，温度在 5℃以下会令植株生长不好。它萌芽的适宜温度是 20℃，生长的适宜温度约为 15℃。开花期内室内温度要控制在 15℃ ~ 20℃，对花梗长粗及开花都有利。

新手提示：如果温度太高，会导致植株尚未发育好便开始现蕾，不利于植株的生长。

的花朵摘掉，以使开花时间变长。

摆放建议

香豌豆花型独特，可盆栽摆放在客厅、书房、门厅，也可在春夏将其移植到户外用于垂直绿化。香豌豆枝条细长柔软，还可作为切花制作成花篮装点居室。

花言草语

香豌豆花香馥郁，但它的种子却是有毒的，植株体也有毒。如果有小动物不慎吞食的话，不一会儿就会发狂起来，因为这种毒素会使它们的神经系统处于亢奋状态。人误食后会出现一系列脊髓功能障碍，一开始两腿无力，腰痛逐渐加重，举步艰难，行走时足向内翻或贴地不易抬起，以致痉挛性瘫痪；同时还可能出现小便失禁、阳痿等症状。这正是香豌豆的一种天生的防卫能力。因此，千万不可顾名思义，将香豌豆同可食的豌豆一并送入口中。

施 肥

土质松散且有肥力的土壤，由幼苗期到开花之前，需每隔 10 ~ 15 天施用稀薄液肥一次。在幼苗期需适当多施用一些氮肥，在成株之后，则需适当多施用一些磷肥和钾肥。在植株的花蕾形成之初，要追施 0.5% 过磷酸钙或 0.2% 磷酸二氢钾 1 ~ 2 次。

病虫防治

香豌豆易患病毒病。患上病毒病时，叶片会出现浅绿与深绿相间或鲜黄与淡绿相间的斑驳，并逐渐皱缩。此病主要通过蚜虫传播，所以要及时施用杀虫剂防治蚜虫。

繁 殖

香豌豆采用播种法进行繁殖。春天和秋天都能进行播种。

修 剪

❶ 当小苗长高到 12 厘米时就需采取摘心处理，以促其萌生新枝。❷ 当主蔓长到约 20 厘米时要马上进行摘心，以促使侧蔓生长，令植株多开花，另外还需搭设支架供茎蔓朝上攀缘。❸ 在开花期内，为确保花朵开放的数量，要及时把开败了

仙人掌

【花草名片】

◎**学名：** *Opuntia stricta*

◎**别名：** 仙巴掌、仙人扇、玉芙蓉、霸王树。

◎**科属：** 仙人掌科仙人掌属，为多年生肉质植物。

◎**原产地：** 最初产自美洲、非洲的沙漠及半沙漠区域。墨西哥把它定为国花。

◎**习性：** 喜欢光照充足的环境，能忍受炎热的太阳、较高的温度和干旱，不能忍受荫蔽和寒冷，怕积水。

◎**花期：** 6～7月。

◎**花色：** 黄色。

净化功能

仙人掌能够将甲醛、二氧化碳、乙醚及电磁辐射吸收掉。它对二氧化硫和氯化氢具有比较强的抵抗能力，可很好地将一氧化碳、二氧化碳及氮氧化物吸收掉，可减少电磁辐射对人体的伤害，还可分泌出植物杀菌素，能抑制有害的细菌和杀灭危害人体健康的微生物，具有抑菌、杀菌的作用。

大部分植物皆是白天将二氧化碳吸收进去并释放出氧气，晚上释放出二氧化碳，但仙人掌则是在晚上将二氧化碳吸收进去，同时释放出氧气来，能使空气里的负离子浓度增加。所以，仙人掌被叫作夜间"氧吧"，最适合摆设于卧室里，可使血压降低、情绪安定，对人们的身体和精神健康都十分有益。

选盆

仙人掌对于花盆的材质没有特别的要求，但要注意透气性须好。

新手提示： 花盆的大小深浅是栽种仙人掌必须考虑的问题，因为仙人掌的根系并不发达，如果土壤过多，则水分一时蒸发不了，易导致腐烂，因此要以"宁小勿大，宁浅勿深"这一原则来选盆。

择土

仙人掌对土壤没有严格的要求，但适宜在土质松散、有肥力且排水通畅的沙质土壤中生存，在贫瘠、黏重、水分积聚的土壤中则会生长发育不好。也可用20%的腐殖土与80%的沙粒来调配，或用腐叶土、园土、石灰石砾、粗沙及适量骨粉等来调配。

浇水

❶ 平时浇水要以"不干不浇，干则浇透"为原则。❷ 在生长期内应适当加大浇水量，如果排水良好，可以每日浇一次水。❸ 在夏天温度较高时，以在上午9点之前或下午7点之后浇水为宜，正午温度较高时不可浇水，否则会导致植株的根系腐烂。❹ 在冬天植株处于休眠期时，每1～2周浇水一次就可以。❺ 对长有长毛的品种，留心不可把水直接浇到长毛上，否则会影响观赏性。

新手提示：尽管仙人掌能忍受干旱，可是如果长期严重缺水或水分供应不充足，也会令植株停止生长或生长不好。

温度

仙人掌能忍受较高的温度，不能忍受寒冷，室内温度在2℃以上（含2℃）时就能顺利过冬。

光照

仙人掌喜欢阳光，在生长季节需要充足的光照，然而夏天光照太强时要适度遮阴，防止强光直接照射灼伤植株；冬天要将植株摆放在房间里朝阳的地方。

病虫防治

仙人掌易患腐烂病，此病应以防为主。仙人掌要求环境干净、通风良好、光线充足、温度适中，这样才能正常生长。如果发现盆土渍水，则要立即扣盆，洗净根系并吹干；如果根系没有变色，须根的根毛完好无损，则可放置在半阴处观察两天；根系坏的地方可以剪去，晾干伤口后再栽；根系全部坏的要全部剪去。

栽培

❶ 从母株上选取一个优质的子株，进行切割。❷ 将切割下来的子株放置通风处晾2～3天，然后插入盆土中，不用浇水，少量喷水即可。❸ 子株移至盆中后大约7天，即可生根、成活。

新手提示：室内盆栽仙人掌，以选择小型、花多的球形种类为宜。

繁殖

仙人掌采用播种法及扦插法进行繁殖，播种繁殖通常于3～4月进行，扦插繁殖全年都能进行。

施肥

仙人掌需要的肥料比较少，主要是施用磷肥和钾肥，可每2～3个月施用一次。在生长季节每月以施用1～2次以氮为主的液肥为宜，并适量补施磷肥，可促进仙人掌的生长。但在仙人掌的根部受到损伤且没有恢复好时以及当植株处于休眠期时，都不可施用肥料。

修剪

仙人掌长势较慢，根系不旺盛，利用修剪的方式能调整营养成分的妥善分派，使地下和地上部分的平衡关系得当。为了得到肥大厚实的茎节作砧木，要注意疏剪长势较差和被挤压弯曲的幼茎，每一个茎节上至多留存两枚幼茎，以保证仙人掌挺直竖立。

摆放建议

仙人掌可盆栽摆放在卧室、阳台、客厅等处，也可摆放在电脑旁用于减少电磁辐射对人体的伤害。有小孩的家庭最好将仙人掌摆放在高处，避免刺伤儿童。

花言草语

墨西哥是誉满全球的"仙人掌之国"，仙人掌被定为墨西哥的国花。传说，仙人掌是神赐给墨西哥人的。形态万千的仙人掌长在高原之上，哪怕环境很恶劣，它也始终充满生机。它坚强的生命力、坚毅的性格，恰是刚毅勇猛、百折不挠、无所畏惧的墨西哥人的象征。

仙人掌是墨西哥的一个标志，从墨西哥的国旗、国徽到货币上，皆有仙人掌图样。在离墨西哥首都不远的米尔帕·阿尔塔一带，每年的8月中旬还会举行仙人掌节，以展现仙人掌的风姿，宣扬仙人掌的精神。

金琥

【花草名片】

◎ **学名：** *Echinocactus grusonii*

◎ **别名：** 金桶球、象牙球。

◎ **科属：** 仙人掌科仙人球属，为多年生肉质多浆草本植物。

◎ **原产地：** 最初产自墨西哥中部的沙漠地带。如今我国各个地区都有引种栽植。

◎ **习性：** 喜欢温暖、干燥、光照充足的环境，能忍受干旱，不能忍受寒冷，怕水涝。

◎ **花期：** 6 ~ 10月。

◎ **花色：** 黄色。

净化功能

金琥可以在夜间吸收很多二氧化碳，增加房间里的负离子浓度，能令房间里的空气维持新鲜，有益于人们的身体和精神健康。此外，它也是仙人掌类植物中吸收和削弱电磁辐射能力最强的一个种类，特别适合摆设在家电周围。

择 土

金琥喜欢含有石灰质的沙质土壤。

新手提示： 栽植时的培养土可以用同量的壤土、腐叶土、粗沙和较少的石灰质混合调配。

栽 培

❶ 在母株上选好长 1 ~ 2 厘米的子球，将其切下来。❷ 在培植器皿中放好沙土，将子球插入其中。❸ 当子球在沙床中长出根后，即能入盆。❹ 入盆后可浇或喷洒少量的水一次，几日后就能成活。

选 盆

金琥适宜在泥盆中栽种，但在瓷盆和塑料盆中也能生存。

光 照

金琥喜欢充足的光照，然而在夏天正午气温较高、天气酷热时要适度遮蔽阳光，防止强烈的阳光烧伤球体。在上午 10 点之前或下午 5 点之后，可以把它放在太阳光下，以促使其萌生较多的花蕾。

浇 水

❶ 金琥能忍受干旱，怕水涝，可是在生长季节需适量浇水。❷ 夏天是金琥生长比较旺盛的季节，应加大水分的供给量。❸ 干旱的时候应常浇水，适宜在早晨或傍晚时分进行，不可在酷热的正午浇太凉的水，不然容易引发病害；若正午盆土太干燥，可以喷少量水令盆土表面略湿。

新手提示： 需留意的是，每次浇水一定要待盆土彻底干燥后再浇，且不可朝球体、球的顶部和嫁接部分浇水或喷水，防止其由于积聚水分而腐坏。

温 度

金琥喜欢温暖，不能忍受寒冷，若温度过低，球体便会出现黄斑，最合适的过冬温度是 8℃ ～ 10℃。

繁 殖

金琥采用播种法、扦插法及嫁接法进行繁殖。

摆放建议

金琥浑圆带刺，透露豪爽、阳刚之气。大型球体盆栽可摆放在客厅、阳台，小型盆栽可摆放在书房、卧室的桌面、窗台或电器旁，但要注意远离儿童，以免刺伤他们。

施 肥

在生长季节，应结合浇水大约每 15 天施用 1 ～ 2 次含氮、磷、钾等成分的稀薄液肥；如果使用有机肥，那么就要完全腐熟，浓度应适宜。炎夏时金琥进入休眠状态，不要再对其施用肥料；秋天气温下降后，肥水的供给则需恢复到正常状态。

病虫防治

金琥易患焦灼病和虫害。❶ 金琥患上焦灼病，喷施 50% 托布津可湿性粉剂 500 倍液即可。❷ 金琥容易遭受介壳虫、红蜘蛛及粉虱等的危害，喷施 40% 氧化乐果乳油或 50% 杀螟松乳油 1000 倍液可以杀灭红蜘蛛，对介壳虫和粉虱则可以人工捕捉、灭杀。

花言草语

金琥的球体巨大，呈深绿色，周身生有金黄色的硬刺，顶部具金黄色的茸毛，如果栽培为大型标本球则具帝王豪气，用来装饰宾馆、商场等公共场所，更是华丽夺目。

黄毛掌

【花草名片】

◎**学名：** *Opuntia microdasys*

◎**别名：** 黄毛仙人掌、金乌帽子、兔耳掌。

◎**科属：** 仙人掌科仙人掌属，为多年生肉质草本植物。

◎**原产地：** 最初产自墨西哥北部地区。

◎**习性：** 喜欢温暖、干燥及光照充足的环境，比较能忍受寒冷，能忍受干旱，不能忍受潮湿。在阳光强烈、白天和夜间温差大、年降水量约为 500 毫米的地方长得最好。

◎**花期：** 夏季。

◎**花色：** 浅黄色。

净化功能

黄毛掌对二氧化硫和氯化氢的抵抗能力比较强，可以将一氧化碳、二氧化碳及氮氧化物吸收掉，同时在将以上有害物质吸收分解后还可以制造并释放出大量清新的氧气。另外，黄毛掌在晚上可以吸收很多二氧化碳，能够使房间里的负离子浓度增加，令房间里的空气始终清爽新鲜。

选 盆

栽种黄毛掌适宜选用泥盆，因为它的透气性较好。

择 土

黄毛掌的生长力很旺盛，对土壤没有严格的要求，但适宜在有肥力、排水通畅的沙质土壤中生长。

新手提示： 盆栽的时候，可以用腐叶土、粗沙和石灰质材料混合调配成培养土。

栽 培

❶ 将黄毛掌的种子置入培植器皿中，然后覆盖约 1 厘米厚的石英细沙。❷ 给沙土中喷洒些水分，令播种基质处于潮湿状态。❸ 大约 10 天后，黄毛掌的幼苗便会长出来，但这时它的根系比较少，长得比较慢，需要细心照料。

新手提示： 幼苗长出后不宜多浇水，隔两至三天见沙土已干，喷洒些水分即可；生长期需充足阳光；每月还要施肥一次。

施 肥

在生长季节需每月施用一次肥料，以促使植株加快生长。冬天则不要施肥。

新手提示： 需注意勿将肥液浇在其掌上，如果浇在了掌上，需立即用清水淋洗，以免腐烂。

光 照

黄毛掌在生长季节需充足的阳光，不适宜摆放在过分昏暗的地方，不然容易令茎节长得纤弱且无光亮。夏天如果在室外养护，能令植株的茎节长得更加健康、充实。

新手提示： 冬天可把黄毛掌摆设于房间里光照充足的地方，同时需加强房间里的通风。

繁 殖

黄毛掌的繁殖能力很强，可以采用

浇 水

❶ 黄毛掌能忍受干旱，畏潮湿，平日浇水需把握"不干不浇，浇则浇透"的原则，不能积聚太多的水，否则会造成根系腐烂。❷ 夏天可每隔一周喷洒一次水，土壤非常干燥的时候可每个月少量浇一次水，切忌水量过多。同时，浇完水后一定要保证它通风性良好。❸ 冬天要少浇水，令盆土处于略干状态为宜。

温 度

黄毛掌喜欢温暖，也比较能忍受寒冷，生长的适宜温度是 20℃ ~ 25℃，在3 ~ 9月是 15℃ ~ 25℃，9月 ~ 次年3月是 8℃ ~ 10℃。冬天要将它搬进房间里过冬，室温不可低于5℃，然而其也可忍受短期0℃的低温。

修 剪

在为植株更换花盆的时候要把干枯或老弱的根系剪掉，以降低营养的耗费量，促使其长出新根。

播种法及扦插法进行繁殖，播种繁殖通常于春天进行，扦插繁殖一般于4 ~ 5月进行。

病虫防治

黄毛掌的病害主要是炭疽病和虫害。❶ 当黄毛掌患上炭疽病时，可以喷施 10% 抗菌剂 401 醋酸溶液 1000 倍液。❷ 黄毛掌发生的虫害主要是介壳虫及粉虱造成的危害，这时喷施 40% 氧化乐果乳油 1000 倍液就可以将其杀灭。

摆放建议

黄毛掌生存能力极强，栽培简单，繁殖容易，是目前栽培比较普遍的仙人掌种类。一般家庭栽种采取盆栽方式，摆放在卧室、客厅、书房均可，但应注意远离儿童活动区，避免刺伤儿童。

太阳花

【花草名片】

◎**学名：** *Portulaca grandiflora*

◎**别名：** 半支莲、死不了、午时花、草杜鹃、龙须牡丹、松叶牡丹、大花马齿苋、洋马齿苋。

◎**科属：** 齿苋科马齿苋属，为多年生肉质草本植物。

◎**原产地：** 最初产自南美巴西。

◎**习性：** 喜欢温暖、干燥、光照充足的环境，不能抵御寒冷，怕水涝，在阴湿的环境里会生长不好。花朵见到阳光就开放，清晨、晚上和天阴时则闭合，光线较弱时花朵不能够完全盛开，因而又被叫作"午时花"。

◎**花期：** 6～10月。

◎**花色：** 红、粉、橙、黄、白、紫红等深浅不一的单色及带条纹斑的复色。

净化功能

太阳花对吸收一氧化碳、二氧化硫、氯气、过氧化氮、乙烯和乙醚等有害气体很有成效，也能够较好地抵抗氟化氢的污染。盆栽太阳花在房间内观赏时，能够较好地吸收及抵抗家电设备、塑料制品、装修材料等释放出来的有害气体，减少它们对人们身体健康的伤害。

选 盆

太阳花对花盆没有特别要求，用泥盆、瓷盆及塑料盆皆可，也可以用其他底部能排水的容器。

择 土

太阳花具很强的适应能力，非常能忍受贫瘠，在普通土壤中都可以正常生长，然而最适宜在土质松散、有肥力、排水通畅的沙质土壤中生长。

> **新手提示：** 可用3份田园熟土、5份黄沙、2份砻糠灰或细锯末，再加少许过磷酸钙粉均匀拌和成培养土。

栽 培

❶ 在花盆底部排水的地方需铺放几块碎砖瓦片，以便于排水。❷ 在花盆中放入土壤，然后将太阳花种子播入其中，浇透水分。❸ 太阳花播种后不用细心照料也能成活，只是盆土较干时浇一下水即可。

修 剪

当植株比较大、渐趋老化、枝叶徒长或开花变少的时候，可以采取重剪措施，仅留下高5～10厘米的枝叶，这样能令老植株得到更新，使其恢复原有的优良特性。

浇 水

❶ 太阳花喜欢干燥，畏潮湿，若水分太多会使根茎发生腐坏，在生长季节需把握"见干见湿"的浇水原则，不可积聚太多的水。❷ 在雨季及雨水较多的区域则需留意尽早排除积水，防止植株遭受涝害。

施 肥

太阳花通常不需施用肥料，在开花之前施用复合肥一次，能令植株生长繁茂，促进其萌生更多的新枝，令开花繁盛。如果每 15 天对植株施用 1% 磷酸二氢钾溶液一次，能令其花朵硕大、花色艳丽并能延长花期。

温 度

太阳花喜欢温暖，能忍受炎热，在温度较高的条件下长得很快，生长适宜温度是 26℃～29℃，如果温度再略高一点也能正常生长发育。如果温度下降，植株的生长会变得缓慢；如果气温低于 15℃，那么植株的生长就会停滞。

新手提示： 太阳花不能忍受霜冻，遇到霜便会干枯而死，所以秋天长出来的幼苗冬天要在温室里过冬。

摆放建议

太阳花喜欢光照条件好的环境，可以盆栽摆放在阳台、窗台等光线较充足的地方，也可以直接栽种在庭院里观赏。

光 照

太阳花喜欢光照充足，在生长季节要使其接受充足的阳光照射，夏天也不用遮蔽阳光，如果长时间摆放在昏暗的地方则生长不好。

病虫防治

太阳花的病害很少，它经常受到的虫害主要是斜纹夜蛾及蚜虫危害。

❶ 对于斜纹夜蛾危害，在幼虫发生期可以用 40% 乐斯本乳油 800～1000 倍液或 50% 辛硫磷乳油 1000～2000 倍液进行喷洒灭除。

❷ 对于蚜虫危害，在植株的花芽胀大期内可以喷洒吡虫啉 4000～5000 倍液，在萌芽后用吡虫啉 4000～5000 倍液加入氯氰菊酯 2000～3000 倍液便可杀死蚜虫，坐果后则可以喷洒蚜灭净 1500 倍液来处理。

繁 殖

太阳花经常采用播种法与扦插法来繁殖。

花言草语

太阳花的植株低矮娇小，茎叶茂密，花朵颜色鲜艳，适合陈设花坛、花丛，也能盆栽供室内观赏，为良好的景观植物。另外，太阳花全株能提取黑色的染料，还能用作药物，具活血化淤、减轻疼痛、清除内热、消除肿胀及解毒的功用。

一叶兰

【花草名片】

◎**学名**：*Aspidistra elatior*

◎**别名**：一帆青、苞米兰、箬兰、箬竹、蜘蛛抱蛋。

◎**科属**：百合科蜘蛛抱蛋属，为多年生常绿草本观叶植物。

◎**原产地**：最初产自中国南方各省。

◎**习性**：喜欢温暖、潮湿的环境，有很强的忍受荫蔽的能力，不能忍受强烈的阳光照射，比较能忍受寒冷。具有很强的适应能力，生长迅速。

◎**花期**：4～5月。

◎**花色**：花朵外侧为紫色，内侧为深紫色。

净化功能

一叶兰能够将空气里80%以上的众多有害气体吸收掉，尤其对吸收甲醛、消除甲醛污染很有成效，也能够较强地吸收掉二氧化碳和氟化氢。

择土

一叶兰对土壤没有严格的要求，能忍受贫瘠，然而最适宜在有肥力、土质松散、排水通畅的沙质壤土中生长。

新手提示：通常用2份园土、1份腐叶土、0.5份厩肥与0.5份砻糠灰来混合拌匀就可以。

选盆

栽种一叶兰时宜选用泥盆或瓷盆，尽量不用塑料盆。

栽培

❶ 在花盆底部排水的地方需铺放几块碎砖瓦片，然后放入少量土壤。❷ 将一叶兰幼苗植入盆中，继续填土，一叶兰需要浅植，深则易影响生长。❸ 浇透水分，并将花盆摆放在背阴凉爽的地方料理。

新手提示：一叶兰长得比较迅速，通常每隔1~2年需更换一次花盆。

修剪

一叶兰长得比较迅速，平日需留意进行间苗，并尽早把干枯发黄的叶片剪掉，以改善通风效果、降低营养成分的损耗量和减少病虫害的发生。

光照

一叶兰喜欢半荫蔽的环境，对光照有着广泛的适应范围。不论是在全日照条件下，还是在十分荫蔽处，它都能生长。一叶兰有非常强的忍受荫蔽的能力，然而在生长季节要接受十分充足的光照。一叶兰不能忍受强烈的阳光久晒，在夏天阳光较强时应在凉棚下料理，防止叶片变黄或被烧伤。

施肥

在春天和夏天植株生长旺盛期内，主要施用氮肥，可以每月施用1～2次浓度较低的液肥，以促进其萌生新的叶片及健康茁壮生长。冬天则不要再对植株追肥。

繁殖

一叶兰采用分株法进行繁殖。全年都

能进行，通常于春天结合更换花盆时进行。

温 度

一叶兰喜欢温暖，也比较能抵御寒冷，生长适宜温度约为15℃，但温度在5℃上下时也不会遭受冻害。冬天温度高于0℃时，它就能顺利过冬。

浇 水

❶ 一叶兰喜欢潮湿，栽植环境要阴暗潮湿。植株在生长鼎盛期需要足够的水分，可以每天浇一次水。❷ 夏天和秋天气候干燥时，除了每天浇水之外，还要每天朝植株的叶片表面喷 1 ~ 2 次水，以维持较高的空气相对湿度。❸ 在冬天需少浇水，令土壤维持偏干燥状态就可以，不然容易使植株的根系腐烂。

病虫防治

一叶兰的病害很少，在房间里没有通风或光线比较昏暗的地方养护时，容易产生介壳虫危害。一旦出现虫害后，可以于每年 2 ~ 3 月幼虫活动期进行人力刷除或用抹布抹掉；也可以用面做成糨糊并加进少量敌敌畏，之后用小刷子或牙刷把糨糊刷在有介壳虫处，3 ~ 5 天后再用清澈的水把糨糊洗掉就可以；另外，还可以喷洒乐斯本配液来灭除。

摆放建议

一叶兰叶宽浓绿，盆栽一叶兰可以用来装饰客厅、卧室、书房。

花 言 草 语

一叶兰的地下部分有粗大结实的根茎，叶柄直接由地下茎长出来，一个叶柄一片叶子，挺拔直立且瘦长，因此叫作"一叶兰"。又由于它的果实非常像蜘蛛卵，因而又被叫作"蜘蛛抱蛋"。一叶兰全年都不凋谢，是不老的青春的象征。

君子兰

【花草名片】

◎**学名：** *Clivia miniata*

◎**别名：** 大花君子兰、大叶石蒜、剑叶石蕊、达木兰。

◎**科属：** 石蒜科君子兰属，为多年生常绿宿根草本植物。

◎**原产地：** 最初产自非洲南部，如今世界各个地区都有栽植。

◎**习性：** 喜欢温暖、潮湿且半荫蔽的环境，怕强烈的阳光直接照射。喜欢凉快的气候，畏酷热、干燥和较高的温度，不能忍受积水和寒冷。

◎**花期：** 主要在冬天及春天开花，有的品种也在6～7月开放。

◎**花色：** 橙红、橘黄、黄等色。

净化功能

君子兰能够比较强地抵抗空气里的污染物质，对净化空气很有成效。它宽厚结实的叶片能够强力吸收一氧化碳、二氧化碳、硫化氢及氮氧化物，还可以将硫化氢烟雾吸收掉，使房间内不清洁的空气变得洁净。

选 盆

栽种君子兰适宜选用透气性良好的泥瓦盆或陶盆。

择 土

君子兰喜欢在有肥力、土质松散、腐殖质丰富、透气性好且排水通畅的微酸性土壤中生长。

栽 培

❶ 在花盆底部铺上几块碎盆片，凹面向下，便于通气排水。❷ 再填入一层2～3厘米厚的用碎盆片、碎石、粗砂等组成的排水物。❸ 将君子兰的幼苗根系理顺，然后将幼苗放在花盆的中央，一手将它扶正，一手将土壤填入花盆中。每填一层土，就要将苗轻轻向上提一下，并碰磕一下花盆，以便使根系舒展。❹ 入盆后立即浇透水分，同时在5～7天内可不用再浇水，以后保持盆土湿润即可。❺ 将盆置于阴凉通风处，7～10天后方可移置阳光充足处养护。

> **新手提示：** 如果幼苗是在春秋季上盆，则要罩上塑料薄膜袋保温保湿，便于其生根成活。

浇 水

❶ 君子兰喜欢潮湿，然而也畏积水，因此浇水量必须要合适，令土壤维持潮湿状态且不积聚太多水就可以。❷ 春天可以每日对植株浇水一次。❸ 夏天浇水可以用细喷水壶喷洒叶片表面和盆花四周地面，晴天以每日浇2次水为宜。❹ 秋天可每隔1～2天浇水一次。❺ 冬天每周浇水一次即可，或者次数更少。

> **新手提示：** 在浇水的时候需留意，不可使水流进叶心里，否则会引起烂心病。

光 照

君子兰喜欢半荫蔽的环境，无阳光

照射不可以，强烈的阳光直接照射也不可以，以在透光率为 50% 的环境中生长最为适宜。冬天在房间内料理时，需将花盆置于阳光充足处，在开花之前更需接受较好的阳光照射。

繁 殖

君子兰可采用播种法及分株法进行繁殖。

病虫防治

君子兰经常发生的病害是炭疽病、白绢病及介壳虫危害。❶ 当植株患炭疽病时，应马上用 50% 多菌灵可湿性粉剂 800 倍液来喷施，6 天左右喷施一次，连喷 3 ~ 5 次就能产生效果。❷ 当植株患白绢病时，每周在植株的茎基部和基部四周的土壤上浇施 50% 多菌灵可湿性粉剂 500 倍液一次，连浇 2 ~ 3 次就能有效处理。❸ 君子兰经常受到介壳虫的危害，此时可以喷施 25% 亚胺硫磷乳油 1000 倍液来灭杀。

施 肥

君子兰嗜肥，然而也不能施用太多的肥料，不然会对植株的正常生长发育造成不良影响，适宜以"薄肥勤施"为原则。盆栽时，需在盆土中施入充足的底肥，以厩肥、堆肥、豆饼肥及绿肥等为主。

修 剪

❶ 在栽植过程中，若植株的叶片变得干枯发黄，需尽早剪掉，以免耗费太多的营养物质。❷ 在修剪的时候应尽可能把叶片端部剪为和好叶一样，不能剪为直平头，以叶片端部呈尖状为佳。

温 度

君子兰生长的最合适的温度是 15℃ ~ 25℃，当温度在 30℃ 以上时，植株会进入半休眠状态；当温度在 10℃ 以下时，植株的生长就会停止。

摆放建议

君子兰喜欢半荫蔽的环境，可盆栽摆放在客厅、书房、阳台。因君子兰夜间会消耗氧气、放出二氧化碳，对睡眠不利，所以神经衰弱和睡眠质量不好的人不宜在卧室摆放君子兰。

吊竹梅

【花草名片】

◎**学名**：*Zebrina pendula*

◎**别名**：斑叶鸭趾草、吊竹兰、甲由草、水竹草。

◎**科属**：鸭趾草科吊竹梅属，为多年生常绿蔓生草本植物。

◎**原产地**：最初产自墨西哥，如今世界各个地区都有栽植。

◎**习性**：喜欢温暖、潮湿的气候，能忍受酷热与多湿，不能忍受寒冷与干旱。喜欢光照充足的环境，也能忍受半荫蔽，但怕炎夏强烈的阳光直接照射。

◎**花期**：7~8月。

◎**花色**：紫红、白色。

净化功能

吊竹梅可以将甲醛吸收掉，也有比较强的抵抗氯气污染的能力。此外，它还能检测出家庭装修材料是否有放射性，若有放射性，其紫红色的花朵就会很快变白。

择土

吊竹梅对土壤及土壤酸碱度的要求

都不严格，有很强的适应能力，也比较能忍受贫瘠，然而最适宜在有肥力、土质松散、排水通畅的土壤中生长。

> **新手提示**：用花盆栽植时，可以用同量的腐叶土、园土及河沙来混合配制成培养土。

选盆

盆栽吊竹梅时宜选用泥盆，避免使用瓷盆或塑料盆。

浇水

❶ 吊竹梅喜欢多湿的环境，在平日料理时应令盆土维持潮湿状态，不要过于干燥，不然植株下部的老叶易干枯、发黄、凋落。❷ 在生长季节植株对湿度有着比较高的要求，除了要每日浇水一次之外，还需时常朝叶片表面和植株四周环境喷洒水，以促使枝叶加快生长。❸ 当植株处于休眠期时，需注意控制浇水量。

病虫防治

吊竹梅极少患病和遭受虫害。

光照

吊竹梅喜欢阳光充足的环境，也喜欢半荫蔽，畏强烈的阳光直接照射久晒。在它全部的生长过程中，阳光都不适宜过于强烈，以散射光为宜，不然叶片容易被灼伤，叶片颜色会淡且缺少光泽；然而也不适宜将它长期摆放在过于昏暗的环境中，不然植株容易徒长，节间会增长，叶片上的斑纹也会变少或失去，影响美观。

> **新手提示**：春天和秋天适宜将植株置于房间里有充足的散射光照射的地方；夏天要为植株适当遮蔽阳光，防止强烈的阳光久晒；冬天则要将植株摆放在有太阳光照射的地方，能令叶片颜色鲜艳、条纹清晰。

繁殖

吊竹梅采用扦插法及分株法进行

繁殖。

温度

吊竹梅喜欢温暖，不能抵御寒冷，生长适宜温度是 15℃ ~ 25℃，冬天要搬进房间里过冬，房间里的温度不可在 10℃ 以下。

施肥

吊竹梅对肥料没有很高的要求，可以依照具体生长态势适量施肥。在茎蔓刚开始生长期间，应每半个月追施浓度较低的液肥一次；在生长季节可以每 2 ~ 3 周施用一次液肥，同时增施 2 ~ 3 次磷肥和钾肥，以促进枝叶的生长，令叶片表面新鲜、光亮。

修剪

❶ 吊竹梅在合适的环境条件下长得很快，所以在生长期间要依照具体需求对枝蔓采取适度摘心、修剪、调整措施，令其分布匀称、造型优美。❷ 平日应留意进行摘心，以促使植株萌生新枝，令株形饱满。❸ 吊竹梅的根系比其叶片活得时间长，随着茎蔓长得越来越长，基部的叶片便会渐渐干枯、发黄、凋落。此时，应将过于长的枝叶剪掉，以促进基部萌生出新芽、新枝。❹ 盆栽两年之后，应把老蔓都剪掉，并于春天更换花盆时把根团外面的须根剪除，以促进其萌发新的茎蔓和根系。

摆放建议

吊竹梅植株娇小可爱，具一定的忍受荫蔽的能力，适宜装点客厅、书房、卧室、厨房等处，可以摆放在花架或橱顶上让其自然低垂，也可以悬吊于窗户前。

栽培

❶ 选择健康壮实的吊竹梅枝条五六株（上盆时要把五六株合栽），剪为长 10 ~ 15 厘米的小段，留下顶端的 2 枚叶片。

❷ 将枝条插进盆土中，插入深度为枝条总长度的 1/3 左右即可，浇透水分。❸ 将花盆放置在荫蔽处半个月左右，生根后即可正常护理。

白鹤芋

【花草名片】

◎学名：*Spathiphyllum kochii*

◎别名：白掌、异柄白鹤芋、银苞芋、苞叶芋。

◎科属：天南星科苞叶芋属，为多年生常绿草本植物。

◎原产地：最初产自美洲及亚洲热带区域。

◎习性：喜欢温度较高、潮湿及半荫蔽的环境，怕强烈的阳光久晒及刮西北风，不能抵御极度的寒冷。具有比较强的萌生新芽的能力，长得比较迅速。

◎花期：春天、夏天。

◎花色：白色。

净化功能

白鹤芋吸收甲醛的能力非常强，蒸腾效率也比较高，对提高房间里的湿度及负离子浓度皆很有效，对人们的身体健康特别有好处。此外，白鹤芋对氨气、丙酮、苯等也有一定的吸收能力。

病虫防治

❶ 白鹤芋经常发生的病害主要是细菌性叶斑病、褐斑病及炭疽病等，可以用50% 多菌灵可湿性粉剂 500 倍液喷施来防治。❷ 白鹤芋经常发生的虫害主要是红蜘蛛及介壳虫危害，喷施 50% 马拉松乳油1500 倍液即可有效杀除。

选 盆

选用透气性好的普通泥盆即可。花盆的口径以 15 ～ 19 厘米为宜。

浇 水

❶ 白鹤芋的叶片比较宽大，对湿度的反应较为灵敏。在生长季节需令盆土维持潮湿状态，然而不可积聚太多的水，如果盆土长时间太湿，容易令植株干枯发黄及导致根系腐烂。❷ 在夏天及天气干旱时，需时常朝叶片表面及植株四周地面喷洒水，确保空气相对湿度高于 50%，以促进植株的生长和发育。❸ 暮秋时应少浇水。❹ 冬天应注意适当控制浇水量，令盆土稍湿润就可以。

新手提示：在气候比较干燥、空气湿度比较低的时候，要注意及时为它补水，因为此时新长出来的叶片易卷皱、变小、变黄，甚至会焦枯、凋落。

摆放建议

白鹤芋能吸收部分有毒气体，喜欢高温潮湿的半荫蔽环境，适合摆放在卫生间、厨房等阴湿环境。盆栽的白鹤芋也可用来装饰客厅、书房。

繁 殖

白鹤芋可采用播种法及分株法进行繁殖。

温 度

白鹤芋喜欢温暖，能忍受较高的温度，不能抵御极度的寒冷。它的生长适宜温度是 22 ℃ ～ 28 ℃，在 3 ～ 9 月是 24 ℃ ～ 30 ℃，在 9 月 ～ 次年 3 月是

18℃~21℃。冬天晚上温度最低需保持在14℃~16℃，白天大约需25℃。

> **新手提示：**当温度在10℃以下时，植株的生长会受到阻碍，叶片容易遭受冻害，所以应于10月下旬搬进房间里过冬，房间里的温度不可在15℃以下。

施肥

在生长旺盛期内，植株需要较多的肥料，要1~2周施用浓度较低的复合肥或充分腐熟的饼肥水一次，这样不仅能促使植株长得健康茁壮，而且能促使其连续开花。

> **新手提示：**当北方冬天温度比较低的时候，不要再对植株施用肥料。

修剪

注意修根和剪除枯萎叶片。

择土

白鹤芋对土壤没有严格的要求，然而最适宜在有肥力、土质松散、腐殖质丰富且排水通畅的沙质土壤中生长，不喜黏重的土壤。

> **新手提示：**用花盆栽植白鹤芋的时候，培养土最好以泥炭土、腐叶土及较少的河沙或珍珠岩调配而成，并在种植前加入较少的骨粉或饼末作为底肥。

栽培

❶在早春新芽萌生出来之前把全株由盆里磕出来。❷先剔除根际的陈土。❸用锋利的刀在株丛基部把根茎切分开，令每一个分开的小株丛最少要有3个芽，并尽可能多带一些根，这样对新株比较迅速地抽生新的叶片有利。❹分别栽植上盆就可以。

光照

白鹤芋畏强烈的阳光久晒，比较能忍受荫蔽，仅需约60%的散射光便可满足生长的需求，因此可以长期将其置于房间内有充足的散射光照射的地方养护。

在夏天要遮蔽60%~70%的阳光，防止强烈的阳光直接照射，不然植株的叶片会发黄，严重时则会发生日灼病。然而如果长时间阳光不充足，则植株不容易开花。

在北方冬天于温室内栽植时，可以不用遮蔽阳光或少遮蔽阳光。

花言草语

白鹤芋的叶片碧绿，苞片纯白淡雅，为世界著名的赏花及观叶植物。由于其卷曲为匙状的花苞白似雪莲、形如合掌，所以白鹤芋又被叫作"白掌"。白鹤芋直立高耸、形姿优美，是纯洁宁静、平安吉祥的象征，为非常优良的花篮及插花装扮材料。它纯白的苞片好似绿色的水面上扯起帆的白色小舟，因而在社会交往中寄托着"一帆风顺"之意，常用于鼓励人生努力上进、事业蓬勃兴盛，一直备受人们的青睐。

绿巨人

【花草名片】

◎**学名：** *Spathiphyllum floribundum*

◎**别名：** 绿巨人白掌、巨叶大白掌、大叶白掌、大银苞芋。

◎**科属：** 天南星科苞叶芋属，为多年生阴生常绿草本植物。

◎**原产地：** 最初产自南美洲哥伦比亚区域。

◎**习性：** 喜欢温暖、潮湿及半荫蔽的环境，不能抵御寒冷，不能忍受干旱，畏阳光直接照射。根系生长得旺盛，有很强的萌生新芽的能力，长得比较迅速。

◎**花期：** 5 ~ 9月。

◎**花色：** 刚开放时是白色的，后来变成绿色。

净化功能

绿巨人消除甲醛及氨的能力比较强。有关测量结果显示，每平方米的植物叶面积 24 小时内便可将 1.09 毫克甲醛及 3.53 毫克氨消除掉，能够很好地净化房间里的空气。

病虫防治

绿巨人可能发生的病虫害是蚜虫及绿蜡象。因此用花盆栽植时，植株不可过度稠密，以叶片相互交接为准，并需改善通风效果，这样就可预防上述虫害的发生。如果出现虫害，要尽早人力抹掉或喷洒杀虫剂。

选 盆

在选择花盆时多选用泥盆或者缸瓦盆，由于绿巨人的根系较发达，因此在选择花盆时要注意选择筒较深的花盆，花盆口径为 18 ~ 34 厘米。

浇 水

❶ 在新苗期间应浇透水，保持空气湿度在 80% 以上。❷ 在生长季节，可以每隔 1 ~ 2 天对植株浇一次充足的水。❸ 在炎夏及气候比较干燥的时候，除了每日清晨和傍晚要分别浇水一次之外，还要时常朝叶片表面及植株四周的地面喷洒水，可以起到洗去灰尘、降低温度、防止阳光灼伤、提高空气相对湿度等诸多作用。❹ 在秋天和冬天则需注意对植株适度控制浇水。

繁 殖

绿巨人经常用分株法来繁殖，通常于春天结合更换花盆时进行。

温 度

绿巨人喜欢温暖，不能抵御寒冷，生长适宜温度是 18℃ ~ 25℃，过冬温度需高于 8℃。

施 肥

绿巨人长得很快，要及时为其供应平衡的肥料，在生长季节可以每 10 ~ 15 天施用以氮肥为主的肥料一次，平日可以每周追施微酸性的且浓度较低的液肥一次。

新手提示： 施肥时不可施用太浓的肥料，也不可施用得过于频繁，否则会导致叶片枯黄或根系腐烂。

 择 土

绿巨人适宜种植在土质松散、有肥力、有机质丰富、保持水分和肥料的能力较强的中性至微酸性土壤。

新手提示： 用花盆栽植时，可以用腐叶土、泥炭土、堆肥土等混合调配成培养土。

栽 培

❶ 当植株的分蘖芽生长出 4 ~ 6 枚小叶片，新芽长至 15 ~ 20 厘米左右时，把母株由花盆里脱出。❷ 用锋利的刀把小苗和母株切分开，插于珍珠岩或粗沙中，让其长根。❸ 长根后采用新盆种植。❹ 种植后要浇够定根水，并将盆花摆放在半荫蔽的地方料理。❺ 平日要时常转动花盆，以令植株接受匀称的光照，使其生长得健康茁壮，维持均匀、好看的形态。❻ 通常每隔 1 ~ 2 年就需要更换一次花盆，以在早春进行为佳。

新手提示： ❶ 分切时注意带部分茎部，用木炭灰沾伤口，以防腐烂。❷ 在植株没有存活前不可施用肥料，等到恢复生长后再行正常料理。

光 照

绿巨人喜欢半荫蔽的环境，怕强烈的阳光久晒，可以长时间将其置于房间里散射光照射的地方料理。在 5 ~ 9 月，要把盆花置于半荫蔽的地方料理，尤其是夏天阳光比较强烈时更要进行遮蔽，防止强烈的阳光直接照射。冬天则可以将盆花摆放在房间里光线充足的地方料理。

修 剪

平日要经常把干枯发黄的叶片剪去，

以降低营养成分的损耗量，维持优美的植株形态。

摆放建议

绿巨人叶片宽大，是典型的观花、观叶类植物，可直接栽种在庭院里观赏，绿巨人盆栽可用来装饰客厅、阳台、书房。

万年青

【花草名片】

◎学名：*Rohdea japonica*

◎别名：冬不凋、百沙草、九节莲。

◎科属：百合科万年青属，为多年生宿根常绿草本植物。

◎原产地：最初产自中国及日本。在我国分布得比较广泛，华东、华中和西南区域都有栽植。

◎习性：喜欢温暖、潮湿、通风顺畅的半荫蔽环境，略能抵御寒冷，不能忍受干旱，也畏水涝，怕强烈的阳光直接照射。

◎花期：6～8月。

◎花色：白绿相间。

净化功能

万年青可以很好地将三氯乙烯吸收掉，能够消除其造成的污染，使室内空气得到净化，很适宜摆放在室内观赏。然而需特别注意的是，万年青具一定程度的刺激性及毒性，其茎叶含有哑棒酶与草酸钙，若人们触碰后皮肤就会奇痒，若不慎误尝则会导致中毒。

选 盆

选择透气性能及渗水性能好的泥盆，花盆口径为 24～34 厘米。

择 土

一般土壤即可，但若能采用有肥力、土质松散、透气良好、排水通畅的微酸性沙质土壤效果会更好。

浇 水

❶ 平日给盆土浇适量的水就可以，需以"不干不浇"为原则，宁愿偏干燥也不能过分潮湿。❷ 夏天一定要让盆土维持潮湿状态。为了让小气候保持潮湿，可于每日清晨和傍晚分别朝花盆周围地面喷水。❸ 春天和秋天浇水皆不适宜过分频繁，只需令空气维持潮湿状态即可。❹ 冬季要减少浇水量，不要使盆土太湿，以免根部腐烂、叶片发黄。❺ 在雨季，需留意防止植株遭雨淋，尤其是在花期内，要将其摆放在荫蔽、干燥、通风良好且避雨的地方养护。

新手提示：高温季节每天都应浇水2次，且叶面最好喷雾2～3次。

栽 培

❶ 在装好培养土的花盆里播种。❷ 播后及时浇水，然后将花盆放在遮蔽阳光的地方料理。❸ 令盆土维持潮湿状态，使温度控制在 25℃～30℃，约经过 25 天便可萌芽。

病虫防治

万年青生长期间易受叶斑病危害。病斑起初为褐色小斑，周边呈水浸状褪绿色，并呈轮纹状扩展，圆形至椭圆形，边缘褐色内灰白色。发病初期或后期均可用 0.5%～1% 等量式波尔多液或 50% 多菌灵可湿性粉剂 1000 倍液喷洒。

光照

万年青极耐阴，可长期放置在室内养护，它喜欢半荫蔽的环境，怕强烈的阳光直接照射，如果短时间久晒，叶片表面就会先变为白色，之后干枯、发黄。在夏天生长鼎盛期内，可将植株摆放在遮蔽阳光的地方，防止其欣赏价值降低。

施肥

每月最好施一次以氮和钾为主的液肥；夏初植株的生长势比较强，可以每隔约 10 天追施液肥一次，肥料里可兑入 0.5% 的硫酸铵，这能够促进植株的生长发育，令叶片颜色深绿且具光亮。

> **新手提示：** 在植株的开花期内，可以每隔约15天施用0.2%磷酸二氢水溶液一次，以促进其分化花芽及更好地结果实。

繁殖

可采用播种法、扦插法及分株法进行繁殖。

温度

万年青喜欢温暖，略能抵御寒冷，北方栽植时冬天要搬进房间里过冬，并需置于光照充足、通风顺畅处料理，房间里的温度不能低于 12℃，控制在 12℃ ~ 18℃ 就可以。

修剪

每年春天更换花盆时，需将植株的老根及干枯的叶片剪掉；在立夏前后要把成株外围的老叶片剪掉一部分，以促进其萌生新的芽和叶片以及抽生出花葶。

摆放建议

万年青是一种典型的观叶类植物，可直接栽种在庭院中观赏，也可以盆栽摆放在阳台、窗台、书桌或案几上。

花言草语

花叶万年青的叶片颜色鲜亮，形态优美，有非常高的观赏价值，是当前深受尊崇的一种室内赏叶植物。它适合用花盆栽植欣赏，可以用来装饰客厅、书房和光线较弱的公共场所。然而应留意的是，花叶万年青的叶片及茎部的汁液有毒，会刺激皮肤及呼吸道黏膜，皮肤触及后会令皮肤奇痒且刺痛，不慎误食后则会令舌头强烈地疼痛且不能发出声音，因此要将其置于孩童和宠物不容易触碰到的地方。在扦插过程中也要尽可能地不触及它的汁液，扦插完后要用肥皂清洗双手，以免中毒。

鸾凤玉

【花草名片】

◎学名：*Astrophytum myriostigma*

◎别名：多鳞仙人球、多柱头花星仙人球、多柱星仙球。

◎科属：仙人掌科星球属，为多年生肉质草本植物。

◎原产地：最初产自墨西哥北部及中部高山区域。

◎习性：喜欢温暖、干燥及光照充足的环境，能忍受强烈的阳光照射，也略能忍受半荫蔽。能忍受干旱，畏积水，具有一定的抵御寒冷的能力。

◎花期：春天、夏天。

◎花色：橙黄色或具红心。

净化功能

鸾凤玉在夜间可以吸收大量的二氧化碳，能有效提高房间里负离子的浓度，使空气变得洁净、清新。

 ### 选盆

栽种鸾凤玉应选择排水性好的泥瓦盆，尽量不使用塑料盆。

 ### 择土

鸾凤玉强壮健康，喜欢在有肥力、土质松散、石灰质丰富且排水通畅的沙质土壤中生长。

 ### 浇水

❶ 鸾凤玉能忍受干旱，忌积水过多。

❷ 在4~10月鸾凤玉的生长期，要掌握好土壤的湿度，以盆土稍湿润而略干燥为宜。

❸ 冬天需控制浇水，盆土应维持略干燥状态。

> **新手提示：**为鸾凤玉浇水的时间最好选在早晨和傍晚。

 ### 栽培

❶ 在盆底垫一块瓦片，将选好的花土过细筛后装入花盆。将花盆坐入水盆中，采用盆底渗水的方法使土壤保持湿润。

❷ 将当年收取的种子在常温水中浸泡1小时后均匀撒在花土表面。❸ 在种子上面均匀铺一层薄薄的花土（也可以不覆土）。

❹ 将花盆连同水盆放置在20℃~30℃的半荫蔽环境中，8天后，种子就会萌芽。

❺ 种子萌芽后撤去下面的水盆，每隔2~3天采用喷淋法浇少量的水。❻ 当花盆中的小苗长得过分拥挤时，进行分苗移栽。

❼ 移苗后1~2天，再次用盆底渗水法使土壤湿润。❽ 撤去水盆后，每隔2~3天采用喷淋法浇少量水，使土壤"见干见湿"即可，并逐渐延长光照时间。

> **新手提示：**鸾凤玉根系较浅，移栽时不宜深植。要注意花盆中始终不能有积水，防止花苗烂根。

 ### 繁殖

家庭种植鸾凤玉宜采用播种法及嫁接法进行繁殖。

 ### 光照

鸾凤玉喜欢光照充足的环境，适合摆放在房间里光照充足的地方。但在夏天阳光比较强烈时，也要注意适当为鸾凤玉遮蔽阳光，以免植株被灼伤。

> **新手提示：** 在鸾凤玉生长季节，应保证鸾凤玉接受充足的光照，否则鸾凤玉表面的白色星点会减少或颜色变淡，影响观赏。

施 肥

❶ 栽植前应以适量的有机肥及骨粉作为底肥，以促使鸾凤玉生长。❷ 在鸾凤玉的生长季节，应每个月施一次肥。

病虫防治

鸾凤玉易患灰霉病、疮痂病和红蜘蛛虫害。❶ 在栽植鸾凤玉期间，主要病害有灰霉病和疮痂病，使用 70% 甲基托布津可湿性粉剂1000 倍液喷洒即可。

❷ 鸾凤玉的主要虫害是红蜘蛛，可用 40% 氧化乐果乳油 1500 倍液进行喷杀。

修 剪

每年春天更换花盆时，需将植株的老根及干枯的叶片剪掉；在立夏前后要把成株外围的老叶片剪掉一部分，以促进其萌生新的芽和叶片以及抽生出花莛。

摆放建议

鸾凤玉株形奇特，生命力顽强，一般在家庭栽种采用盆栽，可摆放在客厅、书房、卧室、饭厅、阳台、门厅等处。

温 度

鸾凤玉喜欢温暖，同时也具有一定的抵御寒冷的能力。冬天进入休眠期时，应将鸾凤玉摆放在室内温度不高的地方。鸾凤玉在 5℃ ~ 10℃ 的环境里即可以安全过冬。

花 言 草 语

据说红叶鸾凤玉是由一个日本植物学家冬天时在他的花园里无意中发现的。一开始，鸾凤玉的红色斑块很小，随着天气变冷，红块逐渐扩大。到了夏天，鸾凤玉的红色斑块又会逐渐缩小。经过多年的选育，鸾凤玉红块才固定下来。到了今天，红叶鸾凤玉不仅有绿底红斑，还有黄底红斑和各类黄红斑，非常鲜艳漂亮。

无花果

【花草名片】

◎学名：*Ficus carica*

◎别名：蜜果、明月果、映日果、天仙果。

◎科属：桑科榕属（也称为无花果属），为落叶灌木或小乔木。

◎原产地：最初产自欧洲地中海沿岸及中亚区域。

◎习性：喜欢温暖、潮湿及光照充足的环境，不能抵御极度的寒冷，比较能忍受干旱，不能忍受积水。

◎花期：4～6月。

◎花色：白色。

净化功能

无花果吸附二氧化硫、三氧化硫、硫化氢、氯化氢、二氧化氮、苯、硫酸雾及硝酸雾等有毒气体的能力比较强，还可以吸纳、滞留一些灰尘。它抵抗和吸收氟的能力比普通花木要高出 160 倍，所以特别适合作为大气污染严重区域的绿化树种。另外，无花果还可以杀灭空气里的细菌，能很好地净化空气，对人们的身体健康非常有益。

选盆

选用排水性能好的泥盆或瓦盆，以内径 35 厘米以上的大花盆为宜。

择土

无花果具有很强的适应能力，对土壤没有严格的要求，在沙土、沙质土壤、黏重土壤、酸性土壤、轻碱性土壤及经过改良的盐碱地中都可长得较好，然而以在土层较厚、排水通畅的沙质土壤中生长最为适宜。

新手提示：用盆栽植无花果时，培养土可以用4份腐叶土、4份园土及2份肥土来混合调配，并加上较少的马粪作为底肥。

栽培

① 选取 1～2 年生的健康壮实的枝条，截为长 15～20 厘米的小段作为插穗。② 把下部剪为马耳形，并留下 2～3 个芽。③ 将其倾斜 45 度插进土里，浇足水，经过 20～30 天就能长出新根，萌生新芽。④ 最后移植到新盆中。⑤ 栽后通常每隔 2～3 年需要更换一次花盆和盆土。

新手提示：由于无花果比较嗜肥，因此在移植时要施用适量的底肥。

光照

喜欢温暖和光照充足的环境，不能抵御极度的寒冷，常种植在朝阳的地方。在炎夏温度较高、天气极热时，正午前后要适度遮蔽阳光。

施肥

平日需时常施肥。对无花果进行追肥的时候主要是施用磷及钙，并施用适量的氮及钾，基本上要把氮、磷、钾、钙的比例控制在 0.5：1：0.8：2.5 范围内。

病虫防治

❶ 无花果经常发生的病害为炭疽病，可以用 70% 甲基托布津可湿性粉剂 1000 倍液喷施来防治。❷ 无花果经常发生的虫害为介壳虫危害，可以喷施 80% 敌敌畏乳油 1000 倍液来灭除。

温 度

在进入冬天前将幼苗搬进低温的房间里过冬，温度控制在 0℃上下就可以，次年 4 月底或 5 月初再搬到户外朝阳的地方料理。

浇 水

❶ 在浇水的时候水量必须适量。❷ 对新栽种上盆的植株，不适宜浇太多水，在上盆或更换花盆时接连浇 2 次充足的水之后，每日浇一次水就可以。❸ 在夏天及气候干燥时，除了每日浇一次水之外，还需每日朝枝叶喷洒 2 ~ 3 次清水。❹ 在雨季或接连阴雨的天气，需留意尽早清除积水，防止植株遭受涝害。❺ 冬天将植株移入室内后则不要再对其浇水。

> **新手提示：** 在植株的果实成熟之后，要少浇一些水。

繁 殖

无花果可采用扦插法及分株法进行繁殖。

修 剪

用盆栽植无花果时，植株不适宜太高，通常控制在 30 ~ 50 厘米，所以在栽植期间要留意进行修剪。一般以春天修剪为佳，适宜于 3 月树液流动之前进行，能很好地避免发生抽干现象。

> **新手提示：** 在植株的盛果期，为了增加产量，也要进行适度修剪，主要是对稠密枝及过度旺盛枝进行回缩。

摆放建议

无花果是典型的观果类植物，可盆栽摆放在窗台、阳台等光线较好的地方，适合装点客厅、书房。

花言草语

无花果为人类最先驯化栽植的古果树中的一种，迄今已经具有将近五千年的栽植史。古罗马时有一棵无花果树，由于曾经掩护罗马建立者罗慕洛王子逃过凶狠的妖婆及啄木鸟的追击，而被赐予"守护之神"的称呼。在地中海沿岸国家的古雅传说里，无花果被叫作"圣果"，是祭祀时使用的果品。

无花果味道甜美、富含营养元素，不仅可食，也是一种中草药的原料，具增进食欲、滋补、润肠及催奶等功用。据《本草纲目》记载："无花果味甘平，无毒，主开胃，止泻痢，治五痔、咽喉痛。"

花叶芋

【花草名片】

◎学名：*Caladium bicolor*

◎别名：五彩芋、彩叶芋、二色芋。

◎科属：天南星科五彩芋属，为多年生常绿草本植物。

◎原产地：最初产自南美洲的热带区域，在巴西及亚马孙河流域分布得最为广泛。

◎习性：喜欢较高的温度、潮湿及半荫蔽的环境，非常不能忍受寒冷，也不能忍受干燥和水涝，畏强烈的阳光久晒，在遮阴较少或荫蔽的环境中才能长得较好。

◎花期：春季。

◎花色：黄色或橙黄色。

净化功能

花叶芋的纤毛可以拦截并吸滞空气里飘浮的极细小的颗粒、烟雾及尘埃，被叫作"天然除尘器"。此外，它还能分泌出植物杀菌素，可以压制或杀灭有害细菌。

选盆

种植花叶芋通常选用口径为 12 ~ 15 厘米的泥盆。

繁殖

花叶芋可采用播种法、扦插法及分株法进行繁殖。

择土

花叶芋不能忍受盐碱及贫瘠的土壤，喜欢在有肥力、腐殖质丰富、土质松散且排水通畅的泥炭土或腐叶土中生长。

新手提示： 用花盆栽植花叶芋时，培养土可以用泥炭土或腐叶土和等量的沙壤土来混合调配，并加上较少的充分腐熟的豆饼末或骨粉作为底肥，也可以用土壤2份、腐叶土2份、充分腐熟的有机肥1份、细沙或砻糠灰1份来混合调配。

栽培

❶ 选取 1 ~ 2 块优质的块茎。❷ 将盆土放入花盆中，植入块茎，不必太深。❸ 植入块茎后马上浇水，并令土壤维持潮湿状态。

新手提示： 花叶芋栽后通常每年春天要更换一次花盆。

温度

花叶芋喜欢温暖，不能抵御寒冷，生长适宜温度是 25℃ ~ 30℃，如果温度超过 30℃，则新叶萌生得比较迅速，叶片薄且柔弱，令赏叶期变短。10月到次年 6 月是块茎的休眠期，最适合的温度是 18℃ ~ 24℃；冬天块茎休眠时温度需高于 15℃才能顺利过冬，如果室内温度在 15℃以下，则块茎容易腐坏。

修剪

❶ 在平时料理期间，如果看到叶片发黄或向下低垂，应马上摘掉，以促进植株萌生新的叶片，有利于植株保持整齐、洁净、漂亮。❷ 为了避免营养物质过度损耗，抑制植株的生殖生长，可以尽早将不

必要的花蕾摘掉。

光照

花叶芋喜欢半荫蔽的环境，也喜欢充足的阳光，然而畏强烈阳光直接照射久晒。夏天需置于房间里光照充足的地方，也可把花盆置于荫棚下或适度遮蔽阳光，防止强烈的阳光直接照射灼伤叶片。春天和秋天将盆花置于半荫蔽的地方，能令叶片颜色维持鲜艳、光亮。然而如果长时间光线不充足，植株容易徒长，叶柄会变长而且容易断裂，叶片弱而嫩，叶色变得暗淡，植株形态会不端正。

施肥

花叶芋的生长时期是 6 ~ 10 月，施用肥料时谨记"薄肥勤施"，要每个月施用 2 ~ 3 次浓度较低的液肥，氮肥、磷肥和钾肥配合着施用，主要施用氮肥，比如豆饼、腐酱渣的浸泡液，也可以施用较少的复合肥。10 月后花叶芋的叶色会渐渐暗淡而步入休眠状态，在这段时期内不要对其施用肥料。

新手提示：施用肥料时千万不可让肥液污染叶片，否则叶片会干枯。施完肥后要马上浇水，以防止肥料损伤植株的根系。

病虫防治

花叶芋的病害主要为干腐病及叶斑病。❶ 花叶芋的块茎在储藏期间容易患干腐病，使用 50% 多菌灵可湿性粉剂 500 倍液浸泡或喷粉就能有效预防。❷ 花叶芋在舒展叶片期间，容易患叶斑病，用 50% 托布津可湿性粉剂 700 倍液喷施就能防治。

摆放建议

花叶芋是一种观叶类植物，小型盆栽可摆放在窗台、桌案、书柜等处，大型盆栽一般用来装饰客厅、门厅。

浇水

❶ 花叶芋喜欢潮湿，不能忍受干燥，然而也怕积聚太多的水。❷ 植株萌芽之初和秋天皆需掌控浇水，令盆土表层变得干燥后再行浇水。❸ 6 ~ 9 月是花叶芋生长的鼎盛期，要保证浇水充足，并时常令盆土维持潮湿状态，然而不可积聚太多水，以防止块茎腐坏。❹ 在夏天气候比较干燥的时候，除了要每日浇水之外，还要每日朝叶片表面喷洒 2 ~ 3 次清水，以增加空气相对湿度，令叶片挺拔、叶色鲜艳而有光泽。❺ 进入秋天之后，植株渐渐步入休眠状态，要减少浇水量和浇水次数，令盆土维持稍干燥状态就可以。

棕竹

【花草名片】

◎学名：*Rhapis excelsa*

◎别名：棕榈竹、矮棕竹、筋头竹、观音竹。

◎科属：棕榈科棕竹属，为常绿丛生灌木。

◎原产地：最初产自中国南方地区。

◎习性：喜欢温暖、潮湿和通风的环境，略能抵御寒冷，能忍受0℃上下的低温，不能忍受干旱，比较能忍受荫蔽，畏强烈的阳光照射和西北风。具有很强的适应能力，生长旺盛，萌生新枝的能力也较强，较耐修剪。

◎花期：4～5月。

◎花色：浅黄色。

净化功能

棕竹对房间里的很多种有毒物质皆有非常强的吸收及净化作用，其中消除重金属污染和二氧化碳的效果比较明显。同时，它也有非常高的蒸腾效率，对提高房间里的湿度及负离子的浓度都很有效果，能令房间里的空气维持清爽新鲜。

修 剪

平日要尽早将干枯枝、病虫枝及枯黄的叶片等剪掉，这样不仅可以降低营养成分的损耗量，促进植株萌生新的枝叶，而且还可以增强通风透气效果，避免发生病虫害。

选 盆

栽种棕竹需用体型较大的泥盆或瓷盆，也可用木桶来种植。

择 土

棕竹喜欢在有肥力、腐殖质丰富、土质松散且排水通畅的酸性土壤中生长，不能忍受贫瘠及盐碱，在表层已经变硬的土壤中会长得不好。

新手提示：用盆种植时，培养土可以用相同量的园土、腐叶土及河沙来混合调配。种植前可以在培养土中加进合适量的底肥，以促使植株健壮生长。

栽 培

❶ 播前宜先用温度为30℃～35℃的水浸泡棕竹的种子1～2天，等到种子开始萌动的时候再进行播种。❷ 把种子播于盆土里，然后盖上2～3厘米厚的细土。❸ 播种后需浇水或喷水，并保持土壤湿润，经过30～50天即可萌芽。当小苗的子叶长至8～10厘米长的时候就可正常料理。

温 度

棕竹喜欢温暖，略能抵御寒冷，生长适宜温度是20℃～30℃。冬天室内温度控制在5℃之上，它就能顺利过冬，然而也可以忍受比较短时间的0℃上下的低温，在我国华南和西南一些区域能露地成丛栽植。

病虫防治

棕竹经常发生的病害为叶斑病及介

壳虫危害。❶ 当棕竹患上叶斑病，连续喷施数次 100 倍的波尔多液就能处理。❷ 当它受到介壳虫危害时，只要看到虫害就要马上人工刮掉，或喷施 50% 氧化乐果乳油 1000 倍液来杀除，并要改善通风透气效果。

光照

棕竹属于典型的室内赏叶植物，比较能忍受荫蔽，畏强烈的阳光照射，在光线充足的房间里能长时间欣赏。如果房间里比较昏暗，连着放置三个月后就要变换一次放置的地方。在生长期内要注意遮蔽阳光，遮阴度约达到 50% 就可以。

> **新手提示：** 夏天阳光强烈的时候需格外留意，要为植株适度遮蔽阳光，防止强烈的阳光直接照射久晒，并要保持通风顺畅，不然叶片容易变黄，或叶片的尖部容易被灼伤，不利于植株的正常生长发育和美观。

施肥

在植株的生长季节，需每月施用 1～2 次浓度较低的液肥，且主要施用氮肥。冬天则不要再对植株施用肥料。

繁殖

棕竹可采用播种法及分株法进行繁殖。

浇水

❶ 在植株的生长季节，要令盆土维持潮湿状态。❷ 夏天气候干燥的时候，除了浇水之外，还需每日朝植株的枝叶喷洒 1～2 次清水，以增加空气湿度，促使植株健壮生长。❸ 秋天适度减少浇水的量和次数。❹ 冬天盆土最好以"见干见湿"为原则，并要每隔一周用接近室温的水朝植株的枝叶喷洒或淋洗一次，以令枝叶维持洁净、光亮。

摆放建议

棕竹是一种喜阴类的观叶植物，盆栽可摆放在客厅、书房一角。

波士顿蕨

【花草名片】

◎**学名：** *Nephrolepis exaltata* 'Bosteniensis'

◎**别名：** 肾蕨、玉羊齿、蜈蚣草、石黄皮。

◎**科属：** 肾蕨科肾蕨属，为多年生常绿草本观叶植物。

◎**原产地：** 最初产自热带和亚热带区域，在中国南方各个省亦有分布。

◎**习性：** 喜欢温暖、潮湿及荫蔽的环境，经常生长于溪旁、林下、岩石缝中，或附生在树木上。不能抵御寒冷，稍能忍受干旱，不能忍受炎热，怕强烈的阳光直接照射。长得很快，病虫害比较少。

◎**花期：** 不开花。

净化功能

在蕨类植物中，波士顿蕨堪称吸收甲醛的高手，其每小时便可吸收掉 0.02 毫克左右的甲醛，所以被叫作最有效的生物"净化器"。它还可以吸收烟雾，故时常接触油漆、涂料，或周围有喜欢抽烟的人，可在工作地点摆放几盆蕨类植物，以减轻甲醛及烟雾对人身体的损害。另外，波士顿蕨对电脑显示器、打印机及复印机所释放出的甲苯与二甲苯还有一定的抑制及吸收作用。同时，它还能提高空气相对湿度，保护人们的呼吸系统，非常有益于人们的身体和精神健康。

选盆

选择透气性好、排水性好的泥盆或瓦盆，盆体较深。

繁殖

波士顿蕨经常采用分株法进行繁殖，全年都能进行，以 5 ~ 6 月大气温度稳定的时候进行为佳。

择土

波士顿蕨具有很强的适应能力，能忍受贫瘠，但最适宜在土质松散、有肥力、腐殖质丰富、透气性好及排水通畅的中性或微酸性土壤中生长。

新手提示： 用花盆种植时，可以用泥炭土或腐叶土、粗沙或培养土的混合基质作为盆土，若条件允许，用水苔作为培养基则对植株的生长更有益。也可以用质量比较轻且干净卫生的纯膨化塑料人造土作盆土。

光照

波士顿蕨喜欢半荫蔽的环境，在充足的散射光条件下可以长得较好，要防止阳光直接照射，然而也不能置于过于昏暗的地方养护。

新手提示： 在冬天要让植株接受适度的阳光照射，可以把盆栽摆放在向北或向东的窗口边养护。

栽培

❶ 将母株小心地剥开，把匍匐枝分开另外再行栽种，每一盆可以栽种 2 ~ 4 丛匍匐枝。❷ 在花盆底部铺放几块碎小的瓦片或砖块。❸ 栽完后马上浇水并置于半

荫蔽的地方料理，令盆土维持潮湿状态，可以使其迅速恢复生长。❹ 当根茎上萌生出新的叶片后，再放在遮阳网下料理即可。❺ 波士顿蕨长得比较迅速，通常每隔 1 ~ 2 年就要更换一次花盆，多于春天进行。

施 肥
波士顿蕨需肥量不大，在生长季节每月施用 1 ~ 2 次浓度较低的腐熟的饼肥水就可以，要留意不可施用速效化肥。在 4 ~ 9 月期间，可以每 15 天对植株施用观叶植物液体肥料一次，以令叶片变得更碧绿且具光亮。

> **新手提示：** 在施用肥料的时候千万不可让肥液污染植株的叶片，以防止对其造成损害。

病虫防治
❶ 波士顿蕨容易患生理性叶枯病，可以用 65% 代森锌可湿性粉剂 600 倍液喷施来处理，并留意不可让盆土过于潮湿。❷ 在房间里栽植时，如果通风不顺畅，植株容易受到红蜘蛛及蚜虫危害，可以用肥皂水或 40% 的氧化乐果乳油 1000 倍液喷施来杀除。

修 剪
在植株的生长季节，要结合整形随时将干枯叶、焦黄叶、残破叶及老叶剪掉，

以增强空气流通效果，维持叶片光鲜及优美的植株形态。

浇 水
❶ 波士顿蕨对水分有着较为严格的要求，喜欢潮湿的土壤及较大的空气湿度，盆土不适宜过分潮湿或过分干燥，维持潮湿状态就可以。❷ 在春天和秋天要充分浇水，令盆土维持潮湿状态。❸ 在夏天除了要每日浇 1 ~ 2 次水之外，还要时常朝叶片表面和植株四周喷洒清水，尤其是悬吊栽植的植株。❹ 冬天则要对植株适度控制水分，令盆土维持略潮湿的状态就可以。

> **新手提示：** 在喷洒清水时，除了需朝叶片正面喷洒之外，还需多朝叶片背面喷洒。

温 度
波士顿蕨喜欢温暖，不能抵御寒冷，在 3 ~ 9 月期间生长适宜温度是 15℃ ~ 25℃，在 9 月 ~ 次年 3 月期间则是 13℃ ~ 15℃。冬天要将植株搬进房间里过冬，温度控制在 10℃ ~ 15℃ 便可顺利过冬。

摆放建议
波士顿蕨适应性强，盆栽波士顿蕨可摆放在客厅、书房的窗台、案几、书柜或电脑台旁。

鸭脚木

【花草名片】

◎**学名:** *Scheffera octophylla*

◎**别名:** 鹅掌柴、手树、小叶伞树、舍夫勒氏木。

◎**科属:** 五加科鹅掌柴属,为常绿木本观叶植物。

◎**原产地:** 最初产自澳大利亚、新西兰、印度尼西亚和中国台湾等国家和地区。

◎**习性:** 喜欢温暖、潮湿、光照充足的环境,抵御寒冷的能力不太强,具一定的忍受干旱的能力,也略能忍受半荫蔽,怕强烈的阳光久晒。具有很强的适应能力,长得比较迅速。

◎**花期:** 冬天、春天。

◎**花色:** 最初呈绿白色,后来变成浅红色、白色。

净化功能

鸭脚木能较好地吸收房间里的很多有害物质,对净化房间里的空气很有效果。它每小时可以吸收掉9毫克左右的甲醛,还可以吸收掉尼古丁及别的有害物质,并可以经由光合作用把上述有害物质转换成没有危害的植物自有的物质。另外,鸭脚木具有非常高的蒸腾效率,能调整房间里的湿度,与此同时还能释放出比较多的负离子,令房间里的空气维持清爽、新鲜。

择土

鸭脚木喜欢土层较厚、土质松散且有肥力的酸性土壤,略能忍受贫瘠。

新手提示: 用花盆栽植时,可以用腐叶土、黏质土壤和牛粪干混合配制成基质,也可以用腐叶土、泥炭土、珍珠岩及较少的底肥作为培养土。

选盆

各种质地的花盆都可。根据植株大小选择相应大小的花盆。

栽培

❶ 剪下8~10厘米长、具3~5节的一年生的成熟枝条作为插穗。❷ 把下部的叶片除去,仅留下先端的1~2枚叶片,如果叶片比较大,可以将叶片的1/3剪掉。❸ 把插穗插到插床上,浇足水并维持比较高的空气湿度,温度控制在约25℃,大约经过一个月便可长出根来上盆。❹ 栽后通常每年要更换一次花盆,多于春天进行。

修剪

平日要留意进行修剪整形。在每年春天可以结合更换花盆进行修剪,包括修剪植株的根系、剪掉干枯枝及病虫枝、对徒长枝进行短截等。在夏天植株生长期间也能进行修剪。

施肥

鸭脚木长得过于迅速,需肥量比较大,在生长期内要每3~4周施用浓度较低的液肥一次。斑叶品种则不适宜施用过多的肥料,尤其是氮肥。

新手提示: 为了令斑叶品种的斑块色彩变得更明亮、艳丽,可于植株的根外喷洒0.2%磷酸二氢钾溶液。

光 照

喜欢阳光充足，也略能忍受半荫蔽，畏强烈的阳光直接照射久晒。在房间里培养时，每天约有 4 小时直接照射的阳光便可较好地生长，也可以长时间置于房间里散射光充足、湿度合适且通风顺畅处。

新手提示： 夏天要遮蔽约50%的阳光，以防止叶片被烧伤，令叶片颜色变得暗淡。

病虫防治

❶ 鸭脚木常发生的病害为叶斑病。一旦发生叶斑病，可以用50%甲基托布津可湿性粉剂1000倍液喷施病株的叶片表面，每隔7～10天喷施一次，连喷2～3次就能有效处理。❷ 鸭脚木常见的虫害为介壳虫危害，在发生之初可以每隔15天用25%扑虱灵可湿性粉剂1500～2000倍液喷洒一次，或在卵孵化旺盛期用40%氧化乐果乳油1000倍液喷施来处理。

繁 殖

鸭脚木可以采用播种法、扦插法及高压法进行繁殖。

温 度

喜欢温度较高的环境，生长适宜温度是15℃～25℃，也具一定的抵御寒冷的能力。

浇 水

❶ 鸭脚木喜欢潮湿和较大的空气湿度，盆土要时常维持潮湿状态，不能过于潮湿或过于干燥，在盆土尚未干透的时候便需马上浇水。❷ 在春天和秋天，每隔3～4天对植株浇一次水即可。❸ 夏天除了要每日浇一次水之外，还要时常朝叶片表面喷洒清水，以增加空气湿度，促使植株健壮生长。❹ 在雨季需留意尽早排除积水，防止植株遭受涝害。❺ 冬天要对植株减少浇水，适度控制水分。

摆放建议

鸭脚木株形优美，是一种优良的盆栽植物，盆栽鸭脚木适合摆放在客厅、书房、卧室、阳台，也可直接种植在庭院中观赏。

橡皮树

【花草名片】

◎**学名:** *Ficus elastica*

◎**别名:** 印度橡皮树、印度胶榕、印度橡胶树、缅树。

◎**科属:** 桑科榕属,为常绿木本观叶植物。

◎**原产地:** 最初产自印度、缅甸、斯里兰卡和马来西亚等地。

◎**习性:** 喜欢温暖、潮湿、光照充足的环境,不能抵御寒冷,畏炎热,能忍受干旱和半荫蔽。

◎**花期:** 夏天。

◎**花色:** 白色。

净化功能
橡皮树净化空气的能力比较强,可以吸收掉房间里的大多数有害气体,比如一氧化碳、二氧化碳及氟化氢等,对消除甲醛也很有效果。另外,它还能较好地吸滞粉尘。

择土
橡皮树喜欢在土质松散、有肥力且排水通畅的腐殖土或沙质土壤中生长,能忍受贫瘠,也能在轻碱及微酸性土壤中生长。

> **新手提示:** 用花盆种植的时候,培养土可以用1份园土、1份腐叶土、1份河沙和较少的底肥来混合调配。

选盆
可选用泥盆、塑料盆、瓷盆、陶土盆,要求盆径在 20 ~ 30 厘米。

栽培
❶ 当温度高于 15℃的时候,选取植株上部及中部 1 ~ 2 年生的健康壮实的枝条作为插穗。❷ 每一段插穗要含 3 ~ 4 个芽,把插穗下部的叶片去掉,把上部的 2 枚叶片合到一起并用塑料绳轻轻绑好。❸ 把插穗插在河沙与泥炭的混合基质上,插入的深度约为土深的 1/2 就可以,浇足水并放在荫蔽的地方料理,令土壤维持潮湿状态,温度控制在 18℃ ~ 25℃上下,插后 15 ~ 20 天便可长出根来。❹ 移植时要带着土坨,以便于存活。❺ 在生长季节应经常翻松盆土,以防止盆土表层变硬,影响植株的生长。❻ 幼年植株可以每年更换一次花盆,成龄植株则可以每 2 ~ 3 年更换一次花盆。5 ~ 7 年生的成龄植株,可以移栽至大木桶里,以后通常不用再更换盆。

摆放建议
橡皮树叶片肥厚,5 年以下的植株可选用大盆栽种,摆放在客厅、书房、阳台、天台等光线充足的地方。

修剪
当植株长到 7 ~ 10 厘米高的时候,摘掉顶芽并施用以磷肥、钾肥为主的肥料。植株长至 60 ~ 80 厘米高的时候,需及时采取摘心措施,以促使其尽快萌生侧枝。

侧枝萌生出来之后选留 3 ~ 5 个枝条，此后每年对侧枝进行一次短剪，2 ~ 3 年便可得到浑圆饱满的大型植株。

新手提示： 每次修剪后，要马上用胶泥或木炭灰把伤口封好，防止由于汁液流失太多而对植株的生长造成不利影响。

光照

橡皮树喜欢光照充足、空气流动顺畅的环境，从春天至秋天可以将其摆放在户外朝阳的地方料理。6 ~ 9 月期间阳光比较强烈，宜适度遮蔽阳光。冬天适合把它置于房间里向南有明亮光照的地方。

病虫防治

❶ 橡皮树经常发生的病害是灰斑病。在灰斑病发病之初可以用 50% 多菌灵可湿性粉剂 1000 倍液或 70% 甲基托布津可湿性粉剂 1200 倍液喷施来处理。
❷ 橡皮树经常发生的虫害为介壳虫及蓟马危害，可以喷施 40% 的氧化乐果乳油 1000 倍液来杀除。

施肥

在生长季节可以约每隔 20 天施用浓度较低的液肥一次，以促进植株生长繁茂，叶色深绿。在植株的生长期内，每周朝叶片正面及背面均匀喷洒 0.1% 高锰酸钾一次。冬天则不要再对植株施用肥料。

新手提示： 为了利于植株吸收，以在晴朗天气的黄昏盆土偏干燥的时候施用肥料最为适宜。

温度

橡皮树喜欢温暖，不能抵御寒冷，生长适宜温度是 22℃ ~ 32℃。10 月中旬要把盆株移入房间里料理，室内温度控制在 10℃ 之上便可顺利越冬。4 月底到 10 月初可以将盆株置于阳台上料理。

新手提示： 如果温度长时间过低及盆土过湿容易导致植株烂根死去。

浇水

❶ 春天需令土壤维持潮湿状态，然而还需防止盆中积聚太多的水。❷ 炎夏除了每日清晨和傍晚要分别对植株浇一次水之外，还要时常朝叶片表面喷洒清水，以增加空气湿度，避免叶片边缘干枯。❸ 秋天和冬天要适度少浇水，5 ~ 6 天浇一次水即可。

繁殖

橡皮树可采用扦插法及压条法进行繁殖，皆比较容易存活。

花言草语

橡皮树的叶片肥大厚实、终年常绿，而且富有光泽，有比较高的观赏价值，为经常见到的赏叶植物。它适合用花盆种植，可以用来装饰大型建筑物的门厅两旁及节日广场。它在南方区域则通常露天种植在溪边及路旁，有极佳的遮阴作用。另外，橡皮树还象征着左右逢源、招财进宝、吉祥如意，经常被用来作为商务礼节和仪式上的花卉。

八宝景天

【花草名片】

◎**学名：**Sedum spectabile

◎**别名：**华丽景天、大叶景天、长药景天、蝎子草。

◎**科属：**景天科景天属，为多年生肉质草本植物。

◎**原产地：**最初产自中国东北区域和河北、河南、山东、安徽等地，在日本亦有分布。

◎**习性：**喜欢温暖、干燥、光照充足及通风顺畅的环境，比较能抵御寒冷，具有很强的抵抗干旱的能力，怕积水。生长得强壮健康，具有很强的适应能力。

◎**花期：**7～9月。

◎**花色：**浅红、桃红、红、紫红、白色。

净化功能

在晚上，八宝景天可以吸收大量的二氧化碳，同时制造并释放出大量氧气，能提高房间里空气中的负离子浓度，对人们的身体和精神健康都十分有利。

选盆

八宝景天适宜栽种在透气性良好的泥盆里，最好不使用塑料盆。

栽培

❶ 剪下长约10厘米的嫩茎，令每一段插穗具2～4个茎节。❷ 将嫩茎插到培养土中，浇透水分。❸ 插后放置通风处，通常10～15天便可长出根来，当年即可开花。

新手提示： 每年春季新叶萌发前，应为八宝景天翻盆换土一次。

修剪

❶ 盆栽时可以于7月植株开花之前修剪一次，以使植株的高度下降，促使其萌生更多的新枝，令植株形态饱满、开花繁密茂盛。❷ 露地种植的植株则可以在开花之后将地上部分剪掉，以令其次年萌生出更多生长旺盛的新植株。

光照

八宝景天喜欢阳光，要放在有明亮的光照、通风顺畅的窗口前或阳台等地方料理，以令叶片颜色维持深绿。

病虫防治

❶ 土壤过湿时，八宝景天易发生根腐病，应及时排水或用药剂防治。❷ 此外，可有蚜虫为害茎、叶，并导致煤烟病；蚧虫为害叶片，形成白色蜡粉。对于虫害，应及时检查，一经发现立即刮除或用肥皂水冲洗，严重时可用氧化乐果乳油防治。

择土

八宝景天对土壤没有严格的要求，能忍受贫瘠和盐碱，然而最适宜在土质松散、有肥力且排水通畅的沙质土壤中生长。

新手提示： 用花盆种植的时候，盆土最好用腐殖质丰富的沙质土壤，也可以用4份腐叶土、4份炉渣、2份河沙再加上少量腐熟的家禽粪来混合调配。

浇 水

❶ 八宝景天喜欢干燥，能忍受干旱，怕积水，在生长期内浇水时要做到"宁干勿湿"，待表层盆土彻底干燥后再行浇水就可以。❷ 在雨季要尽早排除积水，防止植株遭受涝害，并严格掌控浇水的量和次数，以免由于盆中积聚太多的水而令植株的根系腐坏及发生病害。

新手提示： 八宝景天抗逆性非常强，日常料理宜粗放，不需要过多地浇水和施肥，每年新株萌发时浇一次透水、追施一次充分腐熟的有机肥即可。

温 度

八宝景天喜欢温暖，也能抵御霜寒，能忍受－20℃的较低的温度，盆栽植株在冬天仅需放在朝阳的且风不能直接吹到的地方便可顺利过冬。

繁 殖

八宝景天可采用播种法、扦插法及分株法进行繁殖。

施 肥

八宝景天的抗逆能力比较强，料理较为粗疏，需肥量不大，在生长季节适量加施 1～2 次完全腐熟的有机液肥，便可令枝叶长得繁密茂盛。

摆放建议

家庭栽植的八宝景天盆栽一般摆放在客厅、书房、阳台等向阳的地方。

花 言 草 语

在民间，八宝景天被通俗地叫作"蝎子草"，这是由于其叶片的汁液具清除内热和解毒的功用，可以治疗蝎子及马蜂的蛰毒。八宝景天形姿美妙、花形秀美，为景天科植物里少有的优良观赏品种。它不仅能种植在庭院中、阳台上或窗口前供欣赏，也能用来作为良好的园林地被、造景植物，补充了夏天和秋天交替之际欣赏花卉比较少的空缺。

素馨

【花草名片】

◎**学名：** *Jasminum grandiflorum*

◎**别名：** 大花茉莉、素兴、四季素馨。

◎**科属：** 木樨科茉莉属，为常绿灌木。

◎**原产地：** 最初产自于我国的华南和西南地区，现在南方有广泛的栽培。

◎**习性：** 喜欢温和湿润的环境，喜阳光，也耐半阴，不耐霜寒、大风和干旱，不耐湿涝，怕酷暑烈日。

◎**花期：** 5~10月。

◎**花色：** 白色。

净化功能

素馨有着一股强烈的香味，能分解空气中的异味，还能起到杀灭细菌的作用，从而有效地净化空气。

栽培

❶ 选择一根健壮的素馨枝条，去掉枝条顶部幼嫩的枝梢。❷ 在盆底垫几块碎瓦片，当排水层。❸ 施一层腐熟的基肥，并填充培养土。❹ 取整根枝条的中点，将下半截插入培养土中，上半截保留 2 ~ 4 片小叶。❺ 将植株放在荫蔽处养护，40 天左右就可以发根。

新手提示： 上盆的时间一般选在5~9月。

择土

盆栽素馨要用富含腐殖质且疏松肥沃、通透性能都比较好的微酸性土壤。

新手提示： 这种微酸性土壤可用草炭土、腐叶土、松针土和素沙土进行调配。

选盆

栽种素馨时对盆的要求不高，泥盆、瓷盆、紫砂盆均可，但最好不要用透气性和排水性都不好的塑料盆。

新手提示： 每年早春的时候最好翻盆换土一次。

温度

❶ 冬季要将植株移到室内，室温保持在 10℃ 左右。❷ 平时遇到气温偏低的天气，要适当采取一些防寒措施，以免植株受到冻害而导致叶片凋落、枝条枯萎。

光照

❶ 从 4 月下旬开始，将植株移到荫蔽处养护。❷ 立秋后，将植株移到阳光充足的地方进行养护。

修剪

❶ 每年早春要将植株的侧枝剪短，这样可以萌发出更多的新枝，在花期到来时也会开出更多的花。❷ 花期过后一个月左右要及时将花枝剪除，但剪花枝时尽量不要选在冷空气来袭时进行，因为花枝剪除后会萌发出新的枝条，而冷空气会冻坏新枝，使来年花开稀疏，影响观赏。

病虫防治

素馨因为本身香味浓烈，且有杀菌作用，因此几乎没有病虫害。

 浇 水

❶ 4月时，空气比较干燥，最好常向叶面及周围环境喷水，增加周围空气的湿度。❷ 秋后要浇一次冻水，帮助植株安全越冬。

 施 肥

❶ 4月时，每15天左右追施一次液肥，这样可以让花开不断并且花朵繁多。❷ 秋后追施1~2次氮磷钾复合肥。

 繁 殖

素馨通常采用扦插法和压条法进行繁殖，但以扦插法为主。

 摆放建议

素馨花花色淡雅、素雅天然，而且花期很长，是一种不错的观赏品种。适合放在客厅、茶几、餐桌上。

花言草语

素馨是岭南的特有花卉，古时候，广州的很多风俗都与素馨有一定的联系。比如每年的七夕，很多人会乘坐放有很多素馨的小船泛游珠江；秋冬的时候每家每户都会悬挂素馨灯，谓之"火清醮"；妇女往往将素馨花放在水中煮，然后将煮出的汁液洗脸洗头，用来润泽肌肤、滋养头发；一些尚在闺阁中的女性喜欢用色彩缤纷的丝线将素馨串成梳子的形状，绕在头发上；家里举行宴会时，仆人手中都会拿着素馨球，如果有人喝醉了就可以用这个来醒酒。可见，素馨花在当时人们的日常生活中是多么普及，因此到了明清时期，广州一带种植素馨的规模达到了顶峰。清朝陈华有一首诗提到了当时种植素馨花的盛况："三十三乡人不少，相逢多半是花农。"

石竹

【花草名片】

◎**学名**：*Dianthus chinensis*

◎**别名**：中国石竹、五彩石竹、石菊、绣竹。

◎**科属**：石竹科石竹属，为多年生草本植物。

◎**原产地**：最初产自中国。摩纳哥把它定为国花。

◎**习性**：喜欢光照充足、干燥、通风顺畅和凉爽的环境，能忍受寒冷和干旱，不能忍受炎热，畏多湿及积水。

◎**花期**：4～9月。

◎**花色**：粉红、红、大红、紫红、紫、浅紫、蓝、黄、白或杂色。

净化功能

石竹可以将二氧化硫、三氧化硫及氯化物吸收掉，并可以通过叶片将高毒性的二氧化硫经氧化作用转化成没有毒性或毒性较低的硫酸盐化合物，对净化房间里的空气很有效果。此外，石竹所散发出的香味对葡萄球菌、肺炎球菌、结核杆菌的生长及繁殖还有显著的抑制作用。

温度

炎夏温度较高、天气酷热的时候，要留意为植株适当遮蔽阳光、降低温度，不然会生长不好或干枯萎缩。冬天要把它放在房间里朝阳的地方料理，房间里的温度控制在8℃～10℃就可以。

择土

石竹喜欢在有肥力、土质松散、排水通畅且石灰质丰富的土壤或沙质土壤中生长，也略能忍受贫瘠，不能在黏性土壤中生长。

新手提示：用花盆种植的时候，培养土可以用6份园土、2份沙土和2份堆肥来混合调配。

栽培

❶ 播种繁殖通常于8～9月进行。

❷ 把种子播种到盆中，播后盖上厚1厘米左右的土，浇足水并令土壤维持潮湿状态，温度控制在20℃～22℃。❸ 播种后5天便可萌芽，10～15天便可长出幼苗。

❹ 苗期的生长适宜温度是10℃～20℃，当小苗生出4～5枚真叶的时候就能进行分盆定植，次年春天便可开花。在南方地区常在春天播种，夏天或秋天便可开花。

❺ 栽后通常每隔1～2年要更换一次花盆和盆土，多于春天进行。

新手提示：石竹分盆时，第一遍定根水必须浇透，以后隔2～3天，根据情况再浇水。

选盆

选择泥盆、塑料盆、陶盆皆可，花盆的口径可以依照植株的大小来确定，每一盆最好种植2～3株，以便于存活及观赏。

光照

石竹喜欢光照充足的环境，能抵御寒冷，不能忍受炎热，在生长季节要置于朝阳且通风顺畅的地方料理。

 修 剪

当植株生长至15厘米高的时候可以将顶芽摘掉，以促使其萌生更多的分枝。如果分枝太多，则要适度摘掉腋芽，以防止营养成分不集中，令花朵变小。在植株开花之前需尽早把一些叶腋部位的花蕾除去，以确保顶花蕾开得繁密茂盛、颜色鲜艳。

 繁 殖

石竹可采用播种法、扦插法及分株法进行繁殖。

施 肥

在植株的生长季节，可以大约每隔10天施用腐熟的浓度较低的液肥一次。

 病虫防治

❶ 石竹的病害主要是锈病，用50%萎锈灵可湿性粉剂1500倍液喷施就能有效防治。❷ 石竹的虫害主要是红蜘蛛危害，用40%氧化乐果乳油1500倍液喷施即可杀除。

 浇 水

❶ 石竹能忍受干旱，不能忍受多湿及积水，在生长季节令盆土维持潮湿状态就可以。❷ 夏天多雨时期要留意及时清除积水、翻松土壤。❸ 冬天对植株要适度少浇一些水，令盆土保持"见干见湿"的状态就可以。

> **新手提示：**雨季要留意防止发生涝害，以避免植株的根系腐烂。

摆放建议

石竹花颜色鲜艳，适合用来装饰客厅、书房和卧室，盆栽可以摆房在窗台、阳台、桌案和花架上。

花言草语

石竹在中国具有十分久远的栽植史，在明朝的《花史》中便有关于种植石竹的记录。石竹品种众多，花朵颜色鲜艳美丽，一直备受人们的喜欢。宋朝诗人王安石就非常喜欢石竹，然而又同情它不被人们所重视和赞赏，于是赋诗道："春归幽谷始成丛，地面芬敷浅浅红。车马不临谁见赏，可怜亦解度春风。"除了可供观赏之外，石竹的全株还能用作药物，具清除内热、促进排尿等功用。

石竹的花语为纯洁的爱、才能、热心、大胆及女性美。同一属的香石竹，也称作康乃馨，为赠给母亲之花。

葱兰

【花草名片】

◎学名：*Zephyranthes candida*

◎别名：葱莲、白花菖蒲莲、韭菜莲、玉帘、肝风草。

◎科属：石蒜科菖蒲莲属，多年生常绿草本植物。

◎原产地：原产于南美洲，现在中国各地均有栽培。

◎习性：喜欢温暖、湿润的环境，喜光照，耐半阴或潮湿的环境，耐寒，华东地区可露地越冬，喜排水性能良好、肥沃且土质微黏的土壤。

◎花期：7～11月。

◎花色：白色。

净化功能

葱兰制造氧气和净化空气的功效非常显著，对空气中的有毒气体，如氟化氢、氯化氢、二氧化碳等有较强的抵抗力。

择 土

种植葱兰可用肥沃、富含腐殖质、润湿且排水性能良好的土壤。可用腐叶土、泥炭土等加肥料配制成土壤。

选 盆

种植葱兰最好用高4～5厘米的长方形或圆形的白色浅瓷盆。这样不但有利于葱兰的生长，而且也非常具有审美价值。

病虫防治

花蓟马为葱兰常见的虫害，可用2.5%鱼藤精乳油500～800倍液喷杀；或用20%杀灭菊酯乳油1000～2000倍液喷杀。

浇 水

葱兰喜潮湿的环境，因此要经常保持土壤湿润，盛夏季节不但要增加浇水次数而且要将其移至遮阴处养护以免水分蒸发过快。在干燥的地区或季节，可适当为其叶片喷水以增加湿度。

施 肥

在葱兰的生长期，可每10天左右追肥一次。肥料以磷钾肥为主，不宜多用氮肥。

摆放建议

葱兰适合放置在采光良好的卧室、书房和阳台养护，水养时适合放置在客厅。

花言草语

葱兰可入药，其性味甘平，具有平肝熄风的功效，对治疗小儿惊风、羊痫风等病症有很好效果。此外，许多人都会把葱兰和韭菜兰弄混，虽然它们都是石蒜科多年生常绿植物，都有直径约3公分的鳞茎小球，都是从叶丛抽出花梗，花朵都有六瓣，都是下雨开花，花期在夏秋，但二者还是有明显的区别。葱兰叶片狭长，花为白色；韭菜兰叶线扁平，既像兰花又像韭菜花，且花为桃红色。

第五章
能清香怡情、美容保健的花草

清香怡情花草

佛手

【花草名片】

◎学名：*Citrus medica L.var.sarcodactylis*

◎别名：佛手柑、五指柑。

◎科属：芸香科柑橘属。

◎原产地：中国华南、东南热带地区。

◎习性：佛手属于阳性植物，喜温暖湿润、阳光充足的环境，不耐严寒、怕霜冻及干旱，耐阴，耐瘠，耐涝。以雨量充足、冬季无冰冻的地区栽培为宜。

◎花期：4～9月。

清香怡情功效
佛手果实和叶含有芳香油，有强烈的鲜果清香，其香气有提神醒脑的功效，还能消除异味，净化室内空气，抑制细菌。此外，佛手还是一种健胃理气的中药。

摆放建议
佛手叶色苍翠，四季常青，果实成熟后金黄诱人，妙趣横生，如同十根纤纤玉指长在一起。居家盆栽可摆放在案头、客厅、窗台等处。

择 土
以肥沃、疏松、富含腐殖质、排水通畅的沙质土壤为宜。

施 肥
3～5月浇稀薄的饼肥水，6～8月浇浓度稍高的矾肥水，7～9月为开花坐果期，要严格控制氮肥。

浇 水
喜湿润，生长期间保持土壤湿润状态，浇水不可过量，雨季要保持盆土稍干，防止徒长消耗养分。盛夏时节早晚各浇一次水。冬季保持盆土湿润偏干即可。

温 度
喜温暖，不耐寒，生长适温为22℃～

24℃，越冬温度不宜低于5℃。

光 照
喜光照充足，但忌强光久晒，过强的光照会造成日灼或伤害浅根群。

病虫防治
常见的病害是灰霉病，可喷施50%速克灵1000倍液或50%多菌灵可湿性粉剂700倍液防治。

繁 殖
扦插：可在早春新芽萌发前进行。

选择健壮的1~2年生枝条，选取中段剪成10~20厘米长的茎段作插穗，插入沙床中，浇透水，覆膜，置于半阴处，在25℃条件下约1个月即可生根。

新手提示： 春季换盆应施足底肥，以补充上年结果后的养分消耗。对于已形成骨架的植株于早春萌芽前进行一次修剪，剪除纤弱枝、过密枝及病虫枝。佛手的短枝多为结果枝，应尽量保留。当果实长到纽扣大小时，要疏去部分幼果，这样既有利果实个大而匀称，又有利年年结果。

铃兰

【花草名片】
◎**学名：** *Convallaria majalis*
◎**别名：** 风铃草、君影草、山谷百合、草玉玲、香水花、小芦铃。
◎**科属：** 百合科铃兰属。
◎**原产地：** 欧洲、亚洲及北美，多分布在高纬度地区的深山幽谷及林缘草丛中，我国东北林区和陕西秦岭都有野生铃兰。
◎**习性：** 喜欢凉爽、湿润、光照不强的环境，较耐寒，不能忍受炎热和干燥。
◎**花期：** 4~6月。

清香怡情功效
铃兰不仅能净化空气，而且其花香馥郁，能够散发出一种特殊的芳香物质，这种物质可以抑制或杀灭病菌，对结核杆菌、肺炎球菌、葡萄球菌的生长繁殖有明显的抑制作用。此外，铃兰全株可入药，具有一定的药用价值。

摆放建议
铃兰是"纯洁"、"幸福"的象征，其植株矮小，幽雅清丽，芳香宜人，可直接栽种在庭院里观赏，也可用来装饰卧室、

客厅、书房。需要注意的是，铃兰全株有毒，花和根的毒性尤强，误食会出现恶心、呕吐、腹泻、头痛头晕、心律不齐等症状，所以铃兰最好摆放在孩子接触不到的地方。

择 土

以肥沃、疏松、富含腐殖质、排水通畅的沙质土壤为宜。喜微酸性土壤，但在中性和微碱性土壤中也能生长良好。

施 肥

生长期每半个月施用一次稀薄液肥。秋后或出现花梗、花谢时各施液肥一次。花茎抽出后停止施肥。

浇 水

喜湿润，生长期保持土壤湿润，但不宜过湿。天气干旱时要注意浇水。

温 度

喜凉爽，较耐寒，忌炎热和干燥，生长适温为 12℃ ~ 22℃。若气温在 30℃ 以上，植株的叶片会过早枯黄；越冬温度不宜低于 –10℃。

光 照

铃兰不喜日光直射，最好在疏荫处栽种，日光下暴晒会抑制植株的生长。

病虫防治

铃兰很少有病虫害侵袭，最常见的病虫害是斑枯病及线虫的危害。斑枯病可用 75% 百菌清可湿性粉剂 700 倍液喷洒防治；线虫可用 90% 敌百虫原药 1500 倍液喷杀。

繁 殖

铃兰一般用分株进行繁殖，也可播种繁殖。

分株：春秋季均可进行，以 11 月为宜。其根茎上有大小不等的幼芽，秋季地上部枯萎后掘起根状茎，将每个顶芽带一段根茎剪切下来栽植，就能成为一棵新株。肥大的芽分株后翌年春天即可开花，小的需隔 1 年开花。

播种：秋季从红熟的浆果中洗出种子，可直接播在露地的苗床上，第二年春天发芽。

> **新手提示：**铃兰对花盆的要求不高，若是摆在庭院，可用泥盆和瓦盆；若是作为室内摆设，可用瓷盆、紫砂盆等。为了便于透气，盆宜浅不宜深。

清香木

【花草名片】

◎ **学名**：*Pistacia weinmannifolia*

◎ **别名**：细叶楷木、香叶子。

◎ **科属**：漆树科黄连木属。

◎ **原产地**：中国的云南、四川等地。

◎ **习性**：清香木为阳性树，喜欢温暖、光照充足的环境，稍耐阴，怕积水，要求土层深厚，萌发力强，生长缓慢。

◎ **花期**：3 ~ 4 月，挂果期 8 ~ 10 月。

清香怡情功效

清香木树形美观，可塑性强，全株具有浓烈胡椒香味，可净化空气，还能驱蚊蝇，是居家驱蚊杀菌的好帮手。此外，清香木还有较强的抗空气污染能力。

摆放建议

清香木枝繁叶茂，耐修剪，羽状复叶美观而具芳香味，是极好的盆景制作材料，也适合作整形、庭植美化、绿篱或盆栽。大型株可用作绿化树种绿化园林，小型株经过精心修剪可以作为盆景装饰室内。居家宜摆放在阳台、卧室等处作驱蚊、观赏之用。

择 土

耐瘠薄，在微碱性、中性、微酸性土壤上均能生长，但以肥沃、疏松、富含腐殖质、排水通畅的沙质土壤最为适宜。

施 肥

对肥料较敏感，幼苗尽量少施肥甚至不施肥，避免因肥力过足，导致苗木烧苗或徒长。成年株可适当施肥。

浇 水

喜湿润，忌积水。浇水不要太勤，3 ~ 5 天一次为宜，每次浇水一定要灌透水。

温 度

喜温暖，耐寒，能耐 –10℃ 低温，北方冬天搬进室内养护即可。

光 照

喜光照充足，但避免长时间暴晒。

病虫防治

易被蚜虫和腻虫啃食，可用吡虫啉喷涂防治，也可用烟头泡出来的烟水喷杀。

繁 殖

播种：清香木种子包在多汁的果肉中，采回后必须立即调制，将果实堆沤，捣烂果皮，放水中淘洗，脱粒弃杂后阴干，置通风干燥处贮藏。秋季播种前，将精选的种子置于始温为 20℃ 左右的温水中浸泡 24 小时，吸水膨胀后捞出置暖湿条件下催芽。

扦插：春秋皆可进行。在休眠期选取 1 年生健壮枝，截成 10 ~ 15 厘米长的插穗，上切口距芽 1 ~ 1.5 厘米，下截口距芽 0.3 ~ 0.5 厘米。插穗插入土壤 2/3 左右。插后覆盖塑料薄膜，保持湿润，45 天左右开始生根。

新手提示： 清香木幼苗的土壤应尽量保持干燥、疏松，一般不浇水或尽量少浇水。

驱蚊草

【花草名片】

◎**学名**：*Pelargonium graveolens*

◎**别名**：蚊净香草、香叶天竺葵。

◎**科属**：牻牛儿苗科天竺葵属。

◎**原产地**：非洲好望角一带。

◎**习性**：喜温暖湿润、阳光充足的环境，不耐寒，亦不耐旱，怕强光直射，较耐阴。

◎**花期**：有花无果，不结实。

 清香怡情功效

驱蚊草常年散发浓郁的柠檬香味，具有驱避蚊虫、净化空气的作用。炎热的夏季，它的清新气味十分怡人，能缓解暑燥，使人心情舒爽。

摆放建议

驱蚊草幼苗发育很快，半年可生长成熟，2年主枝逐步木质化，还可造型盆景，观赏价值和驱蚊效果俱佳，盆栽摆放在客厅、窗台、阳台、书房、卧室等处，芳香四溢，清新空气，安全驱蚊；也可摆放在办公室，常年散发柠檬香味，使人心旷神怡。

择 土

对土壤要求不高，但以肥沃、疏松、富含腐殖质、排水通畅的中性偏酸沙壤土为宜。忌碱性土壤。

施 肥

以"薄肥勤施"为原则，生长期每半个月施用一次稀薄液肥即可。家庭栽培可少量施用饼肥和淘米水等。冬天停止施肥。如果叶色较淡，可用0.1% ~ 0.3%的尿素或磷酸二氢钾喷施叶面。

浇 水

喜湿润，忌积水，以"见干见湿"

为原则。生长期保持盆土湿润。夏季高温时应该早晚浇水。

温 度

喜温暖，不耐寒，生长适温为10℃ ~ 25℃，35℃以上进入半休眠状态，3℃以下会受到冻害。15℃以上即能正常散发柠檬香味。温度越高散发香味越浓。

光 照

喜光，较耐阴，但怕强光直射，盛夏阳光强烈时要注意遮阴。

病虫防治

常见的病害是腐烂病，可喷洒百菌清或多菌灵800 ~ 1000倍液防治。

 繁 殖

驱蚊草有花无果，不结实，不能自

然繁育，只能通过无性繁殖，一般用组织培养或非试管快繁技术进行繁殖。家庭也可用扦插进行繁殖。

扦插：以3～4月进行为宜。取当年生嫩茎，剪成5～8厘米带顶芽或侧芽的茎段，去掉大的叶片，插入清水中浸泡2小时，然后插入沙床，遮阴并保持湿润，约1个月即可生根。

新手提示：驱蚊草小苗生长迅速，一般一年换一次盆，成株可两年换一次盆。一般在20多片叶时显示出驱蚊效果，用小型喷雾器在叶片上（尤其是叶背面）喷水，可使芳香物质源源不断释放，从而使驱蚊效果更佳。夏季高温应少浇水，不施肥，有利于根系发达，提高抗病性。

美容养颜花草 ||||||||||||||||||||||

桃花

【花草名片】

◎**学名：**_Prunus persica_

◎**别名：**碧桃、毛桃、红桃、仙果。

◎**科属：**蔷薇科李属。

◎**原产地：**中国中北部。

◎**习性：**喜温暖湿润、光照充足的环境，要求通风良好，畏涝，耐旱，耐寒，华东、华北一般可露地越冬。

◎**花期：**3～4月。

美容功效

桃花中含有多种维生素和微量元素，能疏通经络，改善血液循环，滋润皮肤，防止黑色素沉淀，加快体内毒素排出，对防治皮肤干燥、粗糙及皱纹等有效，还可增强皮肤的抵抗力。桃花研末做面膜外敷或煮粥食用，有美白祛斑的效果，可使面色红润有光泽。

摆放建议

桃花被视为爱情的象征，单身者在室内摆放桃花，可使爱情降临；已婚者在室内摆放桃花，可使夫妻感情稳定。桃花多栽植在庭院中，花开时节，灿烂若霞，充满春的气息；也可盆栽摆放阳台、窗台等光线好的地方，寓意驱邪避邪。

择土

以土层深厚、肥沃、疏松、排水通畅的壤土为宜。盆栽培养土可用肥沃园土、腐叶土及较少的粗沙来混合调配。

施肥

对肥要求不高。开花前后各施1～2次液肥可促进开花，使花色艳丽，其余时间可不施肥。

浇水

喜湿润，较耐旱，不耐水湿和积水。不干不浇，浇水要适量。

温度

喜温暖，较耐寒，耐高温，生长适温为15℃～25℃。

光照

喜光照充足，生长期要保持通风透光。

病虫防治

常见的病害是缩叶病，可每半月喷1次波尔多液刷涂树干防治。常见的虫害有蚜虫、刺蛾、天牛等，可人工捕捉或喷农药杀除。

繁 殖

嫁接：多用切接或盾形芽接，切接成活率一般可达 90% 或更高，在春季未发芽前进行。南方砧木多用毛桃，北方多用山桃，但以杏为砧木嫁接寿命长且病害少。选生长充实的桃花枝条，截成 6 ~ 7 厘米长的段，带 2 节芽，切口长 2 ~ 3 厘米，砧木以一、二年生苗为宜。约在砧木离地5 厘米处截顶，然后切接。接后即须培土，略盖过接穗顶端即可。

> **新手提示：** 桃花宜轻壤土，不喜土质过黏，不耐碱土，亦不择肥料，水分以保持半墒为好。盆栽桃花需每年春天更换一次花盆。夏季对生长过旺的枝条要进行修剪，促使其形成花枝。春季开花后，对开过花的枝条只保留基部两三个芽，其余剪除。

麦秆菊

【花草名片】

◎**学名：** *Helichrysum   bracteatum*
◎**别名：** 蜡菊、不凋菊、不老菊、贝壳花。
◎**科属：** 菊科蜡菊属。
◎**原产地：** 澳大利亚干燥地区。
◎**习性：** 喜温暖、阳光充足的环境，不耐寒，忌酷热，在湿润而又排水良好的疏松肥沃的土壤上生长良好。
◎**花期：** 11月~翌年4月。

美容功效

麦秆菊精油有非常好的抗自由基和抗皱的功效，且对皮肤无刺激，是抗衰老、美容养颜的佳品。其花泡茶饮有清凉祛暑、降压提神等功效，还可增强身体抵抗力。

摆放建议

麦秆菊寓意"永恒不变"，赠送给恋人，表示"永不变心"。麦秆菊花色鲜艳有光泽，花干后不凋落，如腊制成，是制作干花的良好材料。麦秆菊可成片种植在花坛、庭院；盆栽布置在儿童房，新鲜可爱；剪取花枝作为干花瓶插，点缀卧室、餐桌、镜前，别有一番温馨浪漫气氛。

择 土

以肥沃、疏松、富含腐殖质、排水通畅的沙质壤土为宜。盆栽培养土可用园土、泥炭土和粗沙来混合调配，并加入少量基肥。

施 肥

较喜肥，薄肥勤施，每月施 2 ～ 3 次复合肥。

浇 水

喜干燥，不耐水湿，对水分很敏感。

温 度

喜温暖，生长适温为 15℃ ～ 25℃，忌酷热，夏季温度高于 34℃时明显生长不良；不耐霜寒，冬季温度低于 4℃以下时进入休眠或死亡。

光 照

喜光，不耐阴，冬季可接受直射光。

病虫防治

常见的病害是锈病和白粉病，锈病可喷施 25% 粉锈宁可湿性粉剂 1500 倍液防治；白粉病可喷施 50% 可湿性托布津 800 ～ 1000 倍液防治。

繁 殖

播种：在 9 月下旬进行。种子撒播于疏松土壤上，略遮阴，保持湿润，约 1 周即可发芽。

新手提示：麦秆菊根系浅，抗旱能力差，注意浇水防旱。麦秆菊喜欢较高的空气湿度，空气湿度过低，会加快单花凋谢；也怕雨淋，晚上需要保持叶片干燥。春秋是麦秆菊的生长旺季，要保证肥水供应；夏季高温进入休眠期，对肥水要求不多，甚至要控肥控水。麦秆菊株高75～120厘米时，要在株间插杆，设立支架，以防倒伏。在开花之前进行两次摘心，可使其萌发更多的开花枝条。

雏菊

【花草名片】

◎ **学名**：*Bellis perennis*

◎ **别名**：长命菊、延命菊、春菊、马兰头花。

◎ **科属**：菊科雏菊属。

◎ **原产地**：欧洲至西亚地。

◎ **习性**：喜欢冷凉、湿润的气候，比较耐寒，不耐酷热和严霜。如果在炎热条件下开花，花朵容易枯萎死亡。

◎ **花期**：2 ~ 5 月。

美容功效

将雏菊花浸泡后沐浴，可润泽肌肤，对皮肤有很好的保湿效果。雏菊花泡茶饮用，可消除疲倦，缓解疲劳。此外，雏菊的嫩叶和花瓣可拌沙拉食用，口感嫩滑。花茎中的汁液可治湿疹、咳嗽。

摆放建议

雏菊是"纯洁和天真"的象征，可赠送给少女和儿童。雏菊株型娇小，开花整齐，色彩丰富，在淡淡的香气中，透着一种淡雅、淳朴的气息，装点花坛、花境、庭院或窗台，热闹非凡；配以可爱的花盆，摆放在儿童房，充满无限童趣；点缀书桌、茶几、卧室，柔美别致，散发着温馨幸福的气息。

择 土

以富含腐殖质、肥沃、排水良好的沙质壤土为宜。盆栽可用腐叶土、培养土和粗沙混合配制。

施 肥

生长期每隔 2 ~ 3 周用复合肥溶于水进行浇灌即可。2 月份花开后停止施肥。5 月份花谢后要施一次稀薄的氮肥。

浇 水

喜湿润，怕水涝，忌积水。夏季早晚各浇水一次；冬季每 2 ~ 3 天浇透水一次。雨季防止盆内积水，以免烂根。现蕾时应该控水，防止花茎过长。

温 度

喜冷凉，耐寒，怕高温，生长适温为 7℃ ~ 15℃，冬季 4℃ ~ 7℃ 可开花。

光 照

喜光，不耐阴。刚栽种的植株光照时间不应太长。光照不足，花期缩短，开花减少，花瓣褐化。霜冻时期要部分遮阴，避免阳光直射。

病虫防治

常见的病害有菌核病、灰霉病、褐斑病、炭疽病、霜霉病，可用 50% 百菌清可湿性粉剂 800 ~ 1000 倍液、甲霜灵 1000 ~ 1500 倍液喷洒进行防治。常见的虫害有蚜虫、小绿蚱蜢等，可用 50% 杀螟松乳油 1000 倍液喷杀。

繁 殖

雏菊常用播种法进行繁殖，也可以采用扦插和分株繁殖的方法。

播种：以 9 ~ 10 月进行为宜。将种子点播于培养土中，保持温度在 28℃左右，约一周即可出苗。有 2 ~ 3 片真叶时即可上盆移栽。

分株：10 月进行为宜。将母株取出，抖掉宿土，将丛生的植株带根分为单株或双株，植于苗床，并施适量复合肥，浇透水，置于半阴处，10 天后再转移到日照充足的地方养护。

> **新手提示**：栽种雏菊的花盆除了塑料盆均可。雏菊的根系较发达，须根数量很多而且很长，所以盆栽时最好选择直大盆。

垂丝海棠

【花草名片】

◎**学名**：*Malus halliana*

◎**别名**：垂枝海棠、海棠花、解语花。

◎**科属**：蔷薇科苹果属。

◎**原产地**：中国，是中国特有的植物。

◎**习性**：喜温暖湿润、阳光充足的环境，较耐旱，不耐阴，不耐水涝。垂丝海棠生性强健，栽培容易，不需要特殊技术管理。

◎**花期**：3 ~ 4 月。

 美容功效

垂丝海棠有调经和血的功效，女性常饮垂丝海棠花茶可使面色红润有光泽，对月经量过大也有一定的调节作用。

 摆放建议

垂丝海棠是富贵之花，开花时灿烂若霞，红花满枝，纷披婉垂，可栽植于庭院中，充满春的气息；盆栽装点窗台、阳台等处，为居室增添一份温馨。

 择 土

对土壤要求不严，但以土层深厚、肥沃、疏松、排水通畅的壤土为宜。

 施 肥

较喜肥，生长季节每月施一次稀薄饼肥水。现蕾时追施一次速效磷肥；花芽分化期间，连续追施 2 ~ 3 次速效磷肥；秋季落叶后至春季萌动前，应停止施肥。

 浇 水

喜湿润，较耐旱，怕水涝，生长季

节要有充足的水分供应，以不积水为准。夏季高温时早晚各浇一次水；雨季防止盆内积水烂根；秋季减少浇水量，抑制生长，有利于越冬。

温 度

喜温暖，较耐寒，生长适温为15℃～28℃。

光 照

喜光，不耐阴，生长期需充足光照。夏季应适当遮阴，同时喷水增湿降温。

病虫防治

常见的病害是锈病，可喷施50%的多菌灵可湿性粉剂500倍液防治。常见的虫害有角蜡蚧、苹果蚜、红蜘蛛等。防治角蜡蚧可在植株发芽前喷波美5度石硫合剂，杀灭越冬卵；发现蚜虫可喷50%对硫磷乳油2000倍液防治；红蜘蛛用6%三氯杀螨砜和6%三氯杀螨醇混合制成的可湿性粉剂的300倍液喷杀。

繁 殖

扦插：宜在春季进行。剪取10～15厘米的侧枝，插入沙床，插入的深度为1/3～1/2，将土稍加压实，浇一次透水，放置遮阴处，此后注意经常保持土壤湿润，约3个月即可生根。

> **新手提示：** 生长季节应每月松土一次，利于其根系吸收养分。宜在早春、深秋进行翻盆，可结合翻盆整理根系、修剪枝条，在盆底放置腐熟的饼肥或厩肥为基肥。修剪宜在花后或休眠期进行，剪短过长枝条，促生侧枝和花芽的形成。盆栽可通过冬季加温的措施，使其提前开花。

食用养生花草

碰碰香

【花草名片】

◎学名：*Plectranthus amboinicus*
◎别名：绒毛香茶菜、豆蔻天竺葵、苹果香草。
◎科属：唇形科香茶菜属。
◎原产地：非洲好望角。
◎习性：喜半阴，但也较耐阴。喜疏松、排水良好的土壤。喜温暖，不耐寒冷，冬季需要0℃以上的温度。不耐潮湿，过湿则易烂根致死。
◎花期：3～4月。

食用养生功效

碰碰香可用于烹饪，煲汤、炒菜、凉拌皆可，叶片泡茶、泡酒，奇香诱人。碰碰香还有药用价值，可提神醒脑、清热解暑。枝叶与蜂蜜一起绞碎食用，能缓解喉咙痛；煮成茶饮用，可减轻肠胃胀气和感冒等症状；捣烂后外敷，可消炎消肿，并有一定的保养皮肤的作用。

摆放建议

碰碰香叶片肉质且被覆茸毛，叶形圆润，非常可爱。因触碰后可散发出怡人的香气而享有"碰碰香"的美称。碰碰香还有驱蚊虫的作用，其香气能减少空气中的有害微生物。盆栽摆放在书桌、窗台、几案、卧室等处，闲暇之余碰触赏玩，一股清香能舒缓情绪，使人神清气爽，赶走疲劳。

择 土

以肥沃、疏松、排水通畅的沙壤土为宜。盆栽可用腐叶土和沙土来混合调配。

 施 肥

不耐肥,生长期每月施用一次稀薄液肥即可。以磷钾肥为主,少施氮肥。

 浇 水

喜干燥,较耐旱,忌积水,生长期保持盆土湿润即可。雨季应避免盆内积水。

 温 度

喜温暖,不耐寒,越冬温度不宜低于5℃。

 光 照

喜光,较耐阴,以明亮的散射光为宜。

病虫防治

病虫害较少,偶见红蜘蛛危害植株,可用水直接冲净,也可用大蒜汁涂抹患病植株。

繁 殖

扦插:全年均可进行。剪取长约10厘米的枝条,去除下部叶片,保留顶部2片叶,置于阴凉通风处晾2天,然后插入基质中,遮阴并保持湿润,但不能积水,约半月即可生根。

新手提示: 因为碰碰香生命力旺盛,极易分枝,以水平面生长,所以定植时株行距宜宽,才能使枝叶舒展。适度修剪可促进分枝,使生长健壮。

萱草

【花草名片】

◎学名：*Hemerocallis fulva*

◎别名：忘忧草、黄花菜、金针菜、川草花、丹棘。

◎科属：百合科萱草属。

◎原产地：中国南部。

◎习性：喜欢温暖、湿润的环境，能忍受寒冷。具有较强的适应性，喜欢潮湿也较耐干旱，喜欢光照充足也能忍受半荫蔽，对环境没有严格的要求。

◎花期：5～8月。

食用养生功效

萱草不仅是名花佳卉，也是佳肴良菜，其花蕾采下蒸熟晒干，俗称黄花菜，适用于凉拌、煸炒、煲汤、入火锅或做配料，不宜单独炒食，可搭配其他食材。黄花菜还可入药，有除湿热、安神志、养心气、利胸膈的功效。鲜根捣烂敷于患处，可治跌打损伤、血瘀肿痛、痈疖疮毒等疾患。

摆放建议

萱草又名"忘忧草"，有"忘忧"、"欢乐"的寓意。萱草花色鲜艳，丛植于庭院中，开花不断，热闹非凡；盆栽或瓶插装点茶几、餐桌、书桌等处，幽雅淡然。萱草对氟化氢有较强的抗性，可用来监测指示大气里的氟化氢和重金属蒸气。

择土

以腐殖质丰富、潮湿且排水通畅的沙质壤土为宜。

施肥

耐瘠薄，少施氮肥。种植的第二年施一次肥料，以后每年追施3次液肥；入冬前再施用一次腐熟的有机肥，以促进第二年的生长发育。

浇水

喜湿润，耐旱，忌积水。春秋生长旺季每天浇一次水。花蕾期要保持土壤湿润。

温度

喜温暖，耐寒，生长适温为15℃～25℃。

光照

喜欢光照充足，应放置在阳光充足的地方养护。长期光照不足生长不良，盛夏需要遮阴。

病虫防治

常见的病害有锈病、叶斑病和叶枯病。锈病可喷施粉锈宁、敌锈钠等杀菌剂防治；叶斑病可喷洒波尔多液或石硫合剂防治；叶枯病可用50%多菌灵可湿性粉剂600～800倍液喷洒。

繁 殖

萱草可用播种法或分株法进行繁殖，以分株繁殖为主。

分株：春秋均可进行，春季进行为宜。春季发芽前，用刀将母株的根切成几块，每块带2～3个芽，分别种植，施以腐熟的堆肥，夏季即可开花，通常5～8年分株一次。

新手提示： 宜选用透气性较好的泥盆，避免使用瓷盆或塑料盆，选盆时一定要选大盆。由于萱草的根系生长得比较旺盛，有一年接一年朝地表上移的动向，因此每年秋、冬交替之际都要在根际垒土，厚约10厘米即可，并注意及时除去杂草。

蜀葵

【花草名片】

◎学名：*Althaea rosea*

◎别名：蜀季花、一丈红、棋盘花、斗篷花。

◎科属：锦葵科蜀葵属。

◎原产地：产自中国和亚洲各地区，由于最先于四川发现，故叫"蜀葵"。

◎习性：喜欢凉爽、阳光充足的气候，略能忍受半荫蔽，能忍受干旱，怕积水。地下部分具有较强的抵御寒冷的能力，在华北地区栽植时根部能露地过冬。

◎花期：6～8月。

食用养生功效

蜀葵可食用，其花和嫩叶可拌沙拉食用，花还可用于炖鱼、炖鸡等。此外，蜀葵还可入药，有清热解毒的功效，内服能医治便秘、解河豚毒、促进排尿，外用则能医治疮疡、烫伤等病症。

摆放建议

蜀葵花朵艳丽、枝叶繁茂且植株高大，适合栽种在庭院里欣赏，成片栽植在庭院可做背景花，也可盆栽摆放在阳台、天台等处，俊美新奇。

择 土

对土壤要求不高，但以肥沃、疏松、

土层较厚且排水通畅的土壤为宜。

施 肥
生长期要施用 2 ~ 3 次以氮肥为主的液肥，现蕾后要追施 1 次磷钾肥。

浇 水
喜湿润，忌积水，较耐旱，在生长季节浇水需适时、适量。

温 度
喜凉爽，怕高温，生长适温为15℃ ~ 25℃，越冬温度不宜低于10℃。

光 照
喜光照充足，也略能忍受半荫蔽，怕强烈的阳光久晒，炎夏要为其适度遮阴。

病虫防治
常见的病害是炭疽病，可用 50%

苯来特可湿性粉剂 2000 倍液喷洒防治。常见的虫害是红蜘蛛和蚜虫，可喷洒80% 敌敌畏 1000 倍液防治红蜘蛛，喷洒40% 氧化乐果乳油 1500 ~ 3000 倍液防治蚜虫。

繁 殖
蜀葵可采用播种法、扦插法及分株法进行繁殖，以播种法最为常用。
　　播种：南方在秋季进行，北方在春季进行。种子直接播于土中，覆土，保持土壤湿润，在20℃左右的条件下，约半月即可发芽。株高20厘米时可定植。

新手提示：盆栽蜀葵宜选用透气性好、排水良好的泥盆或陶盆，且应该是盆口较大的深盆。在进行定植分盆时，要在土壤里施适量的底肥。

鸡蛋花

【花草名片】

◎**学名：** *Plumeria rubra*
◎**别名：** 缅栀子、蛋黄花、大季花。
◎**科属：** 夹竹桃科鸡蛋花属。
◎**原产地：** 墨西哥。
◎**习性：** 喜温暖湿润、光照充足的环境，喜生于石灰岩石地，较耐旱，怕水涝。鸡蛋花根系较发达，生长较快。
◎**花期：** 5 ~ 10月。

食用养生功效
鸡蛋花香气浓郁，泡茶非常适合夏季饮用，鸡蛋花茶带着淡淡的甘甜味，有解暑降热、止痢的作用。鸡蛋花还有药用功效，叶片捣烂外敷，可治淤伤和溃疡；汁液外涂，可治风湿症。

摆放建议
鸡蛋花寓意"洁净"、"吉祥"，也有"富贵"之意，可增添节日的喜庆气氛。鸡蛋花树形美观，其花淡雅素洁，香气浓郁，沁人心脾，可栽植在庭院、池畔，优雅别致；盆栽点缀窗台、阳台，充满活力，使人心情舒畅。

择 土
以肥沃、疏松、富含腐殖质、排水通畅的沙质壤土为宜。盆土要适量含钙。

施 肥
喜肥。生长期每半个月施用一次稀薄液肥，忌偏施氮肥，防徒长。冬天停止施肥。

浇 水
喜湿润，较耐旱，怕水涝，以"见干见湿"为原则。雨季避免盆内积水。冬天待盆土干燥后再行浇水。

 温 度

喜温暖，不耐寒，生长适温为 25℃~30℃，越冬温度不宜低于 5℃。

光 照

鸡蛋花是强阳性花，喜光，日照越充足，生长越繁茂，花多而香。

病虫防治

常见的病害是角斑病，可每隔 7~10 天喷洒 1 次 0.5% 波尔多液，或 70% 代森锰锌可湿性粉剂 400 倍液防治。常见的虫害是介壳虫，可用 25% 的扑虱灵可湿性粉剂 2000 倍液喷杀。

繁 殖

扦插：可在 5 月下旬~6 月上旬进行。从分枝处剪取长 20 厘米左右的枝条作插穗，放在通风良好的阴凉处 2~3 天，或将伤口蘸草木灰、硫黄粉，待稍干后再插入蛭石或素沙盆内，置于通风良好的阴处，常向插穗喷水保湿，30~40 天可生根，秋季或翌春上盆。

新手提示： 盆栽鸡蛋花宜用通透性较好的土陶盆，每年春季萌芽前翻盆换土一次。鸡蛋花喜欢石灰质土，所以施肥注意补钙，可以加骨粉，或施用含有鸡蛋壳、鱼刺、碎骨等腐熟的富含钙的有机肥。上盆或翻盆换土时，宜在培养土中加 20~30 克骨粉或 50~80 克过磷酸钙。除上盆或翻盆换土后需要荫蔽 7~10 天外，其余时间都宜置于阳光充足处。

保健花草

桔梗

【花草名片】

◎**学名**: *Platycodon grandiflorus*

◎**别名**: 包袱花、铃铛花、僧帽花、梗草、白药。

◎**科属**: 桔梗科桔梗属。

◎**原产地**: 中国、朝鲜半岛、日本。

◎**习性**: 喜温暖、湿润凉爽、光照充足的环境，怕积水，怕风害，耐干旱，耐严寒。

◎**花期**: 6～9月。

药用功效

桔梗根有宣肺祛痰、利咽排脓等功效，还有一定的镇静安神功效，利于睡眠。桔梗的嫩茎叶和根均可供蔬食，盛产于我国东北，是朝鲜族的特色菜。

摆放建议

桔梗寓意"永恒的爱"、"真诚的爱"，桔梗花优雅别致，其中白花种具有清香味。盆栽摆放在窗台、阳台、书房，尽显浪漫气息，也可直接栽植在庭院，花开时节如同繁星点点，惹人怜爱。

择土

以土层深厚、排水良好、土质疏松而含腐殖质的沙质壤土为宜。盆栽培养土可用泥炭土、培养土和沙土来混合调配。

施肥

较喜肥，薄肥勤施，生长期每半个月施用1次复合肥或腐熟有机肥。冬天停止施肥。

浇水

喜湿润，耐旱，怕积水。夏季每天

浇水 1 次，其他季节 2～3 天浇水 1 次。高温多湿季节应及时排水，防止积水烂根。

温 度

喜温暖、凉爽，较耐寒，生长适温为 10℃～25℃。

光 照

喜光照充足，忌阳光直射，开花前要适当遮阴。

病虫防治

常见的病害是根腐病和白粉病，根腐病可用多菌灵 1000 倍液浇灌根部防治；白粉病可喷施白粉净 500 倍液防治。

花毛茛

【花草名片】

◎学名：*Ranunculus asiaticus*

◎别名：芹菜花、波斯毛茛、陆莲花、洋牡丹。

◎科属：毛茛科毛茛属。

◎原产地：地中海沿岸。

◎习性：喜凉爽、湿润、半阴的温和环境，忌炎热，不耐寒，既怕湿又怕旱。夏季块根进入休眠期。

◎花期：3～5 月。

摆放建议

花毛茛颜色丰富，红色寓意"鸿运当头、大展宏图"，橙色寓意"福寿安康、吉庆满堂"，粉色则代表"深情厚意"。花毛茛花大艳丽，株型端庄典雅，盆栽装饰窗台、阳台、客厅、书房，美艳清新，格调高雅；丛植于花坛、花带或阶旁，灿烂若霞；也可作切花瓶插于餐桌、镜前、卧室，温馨浪漫。

择 土

以肥沃、疏松、排水通畅的微酸性

繁 殖

播种：冬播于 11 月至次年 1 月进行，春播于 3～4 月份进行，以冬播为好，一般采用撒播。将种子用潮湿的细沙土拌匀，直接撒播，轻扫一遍表面，以不见种子为度，稍作按压。次年春天出苗。

新手提示：生长期如果高温高湿，容易引起植株徒长、黄叶和灰霉病，所以夏季应注意通风降温。居家盆栽宜摆放于疏荫清爽的环境。花毛茛的块根较小而质弱，夏季休眠期最好将盆放于低温凉爽通风的环境保存，保持盆土潮润状态，偏干易萎缩，过湿易腐烂。

沙质土壤为宜。盆栽土可用培养土、腐叶土和沙等量混合调配。

施 肥

春季施 1～2 次以磷肥为主的稀薄肥水。开花前后要增施钾肥。

浇 水

喜湿润，不耐旱，生长旺盛期应经常浇水，保持土壤湿润，但忌积水。

温 度

喜温暖、凉爽的气候，怕高温，不耐寒，生长适温为 7℃～20℃。

光 照

喜半阴，以明亮的散射光为宜，怕强光暴晒。

病虫防治

常见的病害是根腐病，可用 50% 苯来特可湿性粉剂 1000 倍液灌根防治。常见的虫害主要是根蛆和潜叶蝇，可用 40% 氧化乐果乳油 1000 倍液喷杀。

繁 殖

分株：于 9～10 月进行。将母株

挖出，轻轻抖去泥土，块根带根茎掰开，以 3 ~ 4 根为一株栽植，覆土不宜过深，埋入块根即可。

播种：于秋季进行。播后覆薄沙，遮阴，保持湿润，保持室温在 10℃ ~ 15℃，20 天左右即可发芽。播种繁殖变异大，常用于育种及大量繁殖。

木槿

【花草名片】

◎学名：*Hibiscus syriacus*

◎别名：木锦、篱障花、无穷花、槿曲柳。

◎科属：锦葵科木槿属。

◎原产地：东亚，主要是中国和印度。

◎习性：喜欢温暖、光照充足、潮湿且润泽的生长环境，略耐荫蔽，较能忍受寒冷和干旱，怕积水。

◎花期：6 ~ 10 月。

药用功效

木槿花清热解毒，凉血消肿，果实称"朝天子"，可清肺化痰，解毒止痛。木槿叶捣烂洗头发可护发，嫩叶可泡茶饮用。

摆放建议

木槿是"吉祥"、"美好"的象征，盛夏开花，花朵满树。木槿大多栽种在庭院里，也可以盆栽摆放在客厅、阳台等向阳的地方，木槿枝条可以编制成花篮装点居室。

择 土

以疏松、肥沃和排水良好的中性到微酸性土壤为宜，也能在贫瘠的土壤中生长。盆栽时最好选用园土、腐叶土、炉渣混合而成的土壤。

施 肥

上盆时要施有机肥料做底肥。生长季节每半月施用 1 次肥料，以"少施薄施"为原则。开花期施磷钾肥 2 ~ 3 次。

浇 水

喜湿润，忌积水。生长期需适时适量浇水，经常保持盆土湿润。

温 度
喜温暖，耐寒，生长适温为 15℃ ~ 28℃。

光 照
喜欢光照充足，略耐荫蔽，平时宜摆放在光线明亮的地方。

病虫防治
木槿病虫害较少，病害主要有叶斑病和锈病，可用 65% 代森锌可湿性粉剂 600 倍液喷洒。虫害主要有红蜘蛛、蚜虫、蓑蛾、夜蛾、天牛等。

繁 殖
木槿可采用播种法、扦插法及压条法进行繁殖，主要采用的是扦插法。多在早春或梅雨季节进行，秋末冬初也可，这时的植株易生根成活。

扦插：选择生长健壮的枝条，剪成 15 ~ 20 厘米长的段，清水浸泡 4 ~ 6 小时后插于沙床，保持湿润，约 1 个月可生根。

新手提示：盆栽木槿选用泥盆最佳，其次是瓷盆和紫砂盆，尽量不用塑料盆。木槿具有较强的萌芽能力，耐修剪，深秋时要及时把稠密枝、瘦弱枝等剪掉，以降低营养的损耗。

波斯菊

【花草名片】

◎**学名**：*Cosmos bipinnata*

◎**别名**：秋英、大波斯菊、格桑花、八瓣梅、扫帚梅。

◎**科属**：菊科秋英属。

◎**原产地**：墨西哥。

◎**习性**：喜温暖、光照充足的环境，不耐寒，也忌酷热，耐干旱和瘠薄，喜疏松肥沃和排水良好的沙质土壤。忌大风，宜种于背风处。

◎**花期**：6～10月。

 药用功效

波斯菊有清热化痰、补血通经等功效。

 摆放建议

波斯菊代表"纯洁无瑕"和"多情"，可成片种植于庭院，摇曳多姿；矮化的波斯菊盆栽点缀书房、阳台、窗台等处，可增添几分明亮愉快之感；剪切花枝瓶插装点镜前、餐桌，可营造出一种烂漫温馨的气氛。

 择 土

以肥沃、疏松、富含腐殖质、排水通畅的沙质土壤为宜。盆栽培养土可用泥炭土、腐叶土及较少的粗沙来混合调配。

 施 肥

耐贫瘠，栽种前施基肥则生长期不需施肥。

 浇 水

较耐旱，怕积水，浇水要适量，生长期保持盆土湿润即可。

 温 度

喜温暖，不耐寒，也不耐酷热，生长适温为18℃～24℃。

 光 照

喜光照充足，不耐阴。光照不足则花朵暗淡无光。

 病虫防治

常见的病害是白粉病和叶斑病，可用50%托布可湿性粉剂500倍液喷洒防治。常见的虫害是红蜘蛛、蚜虫和金龟子，红蜘蛛可用40%氧化乐果乳油1500倍液喷杀；蚜虫、金龟子可用10%除虫精乳油2500倍液喷杀。

 繁 殖

播种：可在3月中旬至4月或7～8月进行。直接撒播，发芽迅速，生长很快，一周左右小苗可出土，长到4片真叶时摘心，2个月左右开花。

扦插：在生长期间，于节下剪取15厘米左右健壮枝梢，插于沙床，遮阴，保持湿润，半月左右即可生根。

> **新手提示**：波斯菊为短日照植物，春播苗往往叶茂花少，夏播苗植株矮小、整齐、开花不断。过多的肥水易引起植株徒长而产生倒伏，并且开花稀少。波斯菊生长迅速，可多次摘心，以增加分枝。种子成熟后易脱落，应于清晨采种。

第六章

象征财富幸运的花草

金钱树

在阳光下犹如涂上一层闪闪发光的釉彩，若将数株合栽于一个精致的青花瓷盆中，则彰显出一种蓬勃向上的生机与活力，因此其寓意"招财进宝"。

择 土

以疏松、肥沃、排水良好、富含腐殖质的微酸性土壤为宜，忌黏性土。盆栽可用园土、泥炭土和沙土混合配制。

施 肥

喜肥。生长期每月施 2 ~ 3 次 0.2% 的尿素和 0.1% 的磷酸二氢钾的混合液。秋季停施氮肥，增施磷钾肥，冬季停止施肥。

浇 水

喜稍干，较耐旱，忌积水。盆土保持湿润偏干为宜，夏季高温时要每天给叶面喷水 1 次。

温 度

喜热，不耐寒，生长适温为 20℃ ~ 32℃，越冬温度不宜低于 8℃。

光 照

喜光，也较耐阴，忌强光直射。夏季应适当遮阴，冬季应阳光充足。

病虫防治

常见的病害有褐斑病，可用 50% 的多菌灵可湿性粉剂 600 倍液或 40% 的百菌清悬浮剂 500 倍液防治。常见的虫害

【花草名片】

◎学名：*Zamioculcas zamiifolia*

◎别名：金币树、雪铁芋、泽米叶天南星、龙凤木。

◎科属：天南星科雪芋属。

◎原产地：非洲热带地区。

◎习性：喜暖热略干、半阴及年均温度变化小的环境，较耐旱，畏寒冷，忌强光暴晒，怕土壤黏重和盆内积水。萌芽力强，剪去粗大的羽状复叶后，其块茎顶端要很快抽生出新叶。

◎花期：受各种条件影响不固定，花期约 20 天。

花形特色

金钱树叶片质地厚实，叶色浓绿，

有介壳虫，可用透明胶带粘去虫体，或用湿布抹去。

繁殖

分株：于4月份进行。将母株脱盆，抖去宿土，从块茎的结合薄弱处掰开，并在创口上涂抹硫黄粉或草木灰，另行上盆栽种即可。注意栽种时不要埋得太深。

扦插：剪取一段叶轴带2个叶片做插穗，插入河沙或蛭石中，只留叶片于基质外，喷透水，遮阴并保持25℃～27℃的环境温度，半个月即可生根，2～3个月即可长成小植株。

新手提示：金钱树因其块茎硕大、根系发达、羽状复叶较长，生长季节应及时观察其生长情况来决定是否换盆换土。要保证栽培基质通透良好。梅雨季节要勤检查，发现盆内有积水时，要及时给予翻盆换土，以免烂根。

黄金万两

【花草名片】

◎**学名：**Ardisia crenata

◎**别名：**朱砂根、富贵果、大罗伞、红铜盘、凉散遮金珠。

◎**科属：**紫金牛科紫金牛属。

◎**原产地：**中国南部亚热带地区。日本也有分布。

◎**习性：**喜温暖湿润、半阴、通风良好的环境，不耐高温和强烈的阳光直射，不耐寒。

◎**花期：**6～7月（果期10～12月）。

花形特色

黄金万两叶色浓绿，四季常青，果实成熟时呈鲜红色，经久不落，显得生机自然、喜气洋洋。居家可将黄金万两摆放于阳光较好的朝东的窗台或阳台。

择土

以疏松、肥沃、排水良好、富含腐殖质的土壤为宜。

施肥

春夏秋生长季节每月施一次稀薄的有机液肥。

浇水

喜欢湿润或半干的环境，生长期保持盆土湿润。要求空气相对湿度在50%～70%，空气干燥时下部叶片黄化、脱落，上部叶片无光泽。

温度

喜温暖，不耐寒，也不耐高温，生长适温为15℃～25℃，对冬季的温度要求很严，当环境温度在8℃以下停止生长。

光照

对光线适应能力较强，耐阴，忌强光直射，盛夏应适度遮阴。

病虫防治

常见的病害有根腐病，可用绿乳铜或托布津800～1000倍液灌根。常见的害虫有钻心虫，可用40%氧乐果1000倍液或90%敌百虫800～1000倍液喷雾，每隔5～7天喷1次，连续喷2～3次。

繁 殖

扦插：春末秋初用当年生的枝条进行嫩枝扦插，或于早春用去年生的枝条进行老枝扦插。进行嫩枝扦插时，选用当年生粗壮枝条作为插穗，选取壮实的部位，剪成 5 ～ 15 厘米长的段，带 3 个以上的节。剪取插穗时，上面的剪口在最上一个叶节的上方大约 1 厘米处平剪，下面的剪口在最下面的叶节下方大约 0.5 厘米处斜剪，上下剪口都要平整。插入沙床，遮阴，保持湿润和 20℃ ～ 30℃。

新手提示： 冬季植株进入休眠或半休眠期，要把瘦弱、病虫、枯死、过密等枝条剪掉，也可结合扦插对枝条进行修剪。放在室内养护时，尽量放在有明亮光线的地方。在室内养护一段时间后，就要把它搬到室外遮阴处养护一段时间，如此交替调换有利于植株的生长。开花后为了促进结果，应控制水分；入冬后控水，保持65%～70%的水分，春节可以观果。

火龙果

【花草名片】

◎**学名**：*Hylocereus undatus*
◎**别名**：青龙果、红龙果、仙人果。
◎**科属**：仙人掌科量天尺属。
◎**原产地**：中美洲热带。
◎**习性**：喜温暖湿润、光照充足的环境，较耐阴、耐热，耐旱，耐瘠薄，适应性强。
◎**花期**：6 ～ 10 月。

花形特色

火龙果挂果时节，果实张扬而纷繁的色彩艳丽迷人，喜庆热烈，火龙果的表皮似龙鳞，有吉祥、富贵之意，居家盆栽可摆放在玄关、客厅等显眼处。

择 土

对土壤要求不严，但以富含腐殖质、保水保肥性好的中性或微酸性土壤为宜。盆栽时应施入适量有机肥做底肥。

施 肥

火龙果生长量比常规果树要小，施肥要以薄肥勤施为原则。每年都要重施有机肥，施肥应在春季萌梢期和果实膨大期进行。苗期施钙镁磷肥，幼树（1 ～ 2 年生）以施氮肥为主，薄肥勤施，促进树体生长；成龄树（3 年生以上）以磷钾肥为主，控制氮肥的施用量。

浇 水

喜湿润，耐旱性强。春夏多浇水，果实膨大期要保持土壤湿润，以利果实生长。雨季应及时排水，以免造成茎肉腐烂。

冬季要控水，以增强枝条的抗寒力。

温度

喜温暖，生长适温 20℃ ~ 30℃，能耐 0℃低温和 40℃高温。夏季要注意通风。

光照

喜光照充足，较耐阴，夏季中午应适当遮阴。

病虫防治

火龙果病虫害较少，幼苗期易受蜗牛和蚂蚁危害，可用杀虫剂防治；在高温高湿季节易感染病害，出现枝条部分坏死及霉斑，可用粉锈宁、强力氧化铜等防治；偶尔根部有线虫，茎叶有红蜘蛛，及时防治即可。

繁殖

扦插：以春季为宜。选择生长充实的茎节作为插穗，截成长 15 厘米的段，待切口晾干后插入沙床，约 15 ~ 30 天可生根，根长到 3 ~ 4 厘米时移植苗床即可。

新手提示： 火龙果的花期长，且花朵大，所以营养需求也高。除需添加肥水，开花前半个月，每周要施 1 次含有磷钾的有机液肥。当株高长到 1 米左右时，在顶端剪去约 3 厘米长的茎尖，以促使顶端发出侧枝。顶端侧枝长到 50 厘米左右时，在盆边四周搭 4 根竹竿，在竹竿顶端绑上横梁，将侧枝引绑在横梁上，使其伸平或自然下垂。侧枝不能留太长，每枝建议只留 1 朵结果。5 月中旬以后移出室外后，将老侧枝剪掉，从近根处剪断，以促发新侧枝。

凤凰木

【花草名片】

◎ **学名：** *Delonix regia*

◎ **别名：** 凤凰花、凤凰树、孔雀树、金凤、红花楹、火树。

◎ **科属：** 豆科凤凰木属。

◎ **原产地：** 马达加斯加。

◎ **习性：** 喜高温多湿、怕积水，较耐干旱，耐瘠薄。

◎ **花期：** 5～8月。

 花形特色
凤凰木花红叶绿，满树如火。

 择 土
以土层深厚、肥沃、富含有机质的沙质壤土为宜。

 施 肥
耐瘠薄，萌芽前和开花前各施肥一次。

 浇 水
喜湿润，较耐旱，忌积水。生长期

保持盆土湿润，雨季及时排出盆内积水。

温度
喜温暖，不耐寒，生长适温为20℃~30℃，越冬温度不宜低于10℃。

光照
喜光，生长期需充足的光照。

病虫防治
常见的病害有叶斑病，可用65%代森锌可湿性粉剂600倍液。常见的虫害有夜蛾，可用50%杀螟松剂1000倍液或50西维因可湿性粉剂800倍液喷杀。

繁殖
播种：12月种子成熟，采集荚果取出种子干藏，翌年春季播种。播种前用开水浸种，待冷却后继续浸泡1~2天，中间换清水1~2次，播种，覆土，保温，早晚淋水一次，约一周开始发芽，一年生苗可达1.5米左右。

> **新手提示：**凤凰木幼苗对霜冻较敏感，早期可施复合肥，少施氮肥。移植宜在早春进行。凤凰木枝叶萌发力强，应及时修剪，保持优美的株型。

小叶榄仁

【花草名片】

◎**学名：***Terminalia mantaly*

◎**别名：**细叶榄仁、非洲榄仁、雨伞树、法国枇杷。

◎**科属：**使君子科榄仁树属。

◎**原产地：**非洲。

◎**习性：**喜高温多湿、阳光充足的环境，耐热，耐湿，耐碱，耐瘠，抗污染，易移植，树性强健，生长迅速，寿命长。

◎**花期：**6~8月。

花形特色
小叶榄仁为优良的木本观叶植物，主干浑圆挺直，叶色青翠。小叶榄仁可搭配黄色的饰物，摆放于居室或办公室。

择土
以排水良好、富含腐殖质的沙壤土为宜。

施肥
耐瘠薄，每年春、夏季各施有机肥一次即可。

浇　水
喜湿润，生长期应保持盆土湿润，但不宜积水。

 温　度
喜高温，不耐寒，生长适温为23℃~32℃，越冬温度不宜低于10℃。

 光　照
喜光，生长期需阳光充足，盛夏忌强光暴晒。

病虫防治
常见的虫害是咖啡皱胸天牛。发现被害树时，用利刀剖开被害树的树皮，取出其中的天牛幼虫，待切口干燥后，培土促进不定根生长，以利植株恢复生长势；

荷花

【花草名片】

◎学名：*Nelumbo nucifera*
◎别名：芙蓉、水芙蓉、莲花。
◎科属：睡莲科莲属。
◎原产地：中国。
◎习性：荷花是水生植物，喜温暖、阳光充足的环境，性喜相对稳定的平静浅水，沼泽地、池塘是其适生地。
◎花期：6~9月，每日晨开暮闭。

 花形特色
荷花格调高雅，为常见的水生花卉，居家可将小型荷花种植在小盆或碗中，摆放在居室西北方向的阳台或窗台上。

 择　土
以肥沃、富含腐殖质的黏性壤土为宜。可使用肥沃的塘泥。

也可用注射针筒将农药注入隧道中，杀死幼虫。

 繁　殖
可用播种法，取成熟掉落的种子为佳，春至夏季播种；也可用嫁接法，砧木选用榄仁树，早春三月上旬嫁接为宜，阴雨天气不宜嫁接。

> **新手提示：** 幼株需水较多，应保证供水充足。小叶榄仁的树形是自然的主干分层形，栽植时修剪注意保留顶端主干，若顶端主干折断，则选留一枝直立向上的枝条作为主干，同时每层选留3~5个粗壮轮生枝并短截，把其余弱小侧枝疏除。此外对裸露在外或劈裂的根系要剪平。

 施　肥
喜肥，但施肥过多会烧苗，要薄肥勤施，花期需肥量较大。缸、盆栽的荷花，如果基肥充足可不追肥；尤其是碗莲，肥多易腐。生长季节荷叶变黄，又无病斑，应追肥促壮。

 浇　水
喜水，怕干旱。夏季生长高峰期，对水分的需求量最大，要注意缸盆内不能脱水。雨季注意水位不能淹没叶片，要及时排水。入秋后，不必经常浇水，缸盆内保持浅水即可。

 温　度
喜温暖，对温度要求较严，生长适温为22℃~35℃。开花需要22℃以上。

 光　照
喜光，生长期需全光照的环境。现蕾后，每日光照要不少于6小时，否则会出现叶色发黄、花蕾枯萎。极不耐阴，在半阴处生长就会表现出强烈的趋光性。

家庭盆养要置于光照充足的阳台上或院子里。

病虫防治

常见的病害有黑斑病和腐烂病。黑斑病可喷洒 50% 多菌灵或 75% 百菌清 500 ~ 800 倍液进行防治；腐烂病可喷洒 50% 多菌灵 500 ~ 600 倍液防治。常见的虫害有斜纹夜蛾，可用甲胺磷 1000 倍液喷杀。

繁 殖

分藕：将藕节切开，每节都要带芽，直接栽入土中，水深 30 厘米。

播种：用剪刀将莲子的底部剪破，放入清水中催芽，播入盆中。待长出 3 ~ 4 片浮叶后，移植到大缸内。

新手提示：荷花的需水量由其品种而定，大株型品种相对水位深一些，但不能超过1.7米；中小株型只适于20~60厘米的水深。分栽初期无论塘植、缸栽，水不宜多，因浅水可提高土温，对莲苗早期生长有利。随着浮叶、立叶的生长，逐渐提高水位。缸植夏季应1~2天加水1次，碗栽小种则应每日浇水。浇灌荷花的水如果是地下水，应经日晒提高水温后再用。

萍蓬草

【花草名片】

◎学名：*Nuphar pumila*

◎别名：黄金莲、萍蓬莲。

◎科属：睡莲科萍蓬草属。

◎原产地：中国东北、华北、江浙及广东一带，俄罗斯、日本、欧洲也有分布。

◎习性：喜温暖、湿润、阳光充足的环境，适宜水深30～60厘米，最深不宜超过1米。耐低温，长江以南越冬不需防寒，可在露地水池越冬；北方冬季需保护越冬。萍蓬草的根系发达，耐污染能力强。

◎花期：5～7月。

花形特色

萍蓬草为水生植物，叶色浓绿，家庭可搭配以橙色饰物，盆栽观赏。

择 土

对土壤要求不严，以土质肥沃略带黏性为好，尤其适宜于淤泥深厚肥沃的环境中生长。萍蓬草水景盆栽时，以塘泥或腐熟的有机质加园土作为栽培基质。

施 肥

生长期适量追施有机液肥。土壤肥沃，植株生长旺盛，花多色艳，花期长。

浇 水

只能在清水和静水中生长，居家栽植要注意换水，保持水质干净。

温 度

喜温暖，不耐寒，生长适宜温度为15℃～32℃，温度降至12℃以下停止生长。

光 照

喜阳光，在荫蔽的水面上生长不良。

病虫防治

萍蓬草易遭受水绵侵害，可用硫酸铜喷洒于水中防治，幼苗期喷洒浓度为3～5mg/L，成苗期为30～50mg/L。蚜虫可用1000～1200倍的敌百虫、敌敌畏喷杀。斜纹夜蛾可用1000～1500倍敌杀死喷洒叶面。螺蛳类可用茶饼、生石灰、黄姜粉等达到杀虫的效果。

繁 殖

用分栽地下根茎的方法进行繁殖，也可播种，播种后需培养3年才能开花。

播种：采种后翌年春季进行人工催芽，播种土壤为清泥土，pH值为6.5～7.0，加肥（腐熟的芝麻饼、豆饼等）拌匀，用水浸泡3～5天（最好在泥表面撒一层沙），再加水3～5厘米深，待水澄清后撒入种子，根据苗的生长状况及时加水、换水，直至幼苗生长出小钱叶（浮叶）时移栽。

块茎繁殖：在3~4月份进行，用快刀切取带主芽的块茎6~8厘米长，或带侧芽的块茎3~4厘米长，作繁殖材料。

分株：可在生长期6~7月份进行。除去盆中泥土，露出地下茎，用快刀切取带主芽或有健壮侧芽的地下茎，除去黄叶、老叶，留心叶及几片功能叶，保留部分根系，在营养充足条件下，所分的新株与原株很快进入生长阶段，当年即可开花。

> **新手提示：** 由于原产地不同，各种萍蓬草的耐寒力也不一样。栽种时应选用当地原产的品种，华北地区还可栽种欧洲萍蓬草，这样可不加保护在水池中越冬。萍蓬草的根茎、叶柄细长，为提高成活率，常进行全苗移栽。

矮仙丹

【花草名片】

◎ **学名：** *Ixora chinensis*

◎ **别名：** 仙丹花、山丹花、龙船花、红绣球。

◎ **科属：** 茜草科龙船花属。

◎ **原产地：** 中国南部和马来西亚。

◎ **习性：** 喜温暖湿润、阳光充足的环境，不耐寒，怕水涝，怕强光直射，较耐阴。

◎ **花期：** 全年均可开花，盛花期为5月中旬~11月下旬。

花形特色
矮仙丹花团锦簇，花色亮红鲜艳，居家盆栽矮仙丹可摆放在居室的北方。

择 土
以富含腐殖质、疏松、肥沃的微酸性土壤为宜，忌用盐碱土和重黏土。盆栽可用腐叶土4份、沙壤土4份、河沙2份配制，并掺进少量腐熟的豆饼。

施 肥
喜肥，生长期每半月施一次氮磷钾复合肥，不可单施氮肥，否则枝叶徒长而花少。现蕾到花期要追施2~3次腐熟液肥。

浇 水
喜湿润，忌积水，盆土要见干见湿。秋季适当控制浇水量，可使枝条组织充实，冬季应严格控制浇水量。浇水以软水为宜，硬水对矮仙丹生长不利。

温 度
喜温暖，不耐寒，生长适温15℃~25℃，越冬温度不宜低于5℃。

光 照
喜光照充足，较耐阴，但怕强光直射，盛夏阳光强烈时要注意遮阴。

病虫防治
常见的病害有叶斑病和炭疽病，可用10%抗菌剂401醋酸溶液1000倍液喷治。常见的虫害是介壳虫，可用40%氧化乐果乳油 1500 倍液喷杀。

繁 殖

扦插：以 6 ～ 7 月进行为宜。选取一年生枝条，剪 10 ～ 15 厘米长的段，去掉基部叶片，扦插室温为 24℃ ～ 30℃，斜插于沙床，遮阴并保持湿润，约 30 天

新手提示： 盆栽矮仙丹宜选用通透性较好的土陶盆。居家盆栽宜置于阳光充足的庭院、屋顶花园和南向、西向阳台。为克服土壤和水质的碱性，生长期每周浇一次矾肥水，可使植株保持叶片浓绿。长江以北浇水时，宜在水中加点硫酸亚铁（500∶1），以防长期用碱性水浇灌，盆土碱化，叶片发黄。苗高15～20厘米时应摘心一次，以促其多发侧枝。初冬对植株进行整形修剪，保留健壮枝条，剪去病虫枝、纤弱枝、过密枝等。每年春季翻盆换土时，对越冬的老株留约20厘米做一次重剪。

即可生根，生根后 10 天可移栽或上盆。

彩叶草

【花草名片】

◎**学名：** *Coleus blumei*

◎**别名：** 彩叶苋、五色草、叶紫苏、洋紫苏、老来少。

◎**科属：** 唇形科紫苏属。

◎**原产地：** 印度尼西亚的爪哇岛。

◎**习性：** 喜欢温暖、潮湿、光照充足的环境，盛夏时怕强光直射暴晒，夏天温度较高时要略遮阴。不能忍受寒冷，要采取保护措施方可顺利过冬。

◎**花期：** 8 ～ 9 月。

花形特色

彩叶草色彩绚丽，鲜艳如火，可将彩叶草摆放在书桌或办公桌上。

择 土

以疏松、肥沃、排水通畅的沙壤土为宜。盆栽可用 2 份腐叶土、2 份园土和

1 份砻糠灰混合调配，并施入适量有机肥及骨粉作底肥。

施 肥

喜肥，多施磷肥，以保持叶色鲜艳。忌施过量氮肥，否则叶面暗淡。入秋后，彩叶草的生长会变快，应勤施薄肥。

浇 水

喜湿润，生长期使土壤处于潮湿而稍干的状态，土壤过湿易造成植株疯长，影响株型美观，因此浇水要适量。夏季要浇足水，以免发生萎蔫现象，并经常向叶面喷水，保持一定空气湿度。冬季控制浇水的次数，2 ～ 3 日一次即可，保证干湿相宜。

温 度

喜温暖，不耐寒，生长适温 15℃ ～ 25℃，越冬温度 10℃ 左右，5℃ 以下易发

生冻害。

光照

喜光照充足，但怕强光直射，盛夏阳光强烈时要注意遮阴。

病虫防治

常见的病害是叶斑病，可喷施50%托布津可湿性粉剂500倍液防治。常见的虫害有介壳虫、红蜘蛛及白粉虱等，可用40%氧化乐果乳油1000倍液喷杀。

繁殖

彩叶草可采用播种法或扦插法进行繁殖。

播种：一般在3月于温室中进行。将充分腐熟的腐殖土和沙土各半掺匀，置入苗盆，再将苗盆放入水中浸透。播种，微覆薄土，用玻璃板或塑料薄膜覆盖在上面，并保持盆土湿润。发芽适温25℃~30℃，约10天发芽。

扦插：一年四季均可进行，极易成活，也可结合植株摘心和修剪进行嫩枝扦插。剪取生长充实饱满枝条，截取10厘米左右，插入河沙中，入土部分要有叶节生根，插后遮阴，保持盆土湿润，但不要过湿。温度较高时，15天左右即可生根。

水插：选取生长充实的枝条中上部2~3节作插穗，去掉下部叶片，置于凉凉的白开水中，待白色水根长至5~10毫米时即可栽入盆中。春秋需要5~7天，夏季一天即可生根。

新手提示： 栽种时，盆的大小应与花苗相称，以泥盆为宜。当彩叶草幼苗生出4~6枚叶片时，要进行摘心处理，以促其萌生新枝，令株型丰满。对于长势过强的植株应进行摘心、修剪处理。如果植株长得太高，要对其进行截顶，以促进基部萌生新枝。花序生成即应除去，以免影响观叶效果。

人参榕

【花草名片】

◎**学名:** *Ficus microcarpa*

◎**别名:** 地瓜榕、榕树瓜。

◎**科属:** 桑科榕属。

◎**原产地:** 中国。

◎**习性:** 喜温暖湿润、阳光充足的环境,不耐寒,怕水涝,怕强光直射,较耐阴。

◎**花期:** 5～6月。

花形特色

人参榕为木本植物,根部形似人参,形态自然,根盘显露,树冠秀茂,叶色碧绿,居家可将人参榕配以古趣横生的盆钵摆放。

择 土

以富含腐殖质、疏松、肥沃的微酸性沙壤土为宜,忌盐碱土。盆栽可用泥炭土和沙土混合配制。

施 肥

不耐肥。生长期每2个月施一次充分腐熟的稀薄豆饼水。每年施肥3～4次,不能过量,否则易导致枝叶徒长。

浇 水

喜湿润,忌积水,浇水要见干见湿。生长期保持盆土湿润。夏季应经常向叶面喷水。

温 度

喜温暖,不耐寒,生长适温18℃～33℃,越冬温度不宜低于5℃。

光 照

喜光照充足，较耐阴，生长期需光照充足。长期光照不足会引起叶片发黄和落叶。盛夏避免阳光直射，应适度遮阴。

病虫防治

常见的病害有叶斑病，可用70%的甲基托布津可湿性粉剂800倍液喷洒。

繁 殖

人参榕繁殖要用播种繁殖才能养出肥胖、观赏性好的根部。

新手提示： 盆栽人参榕每2年于春季出室前换盆一次，并加入适量基肥。抽枝发叶期间，要适当控制浇水，或多喷水少浇水，可促成其节短叶厚，同时给予充足的光照，使其叶质厚实而又叶色光亮。每年春秋可对植株细弱枝、病枝进行修剪，促进分枝生长。

大花紫薇

【花草名片】

◎学名：*Lagerstroemia speciosa*
◎别名：大叶紫薇、百日红。
◎科属：千屈菜科紫薇属。
◎原产地：中国、印度、澳大利亚。
◎习性：喜温暖湿润、阳光充足的环境，较耐寒，也较耐旱，忌积水。性强健，耐修剪，发枝力强，新梢生长量大。
◎花期：5～8月。

花形特色

大花紫薇为木本花卉，花大而美丽，花形奇特，居家可栽植于庭院，也可盆栽。

择 土

对土壤要求不严，但以土层深厚、疏松、肥沃、排水良好的沙壤土为宜。

施 肥

耐瘠薄。薄肥勤施，生长期每10天施一次稀薄液肥。冬季施基肥可使来年开花花大色艳。

浇 水

喜湿润，较耐旱，忌积水。生长期保持盆土湿润。夏季早晚各浇水一次。

温 度

喜温暖，生长适温20℃～30℃。较耐寒，但幼苗期应做好防寒保温工作。

光 照

喜光照充足，生长期需光照充足。长期光照不足会引起植株开花少或不开花。

病虫防治

常见的病害有煤污病，可喷洒50%多菌灵可湿性粉剂500～800倍液或70%甲基拖布津500倍液防治。

繁 殖

压条：一般在每年的11月～次年2月进行。结合冬春修剪，选品种优良、花大色艳、无病虫害的健康植株做母株，选取发育充实的一年生或二年生枝，要求径粗1～4厘米，在清水中浸泡2小时，顺沟斜埋，覆土压实根部，上部顺沟压倒，浇一次透水，用塑料薄膜严密覆盖增温保湿。3月中旬即可萌芽生长，4月嫩芽即可露出地面。

新手提示：盆栽大花紫薇每2~3年更换一次盆土，换盆时可加骨粉、豆饼粉等有机肥作基肥，但不能使肥料直接与根系接触，以免伤及根系。开花后要将残花剪去，可延长花期。为了使其花繁叶茂，在休眠期应对其整形修剪，修剪时要对一年生枝进行重剪回缩，使养分集中，发枝健壮，还要将徒长枝、干枯枝、下垂枝、病虫枝、纤细枝和内生枝剪掉。幼树期应及时将主干下部的侧生枝剪去，以使主干上部能得到充足的养分，形成良好的树冠。

三角梅

【花草名片】

◎**学名**：*Bougainvillea spectabilis*

◎**别名**：三叶梅、三角花、叶子花、叶子梅、九重葛。

◎**科属**：紫茉莉科叶子花属。

◎**原产地**：巴西。

◎**习性**：喜温暖湿润、阳光充足的气候，对土壤要求不严，不耐寒，耐贫瘠，耐干旱，怕水涝，耐修剪。

◎**花期**：10月~翌年6月。

花形特色

三角梅花为常绿攀援状灌木，花开时节姹紫嫣红，绚丽满枝，热烈喜庆。

择 土

对土壤要求不严，但以疏松、肥沃、排水良好的微酸性沙壤土为宜。盆栽可用腐叶土、泥炭土、沙土、园土等量混合配制，并加入少量腐熟的饼渣作基肥。

施 肥

薄肥勤施，生长旺期每隔 7 ~ 10

天施一次稀薄液肥，不宜偏施氮肥。孕蕾期和花期每隔半个月追施一次以磷肥为主的肥料。开花后还要追肥一次。炎夏和冬季应停止施肥。

浇 水
喜湿润，较耐旱，生长期待枝叶稍有失水微垂时再浇。

温 度
喜温暖，不耐寒，生长适温为15℃～30℃。15℃以上方可开花，越冬温度不宜低于3℃。

光 照
喜光，生长期需光照充足，长期光线不足会导致植株长势衰弱，影响孕蕾及开花。

病虫防治
常见的病害有叶斑病和褐斑病。叶斑病可喷施50%的多菌灵可湿性粉剂500倍液进行防治；褐斑病可用70%的代锰森锌可湿性粉剂400倍液防治。常见的虫害是介壳虫，可用45%的马拉硫磷乳油1000倍液喷杀。

繁 殖
扦插：以春秋为宜。选取生长健壮的2年生枝条，剪成10厘米长的插穗，插入沙床，用塑料膜封好，保持室温在20℃左右，20～30天即可生根。

新手提示：三角梅开花期间落花、落叶较多，需及时清除，保持清新美观。

红掌

【花草名片】

◎学名：*Anthurium andraeanum*

◎别名：花烛、火鹤、安祖花。

◎科属：天南星科花烛属。

◎原产地：南美洲的热带雨林。

◎习性：喜欢温暖、潮湿和半阴的环境，不耐阴，喜欢阳光照射但忌阳光直射，不耐寒。

◎花期：4～6月。

 花形特色

红掌株型美观，叶片翠绿欲滴，红色的佛焰苞分外鲜艳。盆栽红掌可摆放在办公室或书桌。

 择 土

以疏松、肥沃、排水良好的土壤为宜，忌盐碱土。

施 肥

以"薄肥勤施"为施肥原则。春秋季每周施肥一次；夏季可两天施肥一次，气温高时可加浇一次清水；冬季应少施肥。避免施用高氮肥。施肥后最好马上浇水，避免肥料烧伤植株的根系及茎叶。

浇 水

喜湿润。生长期应保证充足的水分供应。夏季可2～3天浇水一次，中午可向叶面喷洒一些清水。冬季在上午9时至下午4时浇水，以免冻伤根系。开花期减少浇水量。

温 度

喜温暖，不耐寒，怕高温，生长适温为20℃～30℃。气温低于10℃易发生冻害；气温高于30℃，会导致植株生长过快，营养消耗过量，最好喷水降温。

光 照

不耐强光，喜明亮的散射光，宜在适当遮阴的环境下生长。日照强烈的夏季，最好遮去光照的70%。

病虫防治

常见的病害有细菌性枯萎病、叶斑病和根腐病。细菌性枯萎病可轮换使用72%硫酸链霉素4000倍液与10%溃枯宁可湿性粉剂1000倍液，7～10天喷药一次；叶斑病可用70%代森锰锌可湿性粉剂300倍液处理；根腐病可用50%多菌灵可湿性粉剂500倍液来防治。常见的虫害有蚜虫、红蜘蛛、蓟马等。蚜虫可采用10%吡虫啉可湿性粉剂2000倍液防治；红蜘蛛可用阿维菌素2000倍液喷杀；蓟马可用40%氧化乐果乳油2000倍

液处理。

繁 殖

红掌常采用分株、扦插和组织培养等方法繁殖。

分株：结合春季换盆进行。将有气生根的侧枝切下种植，形成单株，分出的子株至少保留3～4片叶。

扦插：将茎枝剪下，去掉叶片，每1～2节为插条，插于沙床，几周后即可生根。

新手提示：栽种红掌上盆时应选用16×15厘米的盆，随着生长逐渐换入大盆，每1～2年换盆一次。红掌全年都可以种植，但是最好避开过热或过冷的天气。红掌的花、叶表面都有一层蜡质，会阻碍肥料的充分吸收，所以施肥时最好在根部进行。施肥时要避免肥料洒在叶片上。应及时摘去红掌根部的小细芽，避免消耗养分，还要及时剪除枯叶与老花，对叶片过多的植株，适当疏叶，防止花蕾过早凋落、枝茎弯曲。

石斛兰

【花草名片】

◎**学名**：*Dendrobium nobile*

◎**别名**：石斛、石兰、吊兰花、金钗石斛、枫斗。

◎**科属**：兰科石斛兰属。

◎**原产地**：喜马拉雅山上和周围。

◎**习性**：喜温暖和明亮的散射光，忌积水，不耐寒。

◎**花期**：4～5月。

花形特色

石斛兰叶片宽大质厚、叶色青绿，可旺财运；花色艳丽多彩，花多热烈，生命力旺盛。石斛兰可摆放在阳台、窗台等处。

择 土

石斛兰为附生植物，盆栽通常用腐叶土、泥炭藓、树皮块、碎砖块和木炭等作为基质。

施 肥

春夏生长旺季每隔10天左右施加一次腐熟的饼肥水，也可以用氮磷钾复合肥进行叶面喷施或根部施肥。冬季休眠期则要停止施肥。

浇 水

喜适度湿润，生长季节浇水要干湿相间，基质表面干了再浇水。浇水过多过勤，易导致烂根。

温 度

喜温暖，不耐寒，生长适温为 20℃ ~ 25℃。低于 15℃ 时便会出现寒害。对昼夜温差较为敏感，在昼夜温差 10℃ ~ 15℃ 时生长良好，温差过小时会影响花蕾形成，导致不开花。

光 照

喜明亮的散射光，充足的光照才能使花多而鲜艳。阳光强烈的季节要适当遮阴，夏季要遮光 60% ~ 70%，避免灼伤。

病虫防治

常见的病害有黑斑病和锈病，黑斑病用 75% 百菌清 1000 倍液防治；锈病用 40% 灭病威 300 倍液防治。常见的虫害有介壳虫，发现少量介壳虫时用软牙刷擦落，虫害严重时可用 40% 氧化乐果乳油 1000 倍液喷杀。

繁 殖

分株：结合每年春季换盆进行。将母株旁的兰苗轻轻掰开，选出健壮的几株一起栽入准备好基质的盆中，置于阴凉通风处，少浇水，经常向幼苗的叶片及盆土表面喷雾，保持湿润。待幼苗逐渐长大些后再转入正常养护。

新手提示： 盆栽石斛兰用四壁多孔的花盆栽植，上盆时先用较大的碎瓦片垫底，然后加入基质。栽种时要注意不要把假鳞茎埋太深，覆盖根部即可。石斛兰对空气湿度的要求较高，干旱和夏季需经常在兰盆四周喷洒清水，以保持较高的空气湿度，并要注意通风。

康乃馨

【花草名片】

◎**学名：** *Dianthus caryophyllus*
◎**别名：** 香石竹、麝香石竹、大花石竹。
◎**科属：** 石竹科石竹属。
◎**原产地：** 地中海地区。
◎**习性：** 喜凉爽、阳光充足、通风良好的环境，不耐炎热、干燥和低温，怕积水。
◎**花期：** 4 ~ 9 月。

花形特色

康乃馨花色娇艳，色彩丰富，具有火性特质，盆栽或切花瓶插摆放在办公桌或书房。

择 土

以疏松、肥沃、富含腐殖质、排水良好的沙壤土为宜。盆栽可用腐叶土、培养土和沙土等量混合配制，并加入适量饼肥和骨粉做基肥。

施 肥

喜肥，薄肥勤施，生长旺期每周施一次腐熟的稀薄液肥。花后追肥一次。

浇 水

较耐旱，忌积水。除生长开花旺季要及时浇水外，平时可少浇，以保持土壤微湿为宜。雨季要注意排水。空气湿度以 75% 左右为宜。

温 度

喜冬暖夏凉，不耐酷热和严寒，生长适温为 14℃ ~ 21℃。

光照

喜光，除苗期和盛花期外，生长期需光照充足。盛夏阳光强烈时要注意遮阴。

病虫防治

常见的病害有叶斑病和锈病。叶斑病可喷施 50% 代森安 1000 倍液防治；锈病可用 65% 代森锌可湿性粉剂 500 倍液喷雾防治。如遇有红蜘蛛、蚜虫等害虫为害，可用 40% 乐果乳剂 1000 ~ 1500 倍液杀除。

繁殖

扦插：于 2 ~ 4 月进行。选取植株中部粗壮侧枝作为插条，长 10 厘米左右，保留 5 ~ 6 个节，插于沙床，保持室温在 21℃左右，适当遮阴并保持湿润，约半月即可生根。

新手提示： 开花前适当喷水保湿，可防止花苞提前开裂。施肥浇水后要及时进行松土，以利透气。康乃馨为累积性长日照植物，日照累积时间越长，越能促进花芽分化，进而提早开花、增加花量，并提高开花整齐度。冬季低温弱光和连日阴雨时，可适当人工补光。从幼苗期开始多次摘心，第一次开花后及时剪去残花和花梗，每枝只留基部2个芽。为防止茎枝下垂损害花朵，影响观赏，应及时用细竹竿作支柱。

合果芋

【花草名片】

◎**学名**：*Syngonium podophyllum*

◎**别名**：箭叶芋、紫梗芋、白蝴蝶、丝素藤。

◎**科属**：天南星科合果芋属。

◎**原产地**：中美洲、南美洲的热带雨林。

◎**习性**：喜欢温度较高、潮湿和半荫蔽的环境，不能抵御寒冷，不能忍受干旱和水涝，怕强烈的阳光久晒。但具有很强的适应能力，能适应不同的光照条件。

◎**花期**：夏秋。

花形特色

合果芋为常绿观叶植物，叶色碧绿，常有白色斑纹，淡雅而优美，且合果芋为耐阴植物，盆栽合果芋可选择陶制花盆。

择 土

以肥沃、疏松、富含腐殖质、排水通畅的沙质土壤为宜。盆栽培养土可用泥炭土、腐叶土及较少的粗沙来混合调配。

施 肥

生长期每半个月施用一次稀薄液肥即可。冬天停止施肥。

浇 水

喜湿润，生长期以"宁湿勿干"为原则，忌积水。夏天还要每天向叶面喷水。冬天待盆土干燥后再行浇水。

温 度

喜温暖，不耐寒，生长适温为22℃～30℃，越冬温度不宜低于10℃。

光 照

喜欢半荫蔽的环境，畏强烈的阳光

久晒，平日可置于光线明亮的地方养护。夏天要遮蔽 70% ~ 80% 的阳光。

病虫防治

常见的病害是灰霉病和叶斑病，可喷施等量式波尔多液或 70% 代森锌可湿性粉剂 700 倍液防治。常见的虫害主要是蓟马和粉虱，可用 40% 氧化乐果乳油 1500 倍液喷杀。

繁殖

扦插：可在 4 ~ 9 月进行。选择生有 2 ~ 3 枚叶片的幼嫩茎段作为插穗，插入沙床，浇透水并保持湿润，置于半阴处养护，保持温度在 20℃左右，10 ~ 15 天后即可生根。

此外，合果芋非常适合水养，一般植株上已经有很长的气生根，插在水里很快就能生出根。

新手提示： 栽后通常每 2~3 年要更换一次花盆，以春天进行为宜，更换花盆的同时，成年植株可以进行重剪，以促使其重新开始萌发新茎叶。用吊盆栽植的时候，茎蔓向下低垂，应按期进行疏剪，修整株型，防止茎蔓太长或过于稠密。合果芋不能长时间放在过度荫蔽的地方，以防止茎干及叶柄徒长变长，叶片变得窄小，影响植株形态。

滴水观音

【花草名片】

◎ **学名：** *Alocasia odora*

◎ **别名：** 海芋、广东狼毒、老虎芋、滴水莲。

◎ **科属：** 天南星科海芋属。

◎ **原产地：** 中国南部及西南部地区。

◎ **习性：** 喜欢温暖、潮湿和半荫蔽的环境，稍耐寒，略能忍受干旱，夏天不能忍受强光久晒。在温暖、湿润及土壤中的水分充足的条件下，会由叶片的尖部或边缘朝下滴水；如果空气湿度较小，则水分立即蒸发，因此通常水滴是在清晨较多，称之为"吐水"现象。

◎ **花期：** 4 ~ 7 月。

花形特色

滴水观音叶色碧绿，叶片宽阔，为优良的耐阴植物，盆栽可配以颜色较古朴的中式家具，摆放于居室。

择 土

对土壤要求不严，但以肥沃、疏松、腐殖质丰富、排水通畅的沙质土壤为宜。盆栽可用泥炭土、腐叶土、河沙再加上少许腐熟的饼肥来混合调配。

施 肥

滴水观音生长迅速，需肥量较大，生长期每月施用 1 ~ 2 次含有稀释的氮磷钾液肥。

浇 水

喜湿润，生长期保持盆土湿润，但忌积水，还应经常向叶面喷水，且空气湿度最好不要在 60% 以下。

温 度

喜温暖，稍耐寒，生长适温为 20℃ ~ 30℃，能够忍受的最低温度是 8℃，冬天室内温度不宜低于 15℃。

光 照

喜半阴，忌强光照射，以明亮的散射光为宜，可摆放在遮阴、通风顺畅的环境中，盛夏阳光强烈时要注意遮阴。花期则需充足的光照。

病虫防治

常见的病害是叶斑病和炭疽病，叶斑病每周用百菌清可湿性粉剂或多菌灵可湿性粉剂 800 倍液叶面喷雾；炭疽病可用

75% 的甲基托布津 500 倍液防治。常见的虫害是红蜘蛛，可用 40% 三氯杀螨醇乳油 1000 倍液喷洒来防治。

繁 殖

滴水观音老株可进行扦插繁殖，一般多通过分株法和播种法进行繁殖，以分株为主。

分株：可结合翻盆换土进行。切取带根叶的小苗，直接上盆即可。

新手提示： 通常每年春季换盆1次，每月翻松一次盆土，以使盆土维持良好的通透性。不可把肥水浇进叶鞘里，防止其烂掉，增施适量硫酸亚铁可使叶片更大更绿。温度15℃以下时，停止施肥，并减少浇水量。要及时把干枯、老化或变黄的叶片剪掉。当栽植数年的植株丧失顶端优势时，要从植株基部距离出土面5厘米左右处采取截干措施，以使营养积聚在基部，促进根部和茎基尽快萌发新芽。滴水观音全株有毒，其白色汁液有毒，滴下的水也有毒，误碰或误食其汁液会引起咽部和口部不适。滴水观音结的红果颜色鲜艳，容易引起儿童误食中毒，所以有小孩的家庭要格外留意防备，以不栽植为宜。另外，在对其进行采摘、加工、更换花盆或分株时要戴上手套进行操作，防止接触汁液引起不适。

罗汉松

【花草名片】

◎**学名：** *Podocarpus macrophyllus*

◎**别名：** 罗汉杉、长青罗汉杉、土杉。

◎**科属：** 罗汉松科罗汉松属。

◎**原产地：** 中国长江以南各省区。

◎**习性：** 罗汉松为半阳性树种，在半阴环境下生长良好。喜温暖湿润和肥沃沙质壤土，不耐严寒，故在华北地区只能盆栽。寿命长。

◎**花期：** 4 ~ 5月。

花形特色

罗汉松叶色翠绿，葱郁秀雅，小巧精致，小型盆栽可搭配以自然纯朴的实木家具摆放在客厅。

择 土

以疏松、肥沃、排水良好的沙壤土为宜。盆栽可用腐叶土、泥炭土或沙土混合配制。

施 肥

喜肥，应薄肥勤施，肥料以氮肥为主，可加入适量黑矾，沤制成矾肥水。生长期可1~2个月施肥一次，宜用饼肥、粪肥等有机肥，施肥可结合浇水进行。施肥时间宜在春季进行，不要施多施浓。秋季不要施肥，否则萌发秋芽，易遭冻害。成型的盆景不宜多施肥。

浇 水

喜湿润，不耐旱，生长期保持盆土湿润而不积水，夏季经常向叶面喷水，使叶色鲜绿。

温 度

喜温暖，耐寒性略差，高温季节置于半阴处养护。

光 照

喜半阴，忌强光直射，以明亮的散射光为宜，夏季应适度遮阴。

病虫防治

常见的病害有叶斑病和炭疽病，可喷洒50%甲基托布津可湿性粉剂500倍液防治。常见的虫害有介壳虫和红蜘蛛，可用40%氧化乐果乳油1500倍液喷杀。

繁 殖

扦插：春秋两季进行。春季选取生长健壮的一年生枝条，剪取10厘米长的段作插穗，插入沙床，深约5厘米，遮阴并保持湿润，约3个月可生根。秋季选取当年生半木质化的健壮嫩枝作插穗，扦插成活后要搭棚遮阴，还应覆盖塑料薄膜防寒，50~60天即可生根。

新手提示： 罗汉松盆景宜每隔3~4年翻土换盆，以在春季3~4月出芽前进行为好。罗汉松可随时进行修剪，主要是剪短徒长枝，剪去病枯枝，还要适当摘心，保持树形美观。开花时，最好及时将花摘除，以免因结果而影响树势。

绿宝石

【花草名片】

◎**学名**：*Philodendron 'Green Emerald'*

◎**别名**：绿宝石喜林芋、长心叶绿蔓绒、绿帝王。

◎**科属**：天南星科喜林芋属。

◎**原产地**：美洲的热带及亚热带区域。

◎**习性**：喜欢温暖、潮湿及半荫蔽的环境，不能忍受寒冷及干旱，怕强烈的阳光久晒。具有很强的攀缘能力，经常攀缘生长于树干及岩石上。

◎**花期**：春天，一般很难开花。

花形特色

绿宝石叶色翠绿光亮，可摆放在办公室门口。

择 土

以疏松、肥沃、腐殖质丰富、排水通畅的土壤为宜。盆栽可用等量的园土、腐叶土及泥炭土，再加上少量的河沙和底肥来混合调配。

施 肥

生长旺期要及时追肥，每月施用1～2次以氮肥为主的肥料。需留意不可施用太多肥料或太浓的肥料。深秋之后停止施肥。

浇 水

喜湿度较大的环境，盆土要时常维持潮湿状态，但不可积聚太多的水，否则叶片易变黄。夏天还要每日向叶面喷洒2～3次清水。冬天控制浇水量，保持盆土稍干燥，但不能彻底干透。对绿宝石浇水时，主要采用喷雾的方式进行。

温 度

喜温暖，不耐寒，生长适温为20℃～28℃，越冬温度不宜低于5℃。

光 照

喜半阴，畏强光直射，以明亮的散射光为宜，盛夏要遮蔽50%～60%的阳光。长期光照不足，会引起枝叶徒长。

病虫防治

常见的病害是灰霉病和细菌性叶斑病，灰霉病可用 50% 速克灵可湿性粉剂 2000 倍液或 70% 甲基托布津可湿性粉剂 1000 倍液交替进行喷洒；细菌性叶斑病可用 72% 农用链霉素可湿性粉剂 4000 倍液或 0.1% 高锰酸钾溶液进行喷洒。

繁　殖

绿宝石可采用扦插法及分株法进行繁殖。

扦插：剪下茎部的 3 ~ 4 节，去掉下部叶片，将节段插入培养土，浇透水并保持盆土湿润，温度控制在 22℃ ~ 24℃，插后 20 ~ 25 天即可生根。生根后，要在花盆中设立柱，以利于小苗攀附生长。

千年木

【花草名片】

◎**学名**：*Dracaena marginata*

◎**别名**：红叶铁树、红边朱蕉。

◎**科属**：百合科科龙血树属。

◎**原产地**：马达加斯加。

◎**习性**：喜高温多湿，忌强光直射，不耐寒，较耐旱。

◎**花期**：11 月~翌年 3 月。

花形特色

千年木色彩华丽高雅，家庭可搭配一些红棕色的小饰品摆放。

择　土

以疏松、肥沃、排水良好的腐叶土或泥炭土为宜。

施　肥

喜肥，每月施 1 次复合肥，适当

新手提示：栽种绿宝石宜选用透气性良好的泥盆，也可使用瓷盆。在生长季节要尽早把干枯焦黄的叶片剪掉，以降低养分的损耗量，促使植株萌生新的叶片，维持优美的植株形态。

增施钙肥和磷肥。

浇水

喜湿润,也耐旱,生长季节盆土要保持潮湿。夏季应经常向叶面喷水,以防叶尖枯焦。

温度

喜高温,不耐寒,生长适温为16℃～35℃。冬季温度低于4℃,叶片会出现枯黄条带。

光照

喜光,较耐阴,忌强光暴晒,夏季中午要适当遮阴。

病虫防治

常见的病害有炭疽病和叶斑病,可喷施10%抗菌剂401醋酸溶液1000倍液防治。主要虫害有介壳虫,可用40%氧化乐果乳油1000倍液喷杀。

繁殖

扦插:剪取10～15厘米的茎段作为插穗,近切口处的侧芽会萌发,保持湿润和20℃左右的温度,约20天即可生根。

新手提示: 生长期要及时剪去枯黄的叶片,以保持植株株型美观。

紫露草

【花草名片】

◎**学名:** *Tradescantia ohiensis*

◎**别名:** 紫鸭趾草、紫叶草。

◎**科属:** 鸭跖草科鸭跖草属。

◎**原产地:** 墨西哥。

◎**习性:** 喜温暖湿润、半阴的环境,对土壤要求不严。紫露草生性强健,较耐寒,在华北地区可露地越冬。

◎**花期:** 4～10月。

花形特色

紫露草花紫色，幽雅别致，居家盆栽摆放在卧室或窗台上。

择 土

对土壤要求不严，但以疏松、肥沃、排水良好的沙壤土为宜。

施 肥

薄肥勤施，生长旺期每半月施一次稀薄液肥或复合肥，不宜偏施氮肥。孕蕾期和花期追施磷钾肥。

浇 水

喜欢湿润的气候环境，要求生长环境的空气湿度在 60% ~ 75%。生长期应保证水分充足，但不宜积水。

温 度

喜温暖，较耐寒，生长适温为 18℃ ~ 30℃。越冬温度不宜低于 10℃，在冬季气温降到 4℃ 以下进入休眠状态。

光 照

怕强光直射，需放在半阴处养护，室内养护尽量置于光线明亮处，并每隔 1 ~ 2 个月移到室外半阴处或遮阴养护 1 个月，使其积累养分。

病虫防治

紫露草性强健，病虫害较少。

繁 殖

扦插：选择生长健壮的茎段，剪成 5 ~ 8 厘米长的段作插穗，每段带 3 个以上的叶节，保持温度在 18℃ ~ 25℃，遮阴并保持湿润，约 20 天即可生根。

新手提示： 夏季置于室内养护时，要注意通风和喷水降温。花谢后要剪去残花和枯叶，促发新花茎。

仙人球

【花草名片】

◎**学名**：*Echinopsis tubiflora*

◎**别名**：花球、草球、长盛球。

◎**科属**：仙人掌科仙人球属。

◎**原产地**：阿根廷和巴西南部地区。

◎**习性**：喜欢充足的光照，较能忍受干旱，但夏天怕长时间的阳光直射，也怕荫蔽，喜欢温暖，不耐寒冷。

◎**花期**：夏季。

摆放建议

仙人球株型奇特，开花时优美素雅，盆栽可以装点窗台、案几、书架、阳台，也适合摆放在电视和电脑旁。需要注意的是，不要让孩子靠近仙人球，以免被刺伤。

择 土

以排水通畅、肥力适中的沙壤土为宜，但在较差的土壤中也能生长。盆栽可用等量草炭土与细沙混合调配。

施 肥

生长期每 10 ~ 15 天施用腐熟的稀薄液肥或复合肥一次。入秋后每月施用一次；冬天和炎夏停止施肥。

浇 水

耐旱，怕水涝，浇水应适量，以"见干见湿"为原则。夏天浇水要充足，以在早、晚进行为宜；梅雨季节和冬天休眠期时，要控制浇水，浇水要在晴天的上午进行。

温 度

喜温暖，不耐寒，生长适温为20℃ ~ 35℃。冬天应将仙人球移入室内朝阳处养护，且室内温度不宜低于5℃。

光 照

喜光照充足，不宜长期摆放在阴暗处。夏季应适度遮光。

病虫防治

在气温较高、通风不畅的环境中，仙人球易遭受病虫害。病害可喷施多菌灵或托布津溶液；虫害可喷施氧化乐果来灭除。不管喷施什么种类的药液，都应在室外进行。

繁 殖

仙人球采用播种法、扦插法或嫁接法进行繁殖，主要采用扦插法。

扦插：宜在 4 ~ 5 月份进行。在母

株上选好一个子球，进行切割，将子球晾2～3天，使伤口愈合，插入盆土中，对其略微喷水，不用浇水，约一周后，子球即可成活。

新手提示：更换盆土时，要在花盆底部加入一些底肥，如麻酱渣、豆饼。浇水后宜尽快翻松土壤，防止土壤表层板结变硬，影响植株生长。新种植的仙人球不可浇水，每日进行2～3次喷雾就可以，半月后浇少量的水，一个月后生根后逐渐加大浇水量。花期浇水相应多一些，但要留心不可让水滴溅到仙人球的凹陷处和刺毛上，否则易导致腐坏。夏季和冬季应注意调节温度，温度太高易遭受介壳虫的侵害，温度太低易导致烂根。

虎尾兰

【花草名片】

◎**学名：** *Sansevieria trifasciata*

◎**别名：** 虎尾掌、虎皮兰、千岁兰、锦兰。

◎**科属：** 龙舌兰科虎尾兰属。

◎**原产地：** 非洲热带和印度、斯里兰卡的干旱地区。

◎**习性：** 喜欢温暖、光照充足、通风顺畅的环境，怕水涝，略能抵御寒冷，能忍受干旱。

◎**花期：** 5～8月。

摆放建议
虎尾兰叶片花纹白绿相间，叶形似剑，刚劲挺拔，中型虎尾兰盆栽可用来装饰客厅、卧室，小型虎尾兰盆栽可摆放在书架、案几上或电脑旁。

择 土
耐贫瘠，但以疏松、透气性好、排水通畅的腐殖土及沙质土壤为宜。盆栽可用肥沃园土3份和煤渣1份来混合配制，并加少量豆饼屑作为底肥。

施肥
需肥量不大，生长期每月施用 1 ~ 2 次稀薄液肥即可。冬季停止施肥。

浇水
浇水要适量，以"宁干勿湿"为原则。春天浇水适度多一些，使盆土保持潮湿；夏天要经常向叶面喷水；入秋后控制浇水量，使盆土相对干燥。

温度
喜温暖，稍耐寒，生长适温为 18℃ ~ 27℃，越冬温度不宜低于 5℃。

光照
喜阳光充足，夏天在室外料理时应避免强光久晒。光线太强，叶片会变暗、发白。

病虫防治
常见的病害是叶斑病，可每隔 7 ~ 10 天喷一次 50% 多菌灵可湿性粉剂 500 倍液。常见的虫害是鼻虫害，用 50% 杀螟松乳油 1000 倍液喷杀即可。

繁殖
虎尾兰可采用扦插法和分株法进行繁殖。

扦插：选取健壮而充实的叶片从基部剪下，剪成 6 ~ 10 厘米长的段，插于沙土或蛭石中，约插进 3 厘米深，浇透水，置于半阴且通风良好处，保持土壤湿润，6 ~ 8 周左右即可生出不定根和不定芽，当幼株萌生出 2 ~ 3 枚叶片时即可转入正常养护。

分株：一般结合春季换盆进行。将生长过密的叶丛切割成若干丛，每丛带叶片和一段根状茎和吸芽，分别上盆栽种即可。

新手提示： 栽种虎尾兰可选用体型较大的泥瓦盆或木桶。刚栽种的虎尾兰浇透水分后可不必再浇水，经常喷水保持盆土湿润即可。

柠檬香蜂草

【花草名片】
◎**学名**：Melissa officinalis
◎**别名**：蜜蜂花、柠檬香水薄荷、薄荷香脂、蜂香脂。

◎**科属**：唇形花科山薄荷属。
◎**原产地**：地中海沿岸。
◎**习性**：喜温暖、湿润、光照充足的环境，较耐热，日照或半遮阴栽培均可，土壤适应性广。
◎**花期**：夏季。

 摆放建议
柠檬香蜂草清新亮绿，全株散发特

殊香气，是有名的香草植物。居家盆栽可以装点卧室、客厅、厨房、书房，使人心情舒畅。

择 土
以疏松、肥沃、排水良好的沙质壤土为宜。

施 肥
生长期每 20 天施肥 1 次，以速效氮肥为主。

浇 水
喜湿润，不耐旱，生长期要保持盆土湿润。

温 度
喜温暖，不耐寒，较耐热。冬季应搬进室内越冬。

光 照
喜光，但忌阳光直射，夏季要适当遮阴。

病虫防治
主要病害有叶斑病，可喷施 50% 多菌灵可湿性粉剂 1000 倍液防治。主要虫害有蚜虫、红蜘蛛等，可用 40% 三氯杀螨醇乳油 1000 倍液喷杀。

繁 殖
播种：立春后即可进行。由于其种子细小且喜光，播种后不需覆土，保护土壤湿润即可，遮阴，10 天左右即可发芽。待株高 5 厘米左右时移栽。

扦插：剪取带 3 个节的茎段，插入基质中约 1/3，保持湿润并遮阴，很快即可生根。

观音莲

【花草名片】

◎ 学名: *Herba Monachosori Henryi*

◎ 别名: 黑叶芋、黑叶观音莲、龟甲观音莲。

◎ 科属: 天南星科海芋属。

◎ 原产地: 亚洲热带。

◎ 习性: 喜温暖湿润、半阴的生长环境, 不耐寒, 越冬温度为15℃。

◎ 花期: 夏季。

摆放建议

观音莲叶色墨绿, 叶脉洁白清晰, 叶形美观, 花朵焰苞片行如观音, 气质脱俗。观音莲植株简洁大方, 盆栽摆放在窗边、书房、客厅、卧室等处, 显得高贵典雅。如在宾馆、商厦的茶室和橱窗中摆放, 更添一番情趣。

择 土

以疏松、肥沃、排水良好的腐叶土或泥炭土为宜。

施 肥

5~9月生长旺盛期, 每半月施1次稀薄液肥或低氮高磷钾的复合肥。氮肥不能过量, 否则叶片变薄, 易倒伏。

浇 水

喜湿润, 耐水湿, 生长季节盆土要保持潮湿, 空气湿度在70%~80%。夏季应经常向叶面喷水。

温 度

喜温暖, 不耐寒, 较耐热。冬季温度低于15℃则生长停滞, 呈休眠状态。

光 照

喜半阴, 忌强光暴晒, 生长期以明亮的散射光为宜。

病虫防治

常见的病害有灰霉病, 可用59%托布津可湿性粉剂1000倍液喷施防治。高温高湿易发生茎腐病, 可喷施70%甲基托布津可湿性粉剂1000倍液防治。常见的虫害有蚜虫、斜纹夜蛾、菜青虫, 蚜虫用40%氧化乐果乳油1000倍液喷杀, 斜纹夜蛾和菜青虫用10%除虫精乳油3000倍液喷杀。

繁 殖

分株: 在4~5月进行。将母株从

盆中托出，掰开母株旁的小块茎分别盆栽。如块茎剥开时有伤口，可涂抹草木灰或用硫黄粉消毒，以防盆栽时腐烂。

郁金香

【花草名片】
◎**学名**：*Tulipa gesneriana*
◎**别名**：郁香、金香、草麝香、洋荷花。
◎**科属**：百合科郁金香属。
◎**原产地**：伊朗、土耳其的高山地带以及地中海沿岸和中国新疆等地。
◎**习性**：喜欢冬季温暖湿润、夏季凉爽干燥的气候，抵御寒冷的能力非常强，不能忍受炎热。喜欢光照充足的环境，也能忍受半荫蔽。鳞茎的寿命只有一年，当年开花后且分生出新球和子球之后就会渐渐干枯死去。
◎**花期**：3~5月。

摆放建议
郁金香适合地栽和盆栽，盆栽可摆放在客厅、阳台，也可以制作成盆景或瓶插装点居室。需要注意的是，郁金香的花朵中含毒碱，叶片和鳞茎也具一定程度的毒性，所以要尽量避免直接接触郁金香，也不要在卧室内摆放郁金香，以免引起中毒。

择 土
以土层较厚、腐殖质丰富、排水通畅的沙质土壤为宜。

施 肥
在植株的生长旺盛期，每月施用3~4次复合肥，注意不可施用太多氮肥。花期不要施肥。鳞茎萌生新叶时，要追施1~2次稀薄液肥。

浇 水
生长期保持盆土湿润。现蕾期要供给足够的水分，但忌水涝。冬天要少浇水或不浇水。

温 度
喜温暖，不耐寒，生长适温为8℃~20℃，越冬温度不宜低于10℃。

光 照
为长日照植物，喜光照充足。

病虫防治
常见的病害为灰霉病、碎色花瓣病及腐朽菌核病。一旦发现病害要立即将染病的鳞茎和植株烧毁，每隔15天用50%苯来特可湿性粉剂2500倍液喷洒一次，连喷几次即可有效治理。常见的虫害为蚜虫及根螨危害，蚜虫可用40%氧化乐果

分球：成株底下根茎肥大，将其掘起分割，每块均带芽眼，浅植入土即可。

乳油1000倍液喷洒来防治，根螨则可用40%三氯杀螨醇乳油1000倍液喷洒鳞茎来防治。

繁 殖

郁金香经常采用播种法及分球法进行繁殖。

分球：将栽培一年的母球鳞茎基部的小球掘出来，剔除泥土并晾干。将子球放在温度为5℃～10℃的干燥且通风顺畅处储藏，等到9～10月再种植，种植后盖上厚5～7厘米的土，浇足水并保持土壤湿润，次年春天开始转入正常的肥水料理，栽培2～3年即可开花。

新手提示：盆栽郁金香可选用泥盆、塑料盆、瓷盆、陶土盆，花盆口径为30厘米，一个盆栽种3~5个鳞茎。新种植上盆的植株，要为其适度遮阴约半个月，以便于鳞茎萌生新的根系。在植株现蕾到开花之前，可每隔10天喷洒浓度2‰~3‰的磷酸二氢钾液一次，以令花朵硕大、花色艳丽、花茎直竖且健壮结实。冬天温度控制在10℃~25℃，则可加快植株生长，令花期提前。还要尽早把干枯焦黄的叶片剪掉，以降低营养消耗，维持优美的植株形态。

孔雀竹芋

【花草名片】

◎学名：*Calathea makoyana*

◎别名：蓝花蕉、五色葛郁金。

◎科属：竹芋科肖竹芋属。

◎原产地：热带美洲及印度洋的岛屿。

◎习性：喜高温多湿气候，如果温度低、湿度大，则会造成烂根烂叶。忌强光直射，不耐寒，较耐旱，耐阴。要求疏松肥沃的培养土。

◎花期：7～8月。

摆放建议

孔雀竹芋株型整齐，有着美妙精致的斑纹，犹如孔雀开屏。叶片带有独特的金属光泽，色彩清新华丽，中小型盆栽摆放在客厅、卧室、书房，优雅别致。南方温暖地区还可成行栽植为地被植物，欣赏其群体美。

择 土

对土壤要求不严，但以疏松、肥沃、富含腐殖质、排水良好的微酸性沙壤土为宜。盆栽可用3份腐叶土、1份泥炭或锯末、1份沙土混合配制，并加少量豆饼作基肥。

忌黏土。

施肥

生长期每半月施一次稀薄液肥，忌偏施氮肥。冬季减少施肥次数。平时每10天用0.2%的液肥直接喷洒叶面。

浇水

喜湿润，较耐旱，生长季节保持盆土潮湿，但不能积水。春夏生长旺盛需较高的空气湿度，可进行喷雾；秋末后应控制水分，以增强越冬的抗寒性。

温度

喜高温，不耐寒，生长适温为18℃～25℃。越冬温度不宜低于5℃。

光照

喜明亮的散射光，耐阴，生长季置于荫蔽或半阴处，忌强光暴晒。夏季中午要适当遮阴。

病虫防治

常见的病害是叶斑病，可喷施50%的多菌灵600～800倍液防治。主要虫害有介壳虫，可用40%氧化乐果乳油1000倍液喷杀。

繁殖

分株：一般多于春末夏初气温20℃左右时结合换盆进行。将母株从盆内取出，除去宿土，用利刀沿地下根茎生长方向将植株分切，使每丛有2～3个萌芽和健壮根；分切后立即上盆，浇透水，置于阴凉处，一周后逐渐移至光线较好处，初期宜控制水分，待发新根后可充分浇水。

小苍兰

【花草名片】

◎**学名**：*Freesia refracta*

◎**别名**：香雪兰、小菖兰、洋晚香玉、麦兰。

◎**科属**：鸢尾科香雪兰属。

◎**原产地**：南非。

◎**习性**：喜温暖湿润、阳光充足的环境，但不能在强光、高温下生长，宜于疏松、肥沃的沙壤土中生长。夏季是其休眠期。

◎**花期**：春节前后。

摆放建议

小苍兰花色丰富鲜艳，香气浓郁，株态清秀，花期正值元旦、春节，适于盆栽或做切花。盆栽点缀客厅、案头，也可切花瓶插装点镜前、茶几，或做花篮。

择 土

以疏松、富含腐殖质、排水良好的沙壤土为宜。盆栽可用园土、腐叶土、河沙混合配制，并加入适量有机肥作底肥。

施 肥

较喜肥，每10天施一次稀薄饼肥水或复合肥。

浇 水

生长初期，浇水不宜过多，否则茎叶生长柔弱，易倒伏。花期保持稍湿润，花后稍干燥。花谢后一个月要减少浇水，保持盆土偏干。茎叶枯黄后停止浇水，以免引起烂球。

温 度

喜温暖，生长适温为15℃～25℃，生长期温度太低易致植株矮小。花期夜间温度控制在10℃～15℃，白天温度不超过20℃。

光 照
喜光，但忌强光暴晒。

病虫防治
常见的病害有菌核病和花叶病，菌核病可喷施 70% 甲基托布津 1000 倍液或 50% 的多菌灵 1000 倍液防治；花叶病可喷施 40% 氧化乐果 1500 倍液防治。此外，

【花草名片】
◎学名：*Albuca namaquensis*
◎别名：螺旋草、哨兵花。
◎科属：百合科弹簧草属。
◎原产地：南非。
◎习性：喜凉爽、湿润、阳光充足的环境，怕湿热，耐半阴，也耐干旱，有一定的耐寒性。具有夏季高温休眠、秋季至春季的冷凉季节生长的习性。
◎花期：3～4月。

摆放建议
弹簧草因叶片扭曲盘旋，形似弹簧而得名，其形态独特，鳞茎古朴，叶片根据品种的不同，或像弹簧，或像水中飘逸的海带，或像卷曲的长发，其线条流畅飘逸，富于变化，花色淡雅清新，适合小型盆栽点缀于窗台、几案等处，奇特而有趣。

择 土
以疏松、富含腐殖质、排水良好的沙壤土为宜。用腐叶土或草炭土3份，蛭石或沙土2份混合配制，并掺入少量的骨粉。

施 肥
生长期每月施一次腐熟的稀薄液肥或复合肥。春季花葶抽出后，喷施 0.5%

多施有机肥、少施氮肥和适当控制浇水量、防止土壤过湿，可预防菌核病发生。

繁 殖
分株：5月前后球茎进入休眠期，在母株周围形成 3～5 个子球茎，将子球茎剥下，分级储存，9月盆栽即可。

的磷酸二氢钾溶液 2～3 次。

浇 水
喜湿润，生长期宜保持土壤湿润而不积水，可经常向植株喷水，以增加空气湿度。雨季应避免盆内积水。

温 度
喜凉爽，怕高温，越冬温度不宜低于5℃。

光 照
喜光，但忌强光暴晒，生长期应给予充足的光照，光照不足会使叶片细弱，还会影响其开花。夏季应适当遮阴。

病虫防治
常见的病害主要有长期积水造成的鳞茎腐烂，可通过改善栽培环境进行预防。虫害主要有蜗牛、线虫等危害鳞茎，栽种时可对土壤进行高温处理，以杀灭土中的害虫及虫卵，也可在培养土中掺入呋喃丹等农药。

繁 殖
弹簧草可用分株、播种两种繁殖方法。
分株：可结合秋季换盆进行。将大鳞茎周围萌生的小鳞茎掰下，另行栽于培养土中即可。
播种：此法适合大量繁殖，在秋季进行。播后覆以薄土，覆膜以保持土壤、空气湿润。

铜钱草

【花草名片】

◎**学名**: *Hydrocotyle vulgaris*

◎**别名**：香菇草、盾叶天胡荽、钱币草、金钱莲、水金钱。

◎**科属**：伞形科天胡荽属。

◎**原产地**：南美洲。

◎**习性**：喜温暖湿润、半阴的环境，忌阳光直射，对土壤要求不严，适合于水盘、水族箱、水池或湿地中生长。

◎**花期**：4月。

摆放建议

　　铜钱草有"福禄寿喜、顽强坚韧"的寓意，其株型美观，叶色青翠，在温暖地区可露地盆栽，适合水盘、水族箱、水池、湿地栽培，用水族箱栽培时，常作为前景草使用。也可盆栽或吊盆栽培，装点案几、书桌、餐桌、办公桌等处，精致纤巧，翠绿怡人。

择　土

以疏松、富含腐殖质、排水良好的沙壤土为宜。盆栽可用腐叶、河泥、园土按 0.5 ∶ 2 ∶ 2 的比例混合调配。

施　肥

较喜肥，生长旺盛期每隔 2 ~ 3 周追肥 1 次稀薄液肥即可。

浇　水

喜湿润，可在硬度较低的淡水中进行栽培，盐度不宜过高。土培可每天早晨浇 1 次水。

温　度

喜温暖，怕寒冷，生长适温为 10℃ ~ 25℃，越冬温度不宜低于 5℃。

光　照

喜光照充足，但忌阳光直射。全日照生长良好，环境荫蔽植株生长不良。最好每天接受 4 ~ 6 小时的散射光。

病虫防治

在良好的管理条件下，铜钱草很少患病，亦较少受到害虫的侵袭。

繁　殖

铜钱草的蔓延能力强，繁殖迅速，可用扦插法、分株法、播种法繁殖。

扦插：取一段带 2 个节的根，放到清水里泡 2 天，然后把根放到土面，覆土，保持湿润即可。

分株：剪取一段走茎埋于土中可迅速繁衍，10 天左右即可生根。

播种：将种子用 40℃温水浸泡 24 小时催芽，捞起晾干撒播即可，一般一周左右发芽。

蝴蝶兰

【花草名片】

◎ **学名**：*Phalaenopsis aphrodite*

◎ **别名**：蝶兰。

◎ **科属**：兰科蝴蝶兰属。

◎ **原产地**：欧亚、北非、北美和中美。

◎ **习性**：喜欢高温、高湿、通风顺畅的环境，耐半阴环境，极度不耐涝，忌强光直射。

◎ **花期**：3～5月。

 摆放建议

蝴蝶兰的花朵娇俏艳丽，颜色丰富明快，如同一群轻盈的蝴蝶翩翩起舞。适合装点光照柔和的书桌、窗台、阳台，也可以用来装饰卧室和客厅，显得典雅端庄。需要注意的是，蝴蝶兰不能放在电视机旁，电视机所产生的辐射会极大地影响它的生长发育，尤其会明显缩短花期，影响观赏。

择 土

以疏松多孔、排水良好、保水及保肥能力好的微酸性土壤为宜。也可以树皮、苔藓、蛇木屑为栽培基质。

施 肥

以薄肥勤施为原则。生长期每7～10天施一次稀薄液肥，有机肥或蝴蝶兰专用营养液均可。现蕾时停止施肥。花期后可以追施氮肥和钾肥。秋、冬季是花茎的生长旺期，可每15～20天施一次稀薄的磷肥。

浇 水

喜湿润，忌积水，不耐旱。夏季生长旺盛期，每天上午9点和下午5点各浇水一次，也可向叶面喷水。

温 度

喜温暖，不耐寒，生长适温为18℃～30℃。夏季高于35℃，影响植株正常生长；冬季低于15℃植株就会停止生长，低于10℃就会导致植株死亡。

光 照

喜半阴，忌强光直射，以明亮的散射光为宜。光照太强或不足均不利于其生长，宜置于室内光照充足且柔和处。

病虫防治

常见的病害有灰霉病、炭疽病、白绢病等，可喷洒甲基托布津、多菌灵、锌锰乃浦、炭疽立克等溶液进行防治。常见

的虫害有蓟马、介壳虫、螨类等，可喷洒速扑杀、氧化乐果等溶液进行防治；一些蝶、蛾的幼虫可喷洒万灵、敌敌畏、杀虫环等溶液进行防治。

风信子

【花草名片】
◎**学名**：*Hyacinthus orientalis*
◎**别名**：洋水仙、西洋水仙、五色水仙、时样锦。
◎**科属**：风信子科风信子属。
◎**原产地**：南欧地中海沿岸及小亚细亚一带。
◎**习性**：喜冬季温暖湿润、夏季凉爽稍干燥，喜阳，也适宜在半阴的环境中生长。
◎**花期**：3～4月。

摆放建议
风信子花香浓郁，盆栽、水培或瓶插均可。适宜摆放在阳台、庭院等通风和光照好的地方。

择 土

以土壤肥沃、富含有机质的碱性土壤为宜。盆栽可用5份腐叶土、3份园土、1份粗沙和半份骨粉来配制培养土。

施 肥
不喜肥，盆栽只需于开花前后各施1～2次稀薄液肥。

浇 水

喜湿润，生长期保持盆土湿润。忌积水，否则易导致烂根。水培要经常换水。

温 度

喜冬暖夏凉，可耐短时间霜冻。生长适温为5℃～10℃，开花期以15℃～18℃最适宜。温度高于35℃，植

繁 殖
分株：有些母株花梗上的腋芽会生长发育成为子株，待它生根时可切下，进行分株即可。

株会出现花芽分化受抑制；温度过低，会使花芽受到冻害。

光 照
喜光，如果光照过弱，会导致植株瘦弱、茎过长、花苞小、花早谢、叶发黄等情况发生，此时可用白炽灯在一米远处补光；但光照过强也会引起叶片和花瓣灼伤或花期缩短。

病虫防治
朽菌核危害幼苗和鳞茎，碎色花瓣病危害花朵，茎线虫病危害地上部。可每7天喷一次1000倍退菌特或百菌清，交替使用。风信子还易受蚜虫侵害，应加强对蚜虫等媒介昆虫的防治。

繁 殖

繁殖风信子以分球繁殖为主，育种时用种子繁殖，也可用鳞茎繁殖。母球栽植1年后分生1~2个子球，子球繁殖需3年开花。种子繁殖的实生苗培养4~5年后开花。

新手提示： 盆栽时宜选用泥盆，避免使用瓷盆或塑料盆，也可用玻璃瓶进行水养。水养的方法是将种头放在玻璃瓶里，注入水，加入少许木炭，使其种头仅浸至球底，然后放置到阴暗处，用黑布遮住瓶子，约一个月后即可拿出室外让它接受阳光照射。

吊金钱

【花草名片】

◎**学名：** *Ceropegia woodii*

◎**别名：** 吊灯花、腺泉花、心心相印、可爱藤、鸽蔓花、爱之蔓。

◎**科属：** 萝藦科吊灯花属。

◎**原产地：** 南非。

◎**习性：** 喜温暖湿润、阳光充足的环境，耐半阴，较耐寒，怕炎热，忌水涝。

◎**花期：** 4~5月和9~10月。

摆放建议

吊金钱是观叶、观花、观姿俱佳的花卉。居家常吊盆栽植，悬挂或置于高架、柜顶、门侧、窗前，使茎蔓绕盆下垂，飘然如帘而下，随风摇曳，风姿轻盈曼妙；也可用金属丝扎成造型支架，引茎蔓依附其上，做成各种美丽图案。

择 土

以疏松、富含腐殖质、排水良好的沙壤土为宜。盆栽选用泥炭土2份、粗沙3份混合配制，并加入少量碎骨片或缓效花肥作基肥。

施 肥

生长旺季每半月左右施一次稀薄液肥或花肥。

浇 水

喜湿润，生长期宜保持土壤湿润，浇水不宜过多，以免肉质茎腐烂。夏秋 2 ~ 3 天浇一次水，春季 3 ~ 5 天浇一次水，冬季要控水，10 ~ 15 天浇一次水即可。

温 度

喜温暖，生长适温为 15℃ ~ 25℃，室温 10℃ 即可安全越冬。

光 照

喜光，较耐阴，以明亮的散射光为宜，光线充足时，其生长繁茂。春夏秋三季置于室内明亮散射光处，冬季宜置于室内阳光充足处。

病虫防治

吊金钱病虫害很少，但在高温、干燥的条件下偶尔会有介壳虫、蚜虫发生，平时养护加强通风即可。

繁 殖

扦插：温度 15℃ 以上全年均可进行，以春季为宜。选取健壮枝条剪成 10 ~ 20 厘米的段插于培养土中，每盆插 8 ~ 10 株，半阴环境下 10 ~ 15 天即可生根。亦可于夏、秋两季剪取叶腋泪珠芽直接栽于盆中。

分株：可结合早春换盆进行。将较大的根块分切成 2 ~ 3 块，每块需留芽眼 2 个以上，切口涂上草木灰，以防细菌感染腐烂。

下篇

阳台种菜、
种花、种香草

第一章
阳台种菜——打造小小家庭菜园

果实类蔬菜

西红柿

口味独特，营养丰富

西红柿是营养价值非常高的蔬菜，还可以当作水果生食。

西红柿的品种在大小上差异很大，初学者在栽种的时候应该选择更容易栽种的小西红柿。

栽种时要注意选择排水性好的土壤，光照充足的位置以及花朵授粉时的方法。

◎别　　名 番茄、洋柿子、六月柿、喜报三元

◎科　　别 茄科

◎温度要求 阴凉

◎湿度要求 湿润

◎适合土壤 中性排水性好的肥沃土壤

◎繁殖方式 播种、植苗

◎栽培季节 春季

◎容器类型 大型

◎光照要求 喜光

◎栽培周期 2个月

◎难易程度 ★★★

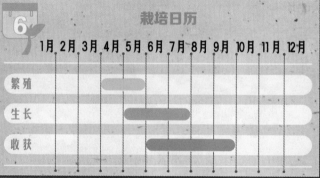

栽培日历

	1月	2月	3月	4月	5月	6月	7月	8月	9月	10月	11月	12月
繁殖												
生长												
收获												

开始栽种

第1步

首先就是要选择本叶长有 7~8 片叶子的苗，茎部要结实粗壮。将小苗放置在容器中挖好的土坑中。选取一根 70 厘米长的支杆，插入到泥土中，注意不要伤到植物的根部，用麻绳将植物茎与支杆捆绑在一起。

为什么要嫁接呢？

在所有品种的幼苗中，嫁接苗的抗病性最强，虽然价格比较贵，但是比较适合初学者，所以我们在种植幼苗的时候最好要选择嫁接苗，要注意的是栽种时嫁接处不要埋在土里。

支杆的长度为 70 厘米

第2步

植株生长 1 周后，将植株所有的侧芽都去掉，只留下主枝。

1 周

去掉侧芽

第3步

3 周后选取 3 根 2 米长的支杆，插入到容器中，将植株顶端与支杆进行捆绑。当第一颗果实大约长到手指大小的时候，进行追肥，以后每隔 2 周进行一次追肥。

立支杆

3 周

2 周追肥一次

第4步

8周的时间西红柿就应该红了，将果实从蒂部上端采摘下来。

8周

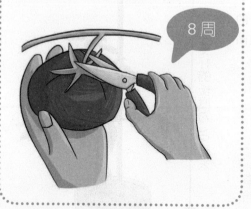

第5步

当植株长到和支杆一样高时，将主枝上端减去，让植株停止往上生长。

注意事项

◉为什么花朵授粉在西红柿栽种中如此重要？

如果西红柿的花朵不进行授粉的话，就会造成只生长茎而不生长叶子的情况。这个时候我们需要做的就是轻轻摇动花房，进行人工授粉，这样才可以收获美味的果实。

◉果实出现裂缝是怎么回事？

成熟了的果实如果被雨淋了，就会导致果实的内部膨胀出现裂缝。所以要将容器移动至避免淋雨的位置，这样才能保证果实不受伤害。

美食妙用

刚摘下来的西红柿口味纯正，酸甜可口，西红柿中含有丰富的维生素和膳食纤维，热量低，是瘦身排毒的绝佳食品。

西红柿酸奶汁

主料：西红柿200克，酸奶200克，蜂蜜适量。

做法：

❶在果园里摘些西红柿，并清洗干净。❷将西红柿放入到榨汁机中并倒入酸奶和适量蜂蜜。❸开动榨汁机。

黄瓜

口感爽脆、生长迅速

黄瓜古称胡瓜，由西汉张骞从西域带到中原，由此而得名。黄瓜生长非常迅速，一般植苗后1个月左右便可以收获，适宜温度为18~25℃，不耐寒，春天要等到气温显著回升后再进行栽培。中国各地普遍栽培，且许多地区均有温室或塑料大棚栽培。现广泛种植于温带和热带地区。

◎ 别　　名　胡瓜、青瓜
◎ 科　　别　葫芦科
◎ 温度要求　温暖
◎ 湿度要求　湿润
◎ 适合土壤　中性排水性好的肥沃土壤
◎ 繁殖方式　播种、植苗
◎ 栽培季节　春季
◎ 容器类型　大型
◎ 光照要求　喜光
◎ 栽培周期　2个月
◎ 难易程度　★★

栽培日历

6	1月	2月	3月	4月	5月	6月	7月	8月	9月	10月	11月	12月
繁殖				■								
生长					■							
收获						■						

美食妙用

黄瓜大部分是由水组成的，生吃不仅清脆爽口，味道清香，还保留了黄瓜中大部分的营养，因此黄瓜生吃的好处是大于熟食的。

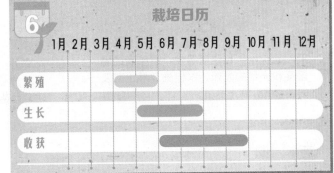

酸奶黄瓜酱

主料： 酸奶500克，黄瓜1根，蒜2瓣，薄荷20片，盐、胡椒粉适量。

做法：
❶ 将蒜捣成蒜泥。❷ 将黄瓜用刨丝器刨成细丝，并将黄瓜丝中的多余水分按出。❸ 用碗将黄瓜丝和酸奶放入。再混入蒜泥、盐、胡椒和薄荷。在冰箱里冷却即可。

开始栽种

第1步

首先要选出色泽好、枝干结实的幼苗。用手夹住幼苗，放到已经挖好坑的土壤中，轻轻覆土，同时注意嫁接品种要将嫁接处露在土外，在泥土中插入支杆，同时注意不要伤到植株根部。

发芽期

播种至第一片真叶出现，一般5~7天，此阶段生长速度缓慢，需较高的温湿度和充足的光照，以促进及早出苗及出苗整齐，防止徒长。

第2步

1周后选择3根支杆间隔地插入泥土中，在支杆顶部进行捆绑。用麻绳将蔓与支杆进行捆绑，捆绑力度要放松。然后进行追肥，撒在植株根部并与泥土混合的地方，以后每2周要追肥1次。

幼苗期

从第1片真叶展开至第4~5片真叶展开，一般需要30天左右。此阶段开始花芽分化，但生长中心仍为根、茎、叶等营养器官。管理目标为促控相结合，培育壮苗。

第3步

当第一茬果实长到15厘米长的时候要及时收获，这样可以使原植株更好地生长。此后当果实长到18~20厘米的时候收获即可。

结瓜期

从第一个雌瓜坐瓜至拉秧，持续时间因栽培方式不同而不同。此阶段植株生长速度减缓，以果实及花芽发育为中心。应供给充足的水肥，促进结瓜、防止早衰。

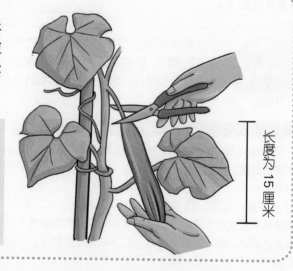

长度为15厘米

第4步

当植株长到与支杆一样高的时候，要将主枝的上部剪掉，使侧芽生长。剪枝一定要选择在晴天进行，以防止植物淋雨。

为何会出现畸形瓜？

主要症状有蜂腰瓜、尖嘴瓜、大肚瓜、弯瓜、僵瓜等。形成原因是栽培管理措施不当，如水肥管理不当造成植株长势弱；温度过高、过低造成授粉受精不良；高温干旱、空气干燥；另外土壤缺微量元素时也可形成畸形瓜。

注意事项

◎植株的间距是怎样的？

黄瓜苗与苗之间的距离要保持在30厘米以上，否则就会影响植株的生长。

间距为30厘米

◎选什么样的苗最合适？

选购种苗的时候最好选择嫁接的品种，黄瓜嫁接品种的抗寒性、抗病性比一般植株都要好。

◎黄瓜弯曲是怎么回事？

黄瓜弯曲是由于肥料不足、温度过高所导致的，但是弯曲的黄瓜并不比直的黄瓜口感差。如果想要培育出直的黄瓜，那么就要认真地浇水、施肥啊！

肥料不足、温度过高

黄瓜弯曲

◎剪枝是为了什么？

黄瓜剪枝主要是为了增加果实的收获量。这样植物就更容易将营养输送到枝芽，从而使果实长得更多更好。

◎化瓜是怎么回事？

化瓜是指花开后当瓜长到8～10厘米左右时，瓜条不再伸长和膨大，且前端逐渐萎蔫、变黄，后整条瓜逐渐干枯。主要原因为：栽培管理措施不当，水肥供应不足；结瓜过多；采收不及时；植株长势差；光照不足；温度过低或过高等。

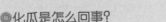

迷你南瓜

 生命力强，容易培植

南瓜的种类很多，不过培育方式大致相同，盆栽栽种出的南瓜重量一般是400~600克。南瓜摘取后，放置一段时间会使其口味更甜更可口。南瓜不易腐坏，切开后即便放置1~2个月，营养和口感也不会变差。

◎别　　名	麦瓜、番瓜、倭瓜、金冬瓜、金瓜
◎科　　别	葫芦科
◎温度要求	耐高温
◎湿度要求	耐旱
◎适合土壤	中性排水性好的肥沃土壤
◎繁殖方式	播种、植苗
◎栽培季节	春季
◎容器类型	大型
◎光照要求	喜光
◎栽培周期	3个月
◎难易程度	★★★

栽培日历

	1月	2月	3月	4月	5月	6月	7月	8月	9月	10月	11月	12月
繁殖					▬							
生长						▬	▬					
收获							▬	▬				

 开始栽种 ////////////////////////

第1步

南瓜的品种很多，南瓜蔓长的品种需要较大的栽种面积，因此要根据自己的实际情况选择合适的容器以及种植品种。用手按住苗的底部，将苗的根部完整地放入已经挖好坑的容器中，埋好土后轻轻按压。

第**2**步

3 周后留下主枝和 2 个侧枝，然后将其余的芽全部去掉。

3 周

第**3**步

南瓜开花后，将雄花摘下，去掉花瓣，留下花蕊，将雄花贴近雌花授粉，注意带有小小果实的是雌花。

第**4**步

当最初的果实逐渐变大时，进行一次追肥，以后每隔 2 周追肥一次。

每 2 周追肥一次

第**5**步

南瓜蒂部变成木质、皮变硬的时候就可以收获了。

注意事项

◎必须要人工授粉吗？

南瓜的雌花如果不进行授粉，就会造成只长蔓而不结果的情况，在大自然中这种时候蜜蜂等昆虫往往会帮忙，但是在阳台上种植就无法实现了，人工授粉是确保成功结果的最好方式。

◎光长蔓不结果时怎么办？

南瓜对氮肥的需求量并不多，施用过多就会导致只长蔓不结果的情况出现，因此一定要控制好肥料的使用，以免收获不到果实。

不能施肥过多

氮肥肥料

草莓

🌷 酸甜可口，样子可爱
草莓外观呈心形，鲜美红嫩，果肉多汁，有着特别而浓郁的水果芳香。但是草莓不耐旱，即使是在休眠期的冬季也不要忘记时常浇水。高温多湿的环境容易让草莓患上白粉病或灰霉病，所以夏季一定要注意植物的通风。

◎别　　名	红莓、洋莓、地莓、士多啤梨
◎科　　别	蔷薇科
◎温度要求	温暖
◎湿度要求	湿润
◎适合土壤	酸性排水性好的肥沃土壤
◎繁殖方式	播种、植苗
◎栽培季节	秋季
◎容器类型	中型
◎光照要求	喜光
◎栽培周期	7个月
◎难易程度	★★

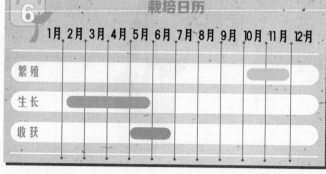

栽培日历

	1月	2月	3月	4月	5月	6月	7月	8月	9月	10月	11月	12月
繁殖										▬	▬	
生长		▬	▬	▬								
收获					▬	▬						

🌸 开始栽种 ////////////////////

第1步

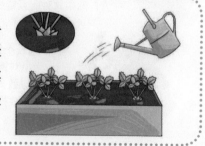

　　草莓叶子根部膨胀起来的部分叫作齿冠，齿冠要长得粗壮，草莓才会长得好。在一个中型容器中至多挖3个坑，间距为25厘米，然后将草莓种苗埋入坑中，土要略覆盖齿冠部分，用手轻轻按压后浇水。

第2步

种植 3 个月的时候进行第一次追肥，一株施肥 10 克左右，撒在草莓底部。

第3步

当新芽长出后，要将枯叶去掉，这个时候开出的花没有结果的迹象，也要直接摘除。

第4步

当果实刚刚长出来的时候，要在植株底部铺上一层草或锡纸。

第5步

种植半年左右要进行收获前的最后一次追肥，撒在底部，与土混合，一个月后就可以收获了。

注意事项

脱毒草莓苗

◎选择什么样的苗呢？

　　草莓的苗比较容易受到细菌的感染，选择脱毒草莓苗保证草莓在比较安全的前提下进行栽种，是比较保险的。

◎为什么要统一草莓苗的爬行茎？

　　草莓是通过爬行茎的生长来繁殖新苗的，果实一般生长在爬行茎的对侧。植苗的时候，最好将不同草莓苗的爬行茎的方向统一一下。

◎为什么要铺草？

　　草莓喜湿润，而果实接触泥土后却非常容易造成腐烂，因此在土壤表层铺草在避免土壤干燥的同时，还可以防止果实接触泥土而造成腐烂。

茄子

 传统佳蔬，营养丰富

茄子是我们日常生活中最常见到的蔬菜之一，颜色多为紫色或紫黑色，也有淡绿色或白色品种，形状上则有圆形、椭圆形、梨形等多种，根据品种的不同，吃法多样。茄子利用种子栽种不容易成活，作为初学者，我们最好选择成苗的植株进行栽种。每年的5~8月是收获茄子的季节，要注意及时采摘。

◎ 别　　名　落苏、昆仑瓜、矮瓜
◎ 科　　别　茄科
◎ 温度要求　温暖
◎ 湿度要求　湿润
◎ 适合土壤　中性排水性好的肥沃土壤
◎ 繁殖方式　播种、植苗
◎ 栽培季节　春季
◎ 容器类型　大型
◎ 光照要求　喜光
◎ 栽培周期　6个月
◎ 难易程度　★★

栽培日历

	1月	2月	3月	4月	5月	6月	7月	8月	9月	10月	11月	12月
繁殖				▬▬								
生长					▬▬▬▬▬▬▬							
收获					▬▬▬▬▬▬▬▬							

 开始栽种

第1步

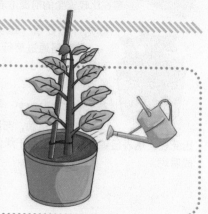

选择整体结实、叶色浓绿，并带有花蕾的种苗。用手夹住种苗底部将其放在已经挖好坑的容器中，准备1根长60厘米的支杆，在距苗5厘米的位置插入土壤，并用麻绳将其与植株的茎轻轻捆绑。土层表面有干的感觉时就要及时浇水。

第**2**步

　2周后要将植株所有的侧芽都去掉，只留下主枝。当出现第一朵花时，留下花下最近的2个侧芽，其余的全部摘掉。选择1根长为120厘米的支杆，插到菜苗旁边，用麻绳进行捆绑。此后每2周要进行追肥。

立支杆

每2周追肥一次

第**3**步

　为了让植株更好地生长，当果实长到10厘米左右的时候，即可用剪刀将果实从蒂部剪取。

第**4**步

　7月上旬到8月下旬，将旧的枝剪去，新的枝就会长出来，接下来只要静心等待收获的到来就可以了。

注意事项

◎选择什么样的日子摘取侧芽呢？
　一般来说，摘取侧芽要选择在晴天进行，侧芽可用手轻轻地掰掉，也可用剪刀剪掉。

◎第一次结果的时间掌握
　茄子第一次结果的采摘时间一定要提前，只要茄子长得光泽饱满了就可以进行采摘，提早于标准收获期是完全可以的。

雄蕊比雌蕊长

雄蕊
雌蕊

◎花朵可以告诉我们什么？
　茄子的花朵会告诉你茄子的生长状况如何，如果雄蕊比雌蕊长，植物的健康状况就不好，原因可能是水分或者肥料不足，也可能是有害虫作怪。

用保鲜膜将茄子包起来

◎茄子怎么保存？
　茄子的水分很容易流失，摘下果实后要用保鲜膜将茄子包起来，放在冰箱里保存可以保持茄子的新鲜度。

蚕豆

味道甘美，营养丰富

蚕豆是一种营养非常丰富的美食，具有调养脏腑的功效。栽种的时间一般是秋季，需要越冬，春天的时候才会发芽。当豆荚由朝上变成向下沉甸甸地悬挂在枝头的时候，就表明蚕豆就已经成熟了。

◎别　　名　胡豆、佛豆、胡豆、倭豆、罗汉豆

◎科　　别　豆科

◎温度要求　温暖

◎湿度要求　湿润

◎适合土壤　微碱性排水性好的肥沃土壤

◎繁殖方式　播种

◎栽培季节　冬季

◎容器类型　大型

◎光照要求　喜光

◎栽培周期　7个月

◎难易程度　★★

栽培日历

	1月	2月	3月	4月	5月	6月	7月	8月	9月	10月	11月	12月
繁殖											▬	
生长				▬								
收获						▬						

开始栽种

第1步

准备几个 3 号的小花盆，每盆中将 2 颗蚕豆放入土中，一定要将蚕豆黑线处斜向下放入土中，不要全埋，让一小部分种子露在土壤上面。

第 **2** 步

3 周后将植株所有的侧芽都去掉，只留下主枝。当叶子长出 2~3 片的时候，将长势不好的小苗拔掉。然后将长势好的幼苗移植到一个大容器中，将苗放置在已经挖好坑的容器里，株间距要保持在 30 厘米左右，然后浇水。

第 **3** 步

3 个月后选数根 1 米长左右的支杆，插在容器的边缘，将植株围绕在里边。用麻绳将支杆绑成栅栏的样子。用麻绳将植株的茎引向较近的支杆。

第 **4** 步

当植株长到 40~50 厘米长的时候，每株选取较粗的茎留下 3~4 根，其余的剪掉。然后追肥 20 克，再培培土。

第 **5** 步

植株开花后，要进行剪枝，以促进果实生长。

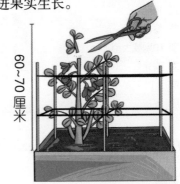

第 **6** 步

当豆荚背部变成褐色的时候，从豆荚根部用剪刀剪取。

扁豆

快速成熟，营养丰富

扁豆花有红白两种，豆荚有绿白、浅绿、粉红或紫红等色。嫩荚能做蔬菜食用，白花和白色种子可入药。扁豆可以分为带蔓的和不带蔓的两个品种，不带蔓的扁豆栽培期为60天左右，自己栽种建议选择这种进行栽植。扁豆不喜欢酸性土壤，果实成熟后要早些摘取，否则就会影响到果实口感。

◎别　　名	南扁豆、茶豆、南豆、小刀豆、树豆
◎科　　别	豆科
◎温度要求	耐高温
◎湿度要求	耐旱
◎适合土壤	碱性排水性好的肥沃土壤
◎繁殖方式	播种
◎栽培季节	春季
◎容器类型	中型或大型
◎光照要求	喜光
◎栽培周期	2个月
◎难易程度	★

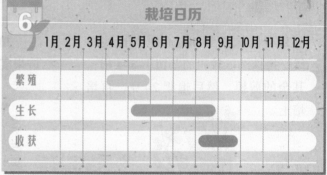

栽培日历

	1月	2月	3月	4月	5月	6月	7月	8月	9月	10月	11月	12月
繁殖				▬								
生长					▬▬▬							
收获								▬				

开始栽种

第1步

在容器中挖坑，株间距保持在20~25厘米。每个坑里至多放3粒种子，种子之间不要重合，然后覆土、浇水，种子发芽前一定要保证土壤湿润。

20~25厘米　20~25厘米

第2步

2周后将植物所有的侧芽都去掉，只留下主枝。当叶子长到2~3片时，3株小苗中选出最弱的剪掉，留下2株。然后进行培土，以防止小苗倒掉。

第3步

不带蔓的扁豆品种可以不立支杆，如果处在风较强的环境中，可以简单立支杆，用麻绳轻轻捆绑。当苗长到20厘米时，可追肥10克，与表层的土轻轻混合。

20厘米

第4步

开花后15天左右就可以收获，在扁豆尚不成型的情况下收获是最好的，会更加香嫩可口，收获晚了扁豆就会变硬。

土壤板结怎么办？

浇水会使得土壤变硬，经常松土，可以有效改善土壤板结的情况。

注意事项

◎怎样防鸟？

扁豆的嫩芽是鸟类的至爱，如果不想办法的话，扁豆嫩芽可能要被小鸟吃光，在植株上罩一层纱网可以有效抵御鸟的侵袭。

◎千万不要这么做

如果扁豆长得不好，就要及时进行处理，在处理的时候，千万不要连根拔起，这样可能会伤害到其他的植株，最好用剪刀从根部剪掉。

毛豆

口味绝佳，营养护肝

毛豆就是大豆作物中专门鲜食嫩荚的蔬菜用黄豆。其荚上有细毛，豆荚嫩绿色，青翠可爱。可以用油、盐、花椒、海椒、酒来煮，作为菜肴。毛豆是一种非常容易种植的植物，它适应性强，生长快，从种植到收获只需要不到 90 天的时间。但是毛豆非常讨厌氮元素含量高的土壤，因此施肥的时候一定要注意。光照好的环境更利于毛豆的生长。

◎ **别　　名** 菜用大豆
◎ **科　　别** 豆科
◎ **温度要求** 温暖
◎ **湿度要求** 湿润
◎ **适合土壤** 中性排水性好的肥沃土壤
◎ **繁殖方式** 播种
◎ **栽培季节** 春季
◎ **容器类型** 大型
◎ **光照要求** 喜光
◎ **栽培周期** 3个月
◎ **难易程度** ★★

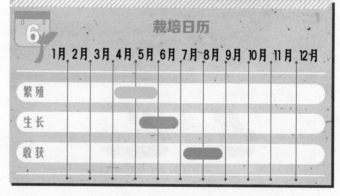

栽培日历

	1月	2月	3月	4月	5月	6月	7月	8月	9月	10月	11月	12月
繁殖				■								
生长						■						
收获							■					

 开始栽种

第 1 步

在容器中挖坑，每个坑里放 3 粒种子，注意种子之间不要重合，在种子上面盖约 2 厘米厚的土，然后进行浇水，种子发芽之前要保持土壤湿润。

第2步

2 周后当叶子长出来，要将生长较弱的一株剪去，用手轻轻培土按压。

2 周后

第3步

播种 3~6 周后进行第一次追肥，开花后 6 周再追肥一次，每一株施肥 4 克，撒在植物底部并与泥土混合。然后进行培土。

第4步

开花后 8 周进行第三次追肥，每株 4 克，撒在植物根部与泥土混合，同时要立起支杆。

第二次追肥

第5步

当植株和支杆一样高时，将主枝上端的枝条减去，让其停止生长。种植 3 个月就可以收获了，将植株从根部剪去即可。

注意事项

◎大豆和毛豆有什么区别？

毛豆和大豆实际上是一种植物，毛豆是在大豆较嫩的时候摘取的，比大豆含有更为丰富的维生素 C。

大豆

毛豆

黄豆牙

◎何时要罩纱网？

种子发芽后，为了避免嫩芽被鸟啄食，我们要罩上纱网。叶子长出来的时候要去掉纱网。毛豆开花的时候会受到"臭大姐"（椿象的俗名）的骚扰，因此要再次罩上纱网。

◎花为什么枯萎了呢？

一般来说，毛豆的花朵在不应该枯萎的时候出现枯萎的现象是由于缺水导致的。毛豆在开花的时候需要大量浇水，这个时期土壤的湿润程度也直接关系到果实是否长得饱满。

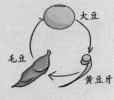

青椒

营养丰富，美容养颜

青椒是一种非常耐热的作物，所以害虫侵扰少，培植起来比较容易。青椒中维生素C的含量非常高，是美容养颜的健康蔬菜，青椒中富含的辣椒素是一种抗氧化成分，对防癌有一定的效果。青椒翠绿鲜艳，新培育出来的品种还有红、黄、紫等多种颜色，因此不但能自成一菜，还被广泛用于配菜。

◎ **别　　名** 大椒、灯笼椒、柿子椒、甜椒、菜椒

◎ **科　　别** 茄科

◎ **温度要求** 温暖

◎ **湿度要求** 耐旱

◎ **适合土壤** 中性排水性好的肥沃土壤

◎ **繁殖方式** 播种、植苗

◎ **栽培季节** 春季

◎ **容器类型** 大型

◎ **光照要求** 喜光

◎ **栽培周期** 2个月

◎ **难易程度** ★★

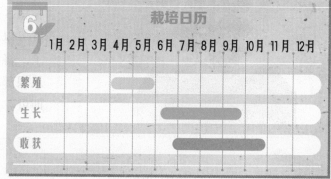

栽培日历

	1月	2月	3月	4月	5月	6月	7月	8月	9月	10月	11月	12月
繁殖				■	■							
生长						■	■	■	■			
收获							■	■	■	■		

 开始栽种

第1步

选择有花蕾、结实、根部土块厚实的植株。用手夹住菜苗，放入已经挖好坑的容器中，并插入支杆，用麻绳将支杆与植物轻轻捆绑。浇水，直到浇透为止。

第2步

2周后将植株所有的侧芽都去掉，只留下主枝。第一朵花开后，花朵下边最近2个侧芽留下，其余侧芽全部摘去。找1根长为120~150厘米左右的支杆插入容器中，在距底部20~30厘米处用麻绳捆绑，原来的支杆保持不变。

120~150厘米

主枝
侧芽
花蕾
侧芽

第3步

当出现小果实时要进行追肥，取10克左右的肥料撒入泥土，此后每隔2周追肥1次。

每2周追肥一次

第4步

当果实长到4~5厘米时就要进行第一次采摘了，较早收获有利于后面果实更好地生长。

4~5厘米

第一次采摘

第5步

青椒长到5~6厘米的时候进行第二次采摘，早些采摘可以减少青椒植株的压力。

5~6厘米

注意事项

◎彩椒栽培时间更长

青椒的品种非常多，不仅仅是青色的，还有红色、橙色、黄色、白色、紫色等颜色，看起来非常美丽的彩椒的栽培时间比普通青椒的长，但是肉厚味甜，深受人们的喜爱。

◎如果忘记施肥会怎样？

青椒在生长期间非常需要肥料的滋养，如果青椒的肥料不足的话，就会造成青椒成熟后变得非常辣。

叶类蔬菜

油菜

栽种容易，口感脆嫩

油菜喜冷凉，抗寒力较强，种子发芽的最低温度为3~5℃，在20~25℃条件下三天就可以出苗，油菜不需要很多的光照，只要保持半天的光照就可以了。

撒种的时候，要注意不要栽植过密，这样会使得油菜没办法长大。油菜容易吸引害虫，要罩上纱网做好预防工作。

◎别　　名 芸苔、寒菜、青江菜、上海青、胡菜
◎科　　别 十字花科
◎温度要求 温暖
◎湿度要求 耐旱
◎适合土壤 中性排水性好的肥沃土壤
◎繁殖方式 播种
◎栽培季节 春季、秋季
◎容器类型 中型
◎光照要求 短日照
◎栽培周期 1个月
◎难易程度 ★

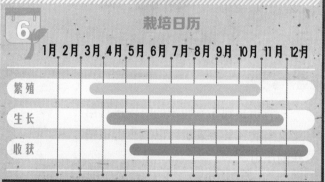

6	栽培日历											
	1月	2月	3月	4月	5月	6月	7月	8月	9月	10月	11月	12月
繁殖												
生长												
收获												

开始栽种

第1步

将土层表面弄平，造深约 1 厘米、宽约 1~2 厘米的小壕，壕间距为 10~15 厘米。每间隔 1 厘米放 1 粒种子，然后盖土，浇水，发芽之前都要保持土壤湿润。

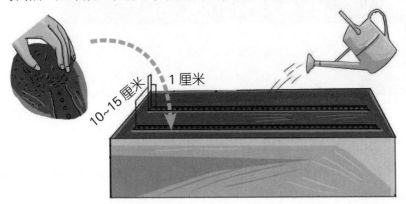

第2步

油菜发芽后，要将发育不太好的菜苗拔掉，使株间距控制在 3 厘米左右。为了防止留下来的菜苗倒掉，要适量进行培土。

虫害的防治

油菜的虫害主要有蚜虫、潜叶蝇等。防治药剂有 40% 乐果乳油或 40% 氧化乐果 1000 ~ 2000 倍液、20% 灭蚜松 1000 ~ 1400 倍液、2.5% 敌杀死乳剂 3000 倍液等。蚜虫防治可以设置黄板诱杀蚜虫，或利用蚜茧蜂、草蛉、瓢虫、食蚜蝇等进行生物防治。

第3步

当本叶长到 2~3 片的时候，将肥料撒在壕间，与土混合，然后将混了肥料的土培到株底，并保持株间距为 3 厘米。

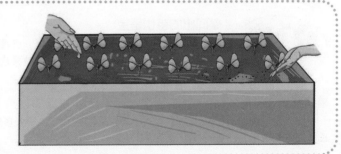

第 **4** 步

当植株长到 10 厘米高的时候在垄间施肥 10 克左右。

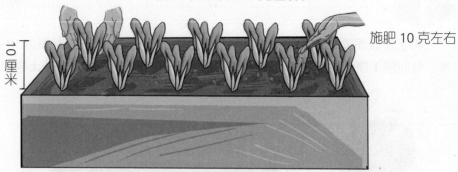

10 厘米

施肥 10 克左右

第 **5** 步

当长到 25 厘米的时候就可以收获了，用剪刀从植株的底部剪取。错过采摘时间，油菜生长过大，口感就会变差。

适时采摘

25 厘米

注意
事项

◎撒种的时候要注意什么？

在播撒种子的时候一定要注意不要将种子播撒得太密，种子重合生长会给日后的间苗带来很大困难。

◎间出的苗也是宝

间出来的菜苗不要扔掉，它也是一种营养美食，我们可以把它当作芽苗菜食用，无论是炒菜还是生吃都非常可口哦！

◎追肥要注意什么？

油菜是一种对肥料需求并不大的植物，平时尽量不要施太多的肥料，长势好的情况下，追肥一次就足够了。

追肥一次即可

苦菊

口感清脆，种植简便

苦菊是一二年生草本植物，初夏抽花茎，嫩叶可生食凉拌，或煮食及做汤。苦菊有很多品种，主要是体现在大小的不同上面，盆栽种植最好选择小株。苦菊是一种非常不耐寒的蔬菜，在保证温度的同时要勤于浇水，这样苦菊会长得更好。

◎别　　名　苦苣、苦菜、狗牙生菜
◎科　　别　药菊科
◎温度要求　温暖
◎湿度要求　湿润
◎适合土壤　中性排水性好的肥沃土壤
◎繁殖方式　播种
◎栽培季节　春季、秋季
◎容器类型　中型
◎光照要求　短日照
◎栽培周期　1个月
◎难易程度　★

栽培日历

6

	1月	2月	3月	4月	5月	6月	7月	8月	9月	10月	11月	12月
繁殖				▬▬					▬▬			
生长					▬					▬▬		
收获	●				▬▬					▬▬▬		

美食妙用　苦菊具有抗菌、解热、消炎、明目等作用，是清热去火的美食佳品。

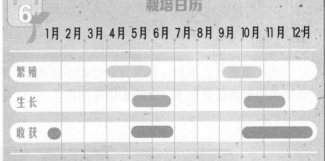

紫甘蓝拌苦菊

主料：苦菊1棵，紫甘蓝半棵，盐、鸡精、陈醋、糖、生抽、熟芝麻、香油适量。

做法：
❶ 将苦菊、紫甘蓝洗净后切丝。❷ 用小火将油烧热，放入干辣椒和花椒煸炒出香味后，关火冷却。❸ 将菜品浇上辣椒油，再放入盐、鸡精、陈醋、糖、生抽、熟芝麻、香油搅拌均匀即可。

开始栽种

第1步

先在土壤上造深约 1 厘米、宽约 1~2 厘米的小壕，壕间距为 15 厘米左右，每隔 1 厘米放 1 粒种子。注意种子不要重叠，然后轻轻盖土，浇水，发芽前要保持土壤湿润。

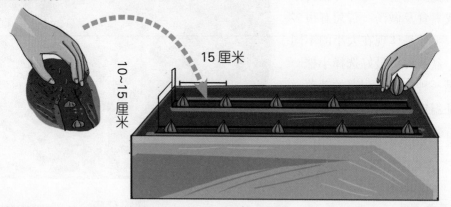

15 厘米

10~15 厘米

第2步

当小苗都长出来后，将发育较差的小苗拔掉。株间距要保持在 3 厘米左右。在小苗的根部适量培土，以防止植株倒掉。

株间距 3 厘米

间出的小苗是美味

间出的小苗不要扔掉，小苗鲜嫩无比，是不可多得的美食，我们可以用它来炒菜、生吃，既健康又美味。

第3步

当本叶长出3片的时候，进行第一次追肥，将肥料撒在垄间与泥土混合。往菜苗根部适量培肥料土。

第4步

当长到20~25厘米的时候，进行间苗，使株间距控制在30厘米左右。剩下的苦菊要培植成大株，因此要进行最后一次追肥。

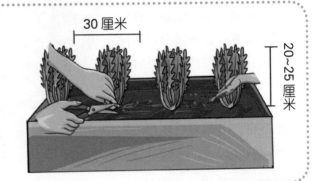

30厘米

20~25厘米

注意事项

◎虫子怎么这么多？

苦菊非常受害虫的欢迎，如果不尽快采取措施，辛苦栽种的蔬菜就要被虫子吃光了，在容器上面罩上一层纱网可以有效地防止害虫侵袭。

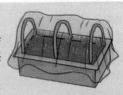

◎不需要烹调的菜

苦菊的茎叶柔嫩多汁，营养丰富。维生素C和胡萝卜素含量分别是菠菜的2.1倍和2.3倍。嫩叶中氨基酸种类齐全，且各种氨基酸比例适当。苦菊的食用方法多种多样，但生吃是最好的选择，这样可以更加全面地保持住蔬菜中的营养成分，口味也很清新。

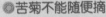

◎苦菊不能随便摘

苦菊采摘后非常不容易保存，水分会迅速流失，现摘现吃既新鲜又美味，是最佳的选择。

现摘

◎选种要注意什么？

苦菊的采种应在植株顶端果实的冠毛露出时为宜。种子的寿命较短，一般为2年，隔年的种子发芽率将大大降低，以当年的种子发芽率为最高。

西兰花

通身可食，口感爽脆

西兰花为一二年生草本植物，原产于地中海东部沿岸地区，在我国起初主要供西餐使用，现已成为常见蔬菜。西兰花营养丰富，含蛋白质、糖、脂肪、维生素和胡萝卜素，营养成分位居同类蔬菜之首，被誉为"蔬菜皇后"。西兰花可以利用的地方非常多，最初长出来的顶花蕾、后来长出来的侧花蕾和茎都可以食用。生长期可以从春天一直到12月份。

◎别　　名	青花菜、绿菜花、花椰菜
◎科　　别	十字花科
◎温度要求	温暖
◎湿度要求	耐旱
◎适合土壤	中性排水性好的肥沃土壤
◎繁殖方式	植苗
◎栽培季节	春季、夏季、秋季
◎容器类型	大型
◎光照要求	喜光
◎栽培周期	1个半月
◎难易程度	★★

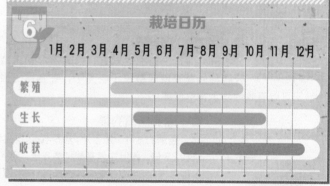

栽培日历

	1月	2月	3月	4月	5月	6月	7月	8月	9月	10月	11月	12月
繁殖				■	■	■	■	■	■			
生长					■	■	■	■	■	■	■	
收获							■	■	■	■	■	■

 开始栽种

 第1步

选择长势端正、没有任何损害痕迹的小苗，放入已经挖好坑的容器中，培好土后轻压浇水。

第 **2** 步

2 周后，要进行第一次追肥，将肥料与土混合，为了防止小苗倒掉，要适当培土。

第一次追肥

第 **3** 步

当顶尖花蕾的直径达到 2 厘米时便可以收获，然后进行第二次施肥，施肥 10 克，与土混合。

2 厘米

第 **4** 步

当侧花蕾的直径为 1.5 厘米的时候可以进行第二次收获，茎长到 20 厘米高时用剪刀剪取也可以食用。

20 厘米　　1.5 厘米

第二次收获

美食妙用

西兰花的钙含量可与牛奶相媲美，可以有效地降低诸如骨质疏松、心脏病以及糖尿病等的发病概率。

蒜香西兰花

主料： 西兰花 1 棵，蒜 2 瓣，油、盐、鸡精、水淀粉、香油适量。

做法：

❶ 将西兰花掰成小朵后洗净，在沸水中焯 2 分钟，蒜捣成蒜泥。❷ 油锅热后先放入蒜泥煸炒，再放入西兰花、盐、味精、鸡精翻炒。❸ 最后加入水淀粉勾芡，再淋些香油即可。

注意事项

◎**西兰花是菜花吗？**

西兰花和菜花是两种不同的蔬菜，菜花一般只食用花蕾的部分，而西兰花的花和茎都可以食用，茎部往往比花蕾部分更加爽脆，口味类似于竹笋，非常可口。

2 厘米

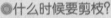

◎**什么时候要剪枝？**

西兰花的剪枝和收获是同步进行的，在收获顶花蕾的同时，也就促进了侧花蕾的生长。

◎**西兰花的剪切方法**

采摘西兰花的时候，不要用手直接进行处理，一定要用刀子或者剪刀进行采摘，否则很容易破坏茎部的组织。

菜花花蕾　＋　竹笋

西兰花

生菜

🌷 香脆可口，耐寒易种

生菜的生长周期非常短，栽培 30 天左右就可以收获了，生菜抗寒、抗暑的能力都很强，不需要我们过多的照顾，是懒人种植的最佳选择。但是生菜不可以接受太多的光照，否则就会出现抽薹的现象，夜间也不要放在有灯光的地方。

◎别　　　名	鹅仔菜、莴仔菜
◎科　　　别	菊科
◎温度要求	温暖
◎湿度要求	湿润
◎适合土壤	微酸性排水性好的肥沃土壤
◎繁殖方式	植苗
◎栽培季节	春季、夏季、秋季
◎容器类型	中型
◎光照要求	喜光
◎栽培周期	1个月
◎难易程度	★

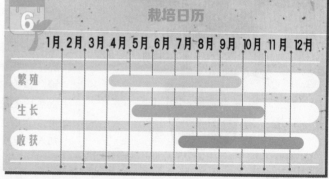

栽培日历

	1月	2月	3月	4月	5月	6月	7月	8月	9月	10月	11月	12月
繁殖												
生长												
收获												

 开始栽种

第 1 步

选择色泽好、长势良好的苗放入已经挖好坑的土壤中，要尽量放得浅一些，用手轻压土壤，然后浇水。如果同时栽种 2 株以上的话，植株间要保持在 20 厘米左右的间距。

20 厘米

第2步

2周后，要进行追肥，撒在植株根部，并与泥土混合。

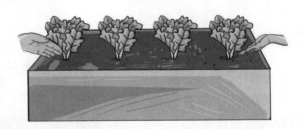

叶子的颜色不好是怎么回事？

叶子若受到雨水的影响就会变黄，为了防止雨水从芽口处灌入，去侧芽要选择在晴天进行，这样也可以使植株看起来更加健康。

第3步

当菜株的直径长到25厘米的时候便可以收获，用剪刀从外叶开始剪取，现吃现摘。

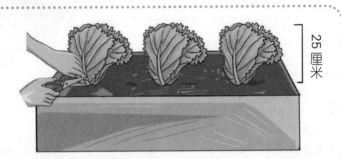

25厘米

注意事项

◎抽薹是什么？

抽薹是指植物因受到温度和日照长度等环境变化的刺激，随着花芽的分化，茎开始迅速生长，植株变高的现象，直接导致的就是茎叶的徒长。生菜如果抽薹，叶子就会变硬。因此即使在夜间也要把生菜搬到光亮照不到的地方去。

25厘米

◎生菜有很多种

生菜的品种有很多，按照生长状态可以分为散叶生菜和结球生菜。在色彩上更是多种多样，将不同品种、色泽的生菜种子放到一起培植，还可以获得混合生菜。

散叶生菜　结球生菜

◎怎样保持生菜的口感？

生菜采摘后却不食用，口感会变得非常不好，所以我们最好现摘现吃。用菜刀切生菜，接近刀口部分的生菜会变色，因此我们最好用手撕的方式处理生菜。

莴苣叶子生菜　西生菜

◎收获方法

收获生菜，我们可以用剪刀整株剪取，或者掰取要食用的部分，千万不要一叶叶地剪下来。

菠菜

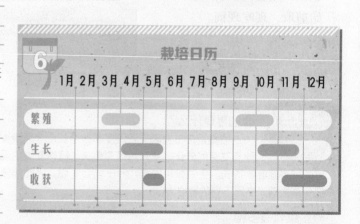

🌷 **柔嫩多汁，营养丰富**

菠菜原产伊朗，在我国普遍栽培，为极常见的蔬菜之一，有"营养模范生"之称，富含类胡萝卜素、维生素C、维生素K、矿物质等多种营养素。菠菜喜欢阴凉的环境，要避免夏日栽培，在秋季播种是最好的选择，日常养护的时候光照也只能最多半天，夜里受灯光照射也不利于菠菜的生长。菠菜在寒冷的环境中味道会变甜哦！

◎别　　名	菠菱、鹦鹉菜、红根菜、飞龙菜
◎科　　别	藜科
◎温度要求	阴凉
◎湿度要求	湿润
◎适合土壤	微酸性排水性好的肥沃土壤
◎繁殖方式	播种
◎栽培季节	春季、秋季
◎容器类型	中型
◎光照要求	短日照
◎栽培周期	1个月
◎难易程度	★

栽培日历

	1月	2月	3月	4月	5月	6月	7月	8月	9月	10月	11月	12月
繁殖			■	■					■	■		
生长				■	■					■	■	
收获					■						■	■

🌸 **开始栽种** //

第**1**步

在平整的土壤上面造壕，每间隔1厘米放入1粒种子，种子不要重合。然后浇水，发芽前务必要保持土壤湿润。

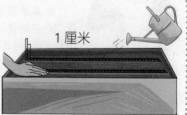

1厘米

第2步

当子叶长出后，将长势较差的小苗拔去，使株间距控制在 3 厘米左右。往根部培培土，以防止小苗倒掉。

株距 3 厘米

第3步

当本叶长到 2 片的时候，要进行第一次施肥，将肥料撒在壕间，与土混合后将肥料土培向菜苗根部。

第4步

当菜苗长到 10 厘米时，要进行第二次追肥，撒在壕间，并与泥土混合，然后将混合了肥料的土培向菜苗的根部。

10 厘米

第5步

当菠菜长到 20~25 厘米的时候，就可以用剪刀剪取收获了。

20~25 厘米

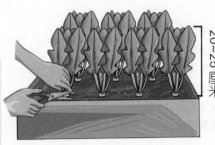

菠菜的营养价值

菠菜不仅含有大量的胡萝卜素和铁，也是维生素B6、叶酸和钾质的极佳来源，蛋白质的含量也很高，每 0.5 公斤菠菜就相当于两个鸡蛋蛋白质的含量。

注意事项

◎多一次间苗

如果我们希望菠菜生长成比较大的个头，就需要进行第二次间苗，将植株的间距控制在 5~6 厘米就可以了。

5~6厘米

◎限制光照

菠菜的生长不喜欢光照，光照过多就会使菠菜出现抽薹的现象，灯光照射也会出现抽薹的现象，即使是在夜里也要将植株搬移到灯光照不到的地方，这样才可以让其生长得更好。

茼蒿

淡淡苦香，营养健康

蔬菜市场上的茼蒿通常有尖叶和圆叶两个类型。尖叶茼蒿叶片小，缺刻多，吃口粳性，香味浓；圆叶茼蒿叶宽大，缺刻浅，吃口软糯。茼蒿的栽种季节可以是春季也可以是秋季，种类主要是根据茼蒿叶子的大小而划分的，盆栽应该选择抗寒性、抗暑性都强的中型茼蒿。茼蒿剪去主枝后，侧芽还可以继续生长，因此成熟后可以不断地收获新鲜的蔬菜。

◎别　　名　蓬蒿、春菊
◎科　　别　菊科
◎温度要求　耐寒
◎湿度要求　湿润
◎适合土壤　微酸性排水性好的肥沃土壤
◎繁殖方式　播种
◎栽培季节　春季、秋季
◎容器类型　大型
◎光照要求　短日照
◎栽培周期　1个月
◎难易程度　★

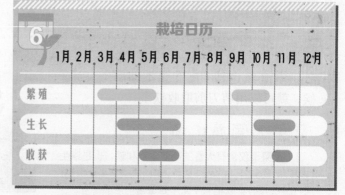

栽培日历

	1月	2月	3月	4月	5月	6月	7月	8月	9月	10月	11月	12月
繁殖			■	■					■	■		
生长				■	■	■				■	■	
收获					■	■					■	

开始栽种

第1步

在土层表面挖深约1厘米左右的小壕，每隔1厘米撒1颗种子，然后覆土、轻压、浇水。

1~2厘米　1厘米

第 2 步

2 周后，进行第一次间苗，当叶子长出 1~2 片的时候要再次进行间苗，将弱小的菜苗拔去，使苗之间相隔 3~4 厘米。为了防止留下的菜苗倒下，要往菜苗的根部适当培土。

3~4 厘米

第 3 步

当叶子长到 3~4 片的时候，要进行拔苗，使苗之间相隔 5~6 厘米。追肥 10 克，撒在植物根部与泥土混合。为防止留下的菜苗倒下，要适当培土。

5~6 厘米

第 4 步

当叶子长到 6~7 片的时候，就可以第一次收获了，从菜株的根部进行剪取，使株间距保持在 10~15 厘米的距离，然后进行第二次追肥，将肥料撒在空隙处，然后培土。

10~15 厘米

第 5 步

当植物长到 20~25 厘米的时候，进行真正的收获，可以将植株整株拔起，也可将主枝剪去，使侧芽生长。

茼蒿的食用价值

茼蒿具有调和脾胃、化痰止咳的功效，还可以养心安神、润肺补肝、稳定情绪、降压补脑、防止记忆力减退。

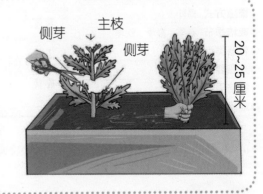

侧芽　主枝　侧芽

20~25 厘米

注意事项

◎栽种种子的时候要注意什么？

茼蒿的种子非常喜光，栽种的时候只要轻盖土即可，这样可以让种子感受到光照，更加有助于种子发芽生根。

◎吃不完的茼蒿怎么办？

茼蒿的样子很具有观赏性，在西欧，人们常常栽培茼蒿用于观赏，茼蒿开花的样子和雏菊非常相似，非常艳丽可人，如果茼蒿吃不完的话，也可以将其当作观赏植物进行种植。

小白菜

 清热解毒，健康美味

小白菜是蔬菜中含矿物质和维生素最丰富的菜，1、2、3月是小白菜消费的最佳季节。小白菜是一种抗寒性、抗暑性都较强的蔬菜，但在冬季温度较低的情况之下不能栽种，其他的季节都可以。小白菜容易吸引害虫，要时时留意害虫的踪迹，及时进行处理。小白菜生长速度很快，要注意收获的时间，不然会影响口感。

◎别　　名　油白菜、夏菘、青菜
◎科　　别　十字花科
◎温度要求　温暖
◎湿度要求　湿润
◎适合土壤　中性排水性好的肥沃土壤
◎繁殖方式　播种
◎栽培季节　春季、夏季、秋季
◎容器类型　中型
◎光照要求　喜光
◎栽培周期　1个半月
◎难易程度　★

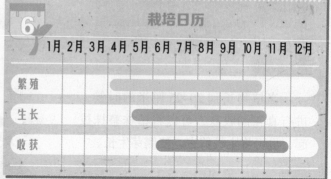

栽培日历											
1月	2月	3月	4月	5月	6月	7月	8月	9月	10月	11月	12月
繁殖											
生长											
收获											

 开始栽种

第1步

将土层表面弄平，制造深约1厘米的小壕，壕间距为10厘米。每隔1厘米放一粒种子，注意种子之间不要重合。轻轻盖土，然后浇水。

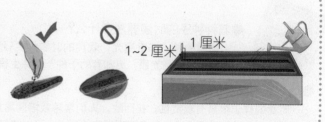

1~2厘米　1厘米

第2步

苗差不多都长出来后，要进行间苗，使苗间距为 3 厘米。为使留下的菜苗不倒下，要往苗底适量培土。

适时间苗

3 厘米

第3步

当本叶长出 3~4 片时，我们要进行第二次间苗，使得苗间距为 5~6 厘米。进行追肥，撒在壕间并与土壤混合。为了防止留下的菜苗倒掉，要往植株的根部适量培土。

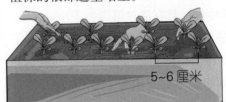

5~6 厘米

第4步

4 周后，当植株底部逐渐变粗，要进行第三次间苗，使株间距为 15 厘米左右。施肥 10 克撒在壕间，与土混合。为防止菜苗倒地，适量进行培土。

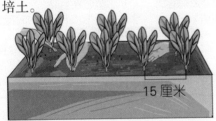

15 厘米

第5步

当菜苗长到高约 15 厘米后便可以收获了，从底部用剪刀进行剪取。

15 厘米

注意事项

◎种子放多了会怎样？

在播撒种子的时候，一定要注意播撒种子的数量，如果放了过多的种子，就会造成幼苗长出后过于拥挤，也就不利于苗壮。

◎种子要怎样培植？

湿润的土壤环境更加有利于种子发芽，因此在种子发芽之前，一定要保持土壤的湿润。

◎植株为什么不粗壮？

苗与苗之间的距离如果过近，就会导致每株菜苗所吸收的养分非常少，这样菜苗就不可能苗壮生长，用间苗的方法可以很好地改善这种拥挤的状况。植株之间最为理想的间距是 15 厘米左右。

细香葱

清热解毒、促进消化

细香葱的样子和小葱非常相似，富含胡萝卜素和钙质，具有清热解毒、促进消化、温暖身体的作用，对于头痛、风寒感冒、阴寒腹痛等症状也有一定的效用，可以当蔬菜食用。

◎别　　名	冻葱、冬葱、绵葱、四季葱、香葱
◎科　　别	百合科
◎温度要求	阴凉
◎湿度要求	湿润
◎适合土壤	中性排水性好的沙壤土
◎繁殖方式	播种、嫁接
◎栽培季节	春季、秋季
◎容器类型	中型
◎光照要求	喜光
◎栽培周期	8个月
◎难易程度	★★

栽培日历

	1月	2月	3月	4月	5月	6月	7月	8月	9月	10月	11月	12月
繁殖			▬	▬	▬							
生长				▬	▬	▬	▬	▬	▬	▬		
收获								▬	▬	▬		

美食妙用

细香葱的花、叶皆可以入菜，作为沙拉、炒饭、汤羹、料理的调味料，风味独特。种植细香葱还可以有效驱走小花园中的蚜虫。

细香葱欧芹米粉

主料： 鲜米粉 250 克，胡萝卜半根，欧芹、细香葱少许，橄榄油、盐适量。

做法：

❶ 将胡萝卜去皮洗净切片，细香葱洗净切成小段，欧芹洗净切成小朵。❷ 在锅中加入适量水、橄榄油，放入米粉煮至七分熟，再加入胡萝卜、欧芹、细香葱，再加入盐，煮熟后即可。

开始栽种

第1步

细香葱以播种或分株的方式进行栽培。播种时，将种子直接播撒在土中，覆土要薄，用喷壶喷水以保持土壤湿润。

分株

播种

第2步

播种7天左右的时间，细香葱就会发芽了。出芽后的植株要放在阳光下面接受照射。

7天后

第3步

当小苗长出3~4片叶子的时候，就可以进行定植了。选择生长健壮的小苗定植，每2~3株种植在一起，种植深度为3~4厘米为最佳。

种植深度3~4厘米

定植

第4步

当植株长至15~20厘米的时候要及时进行采收，从距土面3厘米的位置上剪下。但栽种第一年，由于植株相对弱小，不要采收过多。

15~20厘米

3厘米

第5步

细香葱每隔 2~3 年就要进行一次分株，以免植株长得太过茂密。将丛生的植株挖出，修剪根须后，将株丛掰开后再分别种下。

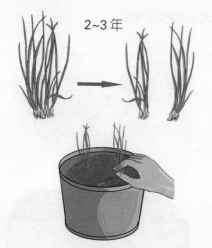

2~3年

可爱的细香葱

细香葱是多年生草本植物，属于百合科家族，是和洋葱关系密切的一种植物，我国各地都有栽植。细香葱高 30~40 厘米，鳞茎聚生，外皮红褐色、紫红色、黄红色至黄白色，膜质或薄革质，不破裂。叶为中空的圆筒状，向先端渐尖，深绿色，常略带白粉。栽培条件下不抽薹开花，用鳞茎分株繁殖。但在野生条件下是能够开花结实的。

人们种植细香葱用它的空心的草状的叶子调味。细香葱的花朵是玫瑰紫色的，成簇开放。家用的细香葱可以种植在花园里或是小花盆里。柔软幼嫩的细香葱叶被用来做沙拉、干酪混合料、汤、摊鸡蛋等其他诸如此类的菜肴。如果细香葱植株是健康的，被取用的叶子会被新叶所代替。

注意事项

◎风、水、肥缺一不可

通风、浇水、施肥是细香葱茁壮生长的前提因素，将细香葱放置在通风情况比较好的环境中，浇水要结合追加稀释肥料进行，这样更有利于植株的生长。

稀释肥料

第二年才会开花

◎开花有点慢

细香葱一般都是通过播种的方式进行繁殖的，在种植第一年往往是不会开花的，第二年即便开花，花期也并不长。

种子繁殖

◎浅浅的根

细香葱的根系非常浅，浓肥和干旱都会导致细香葱生长出现变异甚至死亡，少而勤地进行浇水更有利于细香葱的生长。

茴香

口味独特，药食兼可

茴香是我们经常吃的一种蔬菜，也是一种适合家庭种植的香草。茴香适合生长在光线充足、排水性较好的环境之中，但是茴香的根系非常脆弱，尽量不要进行移栽，否则非常容易造成植株死亡。茴香的根部的口感非常好，与生菜一起做成沙拉非常美味哦！

◎ 别　　　名 怀香、香丝菜
◎ 科　　　别 伞形科
◎ 温度要求 阴凉
◎ 湿度要求 耐旱
◎ 适合土壤 中性排水性好的沙壤土
◎ 繁殖方式 播种
◎ 栽培季节 春季、夏季、秋季
◎ 容器类型 中型
◎ 光照要求 喜光
◎ 栽培周期 全年
◎ 难易程度 ★★

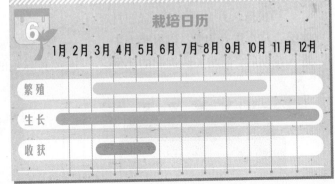

栽培日历

	1月	2月	3月	4月	5月	6月	7月	8月	9月	10月	11月	12月
繁殖												
生长												
收获												

 开始栽种

第**1**步

茴香种子的破土能力比较弱，播种前要将土翻松整碎，并且要在培养土中加入足够的肥料。

播种前要翻土

基肥

第2步

将整平的土壤浇透水后，把籽粒饱满的种子均匀撒播在土中，覆土 0.5~1 厘米，用喷壶喷水，并保持土壤湿润。

0.5~1 厘米

细孔喷壶

第3步

当幼苗长出后，为将株间距控制在 4 厘米左右，要进行间苗。当温度高于 25℃ 的时候，要加强通风。

通风

4 厘米

第4步

当植株长到 10 厘米左右的时候，要结合浇水进行追肥，以氮肥为主。进入花期后，需增加磷钾肥的比例。

10 厘米

氮肥　磷钾肥

第5步

茴香在长日照和高温的环境中才会开花结果。当种子由绿色变为黄绿色的时候就可以收获了。

注意事项

◎开花不要太早

生长环境温度过高会导致茴香过早开花，但是茴香开花过早并不利于植株的生长，因此要适当进行遮阳降温，这样才能让植株生长得更健康。

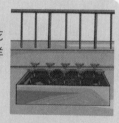

◎怎么分株

茴香是多年生植物，分株繁殖的时间比较晚，一般 3~4 年才会分株，并在当年果实收获后进行，分株的方式是在采收果实后，将植株挖出，分成数丛再重新下种。

香菜

香味独特，营养丰富

香菜是我们经常吃的一种蔬菜，但它也是一种香草。香菜中含有丰富的维生素 C、维生素 A、胡萝卜素以及钙、钾、磷、镁等矿物质，能够提高人体的抗病能力。其独特的香味还能促进人体肠胃的蠕动，刺激汗腺分泌，加速新陈代谢。

◎别　　名	香荽、胡菜、原荽、园荽、芫荽
◎科　　别	伞形科
◎温度要求	阴凉
◎湿度要求	湿润
◎适合土壤	微酸性排水性好的沙壤土
◎繁殖方式	播种
◎栽培季节	秋季
◎容器类型	中型
◎光照要求	喜光
◎栽培周期	全年
◎难易程度	★★

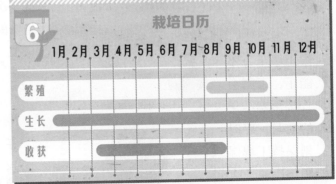

栽培日历

	1月	2月	3月	4月	5月	6月	7月	8月	9月	10月	11月	12月
繁殖									▬	▬		
生长	▬	▬	▬	▬	▬	▬	▬	▬	▬	▬	▬	▬
收获			▬	▬	▬	▬	▬	▬				

 开始栽种 //////////////////////////////////////

第**1**步

种植香菜前，要将土壤翻松弄碎，然后施足有机基肥，让肥料与泥土充分混合后，浇透水。

翻土

有机基肥

第**2**步

香菜的果实内有两粒种子，为了提高发芽率，播种前我们需要将果实搓开。将种子均匀地撒播在培养土上，覆土约1厘米厚，浇透水即可。

1厘米

第**3**步

当植株长出 3~4 片叶子的时候要进行间苗，将病弱的小苗拔去，保留苗壮的苗。

适时间苗

第**5**步

当植株长到 15~20 厘米高时，就可以采摘了，可以分批次进行。每采摘 1 次，就要追肥一次，以促进剩下植株的生长。

每采摘一次，追肥一次

15~20厘米

第**4**步

香菜是长日照植物，在结果的时候土壤千万不能干，否则会直接影响结果的质量。要时刻保持土壤湿润，让种子生长得更加饱满。

保持土壤湿润

注意事项

◎控制浇水量

　　香菜养护时保持土壤湿润即可，不要浇太多的水。

◎浇水与施肥相结合

　　当植株进入生长旺盛期的时候，应勤浇水，施肥也要结合浇水进行，生长期要追施氮肥1~2次。

保持土壤湿润即可

欧芹

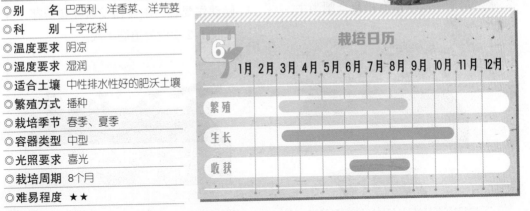

营养丰富，有益健康

欧芹原产地中海沿岸，欧美及日本栽培较为普遍，是一种香辛叶菜类，西餐中用应较多，多做冷盘或菜肴上的装饰，也可做香辛调料，还可供生食，特别是吃葱蒜后嚼一点欧芹叶，可消除口齿中的异味。欧芹是一种营养非常丰富的植物，除了含维生素 C、维生素 A，还含有钙、铁、钠等微量元素，可以有效提高人体的免疫力，防止动脉硬化，保护肝脏。

◎别　　名 巴西利、洋香菜、洋芫荽
◎科　　别 十字花科
◎温度要求 阴凉
◎湿度要求 湿润
◎适合土壤 中性排水性好的肥沃土壤
◎繁殖方式 播种
◎栽培季节 春季、夏季
◎容器类型 中型
◎光照要求 喜光
◎栽培周期 8个月
◎难易程度 ★★

栽培日历	1月	2月	3月	4月	5月	6月	7月	8月	9月	10月	11月	12月
繁殖												
生长												
收获												

开始栽种

第1步

欧芹可以用种子直接进行培植。播种前需要浸种 12~14 小时，再置于 20℃左右的环境中催芽，当种子露白的时候就可以进行播种了。

浸种 12~14 小时

20℃左右

第2步

将土壤浇透水后，将种子均匀撒播在土中，覆土0.5~1厘米厚，再适量喷水即可。覆上一层保鲜膜更有利于种子的发育。

0.5~1厘米

第3步

当幼苗长出5~6片叶子的时候就可以移栽定植了，要浇透水，保持土壤湿润。

第4步

生长期植物每隔15~20天就要浇水、追肥一次，以有机复合肥为主。

有机复合肥

第5步

欧芹可分期进行采收，采收的时候动作要轻，不要伤及嫩叶和新芽，采收1~2次就要追肥1次。

注意事项

◎孕育花芽时温度不宜过高

欧芹需要在低温的环境中才会分化出花芽，而开花却需要高温和长日照，之间的温度变化比较大，因此要注意对植株生长环境温度的掌握。开花结果后就可以收获种子了，放在通风干燥的环境中保存最好。

发芽时温度不宜过高

◎保持土壤湿润并通风

欧芹对水分的要求比较高，过干过湿都不适合植株的生长，要随时保持土壤湿润，并及时进行通风排湿。

西洋菜

营养丰富，诱人食欲

西洋菜是一种保健效果非常显著的香草，它含有丰富的维生素 C、维生素 A、胡萝卜素、氨基酸以及钙、磷、铁等矿物质，具有润肺止咳、通经利尿的功效。西洋菜的口感爽脆，非常适合做成沙拉食用，是夏季解暑的上佳美食。

◎别　　名	豆瓣菜、水蔊菜、水芥、水田芥菜、水茼蒿
◎科　　别	十字花科
◎温度要求	凉爽
◎湿度要求	湿润
◎适合土壤	中性保水性好的黏壤土
◎繁殖方式	播种
◎栽培季节	春季、夏季
◎容器类型	中型
◎光照要求	喜光
◎栽培周期	3个月
◎难易程度	★★

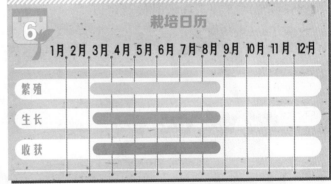

栽培日历

	1月	2月	3月	4月	5月	6月	7月	8月	9月	10月	11月	12月
繁殖												
生长												
收获												

开始栽种

 第 **1** 步

将西洋菜的种子浸泡在25℃的水中，直到种子露白，然后再播撒在培养土中。由于种子很小，播种前宜用 3 ~ 4 倍的细土拌匀再播，以使撒得均匀些。播种后再盖一层薄细土，以盖平种子为度。

25℃左右

第 2 步

种子发芽前，每天要浇水 1~2 次，当幼苗长到 10~15 厘米时开始移栽定植。

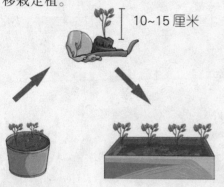

10~15 厘米

第 3 步

西洋菜喜欢湿润的生长环境，要经常浇水以保持土壤湿润，春秋季节每天都要浇 1 次水，夏季高温的情况下早晚都要浇 1 次水。

第 4 步

西洋菜生长得非常迅速，当植株长到 20~25 厘米高的时候就可以收获了。

适时采收

20~25 厘米

第 5 步

西洋菜也可以采用扦插的方式进行繁殖，剪取一段长 12~15 厘米的粗壮枝条扦插，将其插到培养土中，正常养护即可。

12~15 厘米

注意事项

◎采种、采茎二选一

如果想要收获西洋菜的种子，就要让植株生长成熟，在春末夏初的时候植物会开花，等到花朵凋谢，种子就会变黄，这个时候就可以收获种子了。要收获种子就不可以在植物鲜嫩的时候采摘鲜叶。

◎缺肥的迹象

植物在生长期一般不要进行追肥，如果生长缓慢，并且叶子的中下部出现暗红色，这便是植株缺肥的信号，这时我们追加一些氮肥即可。

氮肥肥料

芝麻菜

 营养丰富，清热解毒

芝麻菜是一年生草本植物，我国部分地区素有食用芝麻菜的习惯，一般于春季采摘其嫩苗食用。芝麻菜虽然有着淡淡的苦涩味道，但更多的是浓郁的芝麻香气。无论茎、叶都可以食用，炒菜、做汤、凉拌都可以，还有清热解毒、消肿散瘀的功效。种植也非常容易。

◎别　　名 芸芥、火箭生菜
◎科　　别 十字花科
◎温度要求 阴凉
◎湿度要求 湿润
◎适合土壤 中性排水性好的肥沃土壤
◎繁殖方式 播种
◎栽培季节 春季、秋季
◎容器类型 中型
◎光照要求 喜光
◎栽培周期 8个月
◎难易程度 ★★

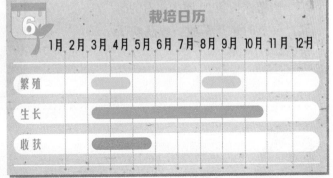

栽培日历

	1月	2月	3月	4月	5月	6月	7月	8月	9月	10月	11月	12月
繁殖			●	●				●	●			
生长		●	●	●	●	●	●	●	●	●		
收获			●	●	●							

 开始栽种 ///////////////////////////////////////

第1步

在种植芝麻菜之前要将土壤翻松，施入足够的有机肥做基肥。芝麻菜的生长非常迅速，选择直播的方式是最合适的，播种前不需要浸种。将种子均匀播撒在土中，覆盖一层薄土，采用浸盆法使土壤吸足水。

第2步

播种后大约 4~5 天的时间，小苗就会长出来了，当幼苗长出 2~3 片叶子的时候要除去弱苗、病苗。

间除弱苗、病苗

4~5 天后

第3步

追肥要根据植株的长势而定，采收前 5~7 天不要进行追肥，以免影响收获。

采收前 5~7 天

第4步

当植株长到 20 厘米左右的时候，要及时进行采收。收获晚了会影响口感。

20 厘米

及时采收

注意事项

●保持阴凉的好处

芝麻菜在阴凉潮湿的环境中生长的速度比较快，生长期间最好要保持土壤湿润，以小水勤浇的原则最好。

配合施用　必要时

●肥料营养要均衡

芝麻菜的生长需要氮、磷、钾肥三种肥料的配合施用，必要时还要补充一些微量元素，千万不能只施加一种肥料，否则会导致植株营养元素的不均衡。

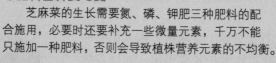

●做好降温工作

每年夏季我们需要给芝麻菜进行降温，加盖遮阳的纱网，或者是采用喷水降温等都是很好的方式。

紫苏

美观宜人，营养丰富

紫苏为一年生草本植物，具有特异的芳香，叶片多皱缩卷曲，两面紫色或上面绿色，嫩枝紫绿色，断面中部有髓。紫苏是一种非常好的食疗香草，嫩叶和紫苏籽中含有多种维生素和矿物质，能够有效地增强人体的免疫力和抗病能力，还具有理气、健胃的功效，可以治疗便秘、咳喘等不适的症状。

◎别　　名	白苏、桂荏、荏子、赤苏、红苏
◎科　　别	唇形科
◎温度要求	温暖
◎湿度要求	湿润
◎适合土壤	中性排水性好的肥沃沙壤土
◎繁殖方式	播种
◎栽培季节	春季
◎容器类型	中型
◎光照要求	喜阴
◎栽培周期	8个月
◎难易程度	★★

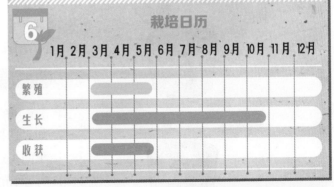

栽培日历

	1月	2月	3月	4月	5月	6月	7月	8月	9月	10月	11月	12月
繁殖			▬	▬								
生长			▬	▬	▬	▬	▬	▬	▬	▬		
收获				▬	▬							

美食妙用

食用紫苏可以起到非常好的健脾功效，嫩叶无论凉拌、热炒、煲汤、泡茶都不会影响营养成分，淡淡的紫色用来配菜也十分美观。

紫苏粥

主料：粳米100克，紫苏鲜叶8片，红糖适量。

做法：❶ 将紫苏叶洗净切碎，粳米洗净。❷ 将粳米入锅，加入适量水，大火煮沸后转小火熬煮，至米烂时放入紫苏叶煮5分钟，再加入红糖即可。

开始栽种

第1步

家庭栽培通常采用直播法或育苗移栽法进行繁殖。紫苏种有休眠期，采种后 4~5 个月才能发芽，因此播种前需进行低温处理，以打破种子的休眠期。具体为将刚采收的种子用 100 微升/升的赤霉素处理并置于 3℃ 的低温及光照条件下 5~10 天，后置于 15~20℃ 光照条件下催芽 12 天。

低温处理

育苗移栽

种子直播

怎样采种？

种植紫苏若以收获种子为目的时，应适当进行摘心处理，即摘除部分茎尖和叶片，以减少茎叶的养分消耗并能增加通透性。在花蕾形成前需追施速效氮肥一次，过磷酸钙一次。由于紫苏种子极易自然脱落和被鸟类采食，所以种子应在 40%～50% 成熟时割下，然后晾晒数日，脱粒，晒干。

第2步

播种前先将土壤浇透水，将种子与细沙混合，均匀撒播在土中，覆薄土，不见种子即可，轻轻洒水。

与细沙混合

第3步

种子发芽前要保持土壤湿润，如果选择直播的方式，苗出齐后要及早间去过密幼苗，间苗可分 2~3 次进行，间苗的密度过大会导致植株徒长。为防止小苗疯长成高脚苗，应注意多通风、透气。

间苗
2~3 次

第**4**步

当长出4对真叶时可进行移栽定植，移栽时要尽量多带土，不要伤及根系。定植时为了使根系舒展，要覆细土压实，浇足定植水，以利成活。

勿伤根系

覆细土压实

第**5**步

采摘新鲜的紫苏叶食用，可以选择在晴天进行，晴天时叶片的香气更加浓郁。若苗壮健，从第四对至第五对叶开始即能达到采摘标准，生长高峰期平均3~4天可以采摘一对叶片，其他时间一般6~7天采收一对叶片。

晴天叶片香气更浓

叶片成对采摘

注意事项

◎及时剪枝，避免消耗过多养分

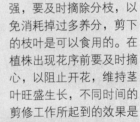

紫苏的分枝能力比较强，要及时摘除分枝，以免消耗掉过多养分，剪下的枝叶是可以食用的。在植株出现花序前要及时摘心，以阻止开花，维持茎叶旺盛生长，不同时间的剪修工作所起到的效果是截然不同的。

◎怎样促进紫苏开花？

如果想要促进紫苏开花，就要缩短日照的时间，以促进花芽分化。等待到种子成熟后，将全草割下，晒干后将种子存放起来即可。

缩短日照时间

◎苏子梗怎样保存？

采收苏子梗，要在花蕾刚出的时候进行，连同根茎一起割下，倒挂在通风阴凉的地方晾晒即可。

根茎类蔬菜

洋葱

防癌健身，促进食欲

洋葱鳞茎粗大，外皮紫红色、淡褐红色、黄色至淡黄色，内皮肥厚，肉质。洋葱的伞形花序是球状，具多而密集的花，粉白色。花果期5~7个月。

初学者选择从幼苗开始栽培洋葱的方法比较合适，一般来说洋葱是春种秋收的，但是家庭栽种洋葱在任何时间都可以收获。洋葱适应性非常强，栽种失败的情况很少，初学者很容易就能掌握种植要领。

◎别　　名　球葱、圆葱、玉葱、葱头、荷兰葱

◎科　　别　葱科，旧属百合科

◎温度要求　温暖

◎湿度要求　湿润

◎适合土壤　中性排水性好的肥沃土壤

◎繁殖方式　植苗

◎栽培季节　秋季

◎容器类型　大型、中型

◎光照要求　喜光

◎栽培周期　4个月

◎难易程度　★

栽培日历

	1月	2月	3月	4月	5月	6月	7月	8月	9月	10月	11月	12月
繁殖										▬		▬
生长										▬	▬	▬
收获			▬	▬								▬

开始栽种 \\

 第**1**步

　　选择不带伤病的幼苗，将土层表面弄平，造深约 1 厘米、宽约 3 厘米的小壕，壕间距为 10~15 厘米。将洋葱苗尖的部分朝上。将植株轻轻盖住，不要全盖了，幼苗的尖部留在土外。然后进行浇水，浇水的时候不要浇得过多，否则幼苗容易腐烂。

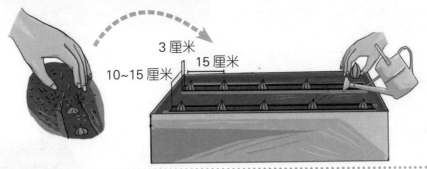

第**2**步

　　当苗长到 15 厘米的时候，进行追肥，将混合了肥料的土培向菜苗根部。

第**3**步

　　10 周后，进行第二次追肥，根部膨胀后施肥 10 克，将肥料撒在壕间，与土壤混合。将混合了肥料的土培向根部。

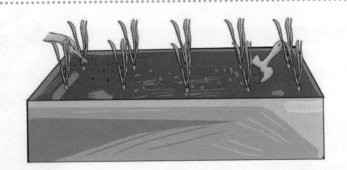

当叶子倒了的时候，就可以收获了，抓住叶子拔出来就可以了。

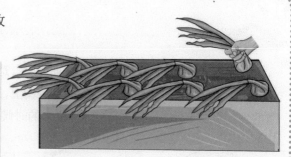

收获后的存放

洋葱一般情况下都比较容易保存，收获后将洋葱放置在通风良好的地方至少半天的时间，这样更加有利于洋葱的保存。

注意事项

◎ **空间要留足**

洋葱一般是不进行间苗的，因此在栽种的时候，我们要留有足够的空间，让植株能够更好地生长。一般来说，苗与苗之间的距离达到10~15厘米是比较合适的。

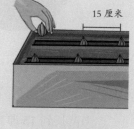

15 厘米

◎ **出现枯叶不要不管不顾**

洋葱在生长期间如果出现了枯叶，就要及时将枯叶剪掉，否则枯叶容易导致洋葱出现病害现象。

◎ **洋葱的肥料**

洋葱是一种喜欢肥料的蔬菜，特别是植株出芽之后。缺乏磷酸元素的话，会造成洋葱的根部难以膨胀，在施底肥的时候要多加入含磷酸量比较多的肥料。

磷酸

美食妙用

洋葱特别适宜患有心血管疾病、糖尿病、肠胃疾病的人食用，但一次不宜食用过多，否则容易引起发热等身体不适。

孜然洋葱土豆片

主料： 土豆4个，洋葱1个，孜然、干辣椒、盐、生抽、老干妈酱适量。

做法：

❶ 将土豆切片泡水后沥干，洋葱切小块。❷ 油锅烧热后放入土豆片翻炒，加盐，炒至焦黄盛出。❸ 将洋葱干辣椒小火煸炒，再放入老干妈酱，加入土豆片、孜然、生抽煸炒入味即可。

土豆

营养丰富，诱人食欲

土豆原产于南美洲安第斯山地的高山区，可供烧煮做粮食或蔬菜，富含淀粉、蛋白质、维生素和无机盐。中国是现在世界上土豆总产量最多的国家。土豆是由种薯发育而成的，栽培期间要不断加入新土，所以容器要选用大的，也可用袋子做容器使用。土豆喜欢温凉的环境，高温不利于土豆的生长发育。土豆对土壤的要求不高，只要不过湿就可以了。

◎ 别　　名　马铃薯、洋芋
◎ 科　　别　茄科
◎ 温度要求　阴凉
◎ 湿度要求　耐旱
◎ 适合土壤　中性排水性好的肥沃土壤
◎ 繁殖方式　催芽栽种
◎ 栽培季节　春季、夏季
◎ 容器类型　大型、深型或袋子
◎ 光照要求　喜光
◎ 栽培周期　3个月
◎ 难易程度　★

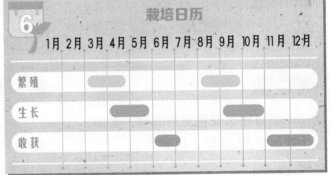

栽培日历

	1月	2月	3月	4月	5月	6月	7月	8月	9月	10月	11月	12月
繁殖												
生长												
收获												

开始栽种

第 1 步

将土的一半放入容器或袋子里，将种薯切开，切时注意芽要分布均匀，切开后每个重约 30~40 克。将种薯切口朝下放入挖好的洞中。种薯之间的距离控制在 30 厘米，盖土约 5 厘米深。

第2步

当新芽长到 10~15 厘米后，将发育较差的新芽去掉，只留 1 株或 2 株。按 1 千克土配置 1 克肥料的比例，将土和肥料混合，倒入容器中，然后进行浇水。

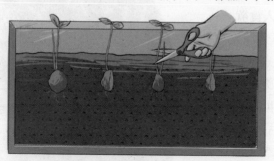

土豆块茎的长成

（1）块茎形成期：从现蕾到开花为块茎形成期，块茎的数目也是在这个时期确定。从现蕾到开花这段时期，块茎不断膨大。（2）块茎形成盛期：从开花始期到开花末期，是块茎体积和重量快速增长的时期，这时光合作用非常旺盛，对水分和养分的要求也是一生中最多的时期，一般在花后 15 天左右，块茎膨大速度最快，大约有一半的产量是在此期完成的。（3）块茎形成末期：当开花结实结束时，茎叶生长缓慢乃至停止，下部叶片开始枯黄，即标志着块茎进入形成末期。此期以积累淀粉为中心，块茎体积虽然不再增大，但淀粉、蛋白质和灰分却继续增加，从而使重量增加。

第3步

当植株出现花蕾的时候，要和上次一样进行追肥、加土。

第4步

13 周后，茎、叶变黄、干枯后，就可以收获了。将植株连茎拔出就可以见到土豆了。

注意事项

◎土壤的准备

在种植土豆之前，首先要处理好土壤，土豆对光照的要求比较大，所以可先将容器或袋子放在一个带轮子的木板上，这样就可以非常轻松地移动植株了，按照不同的时间调整光照，以让土豆长得更好。

◎为什么要用种薯？

任何一个市场都可以买到土豆，用整个土豆当作种薯岂不是很方便？事实上是不行的，我们平时吃的土豆没有进行特殊的处理，容易感染病毒，收获量也就随之受到限制。在栽培土豆之前首先要确认种薯是脱毒的，并且是有芽的。

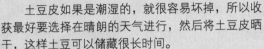

将土豆皮晒干，土豆不容易坏掉

◎收获后的工作

土豆皮如果是潮湿的，就很容易坏掉，所以收获最好要选择在晴朗的天气进行，然后将土豆皮晒干，这样土豆可以储藏很长时间。

◎这样的土豆不要吃

有芽或是变绿的部分有毒素，不要吃。

如果土豆长芽了，千万不可以吃，土豆有芽的部分或是变绿的部分含有毒素，对人体的伤害非常大。

◎切刀务必消毒

马铃薯晚疫病、环腐病等病原菌在种薯上越冬，在切芽块时，切刀是病原菌的主要传播工具，尤其是环腐病，目前尚无治疗和控制病情的特效药，因此要在切芽块上下工夫，防止病原菌通过切刀传播。具体做法是：准备一个瓷盆，盆内盛有一定量的75%酒精或0.3%的高锰酸钾溶液，准备三把切刀放入上述溶液中浸泡消毒，这些切刀轮流使用，用后随即放入盆内消毒。也可将刀在火苗上烧烤20~30秒钟然后继续使用。这样可以有效地防止环腐病、黑胫病等通过切刀传染。

美食妙用

土豆同大米相比，所产生的热量较低，并且只含有0.1%的脂肪。每周平均吃上五六个土豆，患中风的危险性可减少40%，而且没有任何副作用。

辣白菜炒土豆片

主料： 白菜250克，土豆2个，酱油、醋、油、盐、白糖、十三香适量。

做法：

❶ 土豆切薄片浸泡半小时，葱切成末。❷ 油锅热后加入葱末煸炒，再放入辣白菜、沥干的土豆片翻炒，加盐。❸ 待土豆片成半透明状，放入鸡精即可。

白萝卜

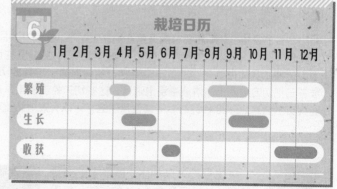

促进消化，甜辣爽脆

　　白萝卜是一种常见的蔬菜，生食熟食均可，其味略带辛辣。根据营养学家分析，白萝卜生命力指数为5.5555，防病指数为2.7903。白萝卜在春季和秋季都可以进行播种，但是白萝卜喜欢阴凉的环境，害怕高温，如果在春季播种很容易出现抽薹的现象，所以最好选择在秋季播种。白萝卜的叶子容易受到蚜虫、小菜蛾的侵扰，可以在菜苗上罩上纱网以预防虫害。

◎别　　　名 芦菔、青萝卜
◎科　　　别 十字花科
◎温度要求 阴凉
◎湿度要求 湿润
◎适合土壤 中性排水性好的肥沃土壤
◎繁殖方式 播种
◎栽培季节 春季、秋季
◎容器类型 大型、深型或袋子
◎光照要求 喜光
◎栽培周期 2个月
◎难易程度 ★★★

栽培日历

	1月	2月	3月	4月	5月	6月	7月	8月	9月	10月	11月	12月
繁殖				▬					▬			
生长				▬	▬				▬	▬		
收获						▬					▬	▬

  开始栽种

第1步

　　将土层表面弄平，挖深约2厘米、直径约5厘米的洞。一个洞里撒5粒种子，种子之间不要重合。然后盖土轻压，在发芽前要保持土壤湿润。

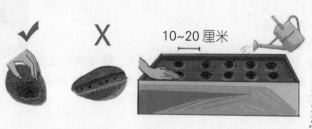

10~20 厘米

第 **2** 步

当本叶长出来后，要进行间苗。为防止留下的苗倒掉，要适当培土。

第 **3** 步

当本叶长出 3~4 片后，还要再次间苗，使一个洞里只剩 1 株或 2 株，间出的苗可以用来做沙拉。追肥的时候将肥料撒在植株根的位置，与土混合。为了防止留下的苗倒掉，要适当进行培土。

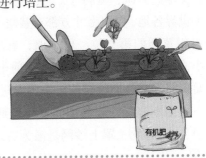

第 **4** 步

当本叶长出 5~6 片叶子的时候，要进行第三次间苗，一个洞里只剩下一株。追肥 10 克，将其撒在植株根部，与泥土混合。

第三次间苗

第 **5** 步

当根的直径达 5~6 厘米的时候，就可以收获了，握住植物的叶子，然后慢慢将它拔出来。

收获

5~6 厘米

注意事项

◎白萝卜劈腿怎么办？

如果土壤中混有石子、土块，本应该竖直生长的根受到阻碍，就很可能出现劈腿的现象。所以在准备土的时候，应该用筛子去掉不需要的东西，把土弄碎。另外，苗受伤也是劈腿的一个原因之一，间苗的时候一定要小心。

把土弄碎

◎拔萝卜

萝卜的根部深深地扎在土壤里面，将萝卜拔出来似乎是件很难的事。在拔萝卜之前，我们可以先松一松土，这样就可以很轻松地将萝卜拔出来了。

胡萝卜

益肝明目，营养丰富

胡萝卜是二年生草本植物，以呈
肉质的根作为蔬菜来食用，可炒食、
煮食、生吃、酱渍、腌制等，耐贮藏。
分布于世界各地，中国南北方都有栽培，
产量占根菜类的第二位。可抗癌，有地
下"小人参"之称。胡萝卜在发芽前土壤
一定要保持湿润，而收获前土壤不要过湿。
胡萝卜要定期施肥，栽种期间要注意燕尾蝶幼
虫的侵袭，在植物上罩上纱网是最为有效的办法。

◎ 别　　名　红萝卜、黄萝卜、番萝
　　　　　　卜、丁香萝卜
◎ 科　　别　伞形科
◎ 温度要求　阴凉
◎ 湿度要求　湿润
◎ 适合土壤　中性排水性好的肥沃土壤
◎ 繁殖方式　播种
◎ 栽培季节　春季、夏季
◎ 容器类型　中型
◎ 光照要求　喜光
◎ 栽培周期　2个半月
◎ 难易程度　★★

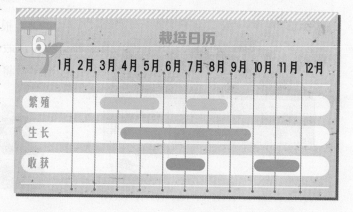

栽培日历

	1月	2月	3月	4月	5月	6月	7月	8月	9月	10月	11月	12月
繁殖												
生长												
收获												

 开始栽种

第1步

造出深约1厘米、宽约1厘米的小
壕，壕间的距离为10厘米。每隔1厘
米撒1粒种子，注意种子之间一定不可
以重合。盖上土，浇水，在出芽前要保
持土壤湿润。

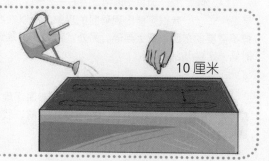

10厘米

第2步

当本叶长出来的时候，要进行第一次间苗，将长势不好的小苗拔去，然后施肥10克与泥土混合，适量培土，以防止幼苗倒掉。

第一次间苗

第3步

当本叶长到3~4片时，要再次间苗，间苗的时候要保持苗与苗之间的距离为10厘米。然后进行二次追肥。

第二次间苗

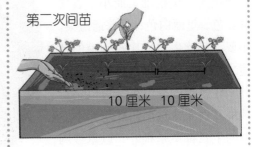

10厘米　10厘米

第4步

当胡萝卜的直径长到大约1.5~2厘米，就可以进行收获了，将胡萝卜从土壤中拔出来即可。

1.5~2厘米

收获晚了会怎么样？

和大部分食用根部的植物一样，到了收获的时间而不进行收获的话，就会导致胡萝卜出现裂缝，所以一定要掌握好收获的时间。

注意事项

◎需要阳光的胡萝卜种子

胡萝卜种子发芽的时候需要足够的光照才能够正常发芽，因此播种的时候，土层不可以覆得过厚，否则就会对胡萝卜的发芽造成影响。

◎需要培土的胡萝卜

在胡萝卜的生长过程中，要经常往植株根部培土，这样可以防止胡萝卜的顶部出现绿化的现象。

◎收获前土壤要干燥

胡萝卜在临近收获的时候，要保持土壤干燥，这样胡萝卜会变得更甜，胡萝卜中的营养元素也会有所增加哦！

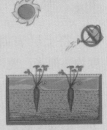

小萝卜

栽培期短，营养美味

小萝卜是萝卜的一种，生长期很短，块根细长而小，表皮鲜红色，里面白色，是普通蔬菜。小萝卜喜欢生长在比较阴凉的环境之中，在冬、夏季节不适合栽种，在其他的季节里都可以进行栽种。过干或过湿的环境对小萝卜的生长都不是很好，以罩纱网的形式来预防病虫害的发生最为有效。

◎别　　名	小水萝卜
◎科　　别	十字花科
◎温度要求	阴凉
◎湿度要求	湿润
◎适合土壤	中性排水性好的肥沃土壤
◎繁殖方式	播种
◎栽培季节	春季、秋季
◎容器类型	中型
◎光照要求	喜光
◎栽培周期	1个月
◎难易程度	★★

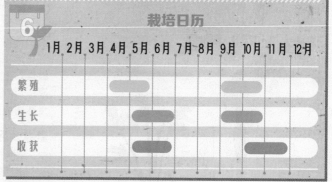

栽培日历

	1月	2月	3月	4月	5月	6月	7月	8月	9月	10月	11月	12月
繁殖				▬	▬				▬	▬		
生长					▬	▬			▬	▬		
收获						▬	▬			▬		

 开始栽种

第1步

将土层表面弄平，造深度约1厘米、宽度约1厘米的壤。每隔1厘米放入1粒种子，种子不要重合，然后培土、浇水，发芽之前保持土壤湿润。

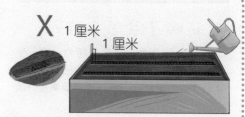

X　1厘米
1厘米

第**2**步

当芽长出来以后，将弱小的拔掉，使株间距控制在 3 厘米左右，为防止幼苗倒掉，要往根部适量培土。

3 厘米

第**3**步

当本叶长出 3 片后，就要进行追肥了，将肥料撒在壕间，与土壤进行混合，将混有肥料的土培向根部。

第**4**步

萝卜直径长到 2 厘米左右的时候就可以进行收获了，抓住叶子用力拔出小萝卜即可。

要及时收获呀！

小萝卜如果收获晚了，口感就会变得很差。

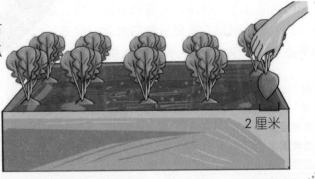

2 厘米

注意事项

◎间苗时间的控制

小萝卜在生长期需要进行间苗，如果间苗的时间晚了，就会出现只长茎、叶，不长根的现象，因此一定要掌握好间苗的时间。另外，间出的小苗也是可以食用的，不要扔掉。

掌握好间苗的时间

5~6 厘米

◎植株的距离

如果株间距过小，还可以再次间苗，使株间距为 5~6 厘米。

◎漂亮的小萝卜

小萝卜的种类很多，大小也不一，缤纷的颜色一定会为你的阳台增色不少。我们可以根据自己的喜好进行选择。

生姜

暖胃祛寒，促进消化

生姜是一种著名的蔬菜或调料，可为甜味或咸味食物调味，还可用来制成果酱和糖果。嫩一点的姜可以制成咸菜，在日本，腌生姜是寿司和生鱼片的传统搭配辅料。稍老一点的生姜可以用来制姜汁。生姜喜欢高温多湿的生长环境，可以进行密集种植。对光照的要求并不是很高，但有充足的光照最好。生姜不耐旱，需要适量的水分，但是如果浇水过多、湿气过重，又会造成根部腐烂。

◎别　　名	姜皮、姜、姜根、百辣云
◎科　　别	姜科
◎温度要求	耐高温
◎湿度要求	湿润
◎适合土壤	中性排水性好的肥沃土壤
◎繁殖方式	播种
◎栽培季节	春季
◎容器类型	中型
◎光照要求	短日照
◎栽培周期	2个月
◎难易程度	★

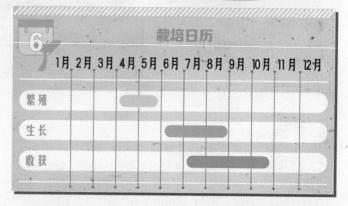

栽培日历

	1月	2月	3月	4月	5月	6月	7月	8月	9月	10月	11月	12月
繁殖				▬	▬							
生长							▬	▬				
收获								▬	▬	▬		

开始栽种

第1步

将准备好的土的一半倒入容器中，将土层的表面弄平，将种姜切开，注意使芽分布均匀，切开后每片有芽3个左右。将芽朝上放置，紧密排列。盖土，土层厚3厘米左右即可，发芽前要始终保持土壤的湿润。

第**2**步

当植物发芽后，要进行追肥，将混有肥料的土培向植株根部。

适时追肥

第**3**步

当叶子长到4~5片的时候，可以进行第一次收获。

第一次收获

第**4**步

8月的时候，当叶子长到7~8片时，可以进行第二次收获。

第二次收获

第**5**步

6个月后，当叶子变黄后，用铁锹将生姜刨出来，这是最后一次收获。

注意事项

◎**选择什么样的种姜**

种姜一般选择的是前一年收获后埋在土里越冬的姜，要求饱满、形圆、皮不干燥。和土豆不同的是，在市场上出售的生姜也可以拿来当作种姜。

◎**天气转冷要这样做**

如果你居住在气温比较冷的地区，天气转凉的时候要在土层表面盖草，最好罩上一层塑料布，这样可以避免冻坏植物。

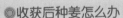

◎**收获后种姜怎么办**

我们在收获新姜的时候种姜已经变得十分干燥了，但是不要扔掉，将种姜碾成碎末，就可以当作姜粉食用了。

新生长的姜

种姜

第二章
阳台种花——打造家中的好风景

观花花卉

三色堇

点点芬芳，浓浓思念

三色堇是欧洲常见的野花物种，也常栽培于公园中，是冰岛、波兰的国花。

三色堇因为一朵花有三种颜色而著称，但是也有一花纯色的品种。三色堇色彩艳丽，对环境的适应能力很强，是比较容易种植的一种花卉。

三色堇代表着"思念"的含义，这是它的花语。

◎别　　名 蝴蝶花、鬼脸花、人面花
◎科　　别 堇菜科
◎温度要求 阴凉
◎湿度要求 湿润偏干
◎适合土壤 酸性排水性好的沙壤土
◎繁殖方式 播种、扦插、压条
◎栽培季节 夏季、秋季
◎容器类型 中型
◎光照要求 喜阴
◎栽培周期 全年
◎难易程度 ★★

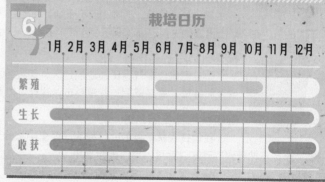

栽培日历

	1月	2月	3月	4月	5月	6月	7月	8月	9月	10月	11月	12月
繁殖												
生长												
收获												

开始栽种

第 1 步

　　首先要将种子浸湿，晾干后就可以直接播种了，覆土 2~3 厘米即可。播种后要避光遮阴，始终保持土壤湿润，需覆盖粗蛭石或中沙，覆盖以不见种子为度。三色堇种子发芽经常会很不整齐，前后可相差 1 周时间。

 2~3 厘米

浸湿　　　　晾干

第 2 步

　　播种 10 天左右小苗就会长出。等小苗长到 3~5 片叶的时候，要进行上盆，然后置于阴凉的地方养护至少 1 周的时间，然后再放到阳台向阳的地方正常养护。

 上盆

第 3 步

　　在生长旺季，要施 1 次稀薄的有机肥或含氮液肥。

含氮液肥　　　稀薄的有机肥

第 4 步

　　植株开花一般在种植 2 个月后，开花时要保持充足的水分，这样更加有利于增加花朵的数量，适当遮阴还可以延长花期。

第**5**步

开花后1个月结果。当卵形的果实由青白色转为赤褐色时，要及时采收。

注意事项

◎三色堇怎么浇水？

　　三色堇对土壤的干湿环境要求比较高，一般来说我们看到土壤干燥的时候再浇水就可以，保持盆土偏干的环境是比较适合三色堇生存的。冬季的时候更要控制好浇水的量，以免植物受到病害的侵扰。

怕旱　　怕涝

◎摘心在什么时候进行？

　　三色堇在生长期需要及时地进行摘心，剪去顶部的叶芽，以促使侧芽萌发，这样才可以使花朵开得更加繁盛。

◎三色堇只需要氮肥补充营养吗？

　　三色堇对肥料要求的量不大，但是对所含的营养有一定的要求，一般来说只需要氮肥来补充营养即可，也可在生长旺季追加1次稀薄的含磷复合肥。

含磷复合肥

美食妙用

　　三色堇具有杀菌的功效，能够治疗皮肤上的青春痘、粉刺和过敏问题。喝三色堇茶，或用三色堇茶涂抹在患处，对痘痘、痘印有很好的疗效。

三色堇奶酪沙拉

主料：三色堇2朵、生菜2片、香菜1把、奶酪175克、沙拉酱130克，柠檬半个，苹果醋、盐、橄榄油、黑胡椒适量。

做法：

❶ 将奶酪切成小块，香菜、三色堇切碎，生菜撕碎。❷ 将适量橄榄油、盐、黑胡椒、柠檬汁、苹果醋调和成酱汁。

❸ 将奶酪、香菜、生菜、三色堇放入碗中，加入酱汁和沙拉酱，拌匀后即可食用。

山茶

可赏可尝，含蓄美好

山茶又被称为茶花，花期从10月到第二年的4月，品种繁多，色彩多样，是我国的传统十大名花之一。郭沫若曾盛赞曰："茶花一树早桃红，百朵彤云啸傲中。"另有诗专赞云南山茶："艳说茶花是省花，今来始见满城霞。人人都道牡丹好，我道牡丹不及茶。"山茶花具有"美好、含蓄"的含义，不仅美丽多姿，全株还具有实用功效。

◎别　　名　曼陀罗树、薮春、山椿、
　　　　　　耐冬、茶花
◎科　　别　山茶科
◎温度要求　温暖
◎湿度要求　湿润
◎适合土壤　酸性排水性好的沙壤土
◎繁殖方式　播种、嫁接、扦插、压条
◎栽培季节　夏季、秋季
◎容器类型　中型
◎光照要求　喜阴
◎栽培周期　全年
◎难易程度　★★

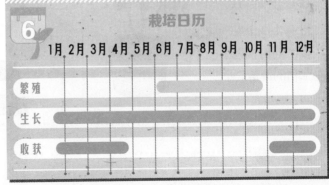

栽培日历

	1月	2月	3月	4月	5月	6月	7月	8月	9月	10月	11月	12月
繁殖						■	■					
生长	■	■	■	■	■			■	■	■	■	■
收获	■	■	■	■						■	■	■

开始栽种

第1步

山茶花可采用扦插的繁殖方式，剪取当年生10厘米左右的健壮枝条，顶端留2片叶子，基部带老枝的比较合适。

10厘米

第2步

将插穗插入土中,遮阴,每天向叶面喷雾,温度保持在在 20~25℃,40 天左右就可以生根了。

温度在 20~25℃

第3步

生长旺季施 1 次稀薄的矾肥水,当高温天气来临就要停止施肥,开花前要增施 2 次磷肥和钾肥。

矾肥水

高温时 X

开花前

增施 2 次

磷肥

钾肥

第4步

花芽形成后,要及时除去弱小、多余的花芽,每枝留有 1~2 个花蕾,同时摘除干枯的废蕾。

剪枯蕾　除花芽

第5步

花期一定不要向花朵喷水,花期结束时要及时除去残花,并立即追肥。

X

追肥

山茶的文化渊源

山茶花原产中国。公元7世纪初，日本就从中国引种山茶花，到15世纪初大量引种中国山茶的品种。1739年英国首次引种中国山茶花，以后山茶花传入欧美各国。至今，美国、英国、日本、澳大利亚和意大利等国在山茶花的育种、繁殖和生产方面发展很快，已进入产业化生产的阶段，种间杂种和新品种不断上市。

中国栽培山茶的历史悠久。自南朝开始已有山茶花的栽培。唐代山茶花作为珍贵花木栽培。到了宋代，栽培山茶花已十分盛行。南宋时温州的山茶花被引种到杭州，发展很快。明代《花史》中对山茶花品种进行了描写分类。到清代，栽培山茶花更盛，茶花新品种不断问世。1949年以来，中国山茶花的栽培水平有了一定的提高，品种的选育又有发展。中国山茶品种现已有300个以上。

注意事项

◎浇水时要注意

山茶花需要土壤保持充足的水分，夏季每天都要向叶片喷洒1次水，但不宜大量浇灌，山茶花积水容易造成植物根部的腐烂。

积水会造成根部腐烂

◎阳光不要很多

山茶花是一种不耐高温的花卉，炎热的夏季需要进行降温、遮阳，否则可能灼伤叶片，因此要尽量避免阳光直射。

◎花谢换盆

当秋天来临，花朵就要开始凋谢了，这个时候要及时进行换盆。将植株连土一起取出，剪去枯枝、病枝和徒长枝，并换入新土，浇透水后，进行遮阴养护。要注意的是山茶花的根系十分脆弱，移栽的时候一定要注意对植株的根系进行保护。

美食妙用

山茶花除栽培观赏外，花朵可做药用，有收敛止血的功效。山茶花是高级制茶原料，色香味俱佳，是茶中珍品。

山茶糯米藕

主料：山茶花20克、藕1段、糯米150克、红枣8粒、蜂蜜、红糖、冰糖、淀粉适量。

做法：

❶ 将藕洗净，切下一端藕节，将泡好的糯米从藕节的一端灌入藕孔中，并用筷子捣实，将藕蒂盖上，并用牙签固定。

❷ 将糯米藕放入锅中，注水要没过莲藕，再放入红糖和红枣，大火煮开后转小火煮透，然后切片。❸ 在煮藕汤中加白糖、冰糖、山茶花，煮5分钟后勾芡，浇在藕片上即可。

牡丹

🌷 **天姿国色，花中之王**

牡丹素有"花中之王"的美称，不仅拥有着华贵的气质，而且历史悠久，是历代文人墨客称颂的典范。牡丹象征着富贵繁盛，种植一般用作观赏，但是牡丹的茎、叶、花瓣都具有很出众的药用价值。

◎别　　名	白茸、木芍药、洛阳花、富贵花
◎科　　别	芍药科
◎温度要求	耐寒
◎湿度要求	耐旱
◎适合土壤	中性排水性好的沙壤土
◎繁殖方式	播种、分株、嫁接、扦插
◎栽培季节	秋季
◎容器类型	大型
◎光照要求	喜光
◎栽培周期	8个月
◎难易程度	★★

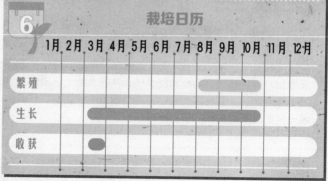

栽培日历

	1月	2月	3月	4月	5月	6月	7月	8月	9月	10月	11月	12月
繁殖								■	■			
生长			■	■	■	■	■	■	■	■		
收获			■									

 开始栽种

培养土要选择含有沙土和肥料的混合性土壤，用园土、肥料和沙土混合的自制土壤也是可以的。

沙土　饼肥的混合土

粗沙　园土　腐熟的厩肥

第**2**步

将生长 5 年以上的牡丹连土取出，抖去旧土，放置于阴凉处晾 2~3 天，连枝一起切成 2~3 枝一组的小株。

控制开花的数量

牡丹在开花前要及时除掉多余、弱小的花芽，免得使其争抢营养的供给，从而使主要枝干的花朵开放得更加绚丽。

第**3**步

将植株扶正，然后将根部放入土坑中，覆土深度达到埋住根部的程度即可，浇透水。

第**4**步

开花时，要在植株上加设遮阳网或暂时移至室内，以避免阳光直射，延长开花时间。

第**5**步

秋、冬季落叶后要进行整体的修剪，剪去密枝、交叉枝、内向枝以及病弱枝，保持整株的优美形态。

修剪整形

注意事项

◎浇水看时节

牡丹花需要水量还是比较大的，春、秋季每隔 3~5 天就需要浇 1 次水，夏季每天早晚要各浇水 1 次，冬季控制浇水。

春、秋季 3~5 天浇水 1 次

夏季每天早晚浇水 1 次，冬季控制浇水

玫瑰

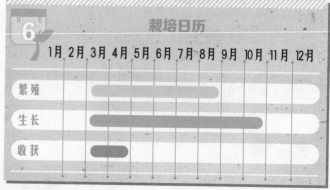

美容养颜，调节情绪

玫瑰原产于中国，是中国传统的十大名花之一，也是世界四大切花之一，素有"花中皇后"之美称。玫瑰象征着美好的爱情，具有浓郁的香气，令人赏心悦目。玫瑰的品种和花色也多种多样，在家中种植不仅可以陶冶心性，为自己的家增加绵绵情意，还可以用来制作茶饮美食，可谓一举多得。玫瑰根茎软，无法做成鲜切花，因此市场上用玫瑰和月季杂交而来的五轮花瓣的现代月季作为鲜切花"玫瑰"。

◎ 别　　名 刺玫花、徘徊花
◎ 科　　别 蔷薇科
◎ 温度要求 阴凉
◎ 湿度要求 耐旱
◎ 适合土壤 微酸性排水性好的沙壤土
◎ 繁殖方式 播种、分株、扦插
◎ 栽培季节 春季、夏季、秋季
◎ 容器类型 中型
◎ 光照要求 喜光
◎ 栽培周期 8个月
◎ 难易程度 ★★★

栽培日历

	1月	2月	3月	4月	5月	6月	7月	8月	9月	10月	11月	12月
繁殖			■	■	■	■	■	■	■			
生长			■	■	■	■	■	■	■	■		
收获			■	■								

 开始栽种

第1步

玫瑰可使用种苗种植，也可以直接去花卉市场或园艺店购买，选择健壮、无病虫害的种苗栽培。

健壮、无病虫害的种苗

花卉市场或园艺店购买

第2步

初冬或早春，将玫瑰种苗浅栽到容器中，覆土、浇水、遮阴，当新芽长出后即可移至阳光充足的地方。

第3步

当玫瑰的花蕾充分膨大但未开放的时候就可以采摘了，阴干或晒干后可泡花茶。

第4步

花开后需要疏剪密枝、重叠枝，进入冬季休眠期后，需剪除老枝、病枝和生长纤弱的枝条。

剪去密枝、重叠枝

第5步

盆栽种植的玫瑰通常每隔2年需要进行一次分株，分株最好选择在初冬落叶后或早春萌芽前进行。

注意事项

◎浇水时注意什么？

玫瑰平时对水量的要求不高，盆土变干时浇水即可，当夏季炎热高温的天气来临，需要每天浇水。适当干旱的环境对玫瑰的生长是比较有好处的，如果浇水过多，过于潮湿的生长环境会导致其叶片发黄、脱落。所以一定要注意浇水的量。

夏季每天浇水　　注意浇水的量

栀子

🌸 洁白俏丽，香气四溢

栀子原产于中国，常绿灌木，为重要的庭院观赏植物。栀子花表达"喜悦、永恒的爱"的含义，从冬季开始孕育花蕾，盛夏时节绽放，叶片四季常青，花朵洁白无瑕，香气四溢，是一种美好而圣洁的花卉。放在室内可以净化空气，果实还可以入药。

◎别　　名	白蟾、黄栀子
◎科　　别	茜草科
◎温度要求	温暖
◎湿度要求	湿润
◎适合土壤	微酸性排水性好的沙壤土
◎繁殖方式	播种、扦插、压条、分株
◎栽培季节	春季、秋季
◎容器类型	中型
◎光照要求	喜光
◎栽培周期	8个月
◎难易程度	★★

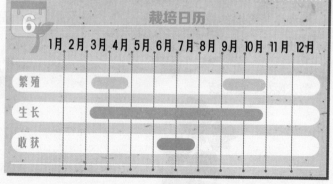

栽培日历

	1月	2月	3月	4月	5月	6月	7月	8月	9月	10月	11月	12月
繁殖			▬	▬								
生长			▬	▬	▬	▬	▬	▬	▬	▬		
收获						▬	▬					

  开始栽种 〉〉

第1步

栀子花常常采用扦插的方法进行繁殖，选取2~3年的健壮枝条，截成长10厘米左右的插穗，留两片顶叶，将插穗斜插入土中，然后进行浇水遮阴。

 2~3年

 10厘米

第2步

1个月后，将已经生根的植物移栽到偏酸性土壤中，置于阳光下养护。

偏酸性土壤

第3步

栀子花是一种喜肥的植物，生长旺季15天左右需追1次稀薄的矾肥水或含铁的液肥，开花前增施钾肥和磷肥，花谢后要减少施肥。

生长旺季   开花前

第5步

春季时要对植株进行一次修剪，剪去老枝、弱枝和乱枝，以保证株型的美观。

每年春季

第4步

栀子花在现蕾期需追1~2次的稀薄磷钾肥，并保证充足光照，花谢后要及时剪断枝叶，以促使新枝萌发。

处在生长期的栀子花要进行适量的修剪，剪去顶梢，以促进新枝的萌发。

1~2次稀薄磷钾肥

注意事项

◎对阳光的特殊嗜好

栀子花很喜欢阳光的滋养，但是不能接受阳光的直射，把它放置于避免阳光曝晒的地方就可以了。

◎栀子花浇水

当栀子花的土壤出现发白的情况就是需要浇水的信号，夏季早晚都要向叶面喷水，这样可以起到降温增湿的效果。当花现蕾之后，浇水的量就要减少了，冬季更要少浇水，盆土保持偏干的状态比较适合植株生长。

百合

 吉祥美丽，用途广泛

百合，多年生球根草本花卉，是一种从古到今都受人喜爱的世界名花。它原产于中国，由野生变成人工栽培已有悠久历史。早在公元4世纪时，人们只作为食用和药用。其名称出自于《神农本草经》，还有很多品种及名称。百合花典雅多姿，常常被人们赞誉为"云裳仙子"，寓意着"百年好合"，是吉祥、喜庆的象征。

◎别　　名	番韭、山丹、倒仙	
◎科　　别	百合科	
◎温度要求	阴凉	
◎湿度要求	湿润	
◎适合土壤	微酸性排水性好的沙壤土	
◎繁殖方式	播种、分小鳞茎、鳞片扦插	
◎栽培季节	春季、秋冬季	
◎容器类型	中型	
◎光照要求	喜阴	
◎栽培周期	全年	
◎难易程度	★★	

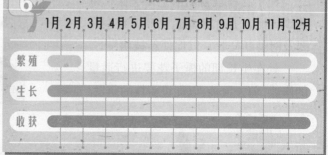

栽培日历

	1月	2月	3月	4月	5月	6月	7月	8月	9月	10月	11月	12月
繁殖												
生长												
收获												

 开始栽种

第 1 步

在每年的9~11月份，将球根外围的小鳞茎取下，将其栽入培养土中，深度约为鳞茎直径的2~3倍，然后浇透水。

第**2**步

等到第二年春季，植株就会出苗，然后进行上盆、浇水，按常规养护即可。

第二年春季

第**3**步

生长期需要施1次稀薄的液肥，以氮、钾为主，在花长出花蕾时，要增施1~2次磷肥。

生长期以氮、钾为主

稀薄的液肥　　磷肥

现蕾期增施1~2次

第**4**步

花在半开或全开的状态下，根据需要可以进行采收，剪枝要在早上10点之前进行。

早上10点前

第**5**步

花期后，要及时剪去黄叶、病叶和过密的叶片，以免养分的不必要消耗。

注意事项

◎喜湿的百合

虽然百合花很喜欢潮湿的生长环境，但浇水量也不要过多，能够保持土壤在潮润的状态下就可以了，无论是处在生长旺季或者是处在干旱天气的情况下都要勤浇水，向叶面喷水的方式比较好，因为这样还可以保证叶面的清洁。

◎怕冷的百合

百合花是一种非常不耐寒的植物，如果温度在一周内都徘徊在5℃左右的话，植株就会出现生长停滞的状况，甚至会出现推迟开花、盲花、花裂的现象，天气寒冷的时候可以将其搬到室内。

水仙

 亭亭玉立，香气馥郁

水仙有单瓣和复瓣两种，姿容秀美，香气浓郁，自古就被人们称誉为"凌波仙子"，水仙的花语是"敬意"和"思念"，充满着深情。

水仙不仅可以在土壤中栽种，还可以进行水培，根茎可以入药，但是花枝有毒，养护时要注意不要误食。

◎别 名	凌波仙子、金盏银台、洛神香妃、玉玲珑
◎科 别	石蒜科
◎温度要求	阴凉
◎湿度要求	湿润
◎适合土壤	微酸性排水性好的沙壤土
◎繁殖方式	分株
◎栽培季节	春季、秋季
◎容器类型	大型
◎光照要求	喜光
◎栽培周期	10个月
◎难易程度	★★

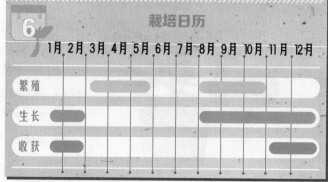

栽培日历

6	1月	2月	3月	4月	5月	6月	7月	8月	9月	10月	11月	12月
繁殖												
生长												
收获												

开始栽种

第1步

水仙球的优劣决定着花开的多少和花香是否浓郁。初冬时节选取直径8厘米以上的水仙球茎，最好是表面有光泽、形状扁圆、下端大而肥厚、顶芽稍宽的。另外，用拇指和食指捏住球茎，稍用力按压，手感轮廓呈柱状、有弹性、比较坚实的，为花箭；手感松软，轮廓呈扁平状，弹性稍差的，则多为叶芽。

直径8厘米

初冬时节

第2步

洗净球体上的泥土，剥去褐色的皮膜，在阳光下晒 3~4 小时，然后在球的顶部划"十"字形刀口，再放入清水中浸泡 24 小时，然后将切口上流出的黏液洗净。

晒 3~4 小时

清水中浸泡 24 小时

第3步

将水仙球放在浅盆中，用石子固定，水加到球跟下部 1/3 的位置，5~7 天后，球根就会长出白色的须根，之后新的叶片就会长出。

5~7 天后

第4步

上盆后，水仙每隔 2~3 天换水 1 次，长出花苞后，5 天左右换 1 次水即可，鳞茎发黄的部分用牙刷蘸水轻轻刷去。

第5步

水仙开花期间，要控制好温度，并保证充足的光照，否则会造成开花不良或花朵萎蔫的现象。

温度不宜过高，
并保证充足的光照

注意事项

温度　光照　水

◎ **不需要施肥的花朵**

水仙花在一般的情况下不需要施加任何的肥料，只有在开花期间需要施一点点磷肥，这样可以使花得开得更加浓艳。

◎ **水仙花生长的三大要素**

温度、光照和水是水仙花生长的三大要素，这三大要素对于水仙花的生长来说至关重要，缺一不可，只有掌握好这三大要素，水仙花才会开出无比娇艳的花朵。

磷肥

茉莉

清香甜美，有利健康

茉莉花素洁、芳香浓郁，花语表示忠贞、清纯、玲珑、迷人或你是我的。茉莉花清香甜美，是人们非常喜欢的一种植物，它含有能够挥发油性的物质，可以清肝明目、消炎解毒，还可以起到稳定情绪、舒解郁闷心理的作用。茉莉花还具有抗菌消炎作用，可以作为外敷草药使用。

◎别　　名　茉莉、香魂、莫利花、没丽、没利

◎科　　别　木犀科

◎温度要求　温暖

◎湿度要求　湿润

◎适合土壤　弱酸性的肥沃沙壤土

◎繁殖方式　播种

◎栽培季节　春季、夏季

◎容器类型　中型

◎光照要求　喜光

◎栽培周期　8个月

◎难易程度　★★

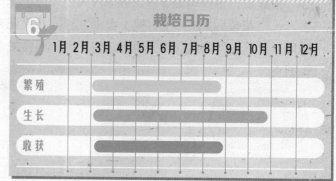

栽培日历

	1月	2月	3月	4月	5月	6月	7月	8月	9月	10月	11月	12月
繁殖												
生长												
收获												

开始栽种

第1步

茉莉往往采用扦插的方式进行繁殖。剪取当年生或前一年生的枝条，剪成约10厘米长一段，每段有3~4片叶子，将下部叶子剪除，埋入土中，保留1~2片叶子在土壤上面。

10厘米

第2步

扦插后要保持土壤的湿润，以促进枝条成活，夏季高温的情况下每天早晚需要各浇水一次。植株如果出现叶片打卷下垂的现象，可以在叶片上喷水以补充水分。

第3步

夏季是茉莉的生长旺季，需要每隔 3~5 天就追施 1 次稀薄液肥。入秋后要适当减少浇水，并逐渐停止施肥。

注意施肥

腐熟的豆渣、菜叶是茉莉花最好的肥料，将这些东西制成肥料既是废物利用，又为植物提供了充足的肥力，为花朵的盛开提供了保证。

第4步

将生长过于茂密的枝条、茎叶剪除，以增加植株的通风性和透光性，从而减少病虫害的发生。

第5步

茉莉花喜欢在阳光充足的环境中生长，充足的光照可以使植株生长得更加健壮。花期给植物多浇水可以使茉莉花的花香更加浓郁，浇水的时候注意不要将水洒到花朵上，否则会导致花朵凋落或者香味消逝。

注意事项

◎茉莉的哪一部分是可以食用的呢？

茉莉的花朵可以食用，将新摘下的花朵在阴凉通风、干净的地方储存，可以用来制作料理，也可以泡茶饮用。

天竺葵

美容护肤，利尿排毒

天竺葵是一种多年生草本花卉，原产南非。花色有红、白、粉、紫等多种。其花语是"偶然的相遇，幸福就在你身边"。

天竺葵是一种比较有效的美容香草，具有深层净化、收敛毛孔的作用，还可以平衡皮肤的油脂分泌，起到亮泽肌肤的作用。

◎别　　名	洋绣球、入腊红、石腊红、日烂红、洋葵
◎科　　别	牻牛儿苗科
◎温度要求	阴凉
◎湿度要求	湿润
◎适合土壤	中性排水性好的肥沃沙壤土
◎繁殖方式	扦插
◎栽培季节	春季、秋季
◎容器类型	中型
◎光照要求	喜光
◎栽培周期	全年
◎难易程度	★★

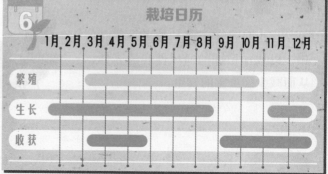

栽培日历

	1月	2月	3月	4月	5月	6月	7月	8月	9月	10月	11月	12月
繁殖												
生长												
收获												

开始栽种

第1步

若采用种子直播法，宜先在育苗盆中育苗，发芽适温为 20~25℃。天竺葵种子不大，播后覆土不宜深，约 2~5 天发芽。种子发芽后使幼苗立即接受光照，以防徒长。

种子直播

第 2 步

天竺葵在春秋两季扦插很容易成活。剪取 7~8 厘米的健壮枝条，将下部的叶片摘除，插入细沙土中，将盆栽置于阴凉的地方，保持土壤的湿润。

7~8 厘米

扦插

第 3 步

在温度水分都很合适的前提下，扦插后约 20 天的时间就可以生根了。当根长到 3~4 厘米的时候就可以移栽上盆了。

3~4 厘米

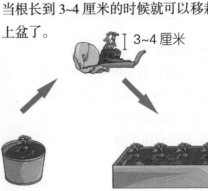

第 4 步

当植株长到 10~15 厘米高的时候，要进行摘心，以促使新枝长出。

及时摘心

10~15 厘米

第 5 步

生长期需要每半月追施一次稀薄的液肥，氮肥量不要施得过多，否则就会造成枝叶的徒长。植物出芽后，要追施一次稀薄的磷肥。

氮肥　　磷肥

注意事项

◎怎样延长花期？

天竺葵是全日照型的植物，只有充足光照才能使植物得到更好的生长。但炎热的夏季也要适当进行遮阴，避免阳光直射，这样可以延长花期。

◎及时修剪，确保新枝生长

为了使株形变得更加美观，植物在生长旺盛的时期要进行及时修剪。开花后要及时摘去花枝，以免消耗过多的养分，以利于新枝更好地发育。

观叶花卉 |||||||||||||||||||||||||||||||||||||||||||||||

羽衣甘蓝

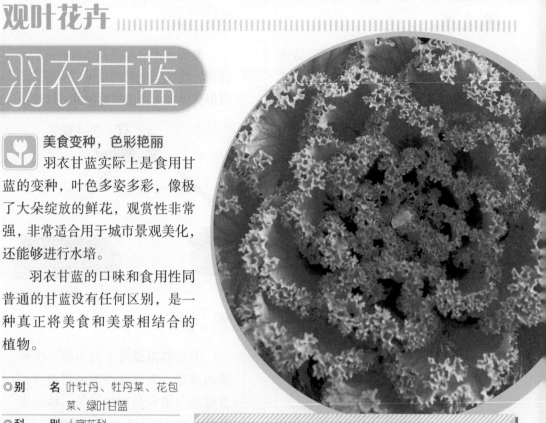

美食变种，色彩艳丽

羽衣甘蓝实际上是食用甘蓝的变种，叶色多姿多彩，像极了大朵绽放的鲜花，观赏性非常强，非常适合用于城市景观美化，还能够进行水培。

羽衣甘蓝的口味和食用性同普通的甘蓝没有任何区别，是一种真正将美食和美景相结合的植物。

◎ 别　　名	叶牡丹、牡丹菜、花包菜、绿叶甘蓝
◎ 科　　别	十字花科
◎ 温度要求	阴凉
◎ 湿度要求	湿润
◎ 适合土壤	中性的肥沃沙壤土
◎ 繁殖方式	播种
◎ 栽培季节	春季、秋季
◎ 容器类型	中型
◎ 光照要求	喜光
◎ 栽培周期	10个月
◎ 难易程度	★★

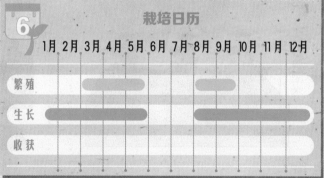

栽培日历

	1月	2月	3月	4月	5月	6月	7月	8月	9月	10月	11月	12月
繁殖												
生长												
收获												

开始栽种

第1步

　　羽衣甘蓝春播、秋播都可以，育苗基质可采用 40% 草炭土和 60% 的珍珠岩做基质，在播种前先喷透基质层。种子需浸泡 8 小时之后再播入容器之中，覆一层薄土，浇透水，5 天左右就会有苗长出。

浸泡 8 小时以上

可春播、秋播

第2步

　　羽衣甘蓝喜欢湿润的环境，出苗后要保持苗床湿润，幼苗长至 5 ~ 6 片真叶时即可移栽定植。生长期内要保持盆土的湿润，但是注意不要积水。

保持湿润但不要积水

第3步

　　羽衣甘蓝的生长期较长，连续采收时间长，对营养需求量大，因此盆土中要加入基肥，以促进幼苗生长。生长期每隔 10 天左右进行追肥 1 次。

每次采收后都要追肥　　　　10 天左右追 1 次

第4步

栽培一年的羽衣甘蓝呈莲座状，经冬季低温和长日照的漫长生长，可在四五月份开花。

开花了

第5步

羽衣甘蓝的果实在五六月份的时候成熟，成熟后就可以采种，采收后贮藏在低温干燥的地方。

采种

贮藏在低温干燥的地方

注意事项

◎羽衣甘蓝易生根

　　羽衣甘蓝采用扦插的方式进行繁殖，生根是比较容易的，一星期的时间就可以扎根了，两星期就可以移栽上盆了。

一星期开始扎根

留上3~5枝芽

◎简易插穗，变化多样

　　由于羽衣甘蓝具有扦插繁殖比较容易的特点，我们可以根据老茎的长相在原植株不同的部位留3~5枝芽，按照这种方式进行培育，可以生长出多头羽衣甘蓝盆花。

两个星期就移栽上盆

◎控制喷水，防止萎蔫

　　喷水的方式更有利于羽衣甘蓝的生长，但喷水的次数比较灵活，可以根据天气的变化而定，在保证插穗不出现过分萎蔫的前提下，控制浇水次数比较利于植株的生长。

控制浇水次数

美食妙用

羽衣甘蓝没有任何饮食禁忌，并且营养丰富，含有大量的维生素 A、C、B_2 及多种矿物质，特别是钙、铁、钾含量很高，最适合制成沙拉或凉拌食用。

上汤羽衣甘蓝菜

主料： 羽衣甘蓝 2 颗，野生菌 100 克，皮蛋 1 个，大蒜、红椒、盐、料酒、蚝油、胡椒粉、鸡精、水淀粉、糖、醋适量。

做法：
❶ 将红椒切丝，大蒜拍扁，把野生菌和羽衣甘蓝用清水焯下捞出。❷ 油锅烧热，放入大蒜炸成金黄色，然后放入红椒、野生菌、皮蛋、甘蓝。❸ 再加入盐、料酒、蚝油、胡椒粉、鸡精、糖、醋、水淀粉翻炒即可。

常春藤

大吉大利，富贵一生

常春藤四季常青，喜欢攀援墙面或者廊架之上，但是也有可悬挂起来的小型品种，随着四季的更迭，常春藤叶片的颜色也会随之变换，是植物中的变色龙。可以吸附空气中的有害物质，具有净化空气的作用，全株都可以入药。

◎别　　名	土鼓藤、钻天蜈蚣、长春藤、散骨风、枫荷梨藤
◎科　　别	五加科
◎温度要求	温暖
◎湿度要求	湿润
◎适合土壤	中性排水性好的肥沃土壤
◎繁殖方式	扦插、压条、播种
◎栽培季节	春季、夏季、秋季
◎容器类型	大型
◎光照要求	喜阴
◎栽培周期	全年
◎难易程度	★

栽培日历

6	1月	2月	3月	4月	5月	6月	7月	8月	9月	10月	11月	12月
繁殖			■	■	■	■	■	■	■	■		
生长	■	■	■	■	■	■	■	■	■	■	■	■
收获												

植物妙用

常春藤被人们称为"天然氧吧"，无论放置在房间的任何一处，都可以起到净化空气的作用，但是常春藤的最大作用还是吸收尼古丁、甲醛等致癌物质。常春藤吸附空气中苯、甲醛等有害气体，而且还能有效抵制尼古丁中的致癌物质，通过叶片上的微小气孔，常春藤能吸收有害物质，并将之转化为无害的糖分与氨基酸。

吸烟区空气清新剂

主料：常春藤一株

做法：

❶ 将常春藤摆放在室内经常有人吸烟的位置。❷ 记得浇水、施肥养护以保证植物生长繁盛。

开始栽种

第1步

常春藤多采用扦插的繁殖方式，春、夏、秋三季均可进行，选取当年生的健壮枝条，剪下10厘米左右的嫩枝做插穗，插入培养土中，注意浇水遮阴。

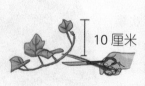
10厘米

第2步

15天左右的时间植物即可生根，生长一个月后就可以移栽上盆，上盆后放在半阴处养护。

移栽上盆

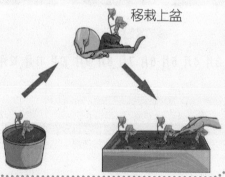

第3步

生长期内要保持植株土壤的湿润，土壤要见干即浇水，若冬季低温则严格控制浇水。

盆土见干再浇水

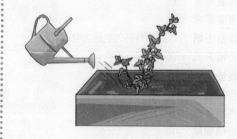

冬季低温时要控制浇水

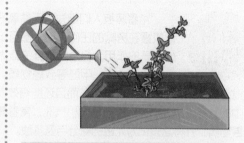

第4步

常春藤作为一种攀缘性植物，需要搭设支架才可以生长，可通过绑扎枝蔓的方式引导藤蔓的生长方向，以保证植株的姿态优美。

繁殖力强，生命旺盛

常春藤是一种比较容易繁殖的植物，春、夏、秋三季都可以进行扦插繁殖。

第**5**步

生长期需追 1 次稀薄的复合液肥和一次叶面肥，夏季高温和秋冬低温时要停止追肥。

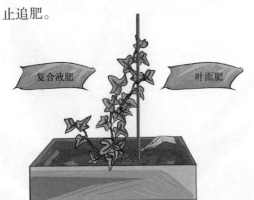

夏季高温和秋冬低温

常春藤主要种类

1. 中华常春藤: 常绿攀援藤本。9 ~ 11 月开花，花小，淡绿白色，有微香。核果圆球形，橙黄色，次年 4 ~ 5 月成熟。分布于我国华中、华南、西南及陕、甘等省。 极耐阴，也能在光照充足之处生长。中华常春藤枝蔓茂密青翠，姿态优雅，可用其气生根扎附于假山、墙垣上，让其枝叶悬垂，如同绿帘，也可种于树下，让其攀于树干上，另有一种趣味。通常用扦插或压条法繁殖，极易生根，栽培管理简易。

2. 日本常春藤: 常绿藤本，原产于日本、韩国及我国台湾。 性强健，半耐寒，喜稍微荫蔽的环境。光照过弱或气温高时生长衰弱。是较好的室内观叶花卉。扦插、分枝、压条均可繁殖。

3. 金心常春藤: 金心常春藤是常春藤家族中的一个园艺变种，中 3 裂，中心部嫩黄色，观赏价值高。

4、西洋常春藤: 常绿藤本，茎长可达 30 米，叶长 10 厘米，常 3 ~ 5 裂，花枝的叶一般全缘。叶表深绿色，叶背淡绿色，花梗和嫩茎上有灰白色星状毛，果实黑色。

注意事项

◎修剪一下更美丽

由于常春藤是一种藤蔓型植物，需要定期进行修剪，否则观赏性就会变得很差。在容器中插入一根金属丝，将其盘成圆形，然后将茎条缠绕在金属丝上，以牵引藤蔓起到修整植株形态的作用。

夏季要避免阳光直射　　　　冬季可见全光　◎夏季避光，冬季见光

在非直射的光照条件下更有利于常春藤的生长。夏季要完全避免阳光直射，冬季则可以在全光的环境中培植。

芦荟

气味清新，功能多样

芦荟是灌木状肉质植物，原产于非洲，全世界约有 300 种。芦荟的叶片丰润肥美，形状变化万千，是一种看起来非常可爱的植物，叶片中的汁液丰沛浓厚，是美容养颜的上佳选择，无论是做面膜还是食用效果都很显著。

芦荟还可以吸收辐射和净化空气，可以说是都市生活中的必备植物。

◎别　　名 卢会、油葱、象胆、奴会
◎科　　别 百合科
◎温度要求 温暖
◎湿度要求 耐旱
◎适合土壤 中性排水性好的沙壤土
◎繁殖方式 分株、扦插
◎栽培季节 春季
◎容器类型 中型
◎光照要求 喜光
◎栽培周期 8个月
◎难易程度 ★★

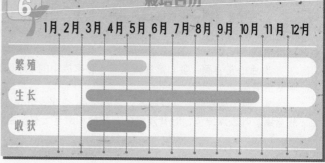

栽培日历

	1月	2月	3月	4月	5月	6月	7月	8月	9月	10月	11月	12月
繁殖												
生长												
收获												

开始栽种

第 1 步

芦荟以分株繁殖为主，在春季结合换盆进行。首先将植株脱盆，萌生的侧芽切下，在切口的位置涂上草木灰，晾晒 24 小时后就可以进行移栽了。

涂上草木灰，晾晒 24 小时

第**2**步

春秋季每 5~7 天浇水 1 次，夏季时每 2~3 天浇水 1 次，冬季低温的环境中要控制浇水量，也要注意花盆不要积水。

第**3**步

生长期要追 1 次腐熟的稀薄液肥，肥水不要浇到叶片上，如果土壤的肥力充足，也可以不进行追肥。

生长期可追肥一次

腐熟的稀薄液肥　　复合肥

第**4**步

芦荟栽种 5 年才会开花，让植株充分接受光照，保持空气干燥，每隔 10 天追施一次磷肥，会更加有利于植株开花。

每隔 10 天

磷肥

第**5**步

盆栽芦荟一般 1~2 年换盆一次，以春季换盆为宜。

芦荟最怕冷

芦荟不适合在寒冷的环境中生存，除了这个缺点，芦荟还是一种比较好养活的植物，生命力非常顽强，对水和肥的要求都不是很高。

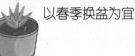

1~2 年一次
以春季换盆为宜

注意事项

◎**拔出来也能活**

芦荟是一种非常神奇的植物，当容器中的泥土完全干燥的时候，将芦荟从花盆中拔出，用大纸袋包好收纳，到明年 4 月份的时候再移植到新的土壤中，芦荟依旧可以成活，并能茁壮生长。

拔出来也能活

龟背竹

四季常青，挺拔大气

龟背竹的叶脉间有着很大的裂纹和穿孔，四季常青，叶片宽大，形状如龟甲一般，所以被称为龟背竹，有的品种叶片上还有不规则的斑纹，非常可爱。

龟背竹具有"健康长寿"的寓意，有着净化空气、消除污染的作用。

◎别　　名　蓬莱蕉、铁丝兰、龟背蕉、电线莲、透龙掌
◎科　　别　天南星科
◎温度要求　温暖
◎湿度要求　湿润
◎适合土壤　中性排水性好的肥沃土壤
◎繁殖方式　播种、扦插、分株、插条
◎栽培季节　春季、夏季、秋季
◎容器类型　大型
◎光照要求　喜阴
◎栽培周期　全年
◎难易程度　★★

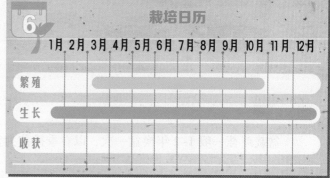

栽培日历

	1月	2月	3月	4月	5月	6月	7月	8月	9月	10月	11月	12月
繁殖				■	■	■	■	■	■			
生长		■	■	■	■	■	■	■	■	■	■	
收获												

开始栽种

第**1**步

龟背竹往往采用扦插的繁殖方式。取长度20厘米左右的粗壮枝条，保留上端的小叶和气生根，将枝条插入培养土中，土壤要保持适当温度和湿度，30天左右就可以生根了。

扦插繁殖

第2步

在容器中放入一半的培养土，栽入龟背竹苗，覆土以固定根部，覆至土面距离盆沿 5~6 厘米的时候，进行浇水，在半阴条件下养护，15 天后进行第一次追肥。

5~6 厘米

15 天后

第3步

龟背竹喜欢湿润的环境，但是不要积水，春秋两季 2~3 天可浇水 1 次，夏季的时候每天浇水 1 次，冬季在低温的情况下要尽量少浇水。

夏季每天浇水 1 次

不要积水

春、秋两季 2~3 天浇 1 次

第4步

龟背竹不喜欢施生肥和浓肥，生长期内要追 1 次稀薄的液肥。秋末可增加少量钾肥，以提高植株抗寒能力，夏季高温和秋冬低温时要停止追肥。

秋末

钾肥

夏季高温和秋冬低温

第5步

龟背竹经常受到灰斑病的侵扰，多从叶边缘伤损处开始发病，及时除虫，剪除部分病叶，可以有效防止灰斑病的发生。

灰斑病

注意事项

◎保持美观

龟背竹能长得比较庞大，只有通过修剪的方式才能够保持株型的整体美观，当植株定型后，要及时剪去过密、过长的枝蔓，以保持株形的整体美观。

吊兰

美观可爱，功能多样

吊兰的枝叶纤细优美，自然下垂，四季常青，常常被人们悬挂于空中进行装饰，清风徐来，叶片随风拂动，十分美观可人。其花语是"无奈而又给人希望"。吊兰可以吸收甲醛等有毒气体，悬挂于房间非常有益于健康。全株都可以入药，具温凉止血的功效。

◎别　　名	桂兰、葡萄兰、钓兰
◎科　　别	百合科
◎温度要求	温暖
◎湿度要求	湿润
◎适合土壤	中性排水性好的肥沃土壤
◎繁殖方式	播种、扦插、分株
◎栽培季节	春季、夏季、秋季
◎容器类型	中型
◎光照要求	喜阴
◎栽培周期	8个月
◎难易程度	★★

栽培日历

	1月	2月	3月	4月	5月	6月	7月	8月	9月	10月	11月	12月
繁殖												
生长												
收获												

开始栽种

第1步

春、夏、秋三季吊兰均可以分株，将长势旺的叶丛连同下面的根一起切成数丛，上盆栽种即可。

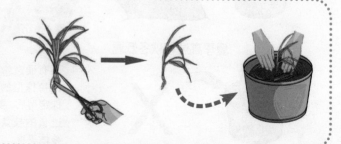

第2步

吊兰喜欢湿润的环境，春、秋两季要每天浇水1次，夏天每日早晚各浇水1次，冬季5天左右浇水1次，始终保持土壤湿润。

春、秋两季每天　　　夏天每日早晚　　　冬季每5天

第3步

吊兰在生长期每隔15天左右就要施1次稀薄的氮肥，但叶面有镶边或斑纹的品种不要施太多的氮肥，否则就会使线斑长得不明显了。

15天左右　　　镶边或斑纹品种不要施太多的氮肥

第4步

每周向叶面喷洒1次稀薄的磷钾肥，连喷2~3周，可以保持盆土略干，这样可以促进吊兰开花。吊兰的花期一般在春夏间，在室内种植冬季也可以开花。

每周向叶面喷洒1次稀磷钾肥

第5步

吊兰最好是两年换一次盆，春季的时候剪去多余的根须、枯根和黄叶，加入新土栽种。

两年换1次盆

注意事项

◎吊兰的修剪

吊兰需要及时修剪，枝叶上如果出现黄叶就要随时剪去，到5月份的时候要将老叶剪去，这样可以促使植物萌发出更多新的枝芽。

◎肥料很重要

吊兰是一种比较喜欢肥料的植物，如果肥料不足，就会导致叶片出现变黄干枯的现象。从春末到秋初每7~10天就要施一次有机液肥，这样才能够保持叶片青翠。

绿萝

叶片秀美，外伤常用

绿萝四季常青，姿态优美，常常攀附支杆生长，焕发着勃勃生气。绿萝多为全身通绿，但有些品种的叶面上也有黄色或白色的斑纹，无论是家居种植还是装饰庭院，都以其优雅姿态而大受欢迎。其花语是"坚韧善良，守望幸福"，因为绿萝遇水即活，蔓延下来的绿色枝叶非常容易满足，就连喝水也觉得自己是幸福的。

◎别　　名 魔鬼藤、石柑子、竹叶禾子、黄金葛、黄金藤

◎科　　别 天南星科

◎温度要求 温暖

◎湿度要求 湿润

◎适合土壤 中性排水性好的肥沃土壤

◎繁殖方式 扦插、压条

◎栽培季节 春季、夏季、秋季

◎容器类型 中型

◎光照要求 喜阴

◎栽培周期 全年

◎难易程度 ★★

栽培日历

	1月	2月	3月	4月	5月	6月	7月	8月	9月	10月	11月	12月
繁殖												
生长												
收获												

开始栽种

第1步

绿萝主要采用扦插的方式进行繁殖，时间多是在4~8月间进行。剪取带有气生根的嫩枝15~30厘米，去掉下部的叶片，将1/3的枝条插入土中，浇透水后，遮阴并保持适宜的温度和湿度。

4月至8月

第2步

经过 30 天左右的时间就可以生根了。将 3~5 棵小苗一起移栽在一个容器中，放在半阴处养护。

30 天左右生根

第3步

绿萝在生长期内要保持盆土湿润，夏季要经常浇水，冬季则要控制浇水量。

夏季

冬季低温时要控制浇水

第4步

绿萝需要攀援支架生长，通过绑扎、牵引枝蔓的方式将植株引向支架。

要有支架支撑

第5步

植物在生长期内需要追施 1 次稀薄的复合液肥，秋冬季节则要施加一次叶面肥。

生长期

秋冬低温施加叶面肥

复合液肥

注意事项

◎修剪一下更漂亮

绿萝需要及时地修剪一下，修剪工作应该在春天进行，将攀附不到支杆上的茎条缠绕在支杆上面，然后用细绳固定好，如果枝条太长，要进行适当修剪。

◎需要剪根的植物

绿萝的生长需要选择大小相当的容器，在移植绿萝的时候要注意一下花盆的大小，不要选择过小的花盆，这样很不利于植株根部的呼吸，换盆时可以将生长过于繁密的根系剪掉，一个容器中也不要栽种数量过多的植株。

石莲花

厚实多肉，永不凋谢

　　石莲花是美丽的观叶植物，适宜做盆花、盆景，植株小巧，形如莲花，玲珑翠艳，不是鲜花而胜于鲜花，极有观赏价值。石莲花的叶片丰润甜美，肉肉的植物叶片交错重叠，犹如一朵盛开的莲花宝座，四季绽放，被人们称为"永不凋谢的花朵"。

　　石莲花整株都可以入药，也具有很好的净化空气的作用，还非常容易养护，是一种懒人植物。

◎别　　　名	宝石花、石莲掌、莲花掌
◎科　　　别	景天科
◎温度要求	温暖
◎湿度要求	耐旱
◎适合土壤	中性排水性好的沙壤土
◎繁殖方式	分株、扦插
◎栽培季节	春季、秋季
◎容器类型	不限
◎光照要求	喜光
◎栽培周期	全年
◎难易程度	★★

栽培日历

	1月	2月	3月	4月	5月	6月	7月	8月	9月	10月	11月	12月
繁殖												
生长												
收获												

开始栽种

第 **1** 步

　　将粗壮的叶片平铺在潮润的土面，叶面朝上，不覆土，放在半阴处，7~10天就可以长出小叶丛和浅根了。当根长到2~3厘米长的时候，带土进行移栽上盆。

2~3 厘米

第2步

为避免盆土积水，采取见干再浇水的方式进行浇水。冬季控制浇水，常下雨的时候要将其搬入室内，以免受涝。

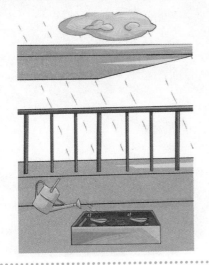

第3步

生长期可追加1次腐熟的稀薄液肥或复合肥，以氮肥为主，注意肥水不要溅到叶片上。如果培养土的肥力充足，可以不追肥。

稀薄液肥或复合肥

第4步

石莲花开花前喜欢充足的阳光，光照越充足就越容易开花。但光照过强叶片易老化，影响观赏效果，因此炎夏季节也要适当减少直射时间。

喜光

注意事项

◎叶片为什么长得快

石莲花的最大特点就是叶片肥厚，肉肉的样子非常可爱，但是如果分枝生长得过快，叶片就会变薄，造成这种现象的最主要原因就是肥料施加过多，所以一定要控制好施肥的量。

叶片变薄

◎修剪叶子，保持美观

石莲花植株生长得虽然规则，但是处于下边的枝叶还是非常容易出现枯萎变黄的现象，生长期内要对植株进行一次修剪，并及时清理枯叶，保持株形美观，也有利于病虫害的防治。

修剪叶子

◎剪根可以促进生长

石莲花一般选择在春季或者是秋季换一次盆，每1~2年换盆一次就可以了。将植株连土一起脱盆，并剪去烂根和过长的根系，这样可以促进新根的生长。

1~2年可在春季或秋季换盆

文竹

气度高洁，有益健康

文竹的名字和植物本身大相径庭，文竹事实上并不是竹子，但因为其身姿潇洒，常常让人们想到竹子的品格，所以被人们称为"文竹"。文竹的生长期一般为4~5年，一般在每年的9、10月份开花结果。

文竹的花语是"永恒不变"，婚礼用花中，它是婚姻幸福甜蜜、爱情地久天长的象征。

◎别　　名	云片松、刺天冬、云竹
◎科　　别	百合科
◎温度要求	温暖
◎湿度要求	湿润
◎适合土壤	微酸性排水性好的沙壤土
◎繁殖方式	播种、嫁接
◎栽培季节	春季
◎容器类型	中型
◎光照要求	喜阴
◎栽培周期	全年
◎难易程度	★★

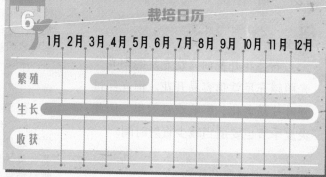

栽培日历

	1月	2月	3月	4月	5月	6月	7月	8月	9月	10月	11月	12月
繁殖												
生长												
收获												

开始栽种

第1步

将种子播入浅盆中，覆上一层薄土后浇水即可，发芽前保持土壤的湿润，30天左右就可以出芽了。当长到3~4厘米的时候要进行换盆，之后放在阴凉通风处来养护。

3~4厘米

第 2 步

文竹浇水不宜过多，土壤见干再进行浇水，夏季早晚各浇水 1 次，叶面要经常喷水，除去灰尘，保持洁净。

夏季早晚各浇水 1 次

第 3 步

春秋两季每隔 20 天左右进行 1 次追肥，用淘米水或豆浆浇灌也可。

每隔 20 天追肥一次

稀薄液肥

第 4 步

文竹生长得非常快，生长期内要及时修剪枯枝、老枝和横生的枝条，保证株型的美观。

及时修剪

第 5 步

文竹在每两年的春季换盆 1 次即可。

换盆

注意事项

◎文竹会开花
　　培植 4 年以上的文竹是能够开花的，当种植满 4 年的时候，在春夏季节每月施肥 1~2 次，选择氮磷钾复合的薄肥，等到秋季的时候植株就可以开出白色的小花。

春夏季节每月施肥 1~2 次

秋季开花　氮磷钾复合

◎文竹的果子
　　文竹的浆果一般在冬季成熟，果实的颜色是紫黑色，采收后去皮，种子的储藏要保持通风干燥，在干燥储藏之前要进行清洗。

观果花卉 ||||||||||||||||||||||||||||||||

量天尺

花色鲜艳，植株挺拔

量天尺原产墨西哥，在我国广东、海南、广西等地区可栽培于庭园或村落附近，常攀援于树干、废墙或岩石上；其他地区多栽培于温室。其茎常做各种仙人球的嫁接砧木。量天尺的植株比较大，有着菱形的叶片，植株肥厚多汁，花朵硕大，香气四溢。

量天尺常常是攀附于支杆生长，具有非常强的观赏性，果实就是我们经常吃到的火龙果，花、茎还具有药用价值。

◎别　　名　霸王花、昙花、七星剑花、龙骨花、霸王鞭

◎科　　别　仙人掌科

◎温度要求　温暖

◎湿度要求　耐旱

◎适合土壤　中性排水性好的沙壤土

◎繁殖方式　扦插

◎栽培季节　春季、秋季

◎容器类型　大型

◎光照要求　喜阴

◎栽培周期　8个月

◎难易程度　★★

6	栽培日历											
	1月	2月	3月	4月	5月	6月	7月	8月	9月	10月	11月	12月
繁殖												
生长												
收获												

开始栽种

第1步

量天尺比较喜欢排水性好的土壤，将腐殖土、园土、沙土混合起来的培养土比较适合量天尺的生长。要选择颗粒比较细的培养土，也可以用市售的播种土代替。

腐殖土　　　园土　　　河沙混合

骨粉　　　草木　　　腐熟有机粪肥

第2步

选取粗壮的量天尺茎，截成 15 厘米的小段，剪下后放在阴凉处晾 2~3 天，插入土中，30 天就可以生根了，等根长到 3~4 厘米的时候就可以上盆移栽。

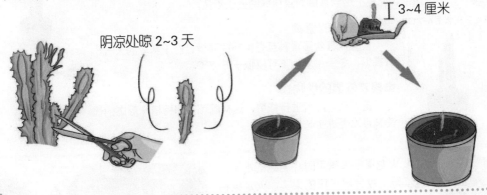

阴凉处晾 2~3 天

3~4 厘米

第3步

量天尺比较耐旱，春秋两季 10 天浇水 1 次即可，夏季浇水要勤一些。

春秋两季 10 天左右

夏季浇水要勤

第4步

生长期内需追 1 次腐熟的稀薄液肥或复合肥，入秋后再追 1 次肥。

生长期内需追肥 1 次

稀薄液肥或复合肥

入秋后再追 1 次肥

第5步

当枝条长到 1.3~1.4 米长时要摘心，促进分枝，并让枝条自然下垂。量天尺只有在植株高 3~4 米的情况下，才能够孕蓄花蕾，一般在栽后 12~14 个月开始开花结果。

高 3~4 米时

注意事项

◎ **保证充足的阳光**

量天尺原是在热带气候的自然环境中生长的，喜欢充足的阳光照射，光照不足会直接导致植株的生长不良。

温度不可低于 6~7℃。

◎ **非常怕冷的植物**

量天尺喜欢温暖甚至是炎热的环境，对于寒冷的天气十分畏惧，冬季温度也不可以低于 6~7℃。

◎ **喜欢依靠的植物**

量天尺要经常进行修剪，这样既可以保持植株形态的优美又可以促进生长。

美食妙用

火龙果是大家平时经常吃的水果，它实际上就是量天尺的果实。火龙果有预防便秘、保护眼睛、美白皮肤的作用，还有解除重金属中毒的功效。

火龙果酸奶昔

主料： 火龙果 1 个，酸奶 100 克，冰淇淋 2 勺。

做法：

❶ 将火龙果去皮，切成小块，放入榨汁机中，再放入酸奶榨 30 秒。❷ 将纯奶冰激凌倒入火龙果酸奶汁中搅拌均匀即可。

金橘

鲜亮夺目，果香四溢

金橘的果实金黄夺目，具有浓郁的果香，虽然植株的挂果时间并不是很长，但是株型优美，花朵洁白，观赏性也非常的强。金橘有着非常吉祥的寓意，很多家庭都在阳台、庭院里种植金橘，以金橘制成的菜肴更是美味可口。

◎别　　　名	洋奶橘、牛奶橘、金枣、金弹、金丹、金柑
◎科　　　别	芸香科
◎温度要求	温暖
◎湿度要求	湿润
◎适合土壤	微酸性排水性好的肥沃土壤
◎繁殖方式	嫁接
◎栽培季节	春季
◎容器类型	大型
◎光照要求	喜光
◎栽培周期	全年
◎难易程度	★★

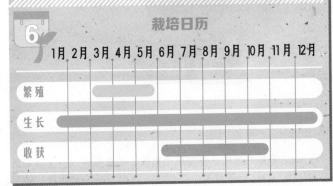

栽培日历

	1月	2月	3月	4月	5月	6月	7月	8月	9月	10月	11月	12月
繁殖			▬	▬								
生长	▬	▬	▬	▬	▬	▬	▬	▬	▬	▬	▬	▬
收获						▬	▬	▬	▬	▬		

 开始栽种

第1步

将金橘苗带土球上盆，浇透水后放置在半阴的环境中10天左右即可，然后再搬移到阳光明媚的地方培植。

半阴环境放置10天左右

第2步

生长期要保持土壤湿润，干燥时向叶面喷水，开花后期和结果初期都不可以浇水过多。

叶面喷水

不同时期浇水量不同

第3步

金橘喜肥，生长期需施加 1 次稀薄的液肥，花期前要追施 1~2 次的磷钾肥。

生长期

花期前

稀薄的液肥

磷钾肥

如何使盆栽金橘多结果？

要种好金橘，使其硕果累累，须掌握好以下关键环节：

（1）合理修剪。开春后，气温上升，金橘生长较快，必须进行修剪，促使每个主枝多发健壮春梢，为开花打下物质基础。为防止其过于旺长，两个月后还须进行第二次修剪，以剪梢为主。以后新梢每有 8~10 片叶时就要摘心一次，其目的是诱发大量夏梢，以期多开花结果。

（2）合理施肥和"扣水"。在第一次修剪后，要施一次腐熟的有机肥料（如人粪尿、绿肥、豆饼、鱼肥等），其后每 10 天再补施一次。当新梢发齐，摘心后，要追施速效磷肥（磷酸二氢钾、过磷酸钙），以此来促进花芽形成。"扣水"，则能促进花芽分化，是指金橘在处暑前十余天，要逐渐减少浇水量，以利于形成花芽。

（3）保花、保果和促黄。盆栽金橘常会产生落花落果现象，为此，应做好果期管理控制工作。开花前后，应在午前、傍晚对叶面喷水降温。如发现抽生新梢要及时摘除。开花时应适当疏花，节省养分。当幼果长到 1 厘米大小时，还要进行疏果，一般每枝留 2~3 个果为宜，并使全株果实分布均匀。

第**4**步

春季生长较快，要及时剪枝，但使主枝多发春梢。当新枝长到 20 厘米左右的时候要进行摘心，剪去顶梢的枝叶，以促使花枝分化，多发夏梢，使开花结果量提高。

摘心

第**5**步

在花蕾孕育期间要及时除芽，每个分枝只要保留 3~8 个花蕾即可，摘除其他花蕾以保证肥力。

及时除芽

注意事项

◎适时剪枝

剪枝对金橘很重要，早春和夏季时及时剪去病枝、弱枝以及过长、过密的枝条，可以让金橘免受病虫害的侵扰，并保证株型的美观。

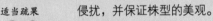

早春和夏季剪枝

适当疏果

◎为什么要疏果?

如果金橘长了过多的果实，我们可以根据植株的具体情况进行疏果，将长势一般的果子剪去，以保证长势好的果实继续生长。剪下的果实也是可以食用的，不要扔掉。

黑沙土　黄沙土

◎金橘喜肥

金橘喜欢在肥水充足的环境中生长，在种植之前首先要选择保水性和保肥力都比较好的土壤，土层较深厚的黑沙土是不错的选择，它更能促进金橘根系的发育，只要在种植中注意浇水施肥即可。

美食妙用

金橘可以减缓血管硬化，对高血压、血管硬化及冠心病患者的身体是非常有益的。还能够化痰、醒酒，增强机体的抗寒能力，防治感冒。

糖渍金橘

主料： 新鲜金橘 500 克、白砂糖 20 克、冰糖 20 克。

做法：

❶ 将金橘洗净沥干，在金橘上用刀均匀划 5~6 刀，然后捏扁，用牙签将橘核挑掉。❷ 在金橘上撒上白糖，入冰箱冷藏腌制两天。❸ 将金橘取出，倒入锅中，加入适量水，再加入冰糖。开小火煮至金橘变软、汤汁黏稠即可。

珊瑚樱

果实浑圆，玲珑可爱

珊瑚樱有着小巧的果实，果色在不同的季节会有不同的变化，挂果的时间非常长，因而色彩斑斓绚丽，是一种非常可爱的观赏性植物。

珊瑚樱的根可以入药，但是全株和果实都是有毒的，不可以食用。

◎别　　名　冬珊瑚、红珊瑚、龙葵、四季果、看果
◎科　　别　茄科
◎温度要求　温暖
◎湿度要求　湿润
◎适合土壤　中性排水性好的肥沃土壤
◎繁殖方式　播种、扦插
◎栽培季节　春季、夏季、秋季
◎容器类型　中型
◎光照要求　喜光
◎栽培周期　全年
◎难易程度　★★

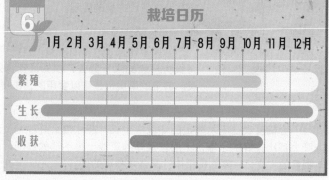

栽培日历

	1月	2月	3月	4月	5月	6月	7月	8月	9月	10月	11月	12月
繁殖												
生长												
收获												

 开始栽种

第**1**步

珊瑚樱的繁殖和管理比较简单，多采用种子繁殖，于冬、春采集红色的成熟浆果，在水中淘洗干净，捞出种子晒干备用。在培养土中撒种后，覆一层薄土，发芽前都要保持土壤湿润，大约需要 10 天的时间就可以发芽了。

10 天左右便可出芽

第**2**步

当幼苗长到 5~7 厘米的时候可以进行上盆移栽。

5~7 厘米

第**3**步

珊瑚樱不喜欢积水潮湿的环境，生长期内保持土壤湿润即可，开花期要少浇水。

X　开花期少浇水

第**4**步

生长期内要施 1 次稀薄的复合液肥，开花前再施加一些磷钾肥。

生长期　开花前

稀薄的复合液肥　磷钾肥

第**5**步

珊瑚樱播种半年就可以开花结果了。保证充足的光照和适宜温度，并追施磷、钾液肥，会延长挂果时间。

半年挂果

施磷、钾液肥

注意事项

◎珊瑚樱摘心

珊瑚樱处在生长期要进行多次摘心，以促进侧芽的生长，这样也可以使株型变得更加美观，增加结果量。

◎果实不红是怎么回事？

珊瑚樱挂果的时间比较长，果实如果长时间都不变红，就要减少浇水量，保持土壤干燥，这样可以有效地促进果实成熟。

石榴

 果实甜美，栽培简易
石榴是我们经常吃的一种水果，果肉甜美多汁，含有丰富的维生素 C，营养价值约是苹果、梨等常吃水果的 1~2 倍。石榴不仅仅具有食用价值，还是一种非常可爱的观赏植物，花朵美丽，还具有杀虫、止泻的功效。

◎**别　　名** 安石榴、若榴、丹若、金罂、金庞

◎**科　　别** 石榴科

◎**温度要求** 温暖

◎**湿度要求** 湿润

◎**适合土壤** 酸性排水性好的肥沃土壤

◎**繁殖方式** 扦插、分株、压条

◎**栽培季节** 春季

◎**容器类型** 大型

◎**光照要求** 喜光

◎**栽培周期** 7个月

◎**难易程度** ★★★

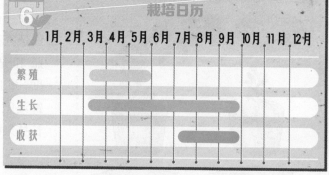

栽培日历

	1月	2月	3月	4月	5月	6月	7月	8月	9月	10月	11月	12月
繁殖												
生长												
收获												

开始栽种

第 1 步

盆栽选用腐叶土、园土和河沙混合的培养土，并加入适量腐熟的有机肥。栽植时要带土团，地上部分适当短截修剪，栽后浇透水，放背阴处养护，待发芽成活后移至通风、阳光充足的地方。

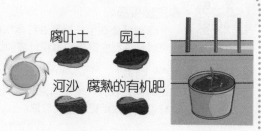

腐叶土　　园土

河沙　腐熟的有机肥

第**2**步

生长期要求全日照，并且光照越充足，花越多越鲜艳。背风、向阳、干燥的环境有利于花芽形成和开花。光照不足时，会只长叶不开花，影响观赏效果。

第**3**步

石榴耐旱，喜干燥的环境，浇水应掌握"干透浇透"的原则，使盆土保持"见干见湿、宁干不湿"。在开花结果期，不能浇水过多，盆土不能过湿，否则枝条徒长，会导致落花、落果、裂果现象的发生。

开花结果期不能浇水过多

干透浇透

第**4**步

盆栽石榴应按"薄肥勤施"的原则，生长旺盛期每周施1次稀肥水。长期追施磷钾肥可保花保果。

生长旺盛期每周施1次　　　长期追施

稀肥水　　　磷钾肥

第**5**步

由于石榴枝条细密杂乱，因此需通过修剪来达到株形美观的效果。夏季及时摘心，疏花疏果，达到通风透光、株形优美、花繁叶茂、硕果累累的效果。石榴结果是很频繁的，当果皮由绿变黄的时候果实就成熟了。

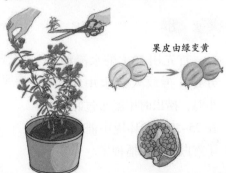

果皮由绿变黄

观赏辣椒

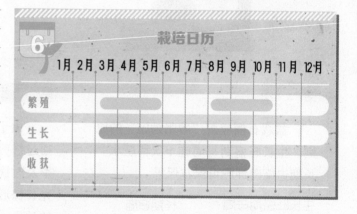

色彩绚丽，品种多样

观赏辣椒除保持辣椒辛、热特性的食用价值外（果实虽小但比较辣），还具有体态姣小、株形优雅、好栽易养、椒果奇特、果色多变、色彩艳丽、观赏价值极高的特点，观赏、食用一举两得。观赏辣椒的品种很多，无论是果实形状还是颜色都十分丰富，果实在生长的过程中也有很多变化。观赏辣椒的挂果时间长，观赏性非常强，可以盆栽，部分品种还可以食用。

◎别　　名 朝天椒、五色椒、佛手椒、樱桃椒

◎科　　别 茄科

◎温度要求 温暖

◎湿度要求 湿润

◎适合土壤 中性排水性好的肥沃土壤

◎繁殖方式 播种

◎栽培季节 春季、秋季

◎容器类型 中型

◎光照要求 喜光

◎栽培周期 8个月

◎难易程度 ★★★

栽培日历

	1月	2月	3月	4月	5月	6月	7月	8月	9月	10月	11月	12月
繁殖												
生长												
收获												

 开始栽种

 第 **1** 步

首先用50℃的水浸种15分钟，再放入清水中浸3~4小时，捞出时用湿布包好，放在25~30℃的环境中催芽，种子露白就可以播种了。

用50℃的温水浸种15分钟，再放入清水中浸3~4小时

放在25~30℃的环境中催芽

第2步

播种后覆薄土，15天左右就可以出芽。

15天左右的时间便可以出芽

第3步

当植株长出6~8片叶子的时候，要进行移栽上盆，放在半阴处养护7~10天。

6~8片叶子

半阴处 7~10 天

第4步

生长期内要保持土壤的湿润，但是也不可以积水，春秋两季每3天浇水1次，夏季每天浇水1次，结果初期要少浇水。

不可积水

春秋两季3天左右浇水1次，夏季1天浇水1次

第5步

生长期施1次稀薄的复合液肥，结果初期要增加磷钾肥的用量，夏季高温的情况下要停止追肥。

稀薄的复合液肥

结果初期要增施磷钾肥

夏季高温停止追肥

结果时控制湿度

观赏辣椒在结果期间，空气和土壤的湿度都不要过高，如果结果量大，要及时进行疏果，这样可以使养分的供应更加集中。

注意事项

◎开花的温度控制

观赏辣椒在开花的时候要将周围环境的温度控制在15~30℃，否则就会导致植株授粉不良，无法结果。

温度控制在15~30℃

第三章

阳台种香草——让室内多一缕幽香

易种植香草

鼠尾草

气味清新，健康自然

鼠尾草是一种常绿小型亚灌木，有木质茎，叶子灰绿色，花蓝色至紫蓝色，原产于欧洲南部与地中海沿岸地区。鼠尾草的花语是"家庭观念"。鼠尾草中含有丰富的雌性荷尔蒙，对女性的生理健康能够起到有效的保护作用，气味清新自然，对舒缓情绪也能够起到很好的作用。

◎别　　名　洋苏草、普通鼠尾草、庭院鼠尾草
◎科　　别　唇形科
◎温度要求　温暖
◎湿度要求　耐旱
◎适合土壤　弱碱性排水性好的沙壤土
◎繁殖方式　播种
◎栽培季节　春季、夏季
◎容器类型　中型
◎光照要求　喜光
◎栽培周期　8个月
◎难易程度　★★★

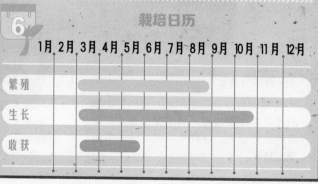

栽培日历

	1月	2月	3月	4月	5月	6月	7月	8月	9月	10月	11月	12月
繁殖												
生长												
收获												

开始栽种 //////////////

第1步

鼠尾草既可以播种，也可以进行扦插繁殖。播种前需要用40℃左右的温水浸种24小时。种子发芽的过程中要保持土壤湿润，保持充足的光照，加强通风。

40℃左右的温水浸种

第2步

当植株长出2~3片叶子时，就可以进行移栽了，移栽前要准备好疏松、透气性好、肥力足的土壤，植株定植后要进行浇水。

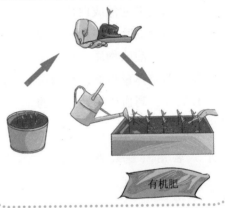

有机肥

第3步

当植株长出4对叶子的时候，进行摘心，保留2对叶子，这样可以有效地促进侧芽的萌发。

适时摘心

鼠尾草显苞时不修剪

植株在出现花苞的情况之下不要进行修剪，以免伤及花苞，当第一轮花开结束后最适合修剪花枝，此时可将植物的枯枝、弱枝剪除并补充肥料。

第4步

鼠尾草的嫩叶可以随时进行采摘，根据植株的长势不同可以收获多次。

注意事项

◎开花很慢的鼠尾草

鼠尾草会在栽种的第二年开花，但是不结果，栽种期限3年以上的鼠尾草才会结果。

2~3年

甜菊

气味香甜，药食兼用

甜菊是一种宿根性草本植物，株高 1~3 米，叶对生或茎上部互生，边缘有锯齿。花为头状花序，基部浅紫红色或白色，上部白色。甜菊的叶子中含有一种叫做甜菊糖的甜味物质。虽然甜菊味甜，但是热量很低，是糖尿病、心肌病、高血压患者绝佳的代糖食品。

◎别　　名　甜草、糖草、糖菊、瑞宝泽兰

◎科　　别　菊科

◎温度要求　温暖

◎湿度要求　湿润

◎适合土壤　中性保水性好的肥沃沙壤土

◎繁殖方式　播种

◎栽培季节　春季、夏季

◎容器类型　中型

◎光照要求　喜光

◎栽培周期　8个月

◎难易程度　★★★

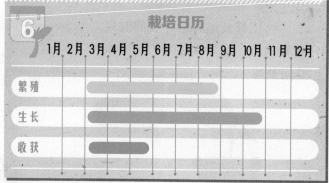

栽培日历	1月	2月	3月	4月	5月	6月	7月	8月	9月	10月	11月	12月
繁殖												
生长												
收获												

开始栽种

第1步

甜菊的种子外部有一层短毛，播种前要将短毛摩擦掉，再用温水浸泡 3 个小时，捞出后就可以播种了。

晾干

温水浸泡 3~4 小时

第**2**步

播种前要进行松土，将种子混合少量细土并均匀地播撒在土壤中，不需要再次覆土，用喷壶喷水即可。

第**3**步

甜菊的幼苗不耐干旱，浇水最好使用喷雾器喷水。当幼苗长出2~3对叶子的时候，可以进行第一次追肥，移植前7~15天要停止追肥。

氮肥肥料

第**4**步

当植株长出5~7对叶子的时候就可以进行移栽了。移栽前施足底肥，选择在早晚或阴天的时候进行，并浇足水。

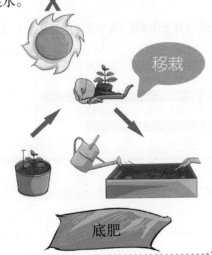
移栽

底肥

第**5**步

移栽后追肥可以和浇水同时进行，以促进植株生长。

磷钾肥

注意事项

◎甜菊最甜的时候

甜菊在现蕾前叶片上面的甜味最浓，选择在这个时候进行采摘是最合适的选择，一定要把握好时间。

艾草

香气浓郁，治病驱虫

艾草分布广，生于低海拔至中海拔地区的荒地、路旁河边及山坡等地，也见于森林草原及草原地区，局部地区为植物群落的优势种。艾草是逢到端午节时都会见到的植物，在百姓的心中有着辟邪驱灾的吉祥内涵。实际上艾草还具有调理气血、温暖经脉、散寒除湿的功效，能够治疗风湿、关节疼痛等症状，它奇异的香味还能够驱赶蚊虫。

◎别　　名	冰台、遏草、香艾、蕲艾、艾蒿
◎科　　别	菊科
◎温度要求	耐寒
◎湿度要求	湿润
◎适合土壤	中性潮湿的肥沃沙壤土
◎繁殖方式	播种
◎栽培季节	春季
◎容器类型	中型
◎光照要求	喜光
◎栽培周期	8个月
◎难易程度	★★

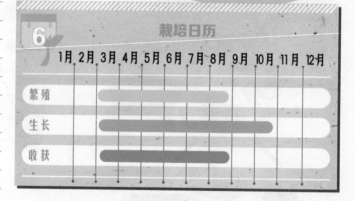

栽培日历

	1月	2月	3月	4月	5月	6月	7月	8月	9月	10月	11月	12月
繁殖												
生长												
收获												

开始栽种

第1步

艾草用播种或者是分株的繁殖方式均可。选择播种的方式进行培植，要注意覆土不可以过厚，0.5厘米即可，否则会导致出苗困难。

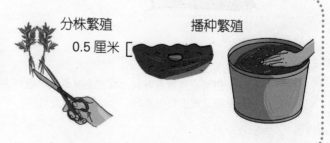

分株繁殖　0.5厘米

播种繁殖

第 2 步

播种后要保持土壤湿润，出苗后要注意及时松土、间苗。

第 3 步

当苗长到 10~15 厘米的时候，按照株间距 20 厘米左右进行定苗。

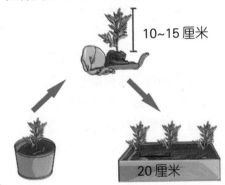

10~15 厘米

20 厘米

第 4 步

植株生长期间，我们可以随时摘取植株的嫩叶食用，每采摘一次，就要施加一次有机肥，以氮肥为主，适当配以磷钾肥。

氮肥

第 5 步

艾草种植 3~4 年的时间就可以进行分株了，分株要在早春芽苞还没有萌发的时候进行的，将植株连着根部挖出，选择健壮的根状茎，在保持 20 厘米株距情况下另行种植,压土浇水即可。

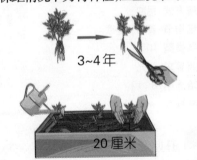

3~4 年

20 厘米

注意事项

◉ **栽种前的准备工作**

艾草在种植前要做好准备工作，施加足够的基肥，并保持土壤的湿润，给种子发芽创造一个好环境。

◉ **艾叶的功效**

艾叶是传统中药材中的一种，具有舒经活血、养神安眠的作用，对毛囊炎、湿疹也具有不错的疗效。

基肥

罗勒

 营养减肥，活血解毒

罗勒原生于亚洲热带地区，一年或多年生，是著名的药食两用芳香植物，味似茴香，全株小巧，叶色翠绿，花色鲜艳，芳香四溢。有些稍加修剪即成美丽的盆景，可盆栽观赏。大多数普通种类全株被稀疏柔毛。

◎别　　名	九层塔、金不换、圣约瑟夫草、甜罗勒
◎科　　别	唇形科
◎温度要求	温暖
◎湿度要求	湿润
◎适合土壤	中性排水性好的肥沃沙壤土
◎繁殖方式	播种
◎栽培季节	春季、夏季
◎容器类型	中型
◎光照要求	喜光
◎栽培周期	8个月
◎难易程度	★★

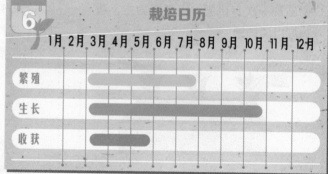

栽培日历

	1月	2月	3月	4月	5月	6月	7月	8月	9月	10月	11月	12月
繁殖												
生长												
收获												

 开始栽种

第1步

罗勒通常采用播种的方式进行繁殖，选择饱满、无病虫害的种子。培养土要在阳光下晒一晒，以杀死土壤中的病菌。

 园土　　 腐熟有机肥

2 : 1

第 2 步

将种子均匀撒播在土中，覆土 0.5 厘米，最后进行喷水。温度控制在 20℃左右，4~5 天小苗就可以长出来。

0.5 厘米

细孔喷壶

覆土喷水

第 3 步

当植株长出 1~2 片叶子的时候要适当进行间苗，使苗间距控制在 3~4 厘米。罗勒的小苗非常不耐旱，要及时浇水。

3~4 厘米

第 4 步

当植株长出 4~5 对叶子的时候就可以移栽了，株距约保持在 25 厘米左右，定植后要浇透水。

适时定植

25 厘米

第 5 步

如果不需要采收种子，当花穗抽出后要及时进行摘心，以免消耗过多的养分。

10~15 厘米

注意事项

◎怎么施肥？

罗勒如果缺肥，植株就会变得十分矮小，适当施肥可以让植株生长得更好，而施肥应该按照少量而多次的原则进行。

15 天施肥一次

◎哪一部分可以食用？

罗勒要趁花蕾未开放前进行采摘，这时候的茎叶口感鲜嫩，是采摘食用的最好时刻，罗勒一旦开花叶子就会老化，口感会变差。

功能多香草 ||||||||||||||||||||||||||||||||||||||||||||||

牛至

营养丰富，诱人食欲

牛至为多年生草本或半灌木，在自然状态下分布于海拔500~3600米的山坡、林下、草地或路旁。牛至具有很强的抗氧化功效，能够抗衰老，是很好的美容食品，并且还具有增进食欲、促进消化的作用，每餐配上一点牛至作为食材辅料，既可以增加美食的香味又可以补充营养，实在是一举多得。

◎别　　名　奥勒冈草、俄力冈叶、披萨草、蘑菇草

◎科　　别　唇形科

◎温度要求　耐寒

◎湿度要求　耐旱

◎适合土壤　微酸性排水性好的肥沃土壤

◎繁殖方式　播种、扦插

◎栽培季节　春季、夏季

◎容器类型　中型

◎光照要求　喜光

◎难易程度　★★

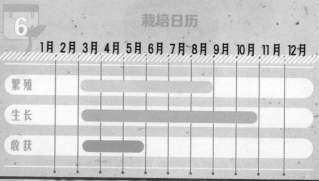

栽培日历

	1月	2月	3月	4月	5月	6月	7月	8月	9月	10月	11月	12月
繁殖												
生长												
收获												

开始栽种 //

第1步

　　牛至可用种子繁殖，但种子发芽率较低，一般只有 50% 左右，因此大规模生产上多用无性繁殖。在播种前要进行松土，将种子均匀撒播在土中，覆上约 0.2 厘米厚的细土，用喷壶保持土壤湿润即可。所用喷壶喷头孔隙要小，以防浇水时水珠打击土层使土壤板结而影响出苗。

0.2 厘米

细孔喷壶

第2步

　　牛至种子非常细小，出苗前不要进行浇水，喷壶是保持土壤水分的最好选择，所以要做到勤补水，补水时以打湿土层表面为宜。当出苗后生长高度达到 2 厘米左右时才可以采用小水灌溉，频率大约为每 3 天 1 次。另外，还要注意保持良好的通风。

第3步

　　当植株长到 4~6 厘米高时，就能够进行移栽了。移栽后要适时松土，以保持土壤的透气性。

4~6 厘米

松土

适时移栽

第 4 步

摘心的时候要配合追施稀薄的氮磷肥，以促进侧芽的生长。

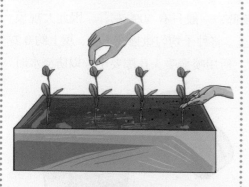

稀薄的氮磷肥

第 5 步

牛至也可以用扦插和分株的方式进行繁育，早春或晚秋的时候可以挖出老根，选择较粗壮并带有2~3个芽的根剪开，另行种植。6~8厘米长粗壮新鲜的枝条则是扦插的最好选择。

分株

扦插

6~8 厘米

注意事项

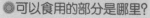

◎采摘的时节

牛至开始现蕾就可以食用了，最好选择在晴天进行采摘。

◎可以食用的部分是哪里？

牛至的鲜叶、嫩芽都是可以食用的部分，既可做调料，也可以泡茶饮用，味道口感都非常好，还具有很多养生保健的功效。

◎怎样增加土壤的排水性？

土壤的排水性良好对牛至的生长十分重要，在培养土中加入泥炭土或珍珠岩这类排水性较好的材质，可以有效地改善土壤的排水性，有利于牛至的生长。

泥炭土　珍珠岩

美食妙用

用牛至泡茶，饭后饮用可以促进肠道蠕动，帮助消化，对感冒、头痛、神经系统疾病也有很好的疗效，用来洗澡还可以起到舒解疲劳的作用。

牛至蔬菜沙拉

主料：番茄2个，鸡蛋1个，洋葱半个，生菜3片，牛至鲜叶10片，黄瓜半根，奶酪100克，沙拉酱适量。

做法：

❶ 将番茄、黄瓜洗净切片，洋葱去皮洗净切圈，生菜、牛至叶洗净切碎。❷ 将鸡蛋煮熟，取出放凉后去壳切片。❸ 将番茄、黄瓜、洋葱、生菜、牛至、鸡蛋放入盘中，撒上奶酪、沙拉酱拌匀即可。

莳萝

清甜可人，有益健康
　　莳萝的英文名中含有"平静""消除"之意。古称"洋茴香"，原为生长于印度的植物，外表看起来像茴香，开黄色小花，结小型果实，后自地中海沿岸传至欧洲各国。叶片鲜绿色，呈羽毛状，种子呈细小圆扁平状，味道辛香甘甜，多用于调味。莳萝和香芹的味道非常相似，具有一种清凉可人的甜味。这种香气能够有效促进消化，缓解胃疼等，而不会产生不良反应。

◎别　　名 洋茴香、土茴香
◎科　　别 伞形科
◎温度要求 温暖
◎湿度要求 湿润
◎适合土壤 微酸性排水性好的沙壤土
◎繁殖方式 播种
◎栽培季节 春季、夏季、秋季
◎容器类型 中型
◎光照要求 喜光
◎栽培周期 8个月
◎难易程度 ★★

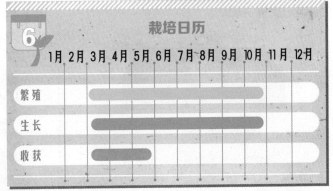

栽培日历

	1月	2月	3月	4月	5月	6月	7月	8月	9月	10月	11月	12月
繁殖			■	■	■	■	■	■	■	■		
生长			■	■	■	■	■	■	■	■		
收获			■	■	■							

 开始栽种

第1步

　　播种前用40~50℃的温水浸泡种子1~2天，每天换一次水，这样可以有效提高发芽率。也可用3%的硫酸铜或1%尿素溶液浸种，有益于发芽，用甲醇浸种5分钟也可提高发芽率和提早发芽。有的采取长期冷水浸种，能获得良好的效果。

40~50℃的温水

第2步

将种子均匀地播撒在土中，覆土约0.5厘米厚，用细孔喷壶轻轻洒水。莳萝幼苗冲破土壤的能力非常弱，种子发芽的时候，我们可以轻轻拨开土壤，以帮助植物出苗。

第3步

植株在生长过程中需要保持土壤湿润，莳萝不适合移栽，如果植株过于拥挤，可以适当进行间苗，将植株的间距控制在20厘米。

20厘米

第4步

当幼苗长到5~10厘米时，可以追施一次有机肥。开花的时候，再追施一次有机肥。

5~10厘米

对土壤的要求

莳萝对土壤的酸碱性较为敏感，最好采用微酸性的土壤进行栽培，另外在栽种前要对土壤进行消毒，以预防病虫害的发生。

第5步

莳萝开黄色的小花，但是花期比较短。若要采收种子，当花穗枯萎、种子变成褐色的时候可以进行采收。采收后放置在阴凉通风的地方进行保存。

注意事项

◎食用嫩叶需要什么时候进行采摘？

莳萝要在花穗形成之前或者刚刚形成的时候进行采摘，这样可以保证莳萝叶的鲜嫩，开花后的叶子就会变老，口感很差。

◎莳萝繁殖期需要注意什么？

莳萝也可以选择用扦插的方式进行繁殖，夏、秋两季剪取嫩枝进行插穗，嫩枝上面要保留3~5片的叶，将其插入到沙土中遮阴保湿即可。

神香草

气味清香，用途广泛

神香草为多年生半灌木，株高 50~60 厘米，单叶窄披针形到线形，花序穗状，有紫色、白色、玫红等品种。神香草在欧洲从古时起就有栽培，作为香味蔬菜受人欢迎，在印度作为药用植物被人熟知；在热带海拔较高的地方，则作为香味料种植。神香草气味清香，具有提神醒脑、清热解毒的功效，还可以防治感冒、支气管炎。

◎别　　名 牛膝草、柳薄荷、海索草
◎科　　别 唇形科
◎温度要求 耐寒
◎湿度要求 湿润
◎适合土壤 弱酸性排水性好的沙壤土
◎繁殖方式 播种
◎栽培季节 春季、秋季
◎容器类型 中型
◎光照要求 喜光
◎栽培周期 8个月
◎难易程度 ★★

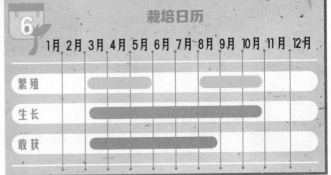

栽培日历

	1月	2月	3月	4月	5月	6月	7月	8月	9月	10月	11月	12月
繁殖			■	■	■			■	■	■		
生长			■	■	■	■	■	■	■	■		
收获			■	■	■	■	■					

开始栽种

第1步

神香草通常是以播种的方式进行繁殖的。我们可以在花店或者种苗商店买到神香草的种子。将种子与细沙混合，均匀撒播在育苗盆中，浇透水，出苗前保持土壤湿润即可。

第**2**步

当植株长到 6~8 厘米高的时候，就可以移栽定植了。一定要控制温度和湿度，温度过高会导致植株徒长。

6~8 厘米

第**3**步

定植后要浇足水，7~10 天后再次浇水，以促进新根的生长。

7~10 天后

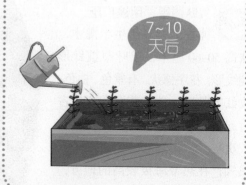

第**4**步

神香草需要大量的氮肥，但对磷钾肥的需求量较少。适当施肥会使枝叶迅速生长。

注意事项

◎什么时候最适宜采花？

神香草一般是在 6 月份开花，有少量花苞绽放的时候就可以进行采收了。种子一般在 7、8 月份成熟，要注意采摘和收种的时间。

第二年春季

第二年秋季

◎扦插和分株的不同时间

神香草还有扦插和分株两种繁殖方式，扦插最好是在第二年的春季进行，分株则最好选择在秋季进行。

收获前 5~10 天

◎停止浇水的时间

为了提高采收的质量，在采收前 5~10 天就要停止浇水了。

柠檬马鞭草

香气浓郁，有益健康

柠檬马鞭草原产于热带美洲。柠檬马鞭草虽然属于马鞭草科，却是多年生灌木。它狭长的鲜绿叶片飘溢着强烈如柠檬的香气，所以才获得这一名称。柠檬马鞭草具有镇静舒缓的作用，能够消除疲乏、恢复体力。用柠檬马鞭草的叶片泡茶，可以有效消除肠胃胀气，促进消化，还可以缓解咽喉肿痛。

◎别　　名 防臭木、香水木
◎科　　别 马鞭草科
◎温度要求 温暖
◎湿度要求 耐旱
◎适合土壤 中型排水性好的肥沃土壤
◎繁殖方式 播种
◎栽培季节 春季、夏季
◎容器类型 中型
◎光照要求 喜光
◎栽培周期 8个月
◎难易程度 ★★

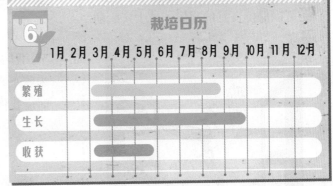

栽培日历

6	1月	2月	3月	4月	5月	6月	7月	8月	9月	10月	11月	12月
繁殖												
生长												
收获												

 开始栽种

第 **1** 步

柠檬马鞭草对土质的要求比较高，在市场上购买由泥炭土、珍珠岩、河沙以及有机质混合的营养土是最为适合的。将种子均匀播撒在育苗盆中，浇透水，出苗前要保持土壤湿润。

 泥炭土
 珍珠岩
 河沙
 机肥混合

第**2**步

植株出苗后要保持良好的通风，并将温度控制在20℃左右，当幼苗长到3~5厘米高的时候，可以进行移栽。

3~5厘米

第**3**步

柠檬马鞭草非常害怕涝的环境，当土壤完全变干的时候进行浇水是最合适的。浇水时不要将水直接浇于叶和花上，这样容易造成植株腐烂。

第**4**步

柠檬马鞭草生长得非常迅速，因此需要经常修剪，以促发新枝。这样还可以保持良好的通风，减少疾病的侵袭。

第**5**步

春、夏两季是植株生长旺盛的季节，我们可以将采收同修剪结合进行。采收下来的鲜叶非常适合泡茶，保存时需要将鲜叶通风干燥。

泡茶

注意事项

◎**如何扦插**

柠檬马鞭草扦插也是可以繁殖的，在春、秋时选取健壮枝条，插入排水良好的土壤中，遮阴养护，等到枝条生根就可以进行移栽了。

柠檬香茅

🌷 **繁殖迅速，驱虫高手**

柠檬香茅原产于热带亚洲，是一种非常常见的植物，外表看起来就是一般的茅草，但却可以散发出浓郁的柠檬香气。在市场上我们很难买到柠檬香茅的种子，所以移栽幼苗是最佳的选择。柠檬香茅喜欢生长在高温多湿的环境之中，因此一定要控制好温度和湿度。

◎ **别　　名** 柠檬草、香茅草
◎ **科　　别** 禾本科
◎ **温度要求** 耐高温
◎ **湿度要求** 湿润
◎ **适合土壤** 微酸性排水性好的沙壤土
◎ **繁殖方式** 播种、分株
◎ **栽培季节** 春季、秋季
◎ **容器类型** 大型
◎ **光照要求** 喜光
◎ **栽培周期** 10个月
◎ **难易程度** ★★

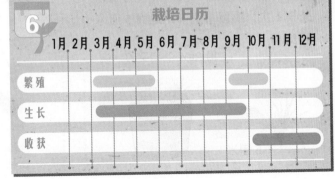

栽培日历

	1月	2月	3月	4月	5月	6月	7月	8月	9月	10月	11月	12月
繁殖												
生长												
收获												

  开始栽种

第1步

市面上很少有出售柠檬香茅种子的，因此需要从植株的幼苗期开始培育。可以1盆只种1颗种苗，也可以合植在大花盆中，如果家里有个小庭院，也可以直接种在花园里。对土壤选择以较为疏松、肥沃而排水良好的砂质壤土为佳。

培育幼苗

第 **2** 步

柠檬香茅喜欢阳光充足、气候炎热的生长环境，但耐寒力弱，有时温度在 10~15℃就会萎缩或死亡。

砂质土壤

第 **3** 步

柠檬香茅在潮湿的环境中生长得比较好，对氮肥和钾肥的需求量相当。

多湿的生长环境

氮肥　钾肥

第 **4** 步

春季开始播种，到 9 月份时植株就会成熟，成熟后每隔 3~4 个月可以采收 1 次，要留下茎部距地面 5 厘米的长度。

每 3~4 个月采收一次

5 厘米

第 **5** 步

柠檬香茅春秋季节可以采用分株的方式进行繁殖。

春秋季

注意事项

◎**柠檬香茅很怕冷**

柠檬香茅的耐寒力非常弱，在温度低于 5℃的时候就会死亡，所以栽种的时候一定要留心霜冻和低温，将它搬移至室内养护是比较安全的方法。

◎**及时分株**

柠檬香茅的繁殖能力比较强，当植株形成丛生状态的时候要及时进行分株，否则就会分散植株的营养供给，对植物以后的生长产生不良的影响，以二三株为一盆最适宜。

◎**柠檬香茅好处多**

柠檬香茅具有驱虫的作用，我们可以在栽种其他植物的时候同时栽种一些柠檬香茅，这样可以有效地减少害虫的侵扰。平时我们也可以将柠檬香茅当作驱虫剂来使用。

可以驱虫

猫薄荷

🌷 **观赏佳品，猫咪最爱**

猫薄荷为一年生草本植物，花为白色或淡紫色，由于能刺激猫的费洛蒙受器，使猫产生一些特殊的行为，故得名。

猫薄荷有着绒绒的触感，叶片是小小的圆形，看起来非常可爱，闻起来还有淡淡的芳香，紫色的花朵可以持续绽放，花期非常长，有着如薰衣草般浪漫的视觉效果，也是宠物猫咪的最爱。

◎**别　　名** 荆芥
◎**科　　别** 唇形科
◎**温度要求** 温暖
◎**湿度要求** 耐旱
◎**适合土壤** 中性排水性好的沙壤土
◎**繁殖方式** 播种
◎**栽培季节** 春季
◎**容器类型** 中型
◎**光照要求** 喜光
◎**栽培周期** 8个月
◎**难易程度** ★★

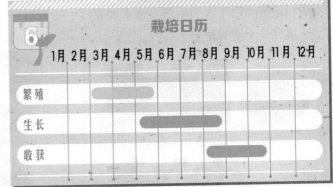

栽培日历

	1月	2月	3月	4月	5月	6月	7月	8月	9月	10月	11月	12月
繁殖			███	███								
生长					███	███	███					
收获								███	███			

 开始栽种

第1步

猫薄荷可以直接种植，只需要稍加覆盖即可，一般10~14天就可以出芽。发芽前要避免阳光直射，放置在遮阴处养护最好。

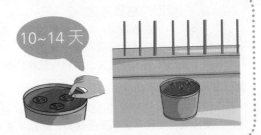

10~14 天

第2步

种子出芽4~6周后就可以将植株移栽定植了。株长9~10厘米的苗至少要选择深度为11~15厘米的容器才可以。

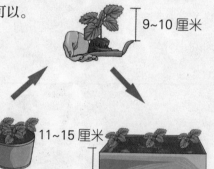

9~10 厘米

11~15 厘米

第3步

猫薄荷适合种植于排水性好的土壤之中，每周施1~2次的稀薄液肥即可。

每周 1~2 次

稀薄液肥

第4步

移栽后为了防止根系被病菌感染，最好喷洒1次杀菌剂。浇水要在土壤完全干透的情况下进行。

杀菌剂

第5步

猫薄荷的生长很快，如果放任不管就会造成植株的衰弱，要时刻关注植株的生长情况以便及时进行修剪。

及时修剪

注意事项

◎叶片枯黄怎么办?

猫薄荷如果叶片生长过密、通风不良的话就会导致叶片枯黄，甚至会出现枝条下垂的状况，这时就要及时进行修剪，修剪时要将下垂的枝条一并剪去，以利于营养的有效利用。

◎猫咪喜欢，人不适合

在给猫咪喂食的时候加入少量的猫薄荷，可以有效地促进猫咪的肠胃消化，但是人类尝起来口感却不是很好，所以不要食用。

香气浓香草

迷迭香

🌷 气味浓郁、提神美容

　　迷迭香是一种常绿灌木，高达 2 米。它的叶子带有茶香，味辛辣、微苦。迷迭香有个别名叫"海洋之露"，其花语是"留住记忆"。迷迭香具有提神醒脑的功效，它散发出的气味有点像樟脑丸的味道，可以提高人的记忆能力。还具有收缩毛孔、抗氧化等美容功效。

◎别　　名	油安草
◎科　　别	唇形科
◎温度要求	温暖
◎湿度要求	耐旱
◎适合土壤	中性排水性好的石灰质沙壤土
◎繁殖方式	扦插
◎栽培季节	春季、秋季
◎容器类型	中型
◎光照要求	喜光
◎栽培周期	8个月
◎难易程度	★★

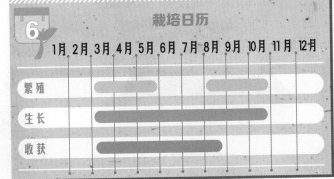

栽培日历

	1月	2月	3月	4月	5月	6月	7月	8月	9月	10月	11月	12月
繁殖												
生长												
收获												

🌼 开始栽种

第1步

　　迷迭香多采用扦插繁殖的方法。从母株上剪取 7~10 厘米未木质化的粗枝条，摘去下部的叶子，插入水中浸泡一段时间。

7~10 厘米

第**2**步

土壤可以选择混合性的培养土，将插条插入土壤中，扦插后浇透水。生根前上壤要保持湿润，温度也要控制在 15~25℃ 的范围之内。

泥炭土　珍珠岩

粗河沙

第**3**步

3 周后，插条就可以生根了，将生根后的植株移植到花盆中，移植时注意不要伤及根部。

3 周后

第**4**步

在植株生长的过程中，初夏和初秋季节可每月追施 1 次有机复合肥。

有机复合肥

第**5**步

当植株长到 20~30 厘米的时候，可以采收长度为 10 厘米的嫩尖。

10 厘米

注意事项

◎避免高温

迷迭香处在开花结果期的时候要避免高温，可将植物搬移到阴凉的环境中，并要适时降温。

◎摘心是促进生长的好方法

迷迭香在生长旺期要多摘心，这样可以促进植物的分枝生长，并要随时疏去过密的枝叶和老化的枯枝，以保证植株受到良好的光照。

薰衣草

花色淡雅，芳香宜人

薰衣草原产于地中海沿岸、欧洲各地及大洋洲列岛。其叶形花色优美典雅，蓝紫色花序颀长秀丽，是庭院中不可多得的多年生耐寒花卉，适宜花径丛植或条植，也可盆栽观赏。大片盛开的薰衣草有着迷人的色彩，芳香四溢，给人一种非常浪漫的感觉。它不仅仅是一种观赏性的花卉，还可以制作成香料，能够镇静情绪、消除疲劳，对净化空气、驱虫也有一定的作用。

◎别　　名 灵香草、香草、黄香草
◎科　　别 唇形科
◎温度要求 阴凉
◎湿度要求 耐旱
◎适合土壤 微碱性排水性好的沙壤土
◎繁殖方式 播种
◎栽培季节 春季、夏季
◎容器类型 大型
◎光照要求 喜光
◎栽培周期 8个月
◎难易程度 ★★

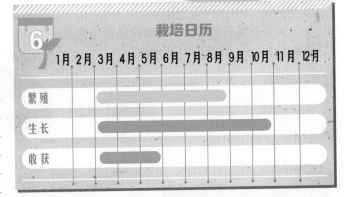

栽培日历

	1月	2月	3月	4月	5月	6月	7月	8月	9月	10月	11月	12月
繁殖												
生长												
收获												

 开始栽种

 第**1**步

薰衣草可以用种子繁殖，去花店或种苗店都可以购买到种子。薰衣草种子的休眠期比较长，且外壳坚硬致密，播种前需用35~40℃的温水浸种12个小时。

35~40℃的温水

浸种12个小时

第2步

将土壤整平，浇透水，待水渗下后将种子均匀撒播在土中，覆土 0.3 厘米。用浸盆法使土壤吸足水分，出苗后再将育苗盆移植到阳光充足的地方。

0.3 厘米

浇透水

第3步

当苗高达 10 厘米左右的时候就可以移栽定植了。定植土壤中需施入适量复合肥作为基肥，定植后要放置在光照充足的地方。

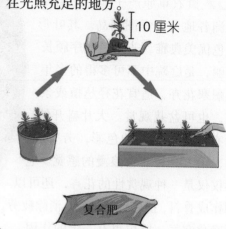

10 厘米

复合肥

第4步

开花后需进行剪枝，将植株修剪为原来的 2/3，以促使枝条发出新芽。

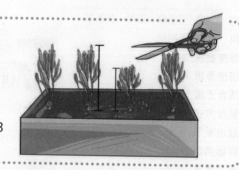

剪为原来的 2/3

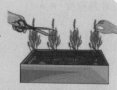

注意事项

◎薰衣草的修剪

在高温多湿的环境之中，薰衣草需要疏剪茂密的枝叶以增加植株的采光性和透气性，这样可以防止病虫害的发生。栽培初期要摘除花蕾，以保证新长出的花蕾高度一致，有利于一次性收获。

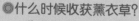

◎什么时候收获薰衣草？

薰衣草在开花前香气最为浓郁，这个时候最适宜采收，可剪取有花序的枝条直接插入花瓶中观赏，也可以晾晒成干燥花。

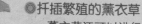

◎扦插繁殖的薰衣草

薰衣草还可以进行扦插繁殖，春、秋两季都可以进行。选取一年生未木质化、无花序的粗短枝条，截取 8~10 厘米，在水中浸泡 2 小时后再插入土中，大约 2~3 周就可以生根了。

百里香

🌷 **花色淡雅，气味清香**

百里香是一种多年生植物，原产于地中海地区，百里香的香味在开花时节最为浓郁。百里香除了具有迷人的芬芳，它还有浪漫美好的寓意——"吉祥如意"。百里香淡淡的清香能够帮助人集中注意力，提升记忆力。叶片小巧可爱，花色淡雅，姿态优美，是一种观赏性与使用性完美结合的植物，捣碎外敷还能够帮助愈合伤口。

◎ **别　　名** 麝香草、地花椒
◎ **科　　别** 唇形科
◎ **温度要求** 温暖
◎ **湿度要求** 耐旱
◎ **适合土壤** 中性排水性好的沙壤土
◎ **繁殖方式** 播种、扦插
◎ **栽培季节** 春季、秋季
◎ **容器类型** 中型
◎ **光照要求** 喜光
◎ **栽培周期** 6个月
◎ **难易程度** ★★

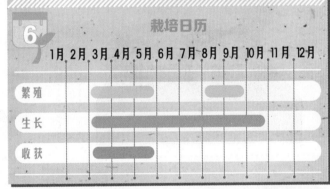

栽培日历

	1月	2月	3月	4月	5月	6月	7月	8月	9月	10月	11月	12月
繁殖			■	■	■			■	■			
生长			■	■	■	■	■	■	■	■		
收获					■	■						

 开始栽种

 第**1**步

将百里香的种子混合细沙后均匀播撒在土中，不要覆土，用手轻轻按压，使种子与土壤充分接触，将土壤浸在小水盆中吸足水分。

与细沙混合

第**2**步

育苗期间要保证充足的光照，温度较低的环境中可覆上一层薄膜保温，发芽后要揭去薄膜。

覆薄膜

第**3**步

当幼苗长到5~6厘米高的时候，就可以移栽到花盆中。

5~6厘米

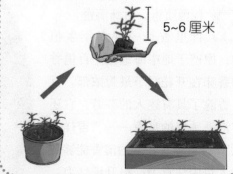

第**4**步

百里香的采收与植株修剪可以同时进行，采收最好选在植株开花之前进行，这样茎叶香气最浓郁。

第**5**步

分株在晚春或早秋，此时植株进入休眠期。当植株的地面部分开始枯萎，将植株连带根部挖出，小心理清根系，用手掰成2~3丛，另行种植即可。

晚春或早秋

注意事项

◎延缓结实，延长寿命

　　百里香成熟后会开出白色或粉色的小花，可剪取开花的枝条插于花瓶中观赏。结果后植株容易死亡，如果不需要采收种子，就要及时对植株进行修剪，以延缓结果，延长植株的寿命。

◎不可以积水

　　百里香喜欢在干爽的环境生长，因此不可以浇水过多，看到盆土干透后再浇水即可，盆底也千万不要出现积水的现象，否则一定要及时排水。

◎扦插的繁殖方法

　　百里香用扦插法最容易繁殖，选择带有顶芽的、未木质化的嫩枝当做插条，将其扦插在土壤之中即可。

留兰香

功能多样，耐寒易养

留兰香为直立多年生草本植物，在海拔 2100 米以下地区都可以生长，喜温暖、湿润气候。叶卵状长圆形或长圆状披针形，对生，花紫色或白色，多花密集顶生成穗状。茎、叶经蒸馏可提取留兰香油。留兰香可以当作香料使用，具有除臭的作用。

◎别　　名 绿薄荷、青薄荷、香花菜、鱼香菜、狗肉香

◎科　　别 唇形科

◎温度要求 耐寒

◎湿度要求 湿润

◎适合土壤 中性排水性好的肥沃土壤

◎繁殖方式 扦插

◎栽培季节 春季

◎容器类型 中型

◎光照要求 喜光

◎栽培周期 8个月

◎难易程度 ★★

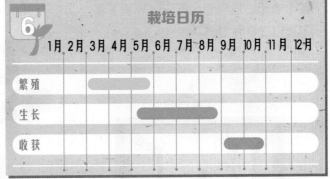

栽培日历

	1月	2月	3月	4月	5月	6月	7月	8月	9月	10月	11月	12月
繁殖												
生长												
收获												

开始栽种

第 **1** 步

留兰香的种子很容易出现变异的情况，所以一般采用根茎繁殖和分枝繁殖的方式。选择健康粗壮无病虫的新鲜根，插在已挖好坑的土壤中，然后覆土。

第 **2** 步

浇水后土壤容易板结，要及时松土。松土时注意靠近植株处要小心，以免伤及植株根部。行间可深些。

及时松土

第 **3** 步

当植株长到 10 厘米左右的高度时要进行追肥，根据植株的长势可施加 1~2 次的磷肥。

10 厘米

1~2 次

磷肥

第 **4** 步

留兰香对收割时的天气要求比较高，阳光不足、温度不高、大风下雨、露水未干、地面潮湿等天气环境下都不可以进行收割。

对收割时的天气有很高的要求

第 **5** 步

留兰香容易受病虫害的侵害，出现病株一定要及时清理，以免传染其他的植株。

香草生病了

留兰香生病首先是从下部叶片开始的。叶片上会出现不规则水渍状暗绿色、黄褐色或深褐色病斑。这是留兰香最常出现的病变现象，如果不及时处理，就会传染给邻株，将病株直接除去是最安全的方式。

注意事项

◎合理密植，严格除杂

留兰香的分枝能力非常强，首次进行收割后要及时进行补植，温度要保持在 10℃以上才可以保证留兰香的成活率。

10℃以上

马郁兰

🌷 **幸福见证，缓和身心**

马郁兰是有香味的多年生草本植物，宽大的叶子为椭圆状，暗绿色，花簇多稀疏，呈粉紫色、白色或粉红色。

马郁兰的口味甜美，带有淡淡的涩感。在西方，结婚的男女头上插戴马郁兰是一种非常传统的习俗。

◎ **别　　名**	墨角兰、马娇莲、甘牛至、牛藤草、茉乔挛那
◎ **科　　别**	唇形科
◎ **温度要求**	温暖
◎ **湿度要求**	耐旱
◎ **适合土壤**	微碱性排水性好的肥沃土壤
◎ **繁殖方式**	播种、扦插、分株
◎ **栽培季节**	春季
◎ **容器类型**	中型
◎ **光照要求**	喜光
◎ **栽培周期**	8个月
◎ **难易程度**	★★

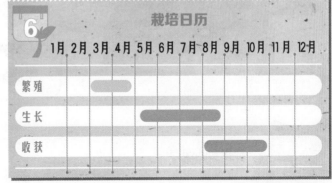

栽培日历

	1月	2月	3月	4月	5月	6月	7月	8月	9月	10月	11月	12月
繁殖			■	■								
生长					■	■	■	■				
收获								■	■	■		

🌸 **开始栽种** /////////////////////////////////////

第 **1** 步

马郁兰种子非常细小，将种子撒播在盆内，盖薄土，厚度控制在 0.2 厘米以内，然后要进行充分喷水，每天 1 次，以使土壤在植物发芽前保持湿润。不要接受阳光直射，温度在 15~25℃最好。

0.2 厘米

温度保持在 15~25℃

第 **2** 步

马郁兰适合生长在偏碱性土壤之中，有机质含量要丰富。

碱性土壤

第 **3** 步

将植株的间距控制在大约 6~8 厘米。

6~8 厘米

第 **4** 步

每进行一次收获都要追肥 1 次。

适时追肥

第 **5** 步

收获后的马郁兰要进行干燥保存，这样可以留住植物的香气，还可以增加香草的使用寿命。

干燥保存

注意事项

◎**果实的保存**

马郁兰的茎是我们可以使用的部分，我们可以将其挂在一个阴暗、干燥、通风良好的地方。干燥之后，将摘掉叶子的茎储存在密闭容器内就可以了。

保存持续 5 年

◎**种子的储藏期**

马郁兰种子可以进行长时间的储藏，一般情况下可以保存 5 年而不会出现变质的现象。

◎**采种要适时**

不成熟的种子是无法生芽的，所以当植物处在成熟期的时候，我们要密切留意鲜花干燥的进程。适时切断种子头，将种子头放在一个纸袋子中，挂在阴凉处，到完全干枯后，将花瓣和种子剥离再进行保存即可。

灵香草

四季常收，功能多样

灵香草是多年生草本植物，全草含类似香豆素芳香油，可提炼香精，或用作烟草及香脂等的香料。干燥的灵香草植株放在衣柜中能够起到防虫防蛀的作用，药用方面，可以治疗头疼感冒、胸闷气躁等，因此灵香草是一种比较名贵的芳香植物，具有很高的经济价值。

◎别　　名	广灵香、广零陵香、黄香草、蕙草、零陵香
◎科　　别	报春花科
◎温度要求	阴凉
◎湿度要求	湿润
◎适合土壤	中性排水性好的肥沃土壤
◎繁殖方式	播种、扦插
◎栽培季节	春季
◎容器类型	中型
◎光照要求	喜阴
◎栽培周期	8个月
◎难易程度	★★

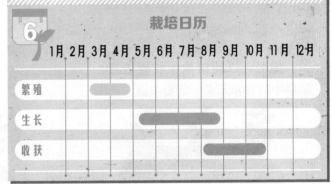

栽培日历

	1月	2月	3月	4月	5月	6月	7月	8月	9月	10月	11月	12月
繁殖			■	■								
生长					■	■	■	■				
收获								■	■	■		

开始栽种

第1步

首先要选择一个灵香草喜欢的阴凉湿润的环境，土壤中最好含有腐殖质，排水性也要比较好，以磷肥和草木灰为基肥为最佳。

腐殖质

草木灰

磷肥

腐熟有机肥

第**2**步

扦插繁殖的成活率比较高，我们要选择粗壮、无病虫害的当年生植株，剪取 4~5 厘米的插条，顶端带有 1~2 片叶子，按照株间距 5~6 厘米进行扦插，将土压实，浇水。

4~5 厘米

带有 1~2 片叶子

第**3**步

等到植株成活，要将枯枝烂叶及时清除掉。

第**5**步

开花后一个月灵香草就可以结果了，当卵形的果实由青白色转为紫色的时候就可以及时进行采收了。灵香草成熟后，一年四季都可以进行采收，但是冬季采收的质量是最好的。

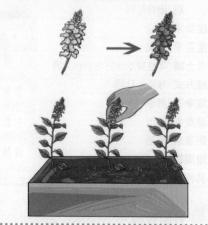

第**4**步

施肥可以使植株生长得更好，肥料中的营养元素一定要丰富。

注意事项

◎**降低湿度，减少病害**

如果植株土壤的湿度高、透光性差的话，植株容易感染细菌性软腐病，所以控制湿度、加强光照对促进植株健康生长很重要，还要及时清除植株间的杂草，减少菌源。

◎**灵香草讨厌落叶**

灵香草的落叶如果落在土壤上而不进行清理的话，落叶中的细菌就会与软腐病细菌混生，从而生成排草斑枯病，这对灵香草的影响是致命的，所以一旦出现落叶，一定要及时清理，这样才可以减少植株生病的可能。

益母草

滋养女性，补血养生

益母草是一种唇形科植物，在野地里常常可以见到，对生长环境几乎没有什么要求，非常容易繁殖。

益母草是一种对女性身体非常有益的植物，能够治疗妇女月经不调等症状。每日泡茶服用，对身体非常有好处。

◎别　　名	益母蒿、益母艾、红花艾、坤草
◎科　　别	唇形科
◎温度要求	温暖
◎湿度要求	湿润
◎适合土壤	中性排水性好的肥沃土壤
◎繁殖方式	播种
◎栽培季节	春季
◎容器类型	中型
◎光照要求	喜光
◎栽培周期	8个月
◎难易程度	★★

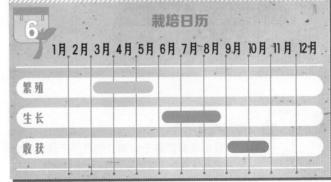

栽培日历

	1月	2月	3月	4月	5月	6月	7月	8月	9月	10月	11月	12月
繁殖			■	■								
生长							■	■				
收获									■	■	■	■

 开始栽种

第1步

益母草一般采用播种的方式进行繁殖，当年的新种发芽率一般可以达到80%以上。播种时在土中挖出浅坑，然后再均匀撒入一些细土，不需要覆土。

不必覆土

第2步

苗长到 5 厘米左右的时候要开始间苗，发现缺苗时则要及时移栽补植。以后陆续进行 2 ～ 3 次间苗，当苗高 15 ～ 20cm 时定苗。

5 厘米

第3步

益母草的根系脆弱，在间苗和松土的时候，要时刻注意植株的根系，以避免伤根。

避免伤根

第4步

每次间苗后要进行 1 次追肥，施氮肥最好。追肥的时候要注意浇水，切忌使用肥料过浓，以致伤到植株的根系。

氮肥

注意事项

◎益母草的保存

益母草应贮藏于防潮、防压、干燥的地方，以免受潮发霉变黑，且贮存的时间也不要过长。

防潮

◎避免积水

气温高时，需要及时浇水，以免干枯，但是也要避免土壤积水，导致植株的溺死或黄化。

气温高时要注意浇水

怕过于潮湿

防压

 贮存期不宜过长

◎怎么不出芽呢?

益母草一般有冬种和春种两个品种。冬种的益母草在秋季进行播种，幼苗第二年春夏季才会抽芽开花。所以在栽种前要关注一下植株的品种，以免苦苦等待，丧失信心。

冬种 第 2 年春夏季才会抽茎开花

春种 当年抽茎开花

藿香

烹调辅料，美化环境

藿香是一种多年生草本植物，叶心状卵形至长圆状披针形，花冠淡紫蓝色，成熟小坚果卵状长圆形。藿香喜欢温暖湿润的生长环境，但是种植起来是非常容易的。藿香的香味非常浓郁，常常被人们提炼成香料使用，还可以作为烹调的辅料以增加菜肴的香味。

◎别　　名	土藿香、排香草、大叶薄荷、兜娄婆香、猫尾巴香
◎科　　别	唇形科
◎温度要求	温暖
◎湿度要求	湿润
◎适合土壤	中性排水性好的沙壤土
◎繁殖方式	播种、扦插
◎栽培季节	春季
◎容器类型	中型
◎光照要求	喜阴
◎栽培周期	8个月
◎难易程度	★★

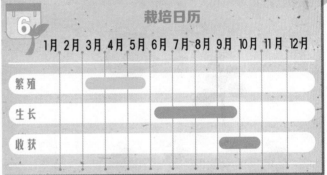

栽培日历

	1月	2月	3月	4月	5月	6月	7月	8月	9月	10月	11月	12月
繁殖			■	■								
生长						■	■	■				
收获								■	■			

开始栽种

第 **1** 步

首先为藿香选择一个温暖湿润的环境，藿香比较耐寒，但是非常怕旱。对土壤要求不严，一般土壤均可生长，但以土层深厚肥沃而疏松的砂质壤土为佳。当年播种、当年收获的为新藿香，叶子多，叶片质量好。

耐寒　　非常怕旱

第步

藿香用种子栽培也是很容易的，生长期间要注意苗与苗的间隙，要适当进行间苗。

种子栽培

第步

当苗长到15厘米高的时候要及时追加一次氮肥。要时刻注意土壤的含水量，保持湿润的生长环境。

15厘米

氮肥

第4步

藿香的病害多在5~6月发生，枯萎病是最为常见的病害，可通过用减少浇水、降低温度来控制病害的泛滥。

减少浇水

第5步

当种子大部分变成棕色时就可以收获了，将植株晒干脱粒即可。

晒干脱粒

注意事项

◎植物粗壮很重要

藿香如果生长得粗壮、茂盛就能有效地抵抗病害的侵袭，植株衰弱是植物受到病害的先期表现，所以植株的粗壮与否是检查藿香是否健康的一大标准。

植株衰弱是病害的先期表现

◎藿香产量高

藿香是一种非常容易栽培的香草，产量也很高，只要栽培适当，收获是非常丰盛的。

千屈菜

可食可赏，生命顽强

野生的千屈菜大多生长在沼泽，因此湿润并且光线充足的环境更适合千屈菜的生长。千屈菜的花多而密，多为紫红色，成片开来有一种如薰衣草般的浪漫。

千屈菜全株都具有药性，可以治疗痢疾、肠炎等症。

◎ 别　　名　水枝柳、水柳、对叶莲、
　　　　　　马鞭草、败毒草
◎ 科　　别　千屈菜科
◎ 温度要求　耐寒
◎ 湿度要求　湿润
◎ 适合土壤　中性保水性好的黏壤土
◎ 繁殖方式　播种、扦插、分株
◎ 栽培季节　春季
◎ 容器类型　不限
◎ 光照要求　喜光
◎ 栽培周期　5个月
◎ 难易程度　★★

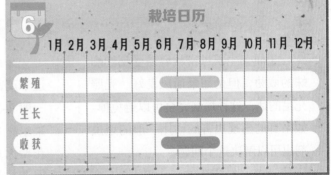

栽培日历

	1月	2月	3月	4月	5月	6月	7月	8月	9月	10月	11月	12月
繁殖						▬	▬	▬				
生长						▬	▬	▬	▬			
收获						▬	▬	▬				

 开始栽种

 第**1**步

千屈菜的繁殖方式主要以扦插、分株为主。在6~8月的时候剪取一根7~10厘米的嫩枝，去掉基部1/3的叶子插入盆中，只需6~10天的时间就可以生根了。

以扦插、分株为主

7~10 厘米

第**2**步

到 10 月，土层以上的千屈菜就会逐渐枯萎，我们要将土层以上的株丛剪掉，在整个冬季都保持盆土的湿润，并且要将温度保持在 0~5℃。

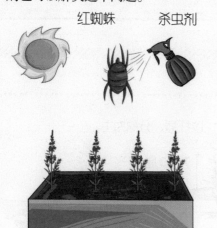

第**3**步

当夏季到来，千屈菜又会生长得郁郁葱葱，但是在夏季高温干燥的环境下，千屈菜比较容易感染斑点病，所以一定要做好防旱降温的工作。

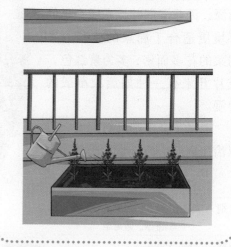

第**4**步

千屈菜生长过密就容易受到红蜘蛛的威胁，但是如果通风良好、光照充足的话，这种烦恼完全可以避免掉。如果真的出现虫害的话用一般的杀虫剂也可以解决这个问题。

红蜘蛛　　　杀虫剂

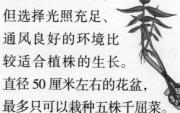

第**5**步

千屈菜的生长非常迅速，而生长过于茂密并不利于植物的长期生长，一般 2~3 年就要进行一次分植。千屈菜生命力很强，所以养护上也不需要花费太多的心思，但选择光照充足、通风良好的环境比较适合植株的生长。直径 50 厘米左右的花盆，最多只可以栽种五株千屈菜。